高职高专数控技术应用专业规划教材

数控加工中心编程与操作项目教程

马　俊　成　立　肖洪波　主　编
沈小强　匡　清　李锡良　副主编

清華大学出版社
北　京

内 容 简 介

本书的编写思路是：以职业活动为主线，依据认知和能力进阶规律设置若干项目。本书在教学内容的编排和处理上，考虑学生的学情基础，突出能力培养的教学理念，分别设计了基本技能训练篇、项目演练篇、考工实战篇和大赛拓展篇。手工编程部分系统地介绍了 FANUC 系统的编程方法，自动编程部分主要介绍 UG NX 10.0 软件的编程方法，本书融理论编程与实践操作为一体，具有普适性、趣味性和实用性。

本书适合高职高专院校及本科二级职业技术学院机械制造类专业的学生使用，也可作为社会相关从业人员的参考书及培训用书。

本书为“十三五”江苏省高等学校重点教材(编号：2016-1-149)。

图书在版编目(CIP)数据

数控加工中心编程与操作项目教程/马俊，成立，肖洪波主编．—北京：清华大学出版社，2019(2025.1 重印)

(高职高专数控技术应用专业规划教材)

ISBN 978-7-302-52129-7

Ⅰ．①数…　Ⅱ．①马…　②成…　③肖…　Ⅲ．①数控机床—加工工艺—高等职业教育—教材　②数控机床设计—高等职业教育—教材　Ⅳ．①TG659

中国版本图书馆 CIP 数据核字(2019)第 009730 号

责任编辑： 陈冬梅　李玉萍
封面设计： 王红强
责任校对： 周剑云
责任印制： 宋　林
出版发行： 清华大学出版社
　　网　　址： https://www.tup.com.cn, https://www.wqxuetang.com
　　地　　址： 北京清华大学学研大厦 A 座　　**邮　　编：** 100084
　　社 总 机： 010-83470000　　**邮　　购：** 010-62786544
　　投稿与读者服务： 010-62776969, c-service@tup.tsinghua.edu.cn
　　质量反馈： 010-62772015, zhiliang@tup.tsinghua.edu.cn
　　课件下载： https://www.tup.com.cn, 010-62791865
印 装 者： 三河市铭诚印务有限公司
经　　销： 全国新华书店
开　　本： 185mm×260mm　　**印　张：** 25.75　　**字　数：** 622 千字
版　　次： 2019 年 8 月第 1 版　　**印　次：** 2025 年 1 月第 7 次印刷
印　　数： 5601～6600
定　　价： 69.00 元

产品编号：081612-03

前　言

国务院发布的《国家职业教育改革实施方案》提出了“三教”改革的任务，要建设一大批校企“双元”合作开发的国家规划教材。国家教材委员会印发的《全国大中小学教材规划(2019—2022 年)》指出职业教育教材关键是体现“新、实”，反映新知识、新技术、新工艺、新方法，及时编修，提升服务国家产业发展能力。中共中央办公厅、国务院办公厅印发的《关于推动现代职业教育高质量发展的意见》明确要求改进教学内容与教材，完善职业教育教材的编写、审核、选用、使用、更新、评价监管机制。

为贯彻二十大精神，弘扬自信自强、守正创新，踔厉奋发、勇毅前行，培育现代制造业技术强国的优秀人才。本书积极适应职业教育改革需要，适应国家职业教育最新要求，助推“岗课赛证”综合育人，按照“基于工作过程”的教学模式进行编写，摆脱了传统学科体系的束缚，打破学科孤立，将专业理论与实践相关的多门课程进行整合。编写中突出项目引领、任务驱动、六步教学法组织实施的教改思想，融理论知识、实践操作、岗位综合能力及职业素养培养为一体。

本书围绕数控技术应用积极推行“教、学、做”一体化方案。在内容上突出理论与实践并重，工程应用为主线，力求概念清晰、叙述简单、通俗易懂。大量案例是基于企业典型案例经过职业能力分析和细化，去除繁琐、重复特征，创新优化设计出普适性、趣味性和实用性的案例。为提高高职学生的就业竞争力更好地与企业接轨，校企联盟编写汇集实践和研究成果。本书可作为高等职业学校数控专业、模具专业和机电专业等数控机床编程与操作的教学用书，还可作为从事数控加工的技术人员和操作人员的参考培训用书。

本书主要由四大部分组成：基本技能训练篇、项目演练篇、考工实战篇和大赛拓展篇。基本技能训练篇由项目 1、2、3 组成，主要为奠定数控铣削加工必备的理论基础和基本技能而设；项目演练篇由项目 4 和项目 5 组成，采用了企业真实模具成型零件的编程与加工项目，主要为培养数控铣削加工综合应用能力而设；考工实战篇由项目 6 组成，选用了中级工和高级工典型零件，主要为课证融通而设；大赛拓展篇由项目 7 组成，选择了数控铣削技能大赛装配零件，主要为提高学生积极参加各类技能竞赛，提升技术水平而设。第八部分附录为常用编程指令、实践报告单、专业术语中英文对照表等。

本书由苏州工业职业技术学院马俊、成立、肖洪波任主编，苏州工业职业技术学院沈小强、匡清和苏州星诺奇科技股份有限公司李锡良任副主编。特别感谢李锡良工程师全程参与技术指导和编写，将企业的技术经验无私的呈现给读者们。此外，感谢苏州市职业市大学陈祥林、朱学超老师给予本书的校对和提出的宝贵意见。全书由成立统稿，由原教育部职业院校信息化教学指导委员会秘书长钱东东教授担任主审。

本书的撰写得到江苏高校品牌专业建设工程项目(PPZY 2015B186)和“十三五”江苏省高等学校重点教材建设项目的资助，在此一并表示感谢。另外，还要感谢清华大学出版社对本书的大力支持。

限于编者的水平和经验，书中难免存在不妥之处，敬请读者批评指正。

编者

目　录

第一篇　基本技能训练

第二篇 项 目 演 练

第三篇 考工实战

第四篇 大赛拓展

党的“二十大”精神赋予教育的内涵

党的二十大报告指出，从现在起，中国共产党的中心任务就是团结带领全国各族人民全面建成社会主义现代化强国、实现第二个百年奋斗目标，以中国式现代化全面推进中华民族伟大复兴。中国式现代化的内涵极其丰富，各行各业都应该结合自己的实际对中国式现代化做出理解和贡献。中国式现代化赋予教育怎样的内涵？

(1) 教育、科技、人才是全面建设社会主义现代化国家的基础性、战略性支撑。必须坚持科技是第一生产力、人才是第一资源、创新是第一动力，深入实施科教兴国战略、人才强国战略、创新驱动发展战略，开辟发展新领域、新赛道，不断塑造发展新动能、新优势。

(2) 坚持教育优先发展、科技自立自强、人才引领驱动，加快建设教育强国、科技强国、人才强国，坚持为党育人、为国育才，全面提高人才自主培养质量，着力造就拔尖创新人才，聚天下英才而用之。

(3) 办好人民满意的教育，全面贯彻党的教育方针，落实立德树人根本任务，培养德智体美劳全面发展的社会主义建设者和接班人，加快建设高质量教育体系，发展素质教育，促进教育公平。

(4) 加快实施创新驱动发展战略，加快实现高水平科技自立自强，以国家战略需求为导向，集聚力量进行原创性、引领性科技攻关，坚决打赢关键核心技术攻坚战，加快实施一批具有战略性、全局性、前瞻性的国家重大科技项目，增强自主创新能力。

(5) 深入实施人才强国战略，坚持尊重劳动、尊重知识、尊重人才、尊重创造，完善人才战略布局，加快建设世界重要人才中心和创新高地，着力形成人才国际竞争的比较优势，把各方面优秀人才集聚到党和人民事业中来。

(6) 全面建设社会主义现代化国家，必须坚持中国特色社会主义文化发展道路，增强文化自信，围绕举旗帜、聚民心、育新人、兴文化、展形象建设社会主义文化强国，发展面向现代化、面向世界、面向未来的，民族的、科学的、大众的社会主义文化，激发全民族文化创新创造活力，增强实现中华民族伟大复兴的精神力量。

(7) 广泛践行社会主义核心价值观，弘扬以伟大建党精神为源头的中国共产党人精神谱系，深入开展社会主义核心价值观宣传教育，深化爱国主义、集体主义、社会主义教育，着力培养担当民族复兴大任的时代新人。

(8) 提高全社会文明程度，实施公民道德建设工程，弘扬中华传统美德，加强家庭家教家风建设，推动明大德、守公德、严私德，提高人民道德水准和文明素养，在全社会弘扬劳动精神、奋斗精神、奉献精神、创造精神、勤俭节约精神。

(9) 实施就业优先战略，强化就业优先政策，健全就业公共服务体系，加强困难群体就业兜底帮扶，消除影响平等就业的不合理限制和就业歧视，使人人都有通过勤奋劳动实现自身发展的机会。

(10) 青年强，则国家强。当代中国青年生逢其时，施展才干的舞台无比广阔，实现梦想的前景无比光明。全党要把青年工作作为战略性工作来抓，用党的科学理论武装青年，用党的初心使命感召青年，做青年朋友的知心人、青年工作的热心人、青年群众的引路人。

(11) 广大青年要坚定不移听党话、跟党走，怀抱梦想又脚踏实地，敢想敢为又善作善成，立志做有理想、敢担当、能吃苦、肯奋斗的新时代好青年，让青春在全面建设社会主义现代化国家的火热实践中绽放绚丽之花。

入 职 教 育

任 务 目 标

制造业是国民经济的主体，是立国之本、兴国之器、强国之基。CNC 数控加工技术是高端精密制造中的一类。落实贯彻“二十大”精神，培育好 CNC 数控技术人才建设现代化国家是基础性、战略性的任务。本章将首先通过了解企业文化、企业管理制度及安全文明生产等各项规章制度，让同学们快速从感观上熟悉数控加工中心操作技术岗位的工程特质，应具备的职业素养等，提前熟悉岗位，近距离地感受企业文化和岗位职业精神。

企 业 文 化

何谓企业文化？众说纷纭，美国学者约翰·科特和詹姆斯·赫斯克特认为，企业文化是指一个企业中各个部门，至少是企业高层管理者们所共同拥有的那些企业价值观念和经营实践，是指企业中一个分部的各个职能部门或地处不同地理环境的部门所拥有的那种共同的文化现象；特雷斯·迪尔和阿伦·肯尼迪认为，企业文化是指价值观、英雄人物、习俗仪式、文化网络、企业环境；威廉·大内认为，企业文化是进取、守势、灵活，即确定活动、意见和行为模式的价值观。仁者见仁，智者见智。

企业文化是一种新的现代企业管理理论，企业要真正步入市场，走出一条发展较快、效益较好、整体素质不断提高、使经济协调发展的路子，就必须普及和深化企业文化建设。企业文化有广义和狭义两种理解。从广义上讲，企业文化是社会文化的一个子系统，是一种亚文化。企业文化是指企业在创业和发展过程中形成的共同价值观、企业目标、行为准则、管理制度、外在形式等的总和。从狭义上讲，企业文化体现为人本治理理论的最高层次，特指企业组织在长期的经营活动中形成的，并为企业全体成员自觉遵守和奉行的企业经营宗旨、价值观念和道德规范的总和。

企业文化是企业内的群体对外界普遍的认知和态度，是在现代化大生产与市场经济发展基础上逐步产生的一种以现代科学管理为基础的新型管理理论和管理思想。它具有以下特点。

(1) 企业文化是在工作团体中逐步形成的规范。

(2) 企业文化是为企业所信奉的主要价值观，是一种含义深远的价值观的凝聚。

(3) 企业文化是指导企业制定员工和顾客政策的宗旨。

(4) 企业文化是在企业中寻求生存的竞争“原则”，是新员工要被企业所录用需掌握的“内在规则”。

(5) 企业文化是企业内通过物体布局所传达的感觉或气氛，以及企业成员与顾客或其他外界成员交往的方式。

(6) 企业文化就是传统氛围构成的公司文化，它意味着公司的价值观，诸如进取、守势或灵活等。这些价值观构成公司员工的活力、意见和行为规范。管理人员身体力行，把这些规范灌输给员工并代代相传。

(7) 企业文化就是在一个企业中形成的某种文化观念和历史传统，共同的价值准则、道德规范和生活信息，将各种内部力量统一于共同的指导思想和经营哲学之下，汇聚到一个共同的方向。

(8) 企业文化是经济意义和文化意义的混合，即指在企业界形成的价值观念、行为准则在人群中和社会上发生了文化的影响。它不是指知识修养，而是指人们对知识的态度；不是利润，而是对利润的心理；不是人际关系，而是人际关系所体现的处世为人的哲学。它是一种渗透在企业一切活动之中的内涵，是企业的美德所在。

(9) 企业文化是在一定的社会历史条件下，企业生产经营和管理活动中所创造的具有该企业特色的精神财富和物质形态。它包括文化观念、价值观念、企业精神、道德规范、行为准则、历史传统、企业制度、文化环境、企业产品等。

由此可知，企业文化是企业的灵魂，是推动企业发展的不竭动力。它包含着非常丰富的内容，其核心是企业的精神和价值观。这里的价值观不是泛指企业管理中的各种文化现象，而是企业文化的核心，是企业或企业中的员工在从事工作所持有的价值观念和做事态度。

企业管理制度

10S 管理制度是企业行之有效的现场管理理念和方法，其本质是一种执行力的企业文化。它强调了纪律性的文化，能为其他管理活动提供优质的管理平台。10S 的内容如下。

整理(SEIRI)——将工作场所的所有物品分为必要与非必要的，除必要的留下外，其余都消除掉。其目的是腾出空间，空间活用，防止误用，塑造清爽的工作场所。

整顿(SEITON)——把需要的物品按规定位置摆放整齐，加以标识。其目的是使工作场所一目了然，尽可能避免寻找物品浪费时间，消除过多的积压物品。

清扫(SEISO)——将工作场所内看得见与看不见的地方打扫干净，对设备工具等进行保养，创造顺畅的工作环境。其目的是稳定品质，减少工业伤害。

清洁(SEIKETSU)——将整理、整顿、清扫进行到底，并且制度化，经常保持环境的外在美观。其目的是创造明朗的工作环境，维持前面 3S 执行的成果。

素养(SHITSUKE)——每位成员养成良好的习惯，遵守规则做事，培养积极主动的职业精神。其目的是培养具有良好习惯、遵守规则的员工，营造团队精神。

安全(SECURITY)——重视成员安全教育，时刻具有安全意识，防患于未然。其目的是建立安全的生产环境，所有的工作应建立在安全的前提下。

节约(SAVING) ——减少企业的人力成本、空间、时间、库存、物料消耗等因素。其目的是养成降低成本习惯，加强工作人员减少浪费的习惯。

习惯(SHIUKANKA)——是“修养”和“坚持”的终极目标，使企业管理更趋于有序。

速度(SPEED)——以最少的时间和费用换取最大的效能，提前或按时完成任务。其目的是发挥经济与效率。

坚持(SHIKOKU)——管理是一个过程，持续性地保持的这种管理方式。其目的是保持之前的管理成功，才能保持企业的管理质量。

总体来说，10S 管理制度具有能以预防为主，在生产中充分提升企业形象、保证生产安全和保证产品质量的监督作用。

文 明 生 产

安全文明生产能保障安全、保证质量，是现代工业生产本身的客观要求，是培养员工大生产的意识和习惯，加强精神文明建设的需要。某企业生产车间管理制度及各级考核细则样例分别如表 0-1、表 0-2、表 0-3 所示。

表 0-1　××企业生产车间管理制度

目的：为了维持良好的生产秩序，提高生产率，保证生产工作的顺利进行特制定以下管理制度。 **范围：**适应于生产车间全体工作人员。 **职责：**生产部现场严格贯彻执行本制度；生产部车间每月进行不定期的生产现场管理的监督检查和定期考核。
1.　早会制度 (1)　员工每天上班必须提前 10 分钟到达车间开早会，不得迟到、早退。 (2)　员工在开早会时须站立端正，认真听主管或线长的讲话，不得做一些与早会无关的事项。 (3)　各条线的副线长/线长每天上班必须提前 15 分钟到达车间组织员工准时开早会。 (4)　各条线的线长/副线长在开早会时必须及时向员工传达前一天的工作情况以及当天的生产计划。 2.　请假制度 (1)　如特殊事情必须亲自处理，应在 2 小时前用书面的形式请假，经主管与相关领导签字后，才属请假生效。不可代请假或事后请假(如生病无法亲自请假，事后必须交医生证明方可)，否则按旷工处理。 (2)　杜绝非上班时间私下请假或批假。 (3)　员工每月请假不得超过两次，每天请假不得超过两人。 (4)　员工请假核准权限：(同厂规一致)。 3.　10S 制度 (1)　员工要保持岗位的清洁干净，物品要按规定位置放置整齐，不得到处乱放，线长要保持办公台的整齐干净。 (2)　每天下班后值日生打扫卫生，车间须拖洗。周末须进行大扫除(车间内的门、窗户、生产线、设备保养、风扇等都须清洁)。 (3)　卫生工具用完后须清洗干净放在指定的区域，并由专组专人保管，不得乱丢、倒置，甚至损坏。 (4)　不得在公司内乱丢垃圾(垃圾必须分类处理)、胡乱涂画。 4.　车间生产秩序管理制度 (1)　车间员工应遵守公司制定的各项规章制度，服从领导，听从指挥。 (2)　员工上班应着装整洁，不准穿奇装异服，进入公司需换拖鞋，鞋子按规定摆放在鞋柜内，并将鞋

柜门关好。

(3) 员工上班时必须正确佩戴厂牌，穿工作服上班，不得携带任何私人物品，如手机、MP3、食品等(如有带手机，上班期间尽量关机或设为振动)。

(4) 员工在作业过程中，未经负责人同意，严禁私自串岗、睡岗、脱岗(注：脱岗指脱离工作岗位或办私事；串岗反映上班时间串至其他车间或他人岗位做与工作无关的事)；同时必须保持一定的距离，禁止在作业过程中聊天、嬉戏打闹、吵嘴打架、大声喧哗。

(5) 作业时须按要求戴好手指套，同时必须自觉做好自检与互检工作，如发现问题及时向副线长或线长反映，不可擅自使用不良材料以及让不合格品流入下道工序，必须严格按照品质要求作业。

(6) 每道工序必须接受车间品管检查、监督，不得蒙混过关，虚报数量，并配合品检工作，不得顶撞、辱骂。

(7) 上班时，物料员须及时把物料备到生产线，并严格按照规定的运作流程操作，不得影响工作的顺利进行。

(8) 在组装之前要仔细分辨各零部件，以免错装或不合品质要求。

(9) 小零件必须用蓝色胶盘盛放，一个盘子只可以装一种零件，安装过程中发现的不良品必须用红色胶盒盛放，所有的物料盒排成一行放于工作台面的左手边。

(10) 所有员工必须按照操作规程(作业指导书，检验规范等)操作，如有违规者，视情节轻重给予处罚。

(11) 员工之间互相监督，对包庇、隐瞒行为不良者，一经查处严厉处罚。

(12) 员工必须服从副线长和线长的工作安排，做好本岗位工作，坚决反对故意发难、疏忽或拒绝上级命令及工作分配，或工作消极、不认真、工作态度恶劣，影响他人工作情绪，以及消极怠工影响进度。

(13) 员工每日上岗前必须将设备及工作岗位擦拭、清扫干净，保证工作环境卫生整洁，工作台面不得杂乱无章。

(14) 工作时间需要离岗，必须经副线长/线长同意并领取离岗证方可离开，限时10分钟内。

(15) 员工有责任维护工作环境卫生，严禁随地吐痰，乱扔垃圾。在生产过程中要节约，掉在地上的小件必须捡起；不得随意乱扔及损坏物料、工具设备等，违者按原价赔偿。

(16) 上班时节约用电，停工休息随时关灯。

(17) 下班前必须整理好自己岗位的产品物料和工作台面，凳子放入工作台下面。

(18) 任何会议和培训等，不得出现迟到、早退和旷会。

(19) 管理好各种工具、模具、夹具，用完之后必须交仓或放入工具箱。

(20) 本车间鼓励员工提倡好的建议，一经采用根据实用价值给予奖励。

5. 奖励与处罚

1) 奖励

生产部将对本部门的安全生产每月总结一次，总结的基础上，由生产部负责人根据员工和班组平时的绩效考核，评选出生产部门的“明星员工”等，并给予物质和精神上的奖励。

2) 处罚

对于不遵守上述规定的员工，给予警告处分，并处以5～20元的罚款，情节严重的给予50元以上的罚款，对于屡教不改的予以开除。

表 0-2　××部门(车间)安全文明生产考核细则

序　号	考核要求	扣分标准	标准分值	实得分
1	生产现场的物料堆放要整齐。科室的办公用品摆放整齐合理	发现一件物品摆放不整齐-1 分	12	
2	地面清洁，道路畅通	地面发现一处有杂物，乱放摩托车、自行车-1 分；道路不畅通-5 分	12	
3	正确使用劳动保护用品和办公用品	发现不用或不正确使用导致损坏一人一次-1 分	18	
4	技术文件、图样摆放整齐、保存完好	发现文件或图样丢失或损坏一张-1 分	20	
5	设备及门窗玻璃齐全、完好	发现设备及门窗未及时关好，或有损坏未及时上报一次扣 3 分	18	
6	车间、科室宣传栏标语、张贴物要齐，更换及时	一处不整齐，更换不及时-1 分	20	

得分合计：________________ 考核结论：________________ 考核日期：________________

考核人员：________________________________ 组长：________________

表 0-3　操作者安全文明生产考核细则

序　号	考核要求	扣分标准	标准分值	实得分
1	生产现场的产品在有标志的固定地点摆放整齐	发现一处摆放不整齐-2 分	10	
2	工位器具摆放合理	摆放不合理一件-1 分	10	
3	加工的产品应放在工位器具上运装	发现不用或不正确使用导致损坏一人一次-1 分	18	
4	技术文件、图纸摆放整齐，保存完好	发现文件或图样丢失或损坏一张-1 分	20	
5	箱内外清洁，货架分类摆放整齐	一项做不到-1 分	18	
6	设备外观清洁，及时保养，有问题及时上报	一项做不到-1 分	10	
7	正确使用劳保用品	发现不用或不正确使用 1 人一次-1 分	10	
8	图样、工艺文件、原始记录清晰、整齐	一张不符合要求-1 分	10	
9	工作场地清洁，道路畅通	一项做不到-2 分	10	
10	门窗、工作场地设施清洁	一项做不到-2 分	10	

得分合计：________________ 考核结论：________________ 考核日期：________________

考核人员：________________________________ 组长：________________

CNC 编程与操作员的职业道德

职业道德是规范、约束从业人员活动的行为准则，是整个社会道德的组成部分，是从事一定职业劳动的人们在特定的工作和劳动中，以其内心信念和特殊社会手段来维持的心理意识、行为原则和行为规范的总和，也是一种内心的、非强制性的约束机制。

CNC 数控编程员作为近年来的广谱职业，其从业人员必须遵守一定的道德规范，这样才能有利于企业、有利于社会，最终使从业者自身受益。编程员应具有以下方面的职业道德。

(1) 爱岗敬业，忠于职守。做不到这一点的人士，不管技术有多好，能力有多强，是不被用人单位所欢迎的。

(2) 诚实守信，办事公道。对于 CNC 加工行业来说，日常工作出现错误在所难免，如因自身出错，就应该勇于承认，努力提高技术水平。

(3) 严格遵守厂规、厂纪。工作中需严格执行企业相关标准、工作流程和操作规范。遇到问题需多与上司和同事沟通，团结协作，服从领导，努力配合企业完成任务。

(4) 积极学习，努力实践。新知识、新技术日新月异，工作中应不断学习、努力求知，发扬精益求精的工匠精神。

如何尽快适应新岗位

作为 CNC 编程新入行人员新到一个企业，首先要清楚自己的工作职责，认真学习企业规章制度、各种工作标准及安全规定。应多向同事了解企业的设备情况，量具、工具和夹具的配备情况及对客户产品加工的要求，努力将所学知识与现实条件相结合。对于老旧设备，一定要注意加工精度的问题。工作中应认真对待上级安排的每一项工作，按时保质保量地完成，尽可能杜绝错误的发生。一开始就给企业管理人员留下好的印象，利于今后的不断发展。要以诚恳谦虚的态度与操作员、师傅及管理人员沟通，把别人的批评意见当作提高自己水平的一次机会，尽快胜任工作。

本书所讲的内容完全是编者的工作心得，只是以部分实例引导读者学习数控编程的步骤，实际工作中情况可能千差万别，读者应联系实际，灵活应对，避免出现错误。

CNC 编程与操作员如何进行车间技术调查

CNC 编程与操作是实践性很强的工作，各企业情况不完全相同。要想胜任 CNC 编程师的工作，首先需对 CNC 的操作游刃有余。新进一家企业，要非常清楚本公司的工作环境和具体设备条件，也就需要做好车间技术的调查。主要包括以下方面。

(1) 机床状况：包括机床的行程大小、重复定位精度、能装多大的刀具、最高转速、经济转速、通常加工误差、是否经常使用换刀系统等。

(2) 刀具统计：了解本公司所用的各种刀具类型，各刀具的总全长、刀锋长、直身长，刀具材料，特种刀具切削参考参数等。

(3) 量具统计：了解有哪些量具，精度如何，如何使用。

(4) 夹具统计：了解都有哪些专用或通用的夹具，精度如何，如何使用。

以上调查如果企业有事先做好的，拿来仔细研读即可。如没有专门的资料，则应通过调查制作表格，并根据实际情况及时更新，以便今后自己编程程序时符合实际要求。

加工中心操作实习制度

1. 加工中心操作实习工场规章制度

学生进入加工中心实习工场需遵守相关的规章制度，以保障人身、设备的安全，主要规章制度可参考如下几个方面。

(1) 实习期间必须认真预习实习指导书及教材中的有关内容，明确实习目的、要求、实习原理、方法和步骤。

(2) 严格遵守实习工场的规章制度和数控设备的操作规程，服从实习指导教师和管理人员的安排，确保实习者安全及设备安全。

(3) 加工中心的设备属贵重精密仪器设备，使用时必须按规定填写使用记录，由专人负责管理。

(4) 必须熟悉数控机床的功能和操作规程，严格按操作规程进行实习，以保障人身和设备安全。

(5) 实习时，必须穿工作服，工作服衣、领、袖口要系好，不准穿拖鞋、戴手套。女生必须戴工作帽。

(6) 开机前，要检查机床防护罩是否安装完好，未经允许，不得打开电器柜门。

(7) 实习中必须按管理人员提供的材料进行加工，不准私自装夹材质较硬的材料进行加工。

(8) 实习中必须保持安静与整洁，禁止吸烟、喧哗、打闹、乱扔杂物、串岗、离岗。

(9) 实习小组的团队成员，禁止两人或多人同时操作一台机床。严禁乱动机床的按钮、开关。违反规定不听劝阻者，将视情况给予停止实习、书面检讨或纪律处分。

(10) 一旦发生机器故障，应立即切断电源，并报告指导教师或管理人员进行处理。机器维修必须由数控专业维修人员进行维修，不得自行处理。

(11) 实习室工具柜钥匙必须妥善保管，对持有钥匙者进行登记，不准私配或转借他人。

(12) 实习人员必须定期对所用机床进行保养和清洗。

2. 加工中心操作实习工场企业化管理要求

“效仿企业管理，练好一手本领”是加工中心实习工场的口号，目的在于严格保障人身安全和设备安全，优化学习环境和实习质量，使每位学生拥有良好的工作情绪、思维开阔，提高教学成效。MC 工场企业化 10S 管理制度的内容如下。

1S 整理整顿天天做，清洁清扫时时行；2S 讲科学、讲素养，整理整顿是关键；

3S 清扫清洁齐参加，自然远离脏乱差；4S 上下沟通达共识，左右协调求进步；

5S 安全操作控制点，实习质量生命线；6S 预防保养按时做，实习顺畅不会错；

7S 勤俭节约爱公物，以厂为家共发展；8S 人人成长必学习，提升素质和能力；

9S 工作迅速才是真，发挥效益收获大；10S 良好习惯需坚持，长久保持出成绩。

良好的管理秩序离不开井然有序的管理，需要各尽其职的层层管理，加工中心实习工场各级管理人员职责如表 0-4 所示，加工中心实习工场各卫生区域每日工作要求如表 0-5 所示。

表 0-4　加工中心实习工场各级管理人员职责表

职　务	职权范围	职责内容	职务分	考核人
机床管理员 (组长)	本机床内的日常管理	(1)　负责本组同学的考勤，配合做好点名工作； (2)　配合线长做好相关协调工作，如领料、领刀等。 (3)　负责本组的零件、刀具和工具柜钥匙的保管； (4)　合理分配实习任务，协调上机顺序，关注成员的技能提高； (5)　负责安排每日机床的清洁保养工作，填写每日设备使用记录单及设备点检卡； (6)　负责本组同学的 6S 日常行为规范，及时了解成员思想动态，并对成员做出客观评价。 特别强调： “安全实习”：各环节上机操作，一人为主，其余为辅； “一桌一凳”：桌面整洁，凳子靠向大门一侧压线排放整齐； “车间衣着”：工作服、工作帽穿戴整齐	3～6	线长
生产线长 (优秀代表)	所在线内的日常管理	(1)　负责本线内同学的刀具管理，及时做好调度； (2)　负责本线内工件的分发和回收； (3)　负责本线内 6S 工作的督促和验收； (4)　负责检查本线内机床设备使用情况并将设备使用记录本交予老师记录； (5)　组织本线内各组项目进展和技术交流指导工作，协助做好各环节的测验工作，如程序录入测试、编程测试、加工能力测试等； (6)　协调本线内人员的调配，实现各小组均衡发展，做好本线内组长的考核评价； (7)　配合做好相关协调工作	5～8	生产主管和技术经理
文明生产 (劳动委员)	车间教室水池区域等 6S 管理	(1)　负责安排并考核各区域的每日清扫工作； (2)　负责管理各区域的每日整理整顿工作； (3)　负责监督各线成员的衣帽穿戴情况记录； (4)　配合院系做好各项参观检查工作	6～10	项目经理和总经理

续表

职　务	职权范围	职责内容	职务分	考核人
技术经理(课代表)	技术交流及管理	(1) 负责及时督促和检查各线理论知识学习及掌握情况，及时发现并解决问题； (2) 负责及时督促和检查各线的实践技能进展工作情况，及时发现并解决问题； (3) 及时了解项目完成情况，组织开展项目汇报； (4) 负责了解学生学习的思想动态，做好学生思想困顿及释疑工作	6～10	项目经理和生产主管
生产主管(班长)	全面管理	(1) 负责每日的考勤工作，当日实习结束前 20 分钟提醒各线做好收尾工作； (2) 负责全面指导工作，按时按序完成各实习项目； (3) 负责督促和检查 6S 完成情况，及时处理问题； (4) 负责实习后方(教室内)秩序及学习氛围； (5) 及时了解项目完成情况，组织开展汇报与点评； (6) 全面了解学生的思想动态，及时与班主任或辅导员交流沟通	6～12	项目经理

表 0-5　加工中心实习工场各卫生区域每日工作要求表

区　域	要　求	注　意	完成人
加工中心车间	黄线外公共区域：每日扫干净、拖干净	每周两名同学每日专门负责清洗、晾干和分发拖把，要注意勿使油污蔓延	值日生
	黄线内机床区域：每日由各台自行分工打扫和拖地		所在机床小组成员
水池	地面、角落清理干净，水池清理干净无积水，簸箕扫帚整理好	请在其他区域做完后再做值日	值日生
教室	黑板擦干净、地面打扫干净、清理桌内垃圾、桌椅摆放整齐	责任分工到人	值日生
仓库	地面打扫干净、桌面擦干净，材料等物品摆放整齐	责任分工到人	值日生

角 色 定 位

根据原班级职务及个人自愿原则，合理分组并进行角色定位：2～4 名学生一组、3～5 台设备一线；角色扮演：项目经理(教师)、生产主管(班长)、技术经理(课代表)、文明生产(劳动委员)、生产线长、机床管理员(小组长)。加工中心编程与操作人员管理分配表参见附录 A。

拓展思考

1. 填空题

(1) 学生要按实训老师分配的位置进行练习，服从(　　)，听从(　　)，不准做与实训内容无关的事或擅自变更实训内容。

(2) 学生在启动机床前应仔细检查机床，确定机床所需(　　)、(　　)都正常时方可起动机床，如有疑问应及时报告老师。

(3) 学生在实训期间，在没有(　　)在场的情况下，不得(　　)，以防发生意外事故。

(4) 学生在使用机床的过程中未经允许不得擅自(　　)或(　　)机床内部的任何参数，以防机床因数据丢失发生故障。

(5) 工作时应穿(　　)，戴(　　)，女同学应将头发或辫子塞入帽内，不允许穿(　　)、(　　)进入车间，以防切削伤脚。

(6) 同一设备不允许两人(　　)操作，未经允许不得动用任何其他设备。

(7) 机床发生异样声音或异样味道时应及时停转、断电、查找原因，并及时(　　)实训老师，不准强行操作，以防事故扩大。

(8) 工作位置周围应经常(　　)，保持清洁、整洁。

2. 选择题

(1) 下列选项中属于职业道德范畴的是(　　)。

A. 企业经营业绩　　B. 企业发展战略

C. 员工的技术水平　　D. 人们的内心信念

(2) 职业道德通过(　　)，起着增强企业凝聚力的作用。

A. 协调员工之间的关系　　B. 增加职工福利

C. 为员工创造发展空间　　D. 调节企业与社会的关系

(3) 下列选项中，关于职业道德与人的事业成功的关系正确的论述是(　　)。

A. 职业道德是人事业成功的重要条件

B. 职业道德水平高的人肯定能够取得事业的成功

C. 缺乏职业道德的人更容易获得事业的成功

D. 人的事业成功与否与职业道德无关

(4) 安全生产要做到(　　)。

A. 工作时小心谨慎　　B. 认真学习岗位安全规程和技术操作规程

C. 防患于未然　　D. 车间抓得紧，安全员具体检查落实

(5) 在职场中真心真意地对待同事甚至竞争对手，不搞虚伪客套、权谋诈术所指的意思是(　　)。

A. 爱岗敬业　　B. 诚实守信　　C. 忠于职守　　D. 宽厚待人

(6) 安全文化的核心是树立(　　)的价值观念，真正做到“安全第一，预防为主”。

A. 以人为本　　B. 以经济效益为主

C. 以产品质量为主　　D. 以管理为主

(7) 职业道德是指(　　)。

A. 人们在履行本职工作中所确立的奋斗目标

B. 人们在履行本职工作中所应遵守的行为规范和准则

C. 人们在履行本职工作中所确立的价值观

D. 人们在履行本职工作中所遵守的规章制度

(8) 提高职业道德修养的方法有学习职业道德知识、提高文化素养、提高精神境界和(　　)等。

A. 完善企业制度　　B. 增强强制性

C. 加强舆论监督　　D. 增强自律性

项 目 小 结

项目 0 主要介绍了企业文化、10S 管理制度和安全文明生产等内容。围绕加工中心岗位，介绍了 CNC 编程员、操作员的职业道德要求，分享了快速适应岗位的一些经验和注意事项。进一步提出了学习者进入加工中心实习工场时应遵守的实习制度和实习期间便于管理的角色定位。通过诸多方面内容进行入职教育，努力培养学生具有良好的职业态度和职业精神，成为企业受欢迎的高素质、高技能人才。

第一篇　基本技能训练

项目 1　数控铣削设备和附件的认识与操作

【设备类型】 Fadal-3016L 加工中心机床、相关附件。
【项目载体】 回字形凸模零件。

【知识要点】

- 熟悉加工中心机床的特点及其主要技术参数。
- 掌握数控铣削加工的基本知识。
- 掌握常用夹具的类型和装夹方法。
- 掌握常用数控铣削刀具的类型和装夹方式。
- 掌握常用测量工具的类型和测量方法。

【技能要求】

- 能规范操作加工中心机床。
- 能正确安装和校正平口钳。
- 能正确装夹零件。
- 能正确拆装数控铣刀。
- 能手动铣削回字形凸模零件。
- 能正确测量回字形凸模零件。

【素质目标】

- 着力培养担当民族复兴大任的时代新人。
- 培养学生尊重劳动、尊重知识、尊重创造的意识。
- 培养学生规范操作的职业态度和优良的工作素养。

任务 1.1　加工中心的认识与操作

1.1.1　任务目标

广泛查阅相关资料，了解加工中心机床结构及其功能，会熟练判别机床坐标系各轴的方向；根据实训现场设备，能正确规范地操作加工中心机床；培养良好的工作态度和规范操作机床的职业素养。图 1-1 所示为机床工间的实训现场情况。

图 1-1　实训现场图

1.1.2　加工中心机床简介

加工中心机床(CNC Machining Center)有许多类型，我们以 Fadal-3016L 立式加工中心为例，深入了解一下立式加工中心机床。

1. 结构布局(Structural Configuration)

加工中心结构布局

如图 1-2 所示，从外形看 Fadal-3016L 加工中心，主要由机床本体、刀库、主轴、工作台、电气控制柜等组成。工作台用于安装工件，可以带动工件做左右(X 向)运动和前后(Y 向)运动。主轴上安装刀具，主轴带动刀具转动对工件进行切削，同时主轴可沿床身立柱导轨做上下(Z 向)运动。床身(立柱)是机床的主体，对主轴起支撑和导向作用。机床后面是电气柜，电气柜里有数控系统、伺服系统、电源等。数控系统的操作面板包括显示器、数控系统操作键盘和机床操作面板三部分。

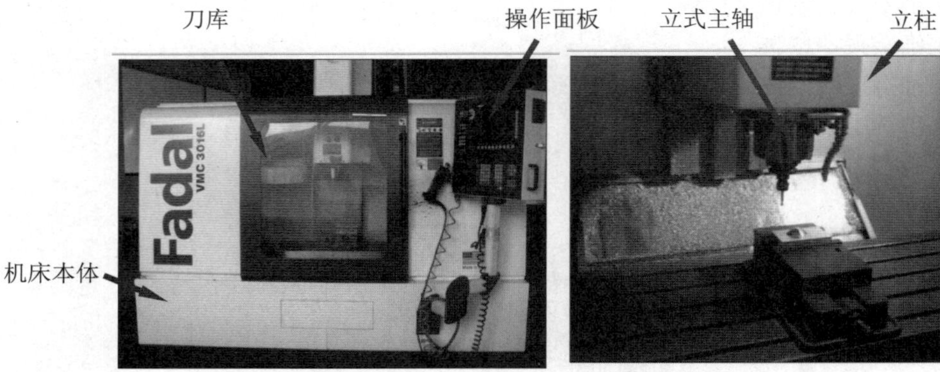

图 1-2　Fadal-3016L 立式加工中心

从核心分析，加工中心主要由机床本体、数控系统、伺服系统、测量反馈系统和输入输出装置五个部分组成。机床本体是加工中心机床的机械部分，包括床身、主轴箱、工作台和进给机构等。数控系统(简称 NC 系统)是加工中心的控制核心，机床所有动作都是由该部分控制完成的。伺服系统是机床的执行机构，包括驱动电路和伺服电机。测量反馈系统的作用是对位移、速度等进行检测，并把检测结果反馈给数控系统。输入输出装置主要完成对工件加工程序的输入、输出和编辑，有操作面板和显示器、R232 接口、COM 接口等。

2. 刀库类型(Types of Tool Changers)

刀库类型、加工特点

Fadal-3016L 加工中心机床刀库为盘式刀库，如图 1-3 所示，可以存放 21 把刀具。盘式刀库的刀库容量相对较小，一般在 15～40 把刀具，主要适用于小型加工中心。除此之外，常见的刀库还有链式刀库，链式刀库的刀库容量较大，一般在 30～120 把刀具，主要适用于大中型加工中心，如图 1-4 所示。

图 1-3　盘式刀库

图 1-4　链式刀库

3. 加工特点(Mechanism and Characteristic)

加工中心是带有刀库和自动换刀装置的一种高度自动化的多功能数控机床，一般由三个直线运动坐标和三个转动坐标组合而成，可组成三轴二联动、三轴三联动、四轴三联动、五轴四联动和六轴五联动等，有的则可以达到十几个动坐标。

加工中心是一种功能较全的数控机床，工件在加工中心上经一次装夹后，可完成铣削、钻削、铰削、镗削、攻螺纹和铣螺纹等多项工作，与普通机床加工相比，具有多种工艺手段，具有如下显著的工艺特点。

(1) 加工精度高。在加工中心上加工，其工序高度集中，一次装夹即可加工出零件上大部分甚至全部表面，避免了工件多次装夹所产生的装夹误差，因此，加工表面之间能获得较高的相互位置精度。

(2) 精度稳定。整个加工过程由程序自动控制，不受操作者人为因素的影响，加上机床的位置补偿功能、较高的定位精度和重复定位精度，加工出的零件尺寸一致性好。

(3) 效率高。一次装夹能完成较多表面的加工，减少了多次装夹工件所需的辅助时间。

(4) 表面质量好。加工中心主轴转速和各轴进给量均是无级调速，有的甚至具有自适应控制功能，能随刀具和工件材质及刀具参数的变化，把切削参数调整到最佳数值，从而提高了各加工表面的质量。

(5) 软件适应性强。零件每个工序的加工内容、切削用量、工艺参数都可以编入程序，可以随时修改，这给新产品试制，实行新的工艺流程和试验提供了方便。

4. 机床分类(Classification of Machine Tool)

加工中心按功能可分为三类：立式加工中心(如图 1-2 所示)，主轴与工作台平面相垂直，主要用于加工板材类、壳体类工件；卧式加工中心(如图 1-5 所示)，主轴与工作台平面相平行，工作台常可进行分度和回转，适用于箱体类、小型模具型腔等加工；复合加工中心，也称多工位加工中心，一种是指在一台加工中心上有立、卧两个主轴，另一种是主轴可改变 90° 或工作台可带动工件旋转 90° ，因而可在工件一次装夹中实现多个表面，适用于复杂箱体和复杂曲面工件的加工。

加工中心的分类

图 1-5 卧式加工中心

1.1.3 加工中心机床操作

1. 机床主要技术参数(Machine Main Technical Specifications)

加工中心的主要技术参数

Fadal-3016L 加工中心机床主要技术参数，如表 1-1 所示，这些参数主要包括：机床尺寸参数、接口参数、运动参数、动力参数、精度参数及其他参数等。

表 1-1 Fadal-3016L 加工中心主要技术参数

机床品牌	法道
机床类型	立式加工中心
机床型号	VMC 3016L
数控系统	FANUC OI-MD/SINUMERIK 840D 等选配
机床重量	3200(kg)
主要技术参数	主轴转速：7500 r/min 工作行程：*X* 轴：762 mm *Y* 轴：406 mm *Z* 轴：508 mm 工作台面积：965 mm×406 mm 主轴锥度：BT40(7:24) 主电机功率：11 kW 快移速度：*XY* 轴 17.8 m/min *Z* 轴 15.2 m/min 进给速度：10 m/min 刀库容量：21 把 选刀方式：斗笠式、刀座编码法 定位精度：±0.005 mm 重复精度：±0.0025 mm 尺寸：2286 mm×1955.8 mm×2692 mm

2. 机床坐标系(Machine Coordinate System)

机床坐标系 *XYZ* 是生产厂家在机床上设定的坐标系，其原点是机床上的一个固定点。

作为数控机床运动部件的运动参考点，在立式加工中心机床上，机床原点为运动部件在 *X*、*Y*、*Z* 三轴正方向运动的极限位置点，如图 1-6 所示。

机床坐标系坐标轴的判断顺序是：先确定 *Z* 轴，再确定 *X* 轴，最后确定 *Y* 轴。具体步骤如下。

(1) 确定 *Z* 轴。一般取产生切削力的主轴轴线为 *Z* 坐标，刀具远离工件的方向为正向。当机床有几个主轴时，选一个与工件装夹面垂直的主轴为 *Z* 坐标。

机床坐标系

(2) 确定 *X* 轴。*X* 坐标是水平的，它平行于工件的装卡面。

(3) 确定 *Y* 轴。根据右手笛卡尔直角坐标系来确定，如图 1-7 所示，右手拇指、食指和中指两两垂直，中指的指向为 *Z* 轴的正方向，大拇指的指向为 *X* 轴的正方向，食指的指向即为 *Y* 轴的正方向。

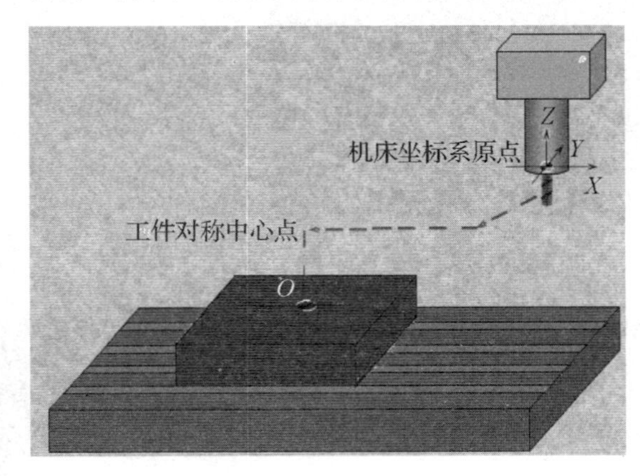

图 1-6　工件对称中心点在机床坐标系下的位置

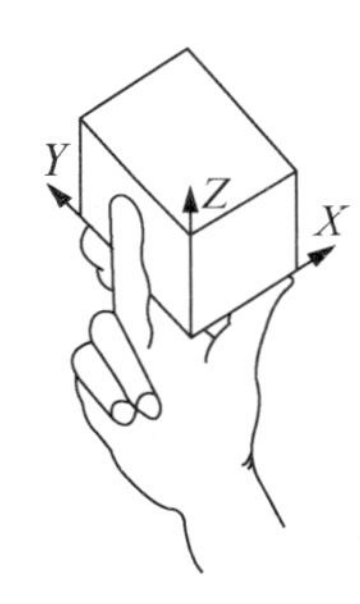

图 1-7　右手笛卡尔直角坐标系

另外，主轴旋转运动的正方向(主轴的顺时针旋转运动方向)是按照右手螺旋定则来判定，右手握住 *Z* 轴，拇指的指向为 *Z* 轴的正方向，四指的指向为主轴的正方向。

3. 数控系统面板(NC System Panel)

数控机床配置的数控系统不同，其功能和性能会有很大差异。常用的数控系统有发那科(FANUC)系统和西门子(SINUMERIK)系统等。该 Fadal-3016L 加工中心配置了日本 FANUC 0i-MD 系统，具有高性价比、整体软件功能包、高精度加工等功能。它主要由 CRT/MDI 操作面板和机床控制面板两部分组成。

CRT/MDI 操作面板主要分为屏幕显示区和按键区两部分，如图 1-8 所示。按键区有字母/数字键、程序/参数录入键、页面状态显示键、光标移动键、帮助/复位键及软键等。

机床控制面板主要由模式选择区、操作选择、运动方向、主轴控制、进给倍率、手轮轴、手轮倍率、手动换刀、冷却液、刀库操作、工作灯、电源开关、倍率开关、数据保护、循环启动、进给保持、紧急停止等各功能键组成。

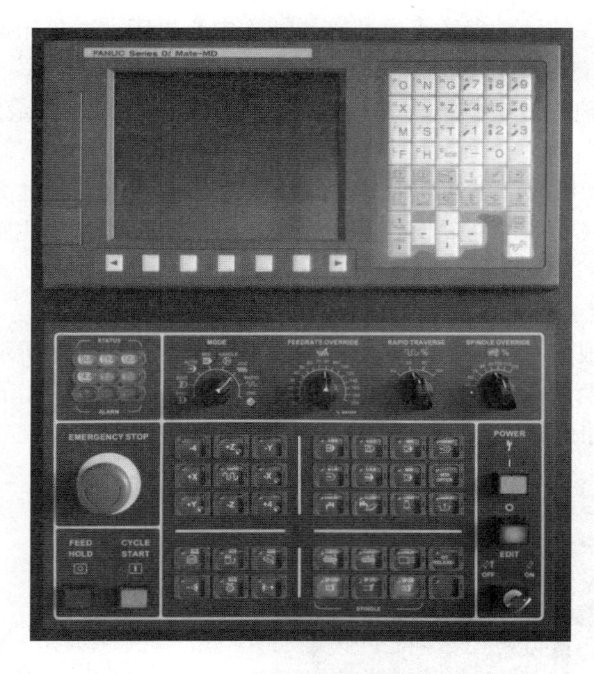

图 1-8　FANUC 0i-MD 数控系统操作面板

4. 加工中心机床操作(Machining Center Machine Tool Operation)

开机、关机

1) 开、关机操作(Open，Shutdown Operation)

(1) 接通机床电源。电源开关在机床右后侧，按住开关上的按钮后旋转即可。

(2) 检查机床气压是否正常，润滑油、冷却液是否足够。

(3) 按机床控制面板上的【POWER 电源】绿色按钮，系统进行自检，自检结束后进入待机状态，可进行正常工作。

(4) 当机床需要关闭时，按机床控制面板上的【POWER 电源】红色按钮，系统进行关闭，再关闭机床电源开关即可关闭机床。

回零

2) 回参考点操作(Return to the Reference Point Operation)

机床在每次开机之后都必须首先执行回参考点操作。

(1) 将 MOLD 旋钮调至【回零】挡位，进入回参考点模式。

(2) 选择各轴，分别按一下(+Z)、(+Y)、(+X)键，至 *Z*、*Y*、*X* 三个方向的指示灯亮，即回到了参考点。

注：数控系统上电后，必须回参考点，按下点停按钮和模拟加工后都需回参考点。

一般来说先 *Z* 方向回参考点，然后再 *X* 方向和 *Y* 方向回参考点。

3) 连续移动操作(Continuous Moving Operation)

连续移动采用 JOG 方法操作，一般用于较长距离的粗略移动。

(1) 将 MOLD 旋钮调至 JOG 挡位，进入手动连续移动模式。

(2) 选择各轴，选择按住(+Z)、(+Y)、(+X)、(−Z)、(−Y)、(−X)某方向键，刀具相对工件向相应的坐标轴移动。注：此时进给倍率对移动速度有效。

(3) 按下 RAPID 按钮，按住所选的方向键，可以使刀架按照相应的坐标轴快速移动。

注：此时进给倍率对移动速度无效，而快速移动倍率对移动速度有效。

4) 手轮移动操作(Hand Wheel Mobile Operation)

手轮移动采用 HANOLE 方法操作，一般用于较短距离的精确移动。

(1) 将 MOLD 旋钮调至 HANOLE 挡位，进入手轮移动模式。

(2) 旋转手持单元的轴选择旋钮，选择所要控制的数控轴 X 轴、Y 轴或 Z 轴。

(3) 选择手持单元的倍率旋钮，选择脉冲的倍率。

注：X1 代表 0.001，X10 代表 0.01，X100 代表 0.1。旋转手轮，观察坐标直至移动到所需的位置即可。

5) 主轴转动操作(Spindle Rotation Operation)

这种方式可以临时编写一些短小程序进行运行，一般用于加工的准备阶段，如机床开机后需在 MDI 方式下设置主轴转动。

设置主轴转速

(1) 将 MOLD 旋钮调至 MDI 挡位，进入 MDI 设置模式。

(2) 按键，进入输入程序窗口，按 MDI 软键切换到 MDI 界面。

(3) 在数据输入行输入一个程序段，按键，再按键确定。

(4) 按绿色键，立即执行输入的程序段。

6) 手动启动主轴转动操作

机床开机后 MDI 方式已设置主轴转速后，可采用手动方式直接启动主轴转动。

在手轮或手动模式下，按 SPINDLE(主轴)栏中的按钮，按(CW)按钮控制主轴正转，(CCW)控制主轴反转，按(STOP)按钮控制主轴停转。

注：此时主轴的转速由最近一次的编程速度决定。

7) 装刀/卸刀操作(Install /Unloading Tool Operation)

安装刀具

卸刀操作步骤：先调用需要更换的刀具到主轴上，接着按 HANOLE 或 JOG 按钮切换到手动模式，然后左手握住刀具，同时右手按【换刀】按钮，此时机床会松开主轴上的刀具，并用压缩空气推出。

装刀操作步骤：先更换当前主轴为需要的刀具号，接着按 HANOLE 或 JOG 按钮切换到手动模式，然后左手握住刀具，注意缺口方向轻轻地推入主轴孔，同时右手再按【换刀】按钮，此时机床会拉紧刀具到主轴上。

1.1.4　技能训练

参考加工中心安全操作规程，按下列要求操作机床，并填写表 1-2。

表 1-2　机床基本操作训练实践记录表

序　号	训练内容	情况(√　×)	操作心得
1	点检		
2	开机		
3	回零		
4	设置主轴转速		

续表

序　号	训练内容	情况(√　×)	操作心得
5	手动慢速移动(*X*、*Y*、*Z*)		
6	手动快速移动(*X*、*Y*、*Z*)		
7	手轮慢速移动(*X*、*Y*、*Z*)		
8	手轮快速移动(*X*、*Y*、*Z*)		
9	装、卸刀具		
10	刀库自动换刀		
11	关机		

1.1.5　中英文对照

(1) 加工中心机床必须具有高的定位精度以保证机床的加工精度。

A machining centre should have high positioning accuracy to ensure its machining precision.

(2) 近年来，位置伺服控制系统已经在精密数控机床、加工中心、机器人等领域得到了广泛的应用。

Recently, position servo control system has been widely used in most fields like NC machine tool, machining center, robot etc.

(3) 对数控机床回参考点过程中出现的各种形式的故障进行分析、诊断和总结，给数控机床回参考点过程中的故障排除提供参考。

Multiform faults that occur in the process of returning to the reference point in NC machine tool was analyzed, diagnosed and concluded, and provide a reference for excluding the faults.

(4) 对机床回参考点进行了研究，分析了各种机床回参考点的形式，并介绍实现高精度回参考点的方法。

The machine tool's return reference point is studied, various machine tool's return reference point forms are analyzed and the method for achieving high precision return reference point is presented.

1.1.6　拓展思考

1. 填空题

(1) 请填写完善表 1-3 中加工中心机床的主要技术参数。

表 1-3　加工中心主要技术参数

类　别	主要内容	作　用
(　　)	工作台面的面积(长×宽)、承重	影响加工工件的尺寸范围(重量)、编程范围及刀具、工件、机床之间干涉
	主轴端面到工作台的距离	
	交换工作台面尺寸、数量及交换时间	

续表

类　别	主要内容	作　用
(　　)	工作台面的 T 形槽数、槽宽、槽间距	影响工件、刀具安装及加工适应性和效率
	主轴孔面的锥度、直径	
	最大刀具尺寸及重量	
	刀库容量、换刀时间	
(　　)	各坐标行程及摆角范围	影响加工性能及编程参数
	主轴转速范围	
	各坐标快进速度、切削进给速度范围	
(　　)	主轴电机功率	影响切削负荷
	伺服电机额定转矩	
(　　)	定位精度、重复定位精度	影响加工精度及其一致性
	分度精度(回转工作台)	
(　　)	外形尺寸、重量	影响使用环境

(2) 请填写图 1-9 中加工中心机床各个组成部分的名称。

1(　　)　2(　　)　3(　　)　4(　　)

5(　　)　6(　　)　7(　　)　8(　　)

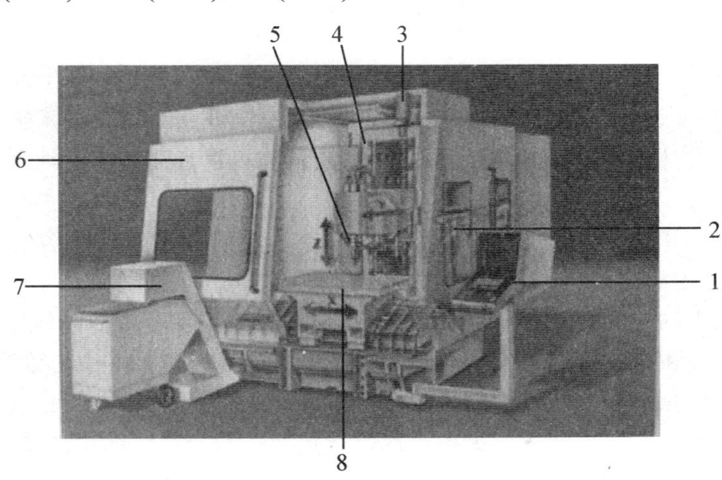

图 1-9　加工中心机床组成示意图

(3) 数控机床可以按伺服控制的方式分为三类。它们有的用光栅，有的用脉冲编码器，有的是用步进电机直接驱动。请把下面杂乱无章的说法按照类别整理，然后填写在表 1-4 中，以简要说明这三类控制方式的名称和特点。

(精度适中、开环控制系统、脉冲编码器间接检测、无检测、半闭环控制系统、无检测元件、光栅、精度高、精度低、成本高、光栅直接检测、成本低、脉冲编码器、成本适中、闭环控制系统。)

表 1-4　数控机床三种伺服控制的特点

序　号	名　称	检测工作台位移的方式	检测元件	精　度	成　本
1	开环控制系统				
2	半闭环控制系统				
3	闭环控制系统				

2. 选择题

(1) 加工中心与数控铣床的主要区别是(　　)。

A. 一般具有三个数控轴

B. 设有刀库，在加工过程中由程序自动选刀

C. 主要用于箱体类了解的加工

D. 能完成钻、铰、攻丝、铣、镗等加工

(2) 通常情况下，平行于机床主轴的坐标轴是(　　)。

A. X 轴　　B. Y 轴　　C. Z 轴　　D. 不确定

(3) 四轴卧式加工中心的回转轴是(　　)。

A. A 轴　　B. B 轴　　C. C 轴　　D. 不能确定

(4) 数控机床的参考点与机床坐标系原点从概念上讲(　　)。开机时进行的回参考点操作，其目的是(　　)。

A. 不是一个点、建立工件坐标系　　B. 是一个点、建立工件坐标系

C. 是一个点、建立机床坐标系　　D. 不是一个点、建立机床坐标系

(5) 光栅是数控机床的位置检测元件，因它具有许多优点而被广泛地采用，但它的缺点是(　　)。

A. 怕振动和油污　B. 速度慢　　C. 抗电磁干扰差　D. 很容易变形

(6) 绝大部分的数控系统都装有电池，它的作用是(　　)。

A. 给系统的 CPU 运算提供能量，更换电池时一定要在数控系统断电情况下进行

B. 在系统断电的情况下，用电池储存的能量来保持 RAM 中的数据。更换电池时一定要在数控系统通电的情况下进行

C. 为检测元件提供能量，更换电池时一定要在数控系统断电的情况下进行

D. 在突然断电时，为数控机床运行几分钟，以便退出刀具

(7) 平面的加工指令主要从(　　)两个方面来衡量。

A. 平面度和表面粗糙度　　B. 平行度和垂直度

C. 表面粗糙度和垂直度　　D. 平行度和平面度

任务 1.2　数控铣削通用夹具的认识与操作

1.2.1　任务目标

广泛查阅相关资料，了解工件的定位原理、通用夹具的类型及其特点；能根据零件特

征合理选择夹具类型；会安装及校正平口钳，能正确装夹回字形凸模零件的毛坯；培养规范调校夹具和正确装夹工件的职业素养。

图 1-10 所示为加工中心通用夹具的实物图。

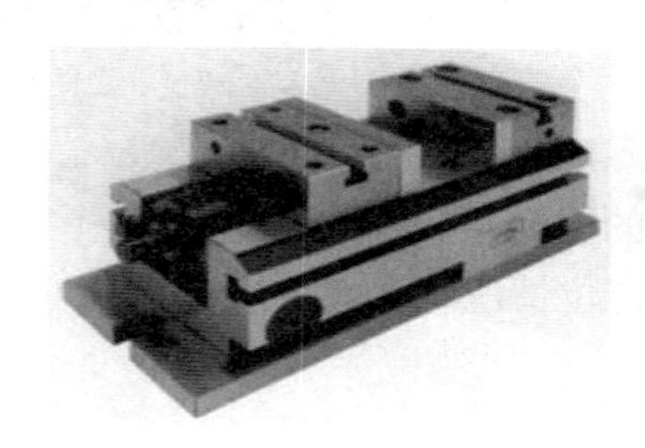
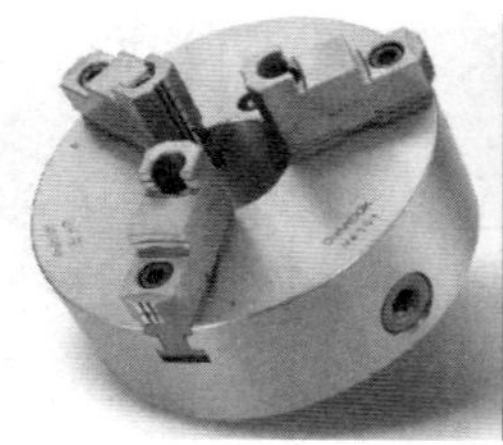

图 1-10　加工中心通用夹具

1.2.2　工件的安装(Installation of Workpiece)

工件的安装

数控机床夹具是用以装夹工件(和引导刀具)的一种装置，其作用是将工件定位，以使工件获得相对于机床和刀具的正确位置，并把工件可靠地夹紧。

工件的安装包括定位(Location)和夹紧(Clamp)两个部分。定位是使工件相对于机床及刀具处于正确的位置；夹紧是工件定位后，将工件紧固，使工件在加工过程中不发生位置变化。定位与夹紧是工件安装中两个有联系的过程，先定位后夹紧。

工件定位原理-六点定则

1. 工件的定位原理(Theory of Locating of Workpiece)

如图 1-11 所示，任何一个自由刚体，在空间均有六个自由度 DOF(Degree of Freedom)，即沿空间坐标轴 *X*、*Y*、*Z* 三个方向的移动自由度和绕此三坐标轴的转动自由度。因此，工件定位的实质就是要限制工件的这六个自由度。

如图 1-11 所示，工件定位时，用合理分布的六个支承点与工件的定位基准相接触来限制工件的六个自由度，使工件的位置完全确定，这就是“六点定则”，即工件的六点定位原理(见图 1-12)。六点定则是工件定位的基本法则，用于实际生产时，起支撑作用的是一定形状的几何体，这些用来限制工件自由度的几何体就是定位元件。当然，定位只是保证工件在夹具中的位置确定，并不能保证在加工中工件不移动，故还需夹紧，所以工件的安装包括工件的定位和夹紧两个部分。

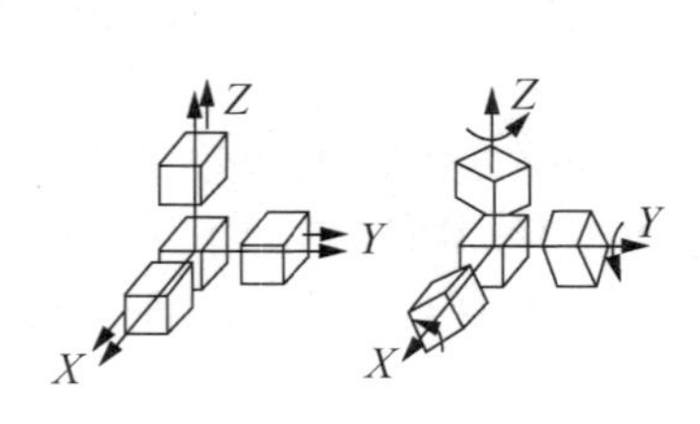

图 1-11　六个自由度

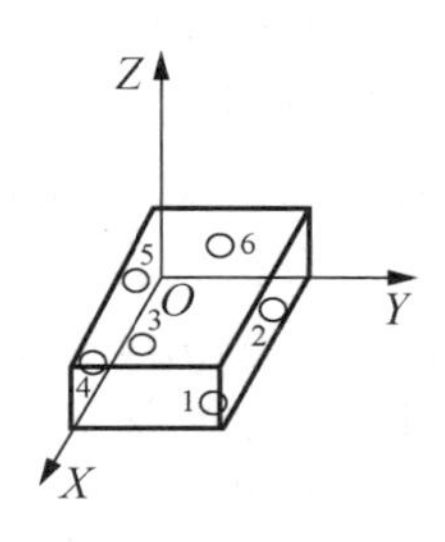

图 1-12　六点定位原理

2. 定位的类型(Type of Location)

1) 完全定位

工件的六个自由度全部被夹具中的定位元件所限制，而在夹具中占有完全确定的唯一位置，称为完全定位，如图 1-13 所示。

2) 不完全定位

根据工件加工表面的不同加工要求，定位支承点的数目可以少于六个。有些自由度对加工要求有影响，有些自由度对加工要求无影响，这种定位情况称为不完全定位(见图 1-14)。不完全定位是允许的。

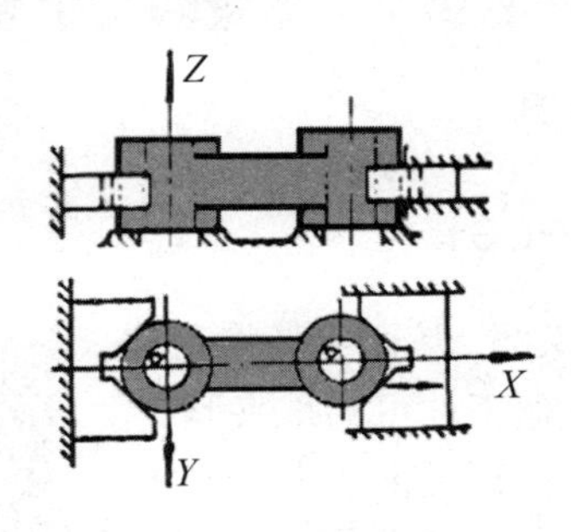

图 1-13 完全定位

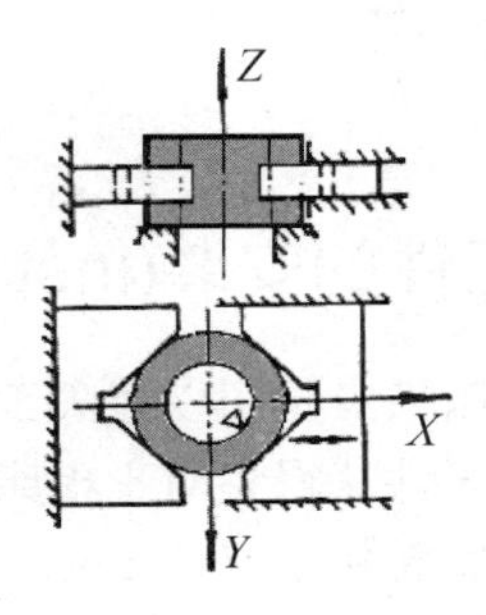

图 1-14 不完全定位

3) 欠定位

按照加工要求应该限制的自由度没有被限制的定位称为欠定位。欠定位满足不了加工要求，所以欠定位是不允许的。如图 1-15 所示，沿 X 向的移动自由度未被限制，即工件 X 向欠定位。

4) 过定位

工件的一个或几个自由度被不同的定位元件重复限制的定位称为过定位。当过定位导致工件或定位元件变形，影响加工精度时，应该严禁采用。但当过定位并不影响加工精度，反而对提高加工精度有利时，也可以采用。如图 1-16 所示，工件 Z 向过定位。

3. 工件的装夹方法

1) 直接找正装夹

直接找正装夹法的一种方式是将工件直接放在机床工作台上或放在四爪卡盘、机用虎钳等机床附件中，根据工件的一个或几个表面用划针或指示表找正工件准确位置后再进行夹紧；另一种方法是先按加工要求进行加工面位置的划线，然后再按划出的线进行找正实现装夹。

直接找正装夹法具有以下特点：①这类装夹方法劳动强度大、生产效率低、要求工人技术等级高；②定位精度较低，由于常常需要增加划线工序，所以增加了生产成本；③只需使用通用性很好的机床附件和工具，因此能适用于加工各种不同零件的各种表面，特别适合于单件、小批量生产。

2) 用夹具装夹

采用夹具装夹工件，能使工件迅速获得正确位置，定位精度高而稳定。夹具装夹避免了直接找正装夹法划线定位浪费的工时，还避免了加工误差。

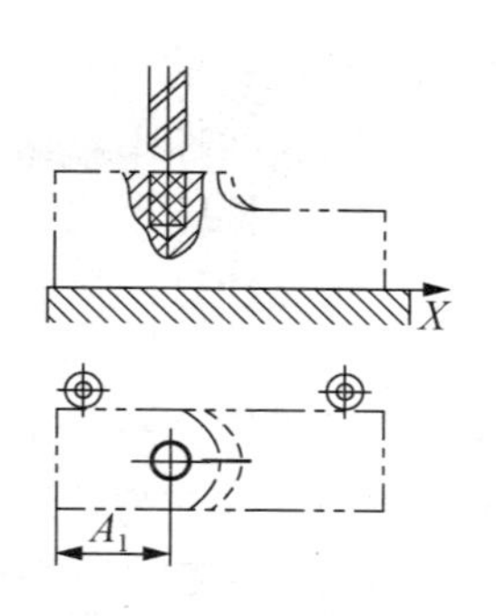

图 1-15　欠定位

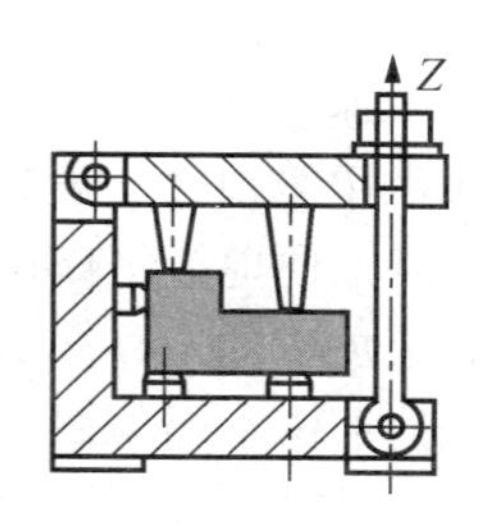

图 1-16　过定位

1.2.3　常用夹具简介

1. 夹具的组成(Composition of Clamps)

夹具的组成、作用和种类

夹具包括：定位元件、夹紧装置、连接元件、对刀或导向元件、夹具体和其他装置。定位元件是用于确定工件在夹具中的位置。夹紧装置是用于夹紧工件。

对刀、导向元件是确定刀具相对于夹具定位元件的位置。连接元件和连接表面用于确定夹具本身在机床主轴或工作台上的位置。夹具体用于将夹具上的各种元件和装置连接成一个有机整体。其他装置如分度元件等。

2. 夹具的作用(Function of Clamps)

夹具具有如下作用：①保证稳定可靠地达到各项加工精度要求；②缩短加工工时，提高劳动生产率；③降低生产成本；④减轻工人的劳动强度；⑤可由较低技术等级的工人进行加工；⑥能扩大机床工艺范围。

3. 夹具的种类(Types of Clamps)

加工中心机床上常用的夹具有：通用夹具、通用可调夹具、专用夹具、组合夹具和成组夹具。通用夹具的通用性强，被广泛应用于单件小批量生产；专用夹具专为某一工序设计，结构紧凑、操作方便、生产效率高、加工精度容易保证，适用于定型产品的成批和大量生产；组合夹具是由一套预先制造好的标准元件和合件组装而成的专用夹具；通用可调夹具可不对应特定的加工对象，适用范围宽，通过适当的调整或更换夹具上的个别元件，即可用于加工形状、尺寸和加工工艺相似的多种工件；成组夹具是专为某一组零件的成组加工而设计，加工对象明确，针对性强，通过调整可适应多种工艺及零件的形状、尺寸。

4. 通用夹具的类型

通用夹具的类型

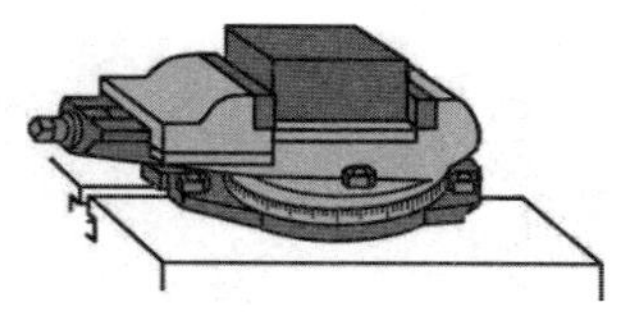

图 1-17　平口钳

加工中心机床上的常用夹具主要有平口钳、三爪卡盘和组合压板等三种类型，这三种夹具为通用夹具。

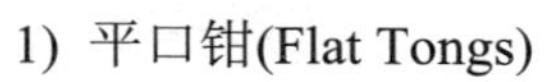

1) 平口钳(Flat Tongs)

如图 1-17 所示的平口钳属于通用可调夹具，也可以作为组合夹具的一款“合件”，适用于中小尺寸和形状规则的工件安装，且适宜多品种、小批量的生产加工。由于其定位精度较高、夹紧快速、通用性强、操作简单等优点，因而是加工中心机床上应用最广泛的一种夹具。普通机用平口钳一般有非旋转式和旋转式两种，前者刚性较好，后者底座上有一个刻度盘，能够方便地把平口钳转成任意角度。

加工中心上加工的零件多数为半成品，采用平口钳装夹的工件尺寸一般不超过钳口的宽度，所加工的部位不得与钳口发生干涉。如图 1-18 所示，平口钳安装好后，把工件放入钳口内，可根据划线法找正后装夹工件。也可在工件的下面垫上等高垫块进行装夹，如图 1-19 所示。等高垫块要比工件窄，厚度适当且要求精度较高，装夹时为了使工件紧密地靠在垫块上，应用铜锤或木锤轻轻地敲击工件，直到用手不能轻易推动等高垫块时，再将工件夹紧在平口钳内。工件应当紧固在钳口比较中间的位置，装夹高度以铣削尺寸高出钳口平面 3 mm～5 mm 为宜。用平口钳装夹表面粗糙度较差的工件时，应在两钳口与工件表面之间垫一层铜皮，以免损坏钳口，并能增加接触面。如果工件各加工表面平行度和垂直度都较高，则应采用平行垫铁和垫上圆棒进行夹紧，使底面贴紧平行垫铁且侧面贴紧固定钳口，如图 1-20 所示。

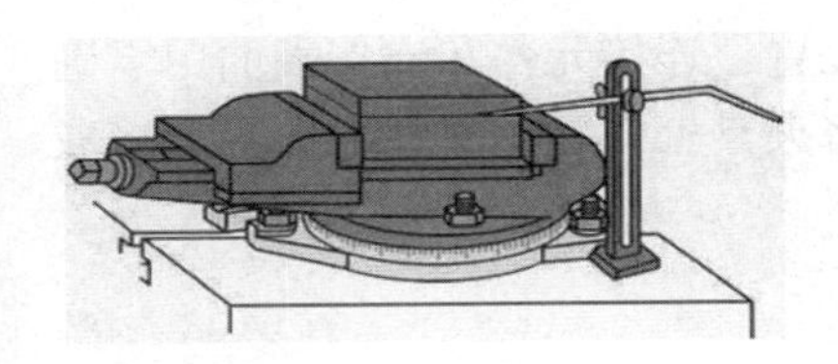

图 1-18　用划线安装工件

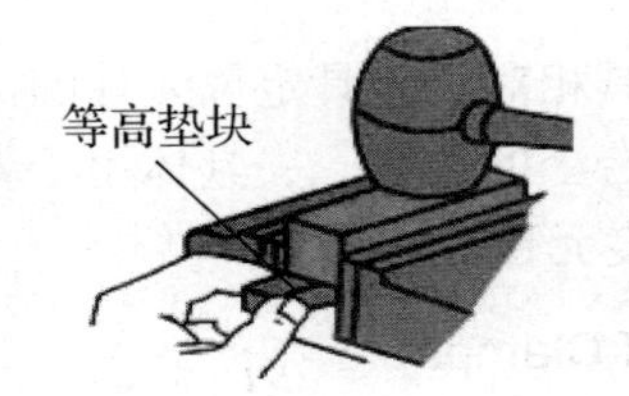

图 1-19　用等高垫块安装工件

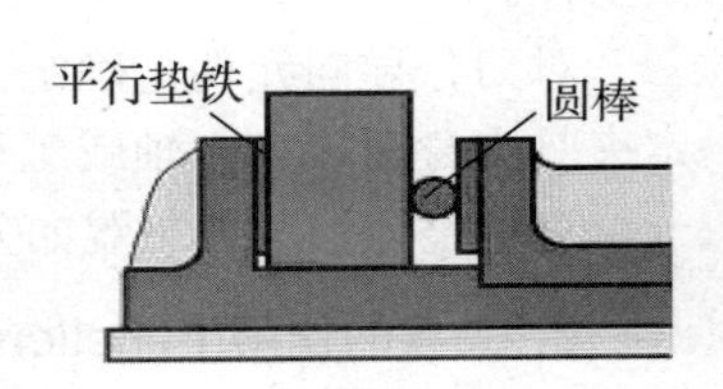

图 1-20　用垫铁和圆棒安装工件

2) 三爪卡盘(Three-jaw Chuck)

如图 1-21 所示的三爪卡盘一般由卡盘体、活动卡爪和卡盘扳手三部分组成。按动力不同，三爪卡盘可分为手动卡盘和动力卡盘两种。其中，手动卡盘是加工中心机床的通用附件，它适用于夹持圆形、正三角形或正六边形等工件。

三爪卡盘上三个卡爪导向部分的下面，有螺纹与碟形伞齿轮背面的平面螺纹相啮合。装夹工件时，把棒料零件塞进卡盘中心，根据加工要求合理伸出棒料长度，当采用卡盘扳手通过四方孔顺时针转动卡盘内部的小伞齿轮时，碟形齿轮转动，卡盘背面的平面螺纹同时带动三个卡爪同时沿径向移动，实现自动定心，并夹紧工件；反之，扳手逆时针转动，则可松开工件。如图 1-22 所示，当把三个卡爪换成反爪装夹时，可以用来安装直径较大的工件。

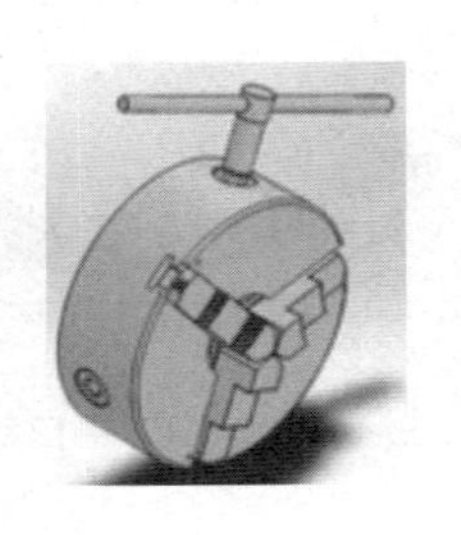

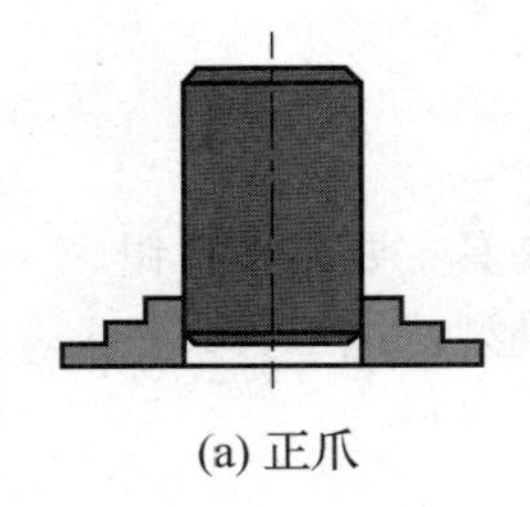

(a) 正爪

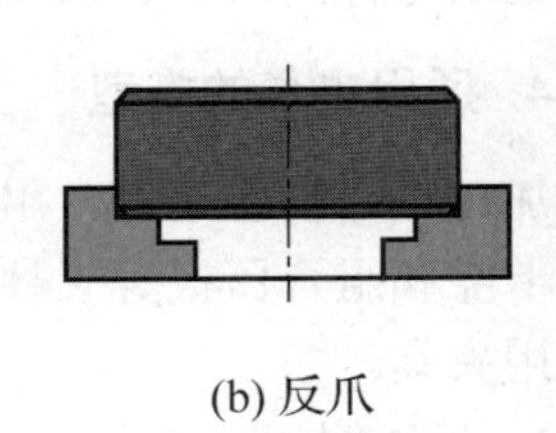

(b) 反爪

图 1-21　三爪卡盘　　　　图 1-22　三爪卡盘装夹

3) 组合压板(Combination Plate)

如图 1-23 所示的组合压板使用范围广泛，可用于 CNC 加工及各类金属加工时的零件的装夹，夹紧力大，结构简单并且使用方便、安全。通用组合压板包括：压板、垫铁、T 形螺栓(或 T 形螺母)及螺母等。每套组合压板包含零件：6 只 T 形槽螺母，6 只法兰螺母，4 只连接螺母，6 块阶梯压规，12 块三角垫铁，24 根双端螺栓(长度分别为 3、4、5、6、7、8 寸各 4 根)。组合压板的材质为 S45C，表面染黑皮膜处理；螺丝的硬度为 HRC25，螺帽及压板硬度为 HRC35°～38°；适用于具有 T 形槽工作台面的机床，可为板类零件、模具及治具等装夹使用。

在加工中心上采用组合压板装夹工件时，为了满足安装不同形状工件的需要，压板的形状也可做成很多种。用压板螺栓装夹工件如图 1-24 所示时，需要注意以下 6 点：①压板螺栓应靠近工件，使螺栓到工件的距离小于螺栓到垫铁的距离，可增大夹紧力；②垫铁的选择要正确，高度要与工件相同或高于工件，否则会影响夹紧效果；③压板夹紧工件时，应在工件和压板之间垫放铜皮，以免损伤工件的已加工表面；④压板的夹紧位置要适当，应尽量靠近加工区域和工件刚度较好的位置，且夹紧位置应避免悬空，应将工件垫实；⑤每个压板的夹紧力大小应均匀，以防止压板夹紧力的偏移而使压板倾斜，甚至发生安全事故；⑥当加工时刀具需加工至工件底面时，需在机床工作面和工件底面选比工件硬度低的辅助件进行隔离，如图 1-25 所示。

图 1-23　成套组合压板

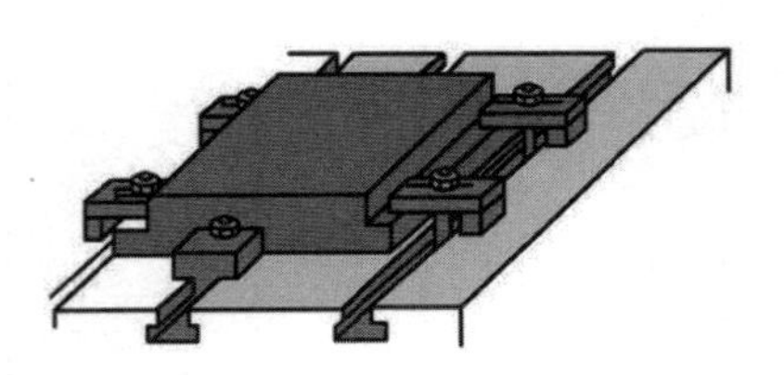

图 1-24　组合压板装夹工件

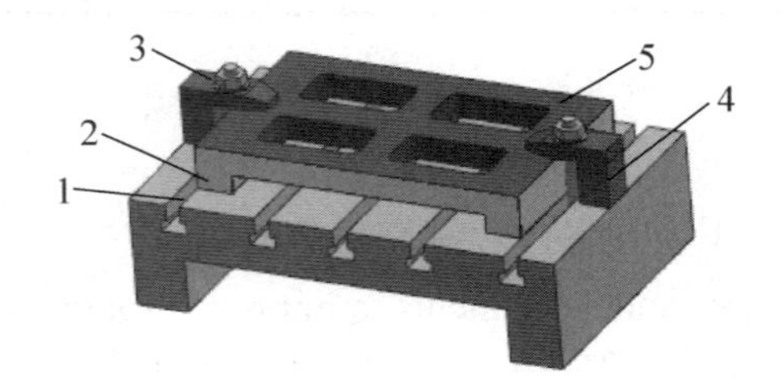

图 1-25　垫起工件后压板装夹

1—T 型槽工作台；2—垫块；3—压板；4—辅助垫块；5—工件

5. 夹具的选择原则

选择夹具时，应参考产品批量、生产效率、质量保证以及经济性等方面，综合考虑。一般选择原则是：①在单件或研制较简单零件新产品时，尽量采用通用夹具；②在生产量小或研制较复杂新产品时，应尽量采用通用组合夹具；③成批生产时可考虑采用专用夹具，但夹具也应尽量简单；④生产批量较大时，可考虑采用多工位夹具和气动、液压夹具。

1.2.4 技能训练

根据回字形凸模零件的特征，选择平口钳装夹，完成平口钳的装夹和校正练习，并做好记录(见表 1-5)。

平口钳校正

表 1-5 平口钳装夹训练实践记录表

序号	训练内容	完成情况描述 (√ ×)	简述过程
1	平口钳安装及打表校正		校正平口钳时，先松开两端螺栓，将平口钳移开。必须先将平口钳底面和工作台面及 T 形槽擦拭干净，再将平口钳移至合适的工作台位置。首先应目测平口钳钳口，使其大致与坐标轴平行；然后采用百分表或杠杆表与磁性表座配合打表来校正钳口，使固定钳口与横向或纵向工作台方向平行，以保证其定位精度。 校正时，根据需要，可将表座吸在机床主轴面上，百分表安装在表座接杆上，使测头轴线与测量基准面相垂直。测头与测量面接触后，指针转动 2 mm 左右，移动机床工作台，校正固定钳口相对于 *X*、*Y* 或 *Z* 轴方向的平行度。使用杠杆表校正时方法与百分表法相同，但注意杠杆测头与测量面间成约 15° 的夹角，测头与测量面接触后，指针转动 0.5 mm 左右。
2	装夹工件		工件正确定位，注意工件探出钳口高度 工件夹紧力要适当，忌装夹不牢固飞溅危险

1.2.5 中英文对照

(1) 采用合适的工具、夹具和设备，以提高生产效率。

Adopt suitable tools, fixtures and equipments to improve production efficiency.

(2) 若处理得好，过定位不仅能提高工件的定位精度，还能提高工件的安装刚度。

If used properly, it can not only raise the positioning precision but also the mounting stability of workpieces.

(3) 治具、夹具作为一种生产辅助工具，是提高效率和产品质量的最佳手段。

Jig and fixture, as a production tool, is the best means to improve efficiency and product quality.

1.2.6　拓展思考

1. 填空题

(1) 一般可将夹具分为三大类，即(　　)、(　　)和(　　)。
(2) 工件的安装包括(　　)和(　　)两个部分。
(3) 常用的夹具类型主要有(　　)、(　　)和(　　)等，这三种夹具为通用夹具。
(4) 工件的定位形式有(　　)、(　　)、(　　)和(　　)。

2. 选择题

(1) 任何一个自由刚体，在空间均有(　　)几个自由度。
　A. 3 个　　B. 4 个　　C. 6 个　　D. 5 个
(2) 在不完全定位中，工件被限制的自由度应少于(　　)。
　A. 4 个　　B. 6 个　　C. 3 个
(3) 对工件外圆定位时，宽 V 形架限制的工件自由度是(　　)。
　A. 两个　　B. 三个　　C. 四个　　D. 五个

3. 判断题

(1) 在加工之前，使工件在机床或夹具上占据某一正确位置的过程称为定位。　(　　)
(2) 定位与夹紧是工件安装过程中两个有联系的过程，先夹紧后定位。　(　　)
(3) 欠定位现象是允许出现的，因为其能保证工件的加工技术要求。　(　　)
(4) 活动 V 形架除具有定位作用外，还兼有夹紧作用。　(　　)

4. 问答题

(1) 在工件的装夹方法中直接找正装夹有什么特点？
(2) 在工件的装夹方法中用夹具装夹有什么特点？

任务 1.3　数控铣削常用刀具的认识与操作

1.3.1　任务目标

广泛查阅相关资料，了解加工中心常用刀具的材料、类型和结构特点；能规范地装、拆刀具；培养规范装拆刀具和保养刀具的职业素养。

图 1-26 所示为数控机床所用的各种铣刀的实物图。

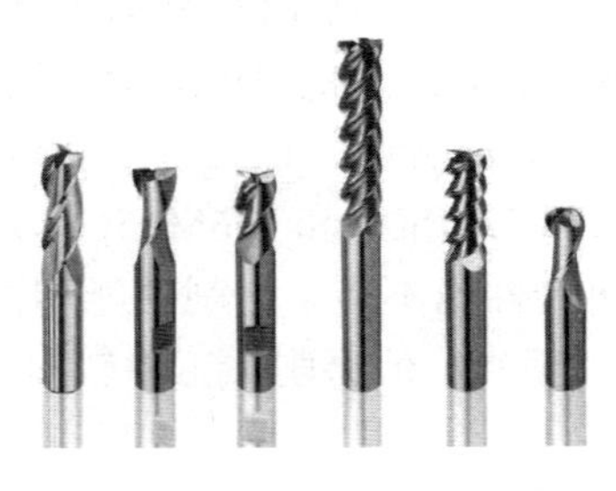

图 1-26　数控铣刀

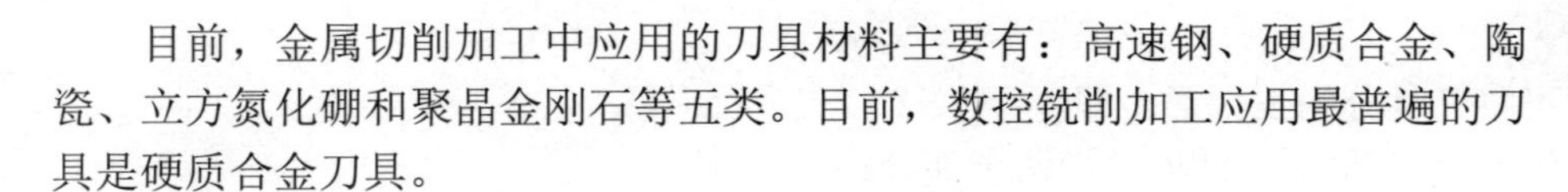

1.3.2 常用刀具的材料

刀具材料

目前，金属切削加工中应用的刀具材料主要有：高速钢、硬质合金、陶瓷、立方氮化硼和聚晶金刚石等五类。目前，数控铣削加工应用最普遍的刀具是硬质合金刀具。

1. 高速钢 HSS(High Speed Steel)

高速钢又名风钢或锋钢，又称白钢。它是一种含有钨、钼、铬、钒、钴等合金元素较多的工具钢，合金元素总量达 10%～25%左右。高速钢红硬性好，在高速切削产生高热情况下(约 500℃)仍能保持高的硬度(HRC 能在 60 以上)。它具有较好的力学性能和良好的工艺性能，可以承受较大的切削力和冲击，特别适合制造各种小型结构和形状复杂的刀具，如铣刀、钻头、螺纹刀具等。

高速钢的种类繁多，按切削性能可分为普通高速钢和高性能高速钢；按化学成分可分为钨系、钨钼系和钼系高速钢；按制造工艺不同，可分为熔炼高速钢、粉末冶金高速钢和涂层高速钢。

1) 普通高速钢

W18Cr4V(W18)是典型的钨系普通高速钢，刃口锋利，通用性强，综合性能好。但是其热塑性不好，由于麻花钻热轧工艺的需要，后来研制成功了典型的钨钼系普通高速钢 W6Mo5Cr4V2(M12)，提升了其抗弯强度和冲击韧度，可用于制造承受较大冲击力的刀具、结构比较薄弱的刀具(如麻花钻、丝锥)和截面较大的刀具。新牌号普通高速钢 W9Mo3Cr4V(W9)是我国研制的含钨量较多、含钼量较少的钨钼钢，可用于制造铣刀、钻头、拉刀、锯条等各种刀具，加工钢料时比 W18 和 M12 的刀具寿命长。这三种高速钢的切削性能和力学性能近似，可称为普通高速钢。

2) 高性能高速钢

高性能高速钢是指在普通高速钢中增加碳、钒、钴或铝等合金元素提高性能而发展起来的新品种。它具有更高的硬度、热硬性，切削温度达 650 摄氏度时，硬度仍可保持在 60 HRC 以上。其耐用性为普通高速钢的 1.5～3 倍，适用于制造加工高温合金、不锈钢、钛合金、高强度钢等难加工材料的刀具。高性能高速钢主要有：高碳高速钢、钴高速钢、铝高速钢和高钒高速钢。

高碳高速钢常用的有 9W8Gr4V(9W18)和 9W6Mo5Cr4V2(CM2)，常温硬度为 66～69HRC，适用于耐磨性高的铰刀、锪孔钻和丝锥等刀具，也可用于切削奥氏体不锈钢。

钴高速钢中加入钴后提高了热稳定性、常温和高温硬度计抗氧化能力，改善高速钢的导热性，降低摩擦系数，提高了切削速度。如美国 M40 系列中 W2Mo9Cr4VCo8(M42)，常温硬度为 67～69HRC，适用于加工高温合金、钛合金及其他难加工材料的高速钢。

铝高速钢常用的有 W6Mo5Cr4V2Al(501)和 W6Mo5Cr4V5SiNbAl(5F-6)，是我国独创的。常温硬度可达到 67～69 HRC，热硬性也不错。切削性能与钴高速钢 M42 相当，刀具寿命比 W18 提高 1～2 倍以上，价格却相当，但磨削加工性较差。

3) 粉末冶金高速钢

粉末冶金高速钢是高压惰性气体(氩气或氮气)或高压水雾化高速钢水得到细小的高速

钢粉末，再进行热压制成刀具毛坯，可以避免熔炼高速钢产生的碳化物偏析，其强度、韧性提高很多，而且能保证各向同性，热处理时内应力和变形小，适合制造各种精密复杂刀具以及大型拉刀和齿轮刀，特别适合受冲击载荷时的切削加工，但是成本较高。

4) 涂层高速钢

采用化学气相沉积(CVD)或物理气相沉积(PVD)的方法，在精加工后的高速钢刀具表面涂覆一薄层 2～6 μm 厚的高硬度、高熔点的耐磨材料(如 TiN、TiC、Al_2O_3 等)，使刀具表面比基体硬度高很多，较大地提高刀具的耐磨性，提高刀具使用寿命 2～20 倍，加工效率提高 50%～100%，经济效益显著。使用涂层高速钢刀具时，不宜产生过大的切削振动和冲击，以防止涂层产生非正常剥落。重磨时一般宜将磨损带全部磨掉，即将磨完时要采用精磨，以防止涂层剥落。

2. 硬质合金(Cemented Carbide)

硬质合金是用高硬度、高熔点的微米数量级金属碳化物(如 WC、TiC、TaC 等)粉末与 Co、Mo、Ni 等金属黏结剂烧结而成的粉末冶金制品，由于其高温碳化物含量远超过高速钢，因此具有硬度高(大于 89～93 HRA，相当于 78～83 HRC)、熔点高、化学稳定性好、热稳定性好的特点，但其韧性差、脆性大，承受冲击和抗弯能力低。硬质合金的切削效率是高速钢刀具的 5～10 倍，是目前主要的数控加工刀具。硬质合金可分为：普通硬质合金、新型硬质合金两类。

1) 普通硬质合金

(1) 钨钴类硬质合金。

钨钴类硬质合金的主要成分是碳化钨(WC)和黏结剂钴(Co)。常用的牌号有 YG3、YG3X、YG6、YG6X、YG8 等，其牌号 YG 是由“硬、钴”两字的汉语拼音字首和平均含钴量的百分数组成，X 表示细晶粒。如 YT15 表示平均 TiC=15%，其余为碳化钨和钴含量的钨钛钴类硬质合金。

钨钴类硬质合金抗弯强度好，硬度和耐磨性较差，主要用于加工铸铁及有色金属。含 Co 量高、韧性好时，适用于粗加工；反之，适用于精加工。YG 细晶粒硬质合金适用于加工精度高、表面粗糙度要求小和需要刀刃锋利的场合。

(2) 钨钛钴类硬质合金。

钨钛钴类硬质合金含有 5%～30%的 TiC，代号为 YT，常用牌号有 YT5、YT14、YT15、YT30 等。如 YT15 表示平均 TiC=15%，其余为碳化钨和钴含量的钨钛钴类硬质合金。

钨钛钴类硬质合金硬度、耐磨性、耐热性都明显提高，但韧性、抗冲击振动性差，主要用于加工切屑成带状的钢料等塑料材料。合金中含 TiC 量多、含 Co 量少时，耐磨性好，适合精加工；反之，承受重接性能好，适合粗加工。

(3) 钨钛钽(铌)类硬质合金。

在钨钴类硬质合金中，添加少量的 TaC(或 NbC)，可细化晶粒、提高硬度和耐磨性，而韧性不变，还可提高合金的高温硬度、高温强度和抗氧化能力，如 YG6A、YG8N、YG8P3 等，适合于加工冷硬铸铁、有色金属及其合金的半精加工。在 YT 类硬质合金中添加少量的 TaC(或 NbC)，可提高抗弯强度、冲击韧性、耐热性、耐磨性及高温硬度、抗氧化能力等，既可以用来加工钢料，又可以加工铸铁和有色金属，被称为通用硬质合金或万能硬质合金，代号为 YW。

(4) TiC 基硬质合金。

TiC 基硬质合金又称金属陶瓷，代号为 YN，主要成分为 TiC，加入少量的 WC 和 NbC，以 Ni 和 Mo 为黏结剂，经压制烧结而成，常用牌号有 YN01、YN05、YN10 和 YN15 等。它继承了硬质合金和钢各自的优点，兼有硬质合金的高硬度、高耐磨性和高强度，同时具有钢的可加工性、可热处理性、可锻性和可焊接性。

2) 新型硬质合金

(1) 超细晶粒硬质合金。

普通硬质合金中 WC 的粒度为几微米，一般细晶粒硬质合金中 WC 粒度为 1.5 μm 左右，而超细晶粒硬质合金的 WC 粒度在 0.2～1 μm 之间，其含 Co 量为 9%～15%，常用牌号有 YS2、YM051、YG610 和 YG643 等。超细晶粒硬质合金具有抗弯强度和冲击韧度高、抗热冲击性能好等特点，适合于制造尺寸较小的整体复杂的硬质合金刀具，可大幅度提高切削速度；可用于加工铁基、镍基和钴基高温合金、钛基合金和耐热不锈钢以及各种喷涂焊、堆焊材料等难加工材料。

(2) 涂层硬质合金。

涂层硬质合金是采用化学气相沉积(CVD)或物理气相沉积(PVD)的方法，在普通硬质合金刀片表面涂覆一薄层(5～12 μm)高耐磨性的难熔金属化合物而得到的刀具材料，较好地解决了材料硬度、耐磨性与强度、韧性之间的矛盾。涂层硬质合金刀具可缩短切削时间、降低成本，刀具寿命长减少换刀次数，且加工精度高，可以减少或取消切削液的使用。常用的涂层材料有 TiN、TiC、Al_2O_3 等。

(3) 高速钢基体硬质合金。

高速钢基体硬质合金以 TiC 或 WC 为硬质相(约占 30%～40%)，以高速钢为黏结相(约占 70%～60%)，用粉末冶金方法制成，其性能介于高速钢和硬质合金之间，能够锻造、切削加工、热处理和焊接，常温硬度为 70～75 HRC，耐磨性比高速钢提高 6～7 倍。可用来制造钻头、铣刀、拉刀等复杂刀具，适用于加工不锈钢、耐热钢和有色金属。高速钢基体硬质合金导热性差，容易过热，高温性能比硬质合金差，切削时要求充分冷却，不适于高速切削。

3. 陶瓷刀具(Ceramic Tool)

常用的陶瓷刀具材料是以 Al_2O_3 或 SiN_4 为基体成分在高温下烧结而成的。其硬度可达 91～95 HRA，耐磨性比硬质合金高十几倍，适于加工冷硬铸铁和淬硬钢；在 120℃高温下仍能切削，高温可达 80 HRA，在 540℃时为 90 HRA，切削速度比硬质合金高 2～10 倍；具有良好的抗粘性能，使它与多种金属的亲和力小；化学稳定性好，即使在熔化时，与钢也不起相互作用；抗氧化能力强。陶瓷材料的最大缺点是脆性大、抗弯强度和冲击韧性低、导热性差。但采用高纯度原材料和一定的热压(HP)、静压(HIP)等工艺可以提高陶瓷刀具的性能。

4. 超硬刀具(Superhard Tool)

超硬刀具是金刚石和立方氮化硼的统称，用于超精加工及淬硬材料加工。可用于加工任何硬度的工件材料，包括淬火硬度达 65～67 HRC 的工具钢，有很好的切削性能，切削速度比硬质合金刀具提高 10～20 倍，且切削时温度低。加工超硬材料时，工件表面粗糙度的值很小，甚至可部分代替磨削加工，经济效益显著提高。

1) 聚晶金刚石(PCD)

金刚石有人造和天然两类，工业上多使用人造聚晶金刚石作为刀具及磨具材料。它具有极高的硬度，比硬质合金及陶瓷的硬度高几倍。磨削时金刚石的研磨能力很强，比一般砂轮高 100～200 倍，且随着工件材料的硬度增大而提高。金刚石刀具具有较低的摩擦系数，可保证较好的工件质量，但其脆性大、抗冲击能力差，对振动敏感，要求机床精度高、平稳性好。金刚石主要用于加工高速精细车或镗削各种有色金属及其合金，如铝合金、铜合金、镁合金等，也可用于加工钛合金、金、银、铂、各种陶瓷和水泥制品；对于各种非金属材料，如石墨、橡胶、塑料、玻璃及其聚合材料的加工效果都很好。由于金刚石刀具的耐热性较差，且与铁元素有较强的亲和力，因此金刚石刀具一般不适合加工铁系金属。

2) 立方氮化硼(CBN)

立方氮化硼 CBN 具有很高的硬度和耐磨性，仅次于金刚石；热稳定性比金刚石高 1 倍，可以高速切削高温合金，切削速度比硬质合金高 3～5 倍；有优良的化学稳定性，适于加工钢铁材料；导热性比金刚石差但比其他材料高得多，抗弯强度和断裂韧性介于硬质合金和陶瓷之间。它可用于加工特种钢，代替了传统的磨削加工方式。

5. 刀具材料的选择原则

合理选择刀具材料，其中最主要的是了解刀具材料的切削性能和工件材料的切削加工性能及加工条件，紧紧抓住切削中的主要矛盾，同时兼顾经济合理来决定取舍。一般应遵循以下原则。

(1) 普通材料工件加工时，一般选用普通高速钢和硬质合金；加工难加工材料时可选用高性能和新型刀具材料牌号。只有在加工高硬材料或精密加工中常规刀具材料不能满足加工精度要求时，才考虑 PCD 和 CBN 刀片。

(2) 任何刀具材料在强度、韧性和硬度、耐磨性之间总是难以完全兼顾的，在选择刀具材料牌号时，可根据工件材料切削加工性和加工条件，通常先考虑耐磨性，崩刃问题尽可能用刀具合理参数解决。如果因刀具材料脆性太大造成崩刃，才考虑降低耐磨性要求，选用强度和韧性较好的牌号。一般情况下，低速切削时，切削过程不平稳，容易产生崩刃现象，应选择耐磨性好的刀具材料牌号。

1.3.3　加工中心常用刀具

加工中心常用刀具类型

1. 面铣刀(Face Milling Cutter)

面铣刀圆周方向切削刃为主切削刃，端部切削刃为副切削刃，可用于铣削台阶面和平面，生产效率较高。铣削平面的面铣刀多制成镶齿结构，刀片可以是硬质合金或高速钢材料，刀体材料为 40Gr。高速钢面铣刀按国家标准规定，直径为 80～250 mm，螺旋角为 10°，刀齿数为 10～26。硬质合金面铣刀与高速钢面铣刀相比，铣削速度高，加工效率高，加工表面质量也较好，可以用来加工带有硬皮和淬硬层的工件，故得到广泛应用。硬质合金面铣刀按刀片和刀齿连接方式不同可分为整体焊接式、机夹焊接式和可转位式三种。可转位面铣刀的直径已经标准化，采用公比 1.25 的标准直径系列，直径范围为 16～

630 mm，面铣刀主偏角有 45°、60°、75° 和 90°，其应用也最为广泛。图 1-27 所示为 90° 可转位硬质合金面铣刀，可以进行高速铣削和阶梯铣削。

图 1-27　硬质合金可转位面铣刀

面铣刀直径的选择主要是根据工件的宽度，同时要考虑机床的功率、刀具的位置和刀齿与工件的接触形式等，也可将机床主轴直径作为选取的依据，面铣刀直径可按 $D=1.5d$(d 为主轴直径)选取，一般来说，面铣刀的直径应比切宽大 20%～50%。面铣刀有平面粗铣刀、平面精铣刀、平面粗精复合铣刀三种，一般在粗加工余量较大且不均匀时采用直径较小的面铣刀，精加工时选用直径较大的面铣刀，尽可能包容整个加工面的宽度。

2. 立铣刀(End-milling Cutter)

立铣刀是数控机床上用得最多的一种铣刀，其圆柱表面和端面上都有切削刃，圆柱表面的切削刃为主切削刃，端面上的切削刃为副切削刃，可以同时切削，也可单独切削。主切削刃一般为螺旋齿，这样可以增加切削平稳性，提高加工精度。常用的立铣刀有平底立铣刀(见图 1-28)、R 立铣刀(见图 1-29)等，其应用范围较广，可高效铣削凸台、凹槽和小平面。当加工内外轮廓时采用圆周面刀刃进行周铣，当加工平面时采用端面刀刃进行端铣。

图 1-28　平底立铣刀

图 1-29　R 立铣刀

立铣刀按端部切削刃的不同，可分为过中心刃和不过中心刃两种立铣刀。过中心刃的立铣刀可以作轴向进刀，端面中心处无切削刃的普通立铣刀，不宜作轴向进刀。如图 1-30 和图 1-31 所示的整体式硬质合金立铣刀和镶刀片硬质合金立铣刀均为不过中心刃立铣刀，当需要铣削下刀时常采用坡走式和螺旋式两种进刀方式。

图 1-30　整体式硬质合金立铣刀

图 1-31　镶刀片硬质合金立铣刀

选择立铣刀直径时，需考虑工件加工尺寸的要求，并保证立铣刀所需的功率在机床额定功率范围以内。精铣内轮廓的立铣刀，刀具半径必须小于零件内轮廓的最小曲率半径，一般取(0.8～0.9)倍的内轮廓最小曲率半径。

3. 模具铣刀(Die Sinking End Mill)

模具铣刀由立铣刀发展而来，如图 1-32～图 1-34 所示。模具铣刀可分为圆锥形立铣刀(圆锥半角 3°、5°、7°、10°)、圆柱形球头立铣刀和圆锥形球头立铣刀三种，其柄部有直柄、削平型直柄和莫氏锥柄。它的结构特点是球头或端面上布满了切削刃，圆周刃与球头刃圆弧连接，可作径向和轴向进给，主要用于加工模具型腔和凸模型腔和凸模成形表面。小规格的模具铣刀多制成整体结构，直径大于 16 mm 的制成焊接式或机夹可转位刀片式。

图 1-32　圆锥形立铣刀

图 1-33　圆柱形球头立铣刀

图 1-34　圆锥形球头立铣刀

4. 键槽铣刀(Keyway Cutter)

键槽铣刀如图 1-35 所示，它有两个刀齿，圆柱面和端面都有切削刃，端面刀刃过中心，既像立铣刀，又像钻头。键槽铣刀的端面刃为主切削刃，强度较高，圆周切削刃是副切削刃，加工时先作轴向下刀进给至槽深，然后沿槽轮廓方向铣出型腔或各种封闭槽等。

图 1-35　键槽铣刀

5. 成形铣刀(Formed Milling Cutter)

成形铣刀一般是为特定形状或加工内容专门设计的，如图 1-36、图 1-37 所示分别为燕尾槽铣刀和 T 形槽铣刀等。

图 1-36　燕尾槽铣刀

图 1-37　T 形槽铣刀

6. 孔加工刀具(Hole Machining Tool)

根据孔的结构和技术要求不同，可采用不同的加工方法，主要分为两类：一类是对实体工件进行孔加工，另一类是对已有孔进行半精加工和精加工。非配合孔一般是采用钻削加工直接在实体上把孔加工出来；对于配合孔则需要在钻孔的基础上根据被加工孔的精度和表面质量要求，加工中心上常采用铰削、攻丝、镗削等精加工。常用的孔加工刀具有麻花钻、铰刀、丝锥、镗刀等，如图 1-38～图 1-41 所示。

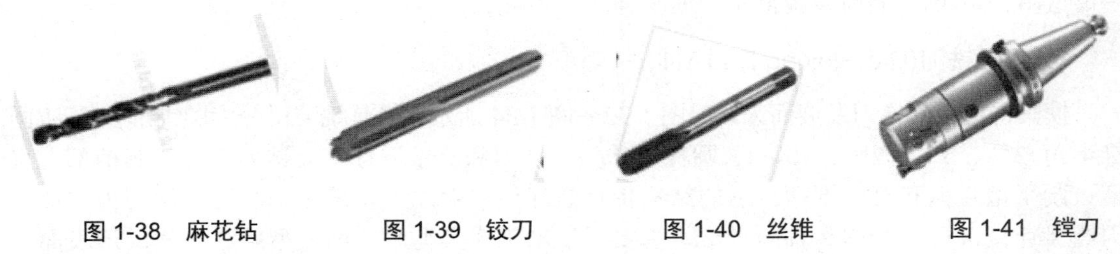

图 1-38　麻花钻　　图 1-39　铰刀　　图 1-40　丝锥　　图 1-41　镗刀

7. 数控铣削工具系统(CNC Milling Tool System)

数控铣削工具系统

数控铣削工具系统是镗铣床主轴到刀具之间的各种连接刀柄的总称。其主要作用是连接主轴与刀具，使刀具达到所要求的位置与精度，传递切削所需扭矩及保证刀具的快速更换。

加工中心工具系统按结构形式分为整体式(TSG)与模块式(TMG)两种，如图 1-42、图 1-43 所示。整体式工具系统其装夹刀具的工作部分与它在机床上安装定位用的柄部是一体的，这种刀柄对机床与零件的变换适应能力较差。为适应零件与机床的变换，用户必须储备各种规格的刀柄，因此刀柄的利用率较低。模块式工具系统是一种较先进的工具系统，其每把刀柄都可通过各种系列化的模块组装而成。针对不同的加工零件和使用机床，采取不同的组装方案，可获得多种刀柄系列，从而提高刀柄的适应能力，减少设备投资，提高了刀柄的利用率。

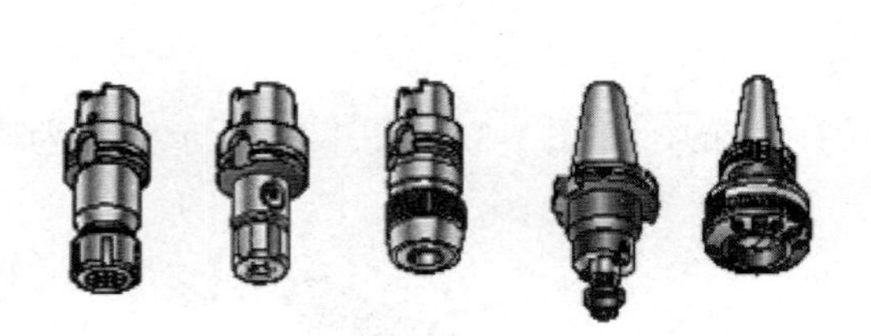

图 1-42　整体式工具系统

图 1-43　模块式工具系统

目前国内使用较多的刀柄类型有 JT、 BT 和 ST 型三种刀柄，锥度为 7∶24。BT 系列常用刀柄规格有 40 号、45 号和 50 号。50 和 40 分别代表大端直径 69.85 和 44.45。刀柄与刀具的连接形式常有套式面铣刀、ER 弹簧夹头式、侧压式、钻夹头式、液压式、热涨式等。如图 1-44(a)所示为套式面铣刀刀柄，图 1-44(b)为 ER 弹簧夹头刀柄，图 1-44(c)为侧压式刀柄，图 1-44(d)为钻夹头式刀柄。刀柄的尾部采用相应型式的拉钉拉紧结构与机床主轴相配的刀柄。

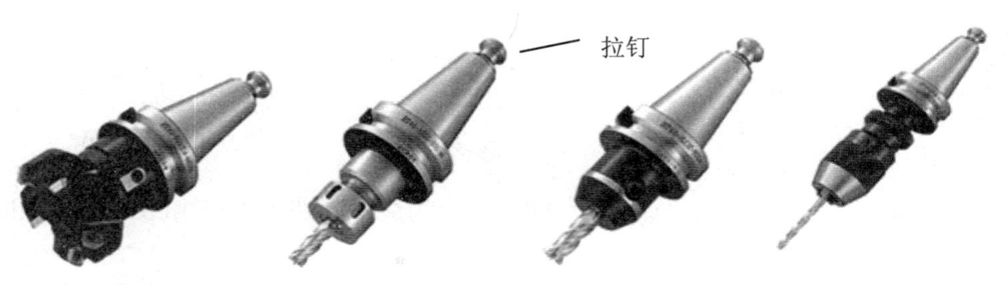

(a) 套式面铣刀刀柄　(b) ER 弹簧夹头式刀柄　(c) 侧压式立铣刀柄　(d) 钻夹头式刀柄

图 1-44　刀柄连接形式

1.3.4　技能训练

根据实训现场提供的各类刀具，规范拆装刀具，并做好记录(见表 1-6)。

表 1-6　刀具拆装训练实践记录表

序　号	训练内容	情况(√　×)	简述心得
1	面铣刀拆装		
2	弹簧夹头式立铣刀拆装		
3	侧压式立铣刀拆装		
4	钻夹头麻花钻拆装		

1.3.5　中英文对照

(1) 铣刀系列：直柄铣刀、直柄键槽铣刀、锥度铣刀以及其他非标准铣刀。

Milling cutter series: straight shank milling cutter, straight shank keyway milling cutter, prick milling cutter, nonstandard milling cutter.

(2) 高速钢是机械制造中应用最广的刀具材料之一。

HSS is one of cutting tool materials most widely used in the machine building.

(3) 随着新型工程材料和刀具材料的开发应用，切削加工不仅要求快速低成本，而且向着高精度化、高效率化方向发展。

With the new engineering material and tool material development and application of cost-cutting process requires not only fast, but also toward the high-precision, high efficiency of direction.

1.3.6　拓展思考

1. 填空题

(1) YT 类硬质合金的主要化学成分是 Co、(　　)和(　　)。其中，(　　)含量越多，硬质合金硬度越高，耐热性越好，但脆性越大。

(2) 刀具材料的种类很多，常用的金属材料有(　　)、(　　)、 金刚石，非金属材料有

(　　)、(　　)等。

(3) 刀具材料的主要性能有(　　)、(　　)、(　　)、(　　)、(　　)，普通高速钢的常用牌号有(　　)、(　　)、(　　)等。

(4) 切削液的作用有：(　　)、(　　)、(　　)和(　　)。

(5) 标准麻花钻一般由(　　)、(　　)和(　　)构成，其切削部分由(　　)个面和(　　)条刃和四尖构成。

2. 选择题

(1) 更换电池时一定要在数控系统通电的情况下进行。有些高速钢和硬质合金铣刀的表面涂覆一层 TiC 或 TiN 等物质，其目的是(　　)。

A. 使刀具更美观　　B. 提高刀具的耐磨性

C. 切削时降低刀具温度　　D. 增加刀具的抗冲击能力

(2) 由刃磨后开始切削，一直到磨损量达到磨钝标准为止，所经过的(　　)称为刀具使用寿命。

A. 切削速度　　B. 切削力　　C. 切削路程　　D. 切削时间

(3) 切削刃形状复杂的刀具由(　　)材料制造较合适。

A. 硬质合金　　B. 人造金刚石　　C. 陶瓷　　D. 高速钢

(4) 枪钻属于(　　)。

A. 外排屑深孔钻　　B. 内排屑深孔钻　　C. 喷吸钻　　D. BTA 钻

(5) 标准公差用 IT 表示。比较下列 4 个公差等级，(　　)最高。

A. IT0　　B. IT01　　C. IT10　　D. IT12

3. 判断题

(1) 刀具材料的硬度越高，强度和韧性越低。(　　)

(2) 钨钴类硬质合金(YG)因其韧性、磨削性能和导热性好，主要用于加工脆性材料、有色金属及非金属。(　　)

(3) 刀具寿命的长短、切削效率的高低与刀具材料切削性能的优劣有关。(　　)

(4) 立方氮化硼是一种超硬材料，其硬度略低于人造金刚石，但不能以正常的切削速度切削淬火等硬度较高的材料。(　　)

任务 1.4　数控铣削常用量具的认识与操作

1.4.1　任务目标

会查阅量具使用手册，了解常用量具的测量原理；掌握常用量具的测量方法；能合理选择量具对零件进行检测；培养规范使用量具和保养量具的职业素养。

常用量具的实物图，如图 1-45 所示。

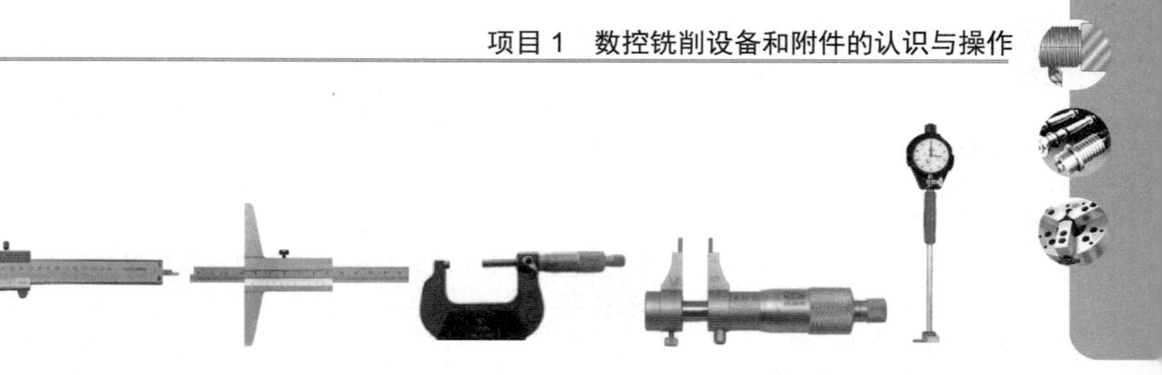

图 1-45　常用量具

1.4.2　常用量具简介

零件的检测会用到机械类通用量具和量仪，它们是指有刻度并能量出具体数字值的量具和量仪。它们可用来测量在一定范围内的任意值。一般有：游标类量具、螺旋测微类量具、机械式量具、光学量具、电动量具、专用量具和量仪等。

1. 游标类量具(Cursor Type Gauges)

游标类量具

游标类量具是利用游标读数原理制成的一种常用量具，它具有结构简单、使用方便、测量范围大等特点。常用的游标量具有游标卡尺、深度游标尺、高度游标尺，它们的读数原理相同，所不同的主要是测量面的位置不同。如图 1-46 所示，游标量具的主体是一个刻有刻度的尺身，沿着尺身滑动的尺框上装有游标。

游标的原理：如果将主尺上的 9 mm 等分 10 份作为游标尺的刻度，那么游标尺上的每一刻度与主尺上的每一刻度所表示的长度之差就是 0.1mm。同理，如果将主尺上的 19 mm、49 mm 分别等分 20 份、50 份作为游标尺上的 20 刻度、50 刻度，那么游标尺上的每一刻度与主尺上的每一刻度所示的长度之差就分别为 0.05 mm、0.02 mm。因此，游标卡尺的测量精度可达 0.1 mm、0.05 mm、0.02 mm。

游标卡尺的读数可用公式表示：$x=a+n/b$。其中，x 为被测长度；a 为主尺读数；n 为游标尺与主尺重合的第 n 条刻度线；b 为游标尺上的刻度数。注意：读数 a 必须以毫米为单位。

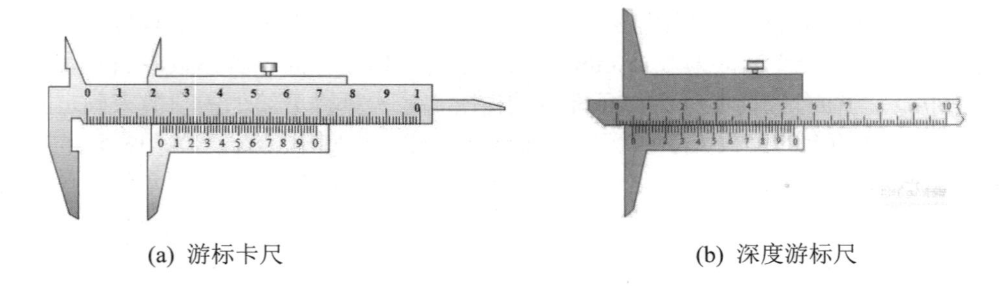

(a) 游标卡尺　　(b) 深度游标尺

图 1-46　游标类量具

游标卡尺是游标类量具应用最广泛的一种量具，使用游标卡尺时需注意以下事项。

(1) 游标卡尺是比较精密的测量工具，要轻拿轻放，不得碰撞或跌落地下。使用时不要用来测量粗糙的物体，以免损坏量爪，不用时应置于干燥地方，以防锈蚀。

(2) 测量前要首先确认游标卡尺的精度。

(3) 测量时，应先拧松紧固螺钉，移动游标不能用力过猛。两量爪与待测物的接触不宜过紧。不能使被夹紧的物体在量爪内挪动。

(4) 读数时，视线应与尺面垂直。如需固定读数，可用紧固螺钉将游标固定在尺身上，防止滑动。

(5) 实际测量时，对同一长度应多测几次，取其平均值来消除偶然误差。

测量前首先确认游标卡尺的精度，游标卡尺零误差处理的具体方法：用来测量物体时，让卡尺测量爪并拢，如果二尺的零刻度没有对齐，那么游标卡尺就出现了零误差。如果此时游标上的零刻度线在主尺上 0 刻度线的右边，则称此时的读数为正误差；如果此时游标上的零刻度线在主尺上 0 刻度线的左边，则称此时的读数为负误差，其值为读数减 1 mm。当用此尺读数时，应用最后的读数减去零误差。

2. 螺旋测微类量具(Screw Micrometer Measuring Tools)

螺旋测微类量具是利用螺旋副测微原理进行测量的一种量具。根据用途的不同，螺旋测微类量具可分为外径千分尺、内径千分尺、公法线千分尺、深度千分尺等。其中，外径千分尺(见图 1-47(a))使用最普遍，主要用来测量轴类外径或零件的长度等，其规格有 0～25、25～50、50～75、75～100、100～125 等，都是以 25 mm 为单位倍增。内径千分尺(见图 1-47(b))用来测量孔径尺寸，其规格有 2～2.5、2.5～3、3～4、4～5、5～6、6～8、8～10、10～12、12～16、16～20、20～25、25～0、30～40、40～50，还有更多。

螺旋测微类量具

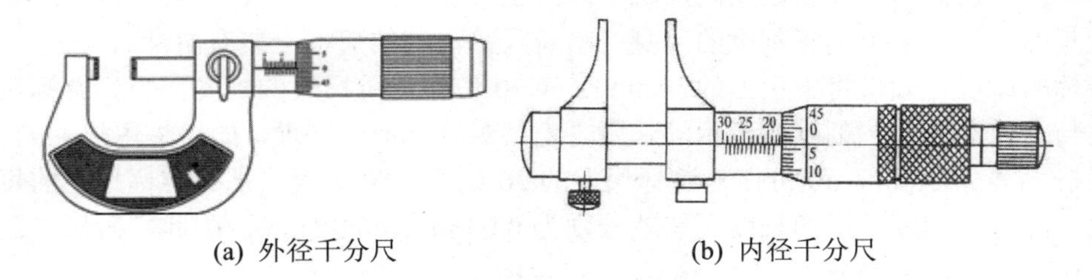

(a) 外径千分尺　　(b) 内径千分尺

图 1-47　螺旋测微类量具

千分尺的读数=固定套管主尺读数+微分筒上的读数，千分尺主尺每格 1 mm，微分筒每格 0.01 mm，读数时要注意视线与刻度垂直，避免读数产生误差。如图 1-48(a)所示，主尺读数为 10 mm，微分筒读数为 0.25 mm，故该尺寸为 10.25 mm。若读数中遇到套管主尺的 0.5 mm 刻度线与微分筒前沿处于似压非压的情况，应根据微分筒上的读数来确定其是否计入读数，若微分筒上的读数大于或等于 0 则计入读数，否则不计入读数。图 1-48(b)的主尺读数为 10.5 mm，微分筒读数为 0.26 mm，故该尺寸应为 10.76 mm。

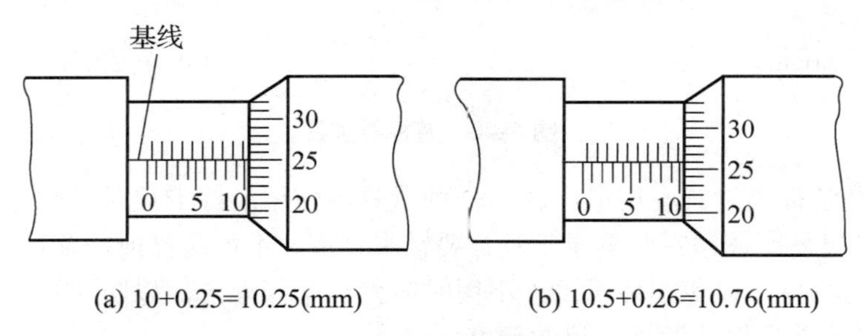

(a) 10+0.25=10.25(mm)　　(b) 10.5+0.26=10.76(mm)

图 1-48　千分尺的读数

千分尺在测量前，必须校对其零位，即通常所说的“对零位”。其方法如下：对于测量范围为 0～25 mm 的千分尺，转动微分筒，当测杆和测砧两测量面快要接触时，转动测力机构，使两测量面轻轻地接触，当测力机构发出“咔咔”的爬动声后，即可读数。这时微分筒的零刻度线应与固定套管的基准线重合，微分筒端面也恰好与固定套管的零刻度线右边缘相切或者微分筒的端面离开(离线)或盖住(压线)固定套管的零刻度线，但离线不得大于 0.1 mm，压线不得大于 0.05 mm。如果零位不符合要求，则应对零位进行调整。

对于测量范围大于 25 mm 的千分尺，应该在测杆和测砧两测量面间安放尺寸为其测量下限的调整量具(又称校对棒或校对量杆)后进行。如零位不准，则按下述步骤进行调整：①使用测力装置，转动测微螺杆，使测杆和测砧两测量面接触。②锁紧测微螺杆。③用千分尺的专用扳手插入固定套管的小孔内，扳转固定套管，使固定套管纵刻线与微分筒上的零线对准。④若偏离零线较大时，需用小起子将固定套管上的紧固螺丝松脱，并使测微螺杆与微分筒松动，转动微分筒，进行初步调整(即粗调)，然后按上述步骤进行微调。⑤调整零位，必须使微分筒的棱边与固定套管上的零刻线重合，同时要使微分筒上的零线对准固定套管上的纵刻线。

千分尺在使用过程中需注意：①保持尺身与量面的清洁，避免接触水、油、冷却液等液态物质；②测量时，使用测力装置，避免冲击；③不要任意拆卸千分尺；④长期不使用时应洗净，涂防护油，放入包装盒内。

3. 机械量仪(Mechanical Measuring Instrument)

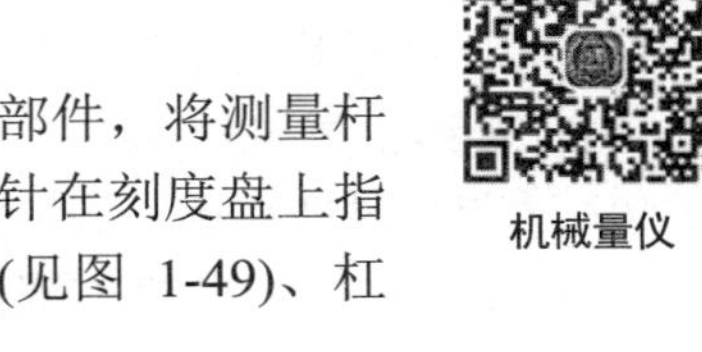

机械量仪

机械量仪是以杠杆、齿轮、扭簧等机械零件组成的传动部件，将测量杆微小的直线位移传动放大，转变为指针的角位移，最后由指针在刻度盘上指出示值。机械量仪的种类很多，主要有：齿轮齿条式百分表(见图 1-49)、杠杆百分表、内径百分表、杠杆式卡规等。

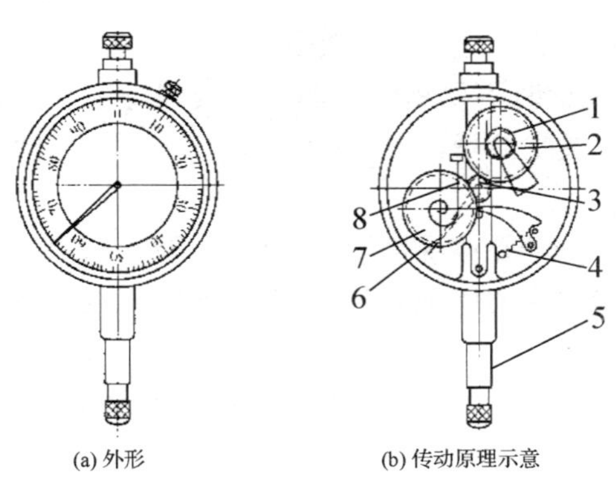

(a) 外形　　(b) 传动原理示意

图 1-49　百分表

1—小齿轮；2，7—大齿轮；3—弹簧；4—测量杆；5—测量杆；6—指针；8—游丝

内径百分表是测量孔径的常用量具，特别适合测量深孔。内径百分表是以同轴线的固定测头和活动测头与被测孔壁相接触进行测量的。测量时，活动测头受到孔壁的压力而产生位移，该位移经杠杆系统传递给百分表，并由百分表进行读数。

用内径百分表(见图 1-50)测量孔径，是用相对测量法进行测量的。先根据被测孔的基本

尺寸组合量块组 D，并用千分尺确定该标准尺寸，用该标准尺寸 D(或用精密标准环规)，调整内径百分表的零位，然后用内径百分表测出被测孔径相对零位的偏差值ΔD，则被测孔径 $D_a=D+\Delta D$。

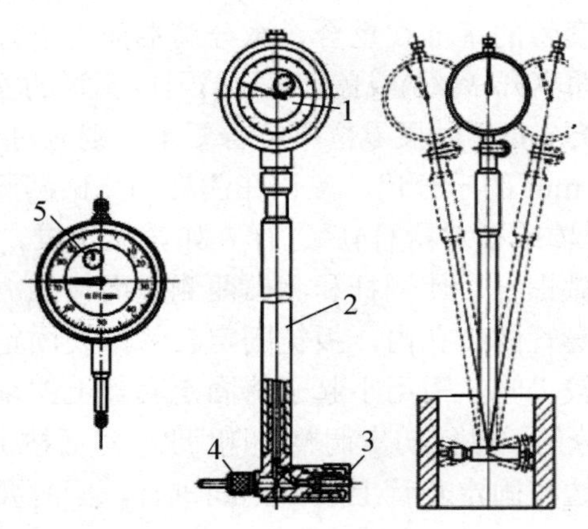

图 1-50　内径百分表

1.4.3　量具的使用注意事项

量具质量的好坏和精度保持的情况，直接影响产品的检测结果，对保证产品质量起着极其重要的作用。在使用时必须注意以下几点。

量具的使用注意事项

(1) 量具、量仪使用前，要将手上的污垢清洗干净，保持量具、量仪外表的清洁和测量地点的整齐、清洁。

(2) 操作前，一定要了解量具、量仪的结构原理和性能，否则不得随意动手，以防损坏。

(3) 操作要认真、细心，严格遵守仪器操作规程。仪器的操作手柄或手轮应轻轻转动，锁紧机构不宜用力过大，说话时不要嘴对仪器，不要任意用手摸金属表面。

(4) 仪器使用过程中如发生故障，不得任意拆卸，必须按仪器结构原理仔细检查或送专门单位检查修理。

(5) 仪器使用完毕后，一定要将手接触过的地方用纱布、棉花、汽油和绸布清洗干净，金属表面涂上防锈油，防止生锈(所用棉花、纱布、汽油、绸布和防锈油，都要经过检查合格后才能使用)。

(6) 必须按期保养，鉴定量仪、量具，以保证量值的准确，对修复的量仪、量具必须经检查鉴定后，方可再使用。

1.4.4　技能训练

根据实训现场提供的各零件图纸及其实物，选择合适的量具对其进行测量，并做好记录(见表 1-7)。

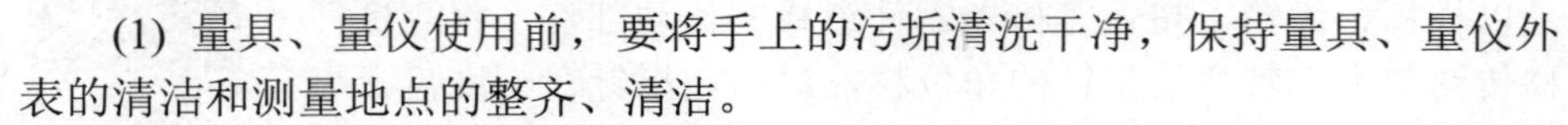

表 1-7　常用量具测量训练实践记录表

序　号	训练内容	实测尺寸	尺寸误差	序　号	训练内容	实测尺寸	尺寸误差
零件 1	长度尺寸			零件 2	长度尺寸		
	深度尺寸				深度尺寸		
	孔径尺寸				孔径尺寸		
测量心得							

1.4.5　中英文对照

(1) 熟练使用内、外千分尺以及游标卡尺。

Completed ability to use inside and outside micrometer , caliper.

(2) 针对加工中心在线检测技术，提出了零件的检测特征，并对检测特征进行分类和表达。

Aimed at the machining center on-line inspection technique, the inspecting features of parts are proposed, classified and expressed.

(3) 在数控机床或加工中心上采用联机检测轮廓加工误差的方法，不用价格昂贵的坐标测量机，具有简单、省时、经济的特点。

A method of on-line measurement of contouring error on numerically-controlled machine tools or machining centers is a simple, high-speed and economical.

(4) 介绍了该量具的结构、使用原理、测量范围和使用方法，有效地保证了齿轮轴的加工精度。

Introducing the structure, use principle, survey range and use method, to assure effectively the processing precision of gear wheel shaft.

1.4.6　拓展思考

1. 填空题

(1) 用游标卡尺测量工件时，被测工件的(　　)与游标卡尺的基准线不重合，为两条平行线，因此游标卡尺不符合阿贝原理，只能测量低精度的工件。

(2) 百分表应牢固地装夹在表架夹具上，与装夹套筒紧固时，夹紧力(　　)，以免使夹紧套筒变形卡住测杆，应检查测杆移动是否灵活。夹紧之后，不可再扳动百分表。

(3) 用不去除材料方法获得的表面粗糙度 R_a 的上限值为 3.2 μm 的粗糙度标注法是(　　)。

2. 选择题

(1) ϕ40H7 换成偏差表示应该是(　　)。

A. $\phi40^{+0.01}_{-0.02}$　　　B. $\phi40^{+0.025}_{-0.025}$

C. $\phi40^{0}_{-0.025}$　　　D. $\phi40^{+0.025}_{0}$

(2) 用内径百分表测量内孔直径前，需要用(　　)对表。

A. 深度千分尺　　B. 内径千分尺　　C. 外径千分尺　　D. 游标卡尺

(3) 测量外尺寸时，应先使游标卡尺量爪间距略大于被测工件的尺寸，再使工件与固定量爪贴合，然后使活动量爪与被测工件表面接触，稍微游动一下活动量爪，找出(　　)尺寸。

A. 平均　　B. 合适　　C. 最小　　D. 最大

(4) 测量内孔尺寸时，应使卡尺量爪间距略小于被测工件尺寸，将量爪沿着孔的中心线放入，使固定量爪与孔边接触，然后使活动量爪在被测工件孔内表面稍微游动一下，找出(　　)尺寸。

A. 最大　　B. 合适　　C. 最小　　D. 平均

(5) 千分尺两测量面将与工件接触时，要使用(　　)，不要直接转动微分筒。

A. 螺杆　　B. 千分尺　　C. 测力装置　　D. 固定套管

(6) 用内径表测量内孔直径前，需要用(　　)对表。

A. 深度千分尺　　B. 内径千分尺　　C. 外径千分尺　　D. 游标卡尺

(7) 下列粗糙度值中表述表面最粗糙的是(　　)。

A. R_a0.8　　B. R_a1.6　　C. R_a3.2　　D. R_a6.3

任务 1.5　回字形凸模的铣削加工

1.5.1　任务目标

会查阅铣削加工相关资料，了解常用铣削加工的基本知识；能采用加工中心手动方式正确铣削回字形凸模零件；能正确检测回字形凸模零件的尺寸精度；培养规范操作、正确摆放工量刃具的职业素养。

图 1-51 所示为回字形凸模零件。

图 1-51　回字形凸模零件

1.5.2　数控加工工艺规程

1. 生产过程和工艺过程(Production Process and Process)

生产过程是指将原材料转变为成品的全过程。一般产品的生产过程包括原材料的购买、运输和保管，生产的技术准备，毛坯的制造，零件的加工，零件的装配、检验，以及产品的包装和发送等。

生产过程与工艺过程
工序与工步

工艺过程是指直接改变加工对象的形状、尺寸、相对位置和性能，使之成为成品的过程。工艺过程是生产过程中的主要过程，其余如生产的技术准备、检验、运输及保管等过程则是生产过程中的辅助过程。

2. 工序与工步(Process and Step)

工序是指一个或一组工人在一个工作地点，对一个或同时对几个工件进行加工所完成的工艺过程。在加工中心机床上加工零件，工序相对比较集中，可一次装夹中尽可能完成

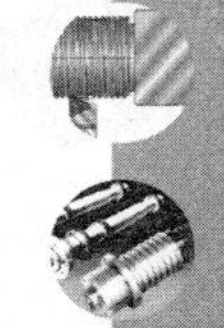

大部分或全部工序。一般工序划分有以下几种方式。

(1) 按零件装卡定位方式划分工序。由于每个零件结构形状不同，各加工表面的技术要求也有所不同，故加工时定位方式会各有差异。一般加工外形时，以内形定位；加工内形时又以外形定位。因而可根据定位方式的不同来划分工序。

(2) 粗、精加工划分工序。根据零件的加工精度、刚度和变形等因素来划分工序时，可按粗、精加工分开的原则来划分工序，即先粗加工再精加工。此时可用不同的机床或不同的刀具进行加工。通常在一次安装中，不允许将零件某一部分表面加工完毕后，再加工零件的其他表面。

(3) 按所用刀具划分工序。为了减少换刀次数，压缩空程时间，减少不必要的定位误差，可按刀具集中工序的方法加工零件，即在一次装夹中，尽可能用同一把刀具加工出可能加工的所有部位，然后再换另一把刀加工其他部位。在专用数控机床和加工中心中常采用这种方法。

工步是指当加工表面、切削工具和切削用量中的转速与进给量均不变时，所完成的这部分工序内容。一个工序内，往往需要采用不同的刀具和切削用量对不同的表面进行加工，为便于分析和描述工序的内容，工序还可进一步划分为工步。

工步的划分主要从加工精度和效率两方面考虑。在一个工序内往往需要采用不同的刀具和切削用量，对不同的表面进行加工。为了便于分析和描述较复杂的工序，在工序内又细分为工步。下面以加工中心为例来说明工步划分的原则。

(1) 同一表面按粗加工、半精加工、精加工依次完成，或全部加工表面按先粗后精加工分开进行。

(2) 对于既有铣面又有镗孔的零件，可先铣面后镗孔，使其有一段时间恢复，可减少由变形引起的对孔的精度的影响。

(3) 按刀具划分工步。某些机床工作台回转时间比换刀时间短，可采用按刀具划分工步，以减少换刀次数，提高加工生产效率。

总之，工序与工步的划分要根据具体零件的结构特点、技术要求等情况综合考虑。

3. 生产纲领与生产类型(Production Program and Type of Production)

生产纲领是指每批所需要制造的产品数量，也称为生产量。零件的生产纲领$N_{零}$可按下式计算：

$$N_{零}=N_{产}n(1+\alpha)(1+\beta)$$

式中：$N_{产}$——产品的生产纲领(台/批)；

n——每台产品上的零件数量(件/台)；

α——零件的备品率(用百分数表示)；

β——零件的平均废品率(用百分数表示)。

零件生产纲领确定后，根据车间的具体情况按一定期限分批投产，每批投入生产的零件数量称为批量。

生产类型主要分为单件生产和成批生产两种。

单件生产是指每种产品只做一个或数个。一个工作地要进行多品种和多工序的作业。

如模具制造通常属于单件生产。成批生产是指产品周期地成批投入生产。成批生产根据规模大小分为小批量、中批量和大批量。例如，模具中常用的标准模板、模座、导柱、导套等就属于成批生产。

4. 零件的工艺分析(Technical Analysis of Parts)

零件的工艺分析是指从加工制造的角度研究模具零件图各个方面是否存在不利于加工制造的因素，并将这些不利因素在制造开始前予以消除。工艺分析是确保后续制造过程顺利、高效及高质量实施的前提与基础，也是极其关键的环节。工艺分析一般包括以下几个方面：①零件图样的完整性与正确性审查；②零件材料加工性能审查；③零件结构工艺性审查；④零件技术要求审查。

5. 定位基准的选择(Locate the Benchmark Selection)

定位基准的选择

基准是指用以确定零件上其他点、线、面的位置所依据的点、线、面。

基准按其作用不同，可分为设计基准和工艺基准两大类。

(1) 设计基准。设计图样时用以确定其他点、线、面的基准称为设计基准。

(2) 工艺基准。零件在加工和装配过程中使用的基准称为工艺基准。工艺基准可分为定位基准、测量基准和装配基准。

在加工时，用以确定工件在机床上或夹具中的正确位置所采用的基准，称为定位基准。定位基准包括粗基准和精基准。

零件加工的第一道工序，采用未加工过的毛坯表面作为定位基准，这就是粗基准；在后续工序中，采用已加工过的较好表面作为定位基准，这就是精基准。

粗基准在选择时需重点考虑：保证各加工表面有足够余量，使不加工表面和加工表面间的尺寸、位置符合零件图要求。粗基准的选择原则如下。

(1) 若工件必须首先保证某重要表面余量均匀，则应选择该表面为粗基准。

(2) 若工件必须首先保证加工表面与不加工表面之间的位置要求，则应选择不加工表面作为粗基准。

(3) 同一尺寸方向上的粗基准一般只能使用一次，应避免重复使用。

(4) 选作粗基准的表面应尽可能宽大、平整，没有飞边、浇口或其他缺陷，这样可使定位稳定、准确、夹紧方便、可靠。

精基准在选择时需重点考虑：如何减少误差，提高定位精度。精基准的选择原则如下。

(1) 基准重合原则。即设计基准和定位基准一致。

(2) 基准统一原则。即各工序中采用同一基准定位。

(3) 互为基准原则。加工表面和定位表面互相转换的原则。

(4) 自为基准原则。选择以加工表面自身作为定位基准。

(5) 安装可靠原则。所选基准保证安装可靠。

6. 工艺路线的拟定(the Formulation of Process Route)

工艺路线拟定 1
(零件表面加工方法、加工阶段划分、工序集中与分散)

拟定工艺路线需逐一考虑以下各个方面。

1) 零件表面加工方法的选择

根据被加工表面的形状、特点、加工的质量要求，以及各种加工方

法所能达到的经济精度和经济表面粗糙度来确定具体的加工方法，许多零件表面需要分几次加工。选择零件表面加工方法时考虑的因素有：①精度和表面粗糙度要求；②零件的材料及力学性能要求；③零件的生产类型；④现有设备和技术条件。

2) 零件加工阶段的划分

对于加工质量要求较高的零件，其工艺过程应分阶段施工，一般可分为粗加工、半精加工、精加工和光整加工四个阶段。

(1) 粗加工(Roughing)阶段。该阶段的主要任务是切除大部分的加工余量，提高加工效率。此阶段的加工精度低，表面粗糙度值较大(IT12 级以下，R_a＝50～12.5 μm)。

(2) 半精加工(Semi-finishing)阶段。该阶段为了清除主要表面在粗加工时留下的误差，达到一定的精度及精加工余量，为精加工做好准备，并完成一些次要表面的加工，如钻孔、铣槽等(IT10～12 级，R_a＝6.3～3.2 μm)。

(3) 精加工(Finishing)阶段。该阶段需使各主要表面达到图样要求(IT7～10 级，R_a＝1.6～0.4 μm)。

(4) 光整加工(Superfinishing)阶段。对于对精度和表面粗糙度要求很高(IT6 级及以上精度、R_a 值在 0.2 μm 以下)的零件，需采用光整加工。但光整加工一般不能纠正形状误差和相互位置误差。

3) 工序集中与工序分散(Process Concentration and Process Dispersion)

工序集中是指零件的加工集中在少数几道工序中，每道工序所包含的加工内容比较多。工序集中的特点主要有：工艺路线短，工件安装次数少，所采用的设备数量少，采用专用机床和工艺装备的比例增加，对操作人员的技术水平要求提高。一般单件小批量生产会采用工序集中。

工序分散与工序集中刚好相反，所用的机床和工艺装备比较简单，调整方便，操作容易；产品更换时生产准备工作较快，技术准备周期较短；设备数量和操作维护人员多，工件加工周期长，设备占地面积也较大，对工人的技术水平要求低。一般在成批量生产中采用工序分散。

4) 加工顺序(Machining Sequences)

合理安排加工顺序对加工也起着至关重要的作用。应遵循以下几个原则：①基准先行原则。先加工基准面，为后续加工提供精基准。②先主后次原则。即先加工主要表面，以主要表面的加工为框架，适当穿插次要表面的加工。③先粗后精原则。先粗加工再精加工，有利于保证加工精度。④先面后孔原则。先加工平面，再以平面定位加工孔，有利于安装稳定。

工艺路线拟定 2
(加工顺序、工艺规程)

5) 热处理工序(Heat Treatment Process)

(1) 预备热处理。为了改善材料的可加工性，一般采用退火和正火进行预备热处理。一般安排在毛坯制造后、机械加工前进行。

(2) 最终热处理。为了提高表面硬度和耐磨性，采用淬火与回火、渗碳淬火、氮化等处理降低工件塑性和韧性，提高表面的硬度、耐磨性等。

6) 辅助工序的安排

辅助工序包括工件的检验、去毛刺、清洗和涂缓蚀漆等。其中，检验是辅助工序的主

要内容，对保证产品质量有着重要作用。除了在每道工序结束时必须由操作者按图样和工艺要求自行检验外，还应安排专门的检验工序。

7. 工艺规程的制定(Formulation of Process Procedures)

编制加工工艺规程的一般步骤为：①分析零件图和产品装配图；②确定毛坯种类、尺寸及其制造方法；③确定各工序所用机床设备和工艺装备(含刀具、夹具、量具、辅具等)；④拟定零件的加工工艺路线，包括选择定位基准、确定加工方法、划分加工阶段、安排加工顺序和决定工序内容等；⑤确定各工序加工余量，计算技术工序尺寸及公差；⑥确定各工序的技术要求及检验方法；⑦确定各工序的切削用量和工时定额；⑧编制工艺文件。

零件加工工艺文件的种类主要包括：零件加工工艺过程卡、零件加工工艺卡和零件加工工序卡等。

零件加工工艺过程卡是以工序为单元，以表格形式简要说明零件的加工(或装配)过程的工艺文件。从工艺过程卡中可以了解并明确制造工艺流程和加工方案，其内容与格式见表 1-8。

表 1-8　零件制造工艺过程卡

工艺过程卡								
零件名称		产品编号		零件编号				
材料名称		毛坯尺寸		件数				
工序	机号	工种	施工简要说明	定额工时	实际工时	制造人	检验	等级
工艺员			年　月　日		零件质量等级			

零件加工工艺卡是按照零件某一工艺阶段的内容编制的工艺文件。工艺卡仍以工序为单元，详细说明某一工艺阶段中的工序内容及工艺参数(切削用量等)，操作要求和采用的机床与工装等，其内容与格式见表 1-9。

零件加工工序卡是对特别重要的、关键的工序，根据零件制造工艺过程卡或工艺卡的内容，按工序及其内容编制成表格形式的工艺文件，也称为工序卡。工序卡的内容见表 1-10，包括工序简图；该工序的工艺参数，如工序尺寸与公差、每工步的切削用量；定额工时，操作要求，以及所用机床与工装等的说明与规定。

表 1-9　零件加工工艺卡

工艺卡				产品型号			零件图号					
				产品名称			零件名称				共　页	第　页
材料牌号	毛坯种类	毛坯尺寸	毛坯件数	零件毛重			零件净重		材料消耗定额		台产品零件数	每批数量
工序	安装	工步	工序内容		机床设备		工艺设备名称及编号				工时	
					名称及型号	编号	夹具	刀具	量具	辅具	准备终结	基本工时
								设计(日期)	校对(日期)	审核(日期)	标准化(日期)	会签(日期)
标记	处数	更改文件号	签字	日期								

表 1-10　零件加工工序卡

部件名称		部件编号		工序号		工序简图	
零件名称		零件编号					
坯料材料		坯料尺寸		坯料件数			
序号	机号	工种	工序内容及工艺说明		工时	工艺参数(切削用量)	工装
工艺员		年　月　日		制造者		年　月　日	
检验员		年　月　日		检验纪要			

1.5.3　铣削基本知识

1. 端铣(End Milling)

在立式加工中心机床上，平面的铣削常采用端铣方式。端铣是指用铣刀的端面刀刃进行铣削加工，主要用于大平面的铣削加工。如图 1-52 所示为分别用面铣刀和立铣刀铣削零件上表面。端铣时参与切削的刀齿数较多，工作较平稳，又有副切削刃进行修光，加工表面的粗糙度值较小。优选直径较大的面铣刀进行大平面的铣削，因面铣刀直径较大可以在一次铣削中完成较大平面；当用较小直径的面铣刀或立铣刀铣削时，则需要多次走刀，且每两次走刀的轨迹之间须有重叠部分，防止加工有残留。

2. 周铣(Peripheral Milling)

零件上的小平面、各种沟槽和成形面常常采用立铣刀进行周铣加工，如图 1-53 所示。周铣是指采用刀具圆周面上的刀刃进行铣削，其适应性较强。圆柱铣刀的前角较大，当选用较大螺旋角时，具有很好的切削效果，可以对一些难加工材料(如不锈钢，耐热合金等)进行铣削加工。

3. 顺铣与逆铣(Milling and Reverse Milling)

顺铣和逆铣

在铣削加工中，根据铣刀的旋转方向和切削进给方向之间的关系，可将铣削分为顺铣和逆铣两种，如图 1-54 所示。沿着刀具的进给方向看，如果铣刀旋转方向与工件进给方向相同，称为顺铣；铣刀旋转方向与工件进给方向相反，称为逆铣。

图 1-52　面铣刀、立铣刀铣平面

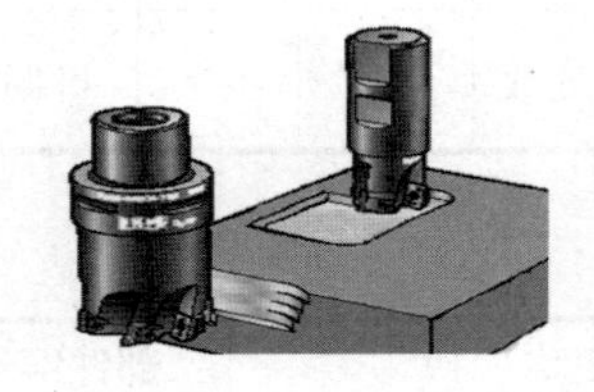

图 1-53　立铣刀铣内、外轮廓

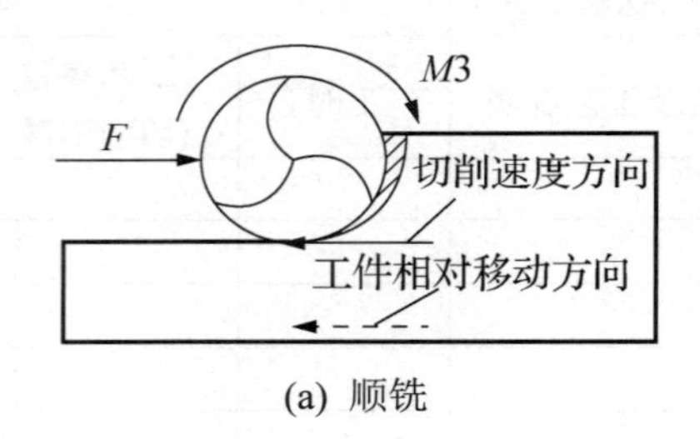

(a) 顺铣

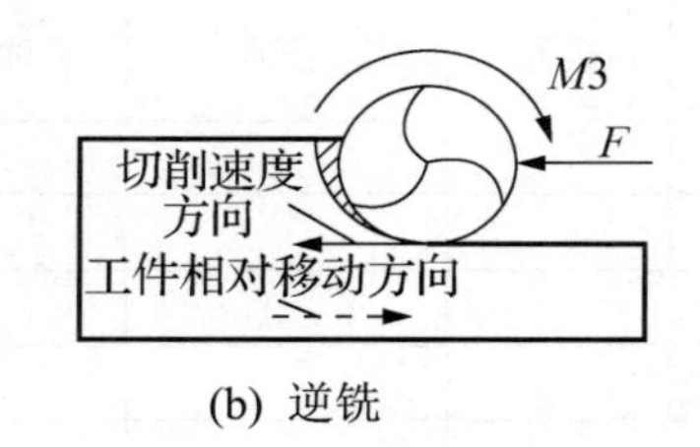

(b) 逆铣

图 1-54　顺铣与逆铣

因数控机床进给传动系统为滚珠丝杆传动，传动间隙小，不会出现普通铣床顺铣时打刀或损坏机床的现象。顺铣时排屑比较顺畅，刀具后刀面磨损小，机床运行平稳，零件可获得较高的表面质量，适用于在较好切削条件下加工高合金钢。一般数控铣削中顺铣应用较多，但当工件表面有硬皮时不适合选择顺铣，主要因为顺铣从工件的毛坯面切入，刀具受到强烈磨损。逆铣加工在切入时会与已加工面产生摩擦，后刀面易磨损，加工高合金钢时会产生表面硬化，表面质量不理想，故在数控铣削精加工中很少使用。

为便于记忆，顺铣加工的路线归纳为：假想工件不动，刀具移动，切削工件外轮廓时，绕工件外轮廓顺时针走刀为顺铣，如图 1-55 所示；切削工件内轮廓时，绕工件内轮廓逆时针走刀为顺铣，如图 1-56 所示。

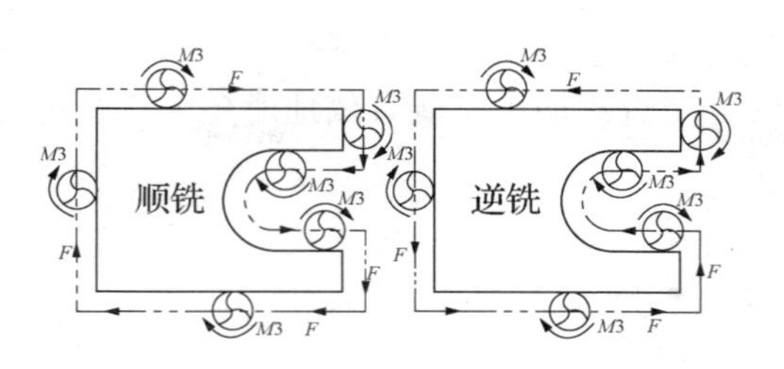

图 1-55　立铣刀铣削零件外轮廓

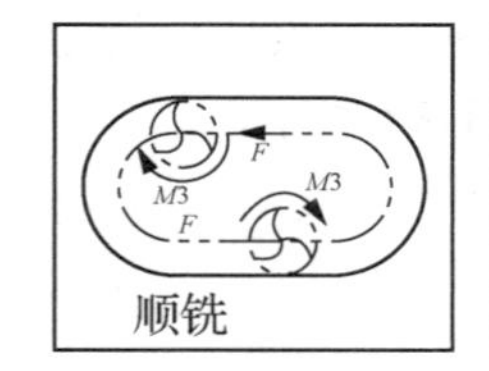

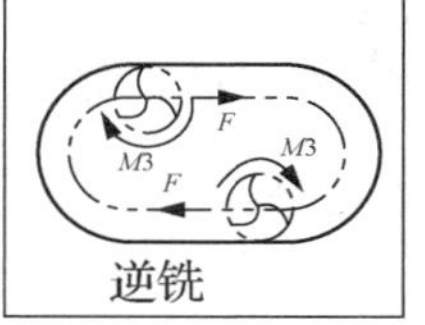

图 1-56　立铣刀铣削零件内轮廓

4. 切削用量(Machining Data)

切削用量

切削用量是切削时各运动参数的总称，包括切削速度、进给量和背吃刀量(切削深度)。

(1) 切削速度(Machining Speed)V_c 是指刀具切削刃上的选定点相对于工件待加工表面在主运动方向的瞬时速度，单位为 m/min。其计算公式为

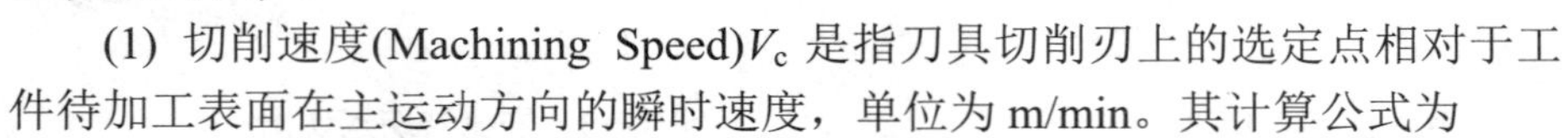

$$V_c=\pi dn/1000$$

式中：V_c——切削速度；

d——待加工表面直径；

n——主轴转速。

(2) 进给量(Feed Rate)f 是指主运动每转一转或每一行程时(或单位时间内)，刀具与工件之间沿进给运动方向单位时间内的相对位移是进给速度，单位为 mm/s。其计算公式为

$$v_f=n\times f$$

式中：V_f——进给速度；

n——转速；

f——进给量。

(3) 背吃刀量(Back Engagement)也称为切削深度 DOC (Depth of Cut)a_p，是指待加工表面与已加工表面之间的垂直距离，单位为 mm。其计算公式为

$$a_p=(d_w-d_m)/2;\quad a_p=d_m/2$$

式中：a_p——背吃刀量；

d_w——待加工面直径；

d_m——已加工面直径。

铣削加工中，背吃刀量 a_p 和侧吃刀量 a_e 要分清。

(4) 铣削深度：在平行于铣刀轴线方向测得的被切削金属层尺寸，现在称为背吃刀量。

铣削宽度：在垂直于铣刀轴线方向测得的被切削金属层尺寸，现在称为侧吃刀量。

5. 走刀路线的确定

在立式加工中心机床上铣削二维内(外)轮廓时，进刀路线可选择：XY 面内快速运动至工件轮廓内(外)侧定位—下刀至预定切削深度—切入工件轮廓—沿轮廓进行铣削—从工件轮廓切出—快速抬刀退离工件。

切入和切出工件轮廓时可采用直线切入和圆弧切入两种方式。如图 1-57 所示，直线切入和切出的路线比较短，切削时间也较短，但直线切入切出容易在切入切出点产生刀痕，因此一般只用于粗加工或者表面质量要求不高的

走刀路线

工件。加工表面质量要求较高的轮廓时，通常采用加一条进刀引线再圆弧切入的方式，使圆弧与加工的第一条轮廓线相切，切出时以圆弧光滑过渡切出，能有效地避免因直线进刀而产生的刀痕，如图 1-58 所示。

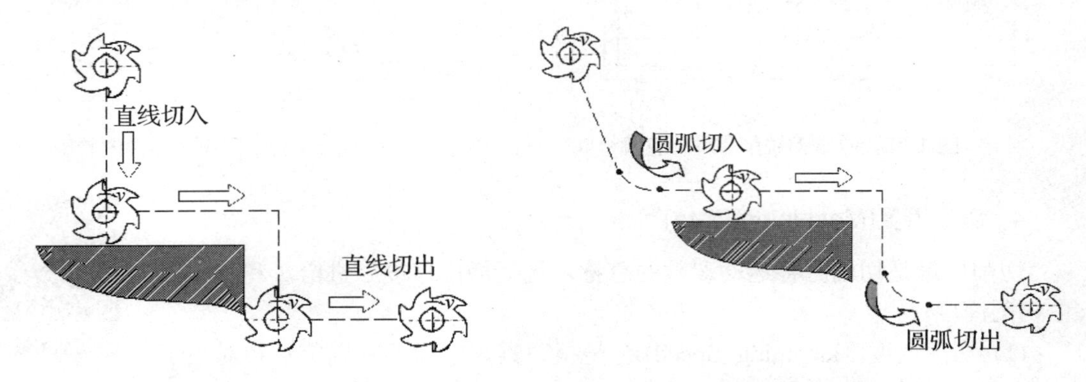

图 1-57　直线法切入切出　　　　图 1-58　圆弧法切入切出

1.5.4　“回字形凸模”的铣削加工工艺

如图 1-59 所示为回字形凸模零件图(第三视角视图)，按照工艺规程的制定步骤，编制其铣削加工工艺。

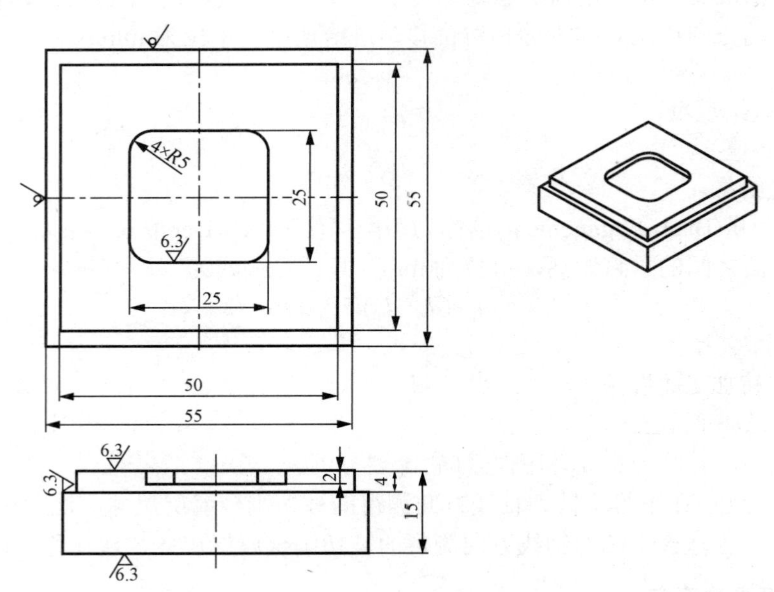

图 1-59　回字形凸模零件图

1. 零件图样分析

1) 结构分析

从“回字形凸模”零件的第三角视图中可知，该零件是结构简单的块料零件，零件由凸台和型腔结构组成，零件外轮廓由直线构成，零件内轮廓由直线和圆弧构成。

2) 毛坯材料分析

该“回字形凸模”零件材料为铝(YL12)，切削加工性能较好。根据图样表述，零件最外轮廓周边不需要加工，故可选择尺寸为 55 mm×55 mm×30 mm 的铝块作为毛坯。

3) 主要技术要求

图样中，该“回字形凸模”零件尺寸均未注公差，精度要求较低，表面粗糙度 R_a 为 6.3 μm，要求不高；此外，零件表面无技术处理要求。

2. 数控设备的选择

根据实习现场现有条件，选择Fadal-3016L加工中心机床对该零件进行手动铣削加工。

3. 装夹方式的选择

该“回字形凸模”零件毛坯为长方形块料，形状规则，故采用通用平口钳进行装夹，选择钳口宽度为 125 mm 规格的机用平口钳进行装夹。该“回字形凸模”零件，加工精度要求较低，一次装夹完成零件的全部加工。装夹时可采用垫块或划线找正法定位，注意坯料探出钳口的高度应足够，然后将工件夹紧。

4. 加工方案的选择

采用合适的加工方案对零件进行加工，满足其加工精度并尽可能提高效率。经过前期对该“回字形凸模”零件的技术精度分析，因加工精度要求不高，故选择粗铣手动加工方式(初次实践，采用手动方式可加强对机床的熟悉)对零件进行加工，具体加工流程为：粗铣削零件上平面—粗铣零件外轮廓凸台—粗铣零件内型腔。

5. 铣削刀具的选择

根据加工方案，该“回字形凸模”零件上平面选择ϕ50 的 4 齿硬质合金面铣刀进行加工；凸模零件外轮廓选择ϕ14 高速钢立铣刀铣削；凸模内轮廓加工考虑到轴向下刀问题和内轮廓圆弧尺寸 R5 两个方面，选择ϕ10 高速钢键槽铣刀加工。

6. 工艺卡的制定

根据前面的分析制定“回字形凸模”零件铣削加工工艺卡，如表 1-11 所示。

表 1-11　“回字形凸模”零件加工工艺卡

单位：苏州工业职业技术学院　　　编制：Chengli　　　审核：YinMing

零件名称	回字形凸模		设备	加工中心	机床型号	FADAL-3016L	
工序号	1		毛坯	55 mm×55 mm×30 mm 铝块	夹具	平口钳	
刀具表			量具表		工具表		
T01	ϕ50 硬质合金面铣刀		1	游标卡尺(0～150 mm)	1	扳手	
T02	ϕ14 高速钢立铣刀		2	千分尺(0～25 mm)	2	垫块	
T03	ϕ10 高速钢键槽铣刀		3	千分尺(25～50 mm)	3	塑胶榔头	
T04			4	深度游标卡尺	4		

续表

序号	工艺内容	切削用量			备注
		S/(r/min)	F/(mm/r)	a_p/mm	
1	T01 刀铣削零件上平面	2000	150	2	手动铣削
2	T02 刀铣削零件外轮廓	800	150	4	手动铣削
3	T03 刀铣削零件内轮廓	1000	150	2	手动铣削

7. 走刀路径的确定

1) 顶面加工路径

根据工件坯料的宽度 55 mm，加工的面刀具直径为 50 mm，加工该“回字形”零件顶面时需要两刀走完，两刀需有重叠部分。如图 1-60 所示的顶视图为加工顶面时ϕ50 面铣刀的走刀路径，点 *A*、*B*、*C*、*D* 为加工时的各定位点，也是该刀具的刀位点。所谓刀位点是指该刀具的特征位置点。

2) 内、外轮廓加工路径

该“回字形凸模”零件的内、外轮廓铣削均采用顺铣方式加工，故零件外轮廓铣削沿轮廓顺时针走刀，内型腔铣削沿内轮廓逆时针走刀。

该“回字形凸模”零件内、外轮廓进、退刀，采用法向直线法切入、切出。如图 1-61 所示 *A*—*B*—*C*—*D*—*E*—*F*—*B*—*A* 为该零件外轮廓的走刀路径，*G*—*H*—*L*—*K*—*J*—*I*—*H*—*G* 为该零件内轮廓的走刀路径图。

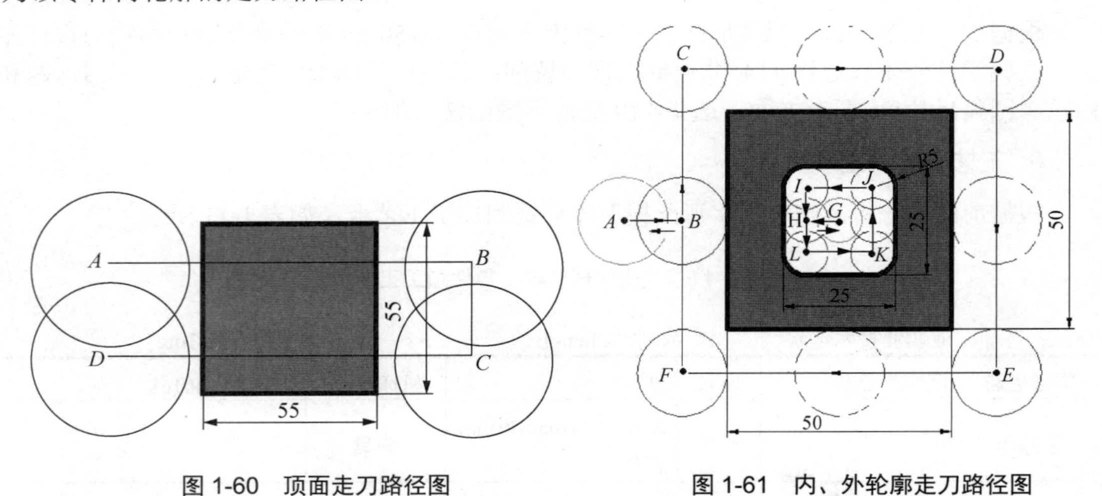

图 1-60　顶面走刀路径图　　图 1-61　内、外轮廓走刀路径图

1.5.5　技能训练

根据实训现场提供的设备及工量刃具，根据零件的图纸要求完成“回字形凸模零件”的加工，并选择合适的量具对其进行检测，并做好记录(见表 1-12)。

加工前的工装准备工作：各责任人根据工艺安排分工完成各项准备工作，班长即“项

目经理”指导并管理整个车间，实践委员即“技术经理”分发刀具、工件及其他附件给线长，劳动委员即“生产主管”检查现场 10S 状况，线长将刀料等分发给线内各小组组长，组长合理安排好组内成员的分工，检查刀具、夹具及附件等是否齐全。

表 1-12　“回字形凸模”零件检测记录单

姓名		班级			组别			
零件名称		时间	120 分钟	起止			总分	
检测项目	内容及其要求	配分	评分标准		检测	扣分	得分	备注
1	操作熟练程度	10	操作熟练					
2	外形	20	样板检测					
3	4	10	超差不得分					
4	2	10	超差不得分					
5	50+0.05 -0.05(2 处)	20	超差不得分					
6	25(2 处)	20	超差不得分					
7	R_a6.3	10	大于 R_a6.3 每处扣 2.5 分					
8	120 分钟		超过 5 分扣 3 分					
心得体会								

1.5.6　中英文对照

(1) 加工中心机床是机床中自动化程度较高、工序较为集中的机床之一，应用传统的夹具使加工中心的优越性很难发挥。

Machining center is one type of machine tools having high automation and preforming more operations. But it is difficult to bring the advantage of machining center into play with traditional fixture.

(2) 工艺路线决定每个产品的有效工序。

The routings determine the operation sequence to do for each manufacture.

(3) 刀具进给率是工件每转一周，刀具进入工件的速率。合适进给量的选择取决于许多因素，如要求的表面粗糙度、切削深度和所采用的刀具几何参数。

Tool feed is the rate at which the tool advances into the work per revolution of the work. The selection of a suitable feed depends upon many factors, such as the required surface finish, the depth of cut, and the geometry of the tool used.

(4) 当零件有较大的平面可以作定位基准时，先将其加工出来，再以面定位孔加工，这

样可以保证定位准确、稳定。

When the parts have bigger plane can make positioning base, its processing out first, then to face positioning hole processing, so that we can ensure accurate and stable.

1.5.7 拓展思考

1. 填空题

(1) 工艺过程是指直接改变加工对象的(　　)、(　　)、(　　)和(　　)，使之成为成品的过程。

(2) 在加工中心机床上加工零件，(　　)相对比较集中，可一次装夹中尽可能完成大部分或全部工序。

(3) 在铣削过程中，若切削用量较小，工件表面没有硬皮，铣床有间隙调整机构，采用(　　)较有利。

(4) 对于既有铣面又有镗孔的零件，可先(　　)后(　　)，使其有一段时间恢复，可减少由(　　)引起的对(　　)的精度影响。

(5) 基准按其作用不同，可分为(　　)和(　　)两大类。

(6) 切削用量是切削时各运动参数的总称，包括(　　)、(　　)和(　　)/(　　)。

(7) 切入和切出工件轮廓时可采用(　　)和(　　)两种方式。

2. 判断题

(1) 工序是指当加工表面、切削工具和切削用量中的转速与进给量均不变时所完成的这部分工步内容。　　(　　)

(2) 同一尺寸方向上的粗基准一般只能使用一次，应避免重复使用。　　(　　)

(3) 周铣是指采用刀具圆周面上的刀刃进行铣削，其适应性较强。　　(　　)

(4) 在铣削过程中，沿着刀具进给方向看，如果铣刀旋转方向与工件进给方向相同，称为顺铣。　　(　　)

3. 问答题

(1) 合理安排工序对加工起着至关重要的作用，应遵循哪几个原则？

(2) 顺铣与逆铣的优缺点是什么？

4. 技能操作题

完成“T 型块”零件的手动加工，强化对机床基本操作的熟练度。认真记录操作过程中数据、问题及心得。

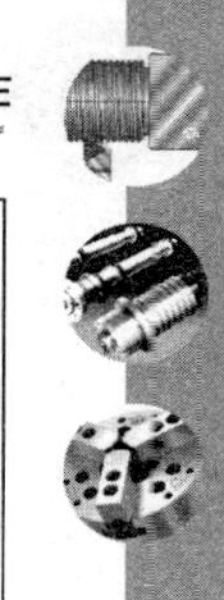

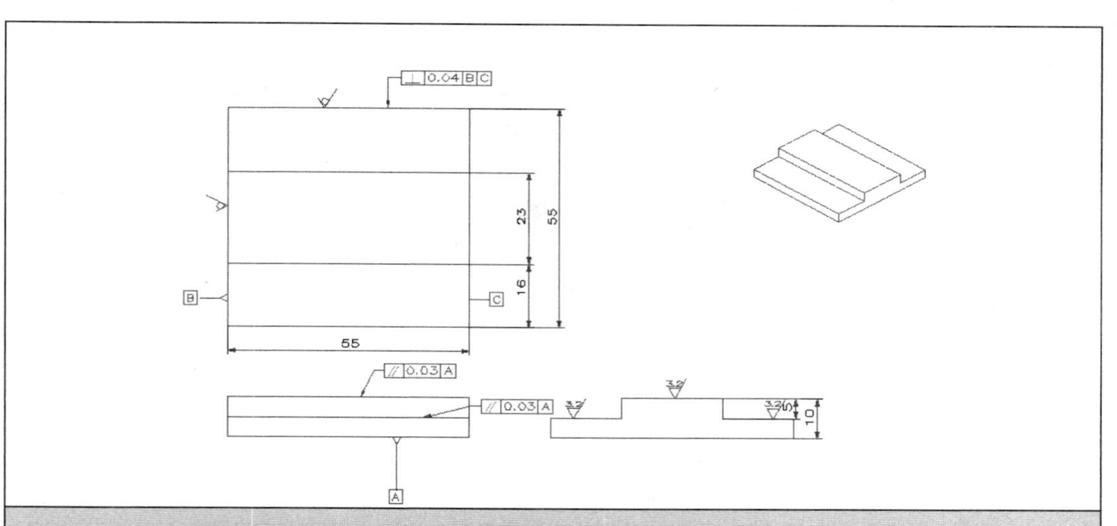

<table>
<tr><th colspan="2">加工前准备</th></tr>
<tr><td>• 零件图样分析：
1. 结构复杂性分析
2. 材料切削加工性分析
3. 加工精度分析</td><td>1. 零件结构形状复杂程度（复杂　一般　简单）；
2. 零件材质为(　　　　)，切削性能（好　不好）；
3. 零件总体加工精度为 IT(　)级，表面粗糙度要求 R_a(　　)；</td></tr>
<tr><td>• 零件加工工艺分析：
1. 选择加工设备
2. 选择夹具
3. 选择刀具
4. 确定加工方案</td><td>1. 设备类型及型号(　　　　　　　　)；
2. 夹具名称及规格(　　　　　　　　)；
3. 刀具名称及规格(　　　　)(　　　　)(　　　　)；
4. 工艺步骤：
步骤：

步骤：

步骤：</td></tr>
<tr><td colspan="2">加工前准备其他情况说明：</td></tr>
<tr><th colspan="2">加工过程</th></tr>
<tr><td>• 开机操作：
1. 开机点检；
2. 主轴热机；</td><td>1. 开机点检：水(正常　异常记录　　　　　　　　　　)
　　　　　　电(正常　异常记录　　　　　　　　　　)
气(正常　异常记录　　　　　　　　　　)
油(正常　异常记录　　　　　　　　　　)
机床回零、热机；(正常　异常记录　　　　　　　　　　)</td></tr>
</table>

<table>
<tr>
<td>• 零件加工：
1. 装夹工件
2. 装夹刀具
3. 加工零件</td>
<td>1. 工件以(　　　　)定位装夹，探出高度(　　　mm)；
2. 刀具装夹入库分别在几号位(　　)(　　)(　　)手动、手轮操作倍率使用心得：
3. T 型块手工加工刀路图：

加工数据记录：</td>
</tr>
<tr>
<td>• 零件检测：</td>
<td>
<table>
<tr><th>内容及其要求</th><th>配分</th><th>评分标准</th><th>检测结果</th><th>扣分</th></tr>
<tr><td>编程、调试熟练程度</td><td>10</td><td>程序思路清晰，可读性强，模拟调试纠错能力强。</td><td></td><td></td></tr>
<tr><td>操作熟练程度</td><td>10</td><td>试切对刀、建立工件坐标系操作熟练</td><td></td><td></td></tr>
<tr><td>外形</td><td>10</td><td>样板检测</td><td></td><td></td></tr>
<tr><td>10±0.03(2 处)</td><td>20</td><td>超差不得分</td><td></td><td></td></tr>
<tr><td>10(2 处)</td><td>10</td><td>超差不得分</td><td></td><td></td></tr>
<tr><td>50</td><td>5</td><td>超差不得分</td><td></td><td></td></tr>
<tr><td>30(2 处)</td><td>10</td><td>超差不得分</td><td></td><td></td></tr>
<tr><td>平行度</td><td>5</td><td>超差不得分</td><td></td><td></td></tr>
<tr><td>垂直度</td><td>5</td><td>超差不得分</td><td></td><td></td></tr>
<tr><td>$R_a3.2$</td><td>10</td><td>大于 $R_a3.2$ 每处扣 1 分</td><td></td><td></td></tr>
<tr><td>其他</td><td>5</td><td>超差 1 处扣 1 分</td><td></td><td></td></tr>
<tr><td>120 分钟</td><td>5</td><td>超过 5 分扣 3 分</td><td></td><td></td></tr>
<tr><td colspan="4">得分</td><td></td></tr>
</table>
</td>
</tr>
<tr>
<td colspan="2">加工过程中其他情况说明：</td>
</tr>
</table>

加工后	
• 零件检测后保存 • 工量具等保存	1. 零件是否妥善保存(是　　否) 2. 工具等整理情况(好　中　　差)
• 机床清洁保养	3. 机床清洁情况(好　中　　差) 4. 地面清洁情况(好　中　　差) 5. 工具等整理情况(好　中　　差) 6. 水电气油液位情况(正常　　已添加)
项目完成总结：(安全、10S、交流沟通、质量、实践能力、创新能力、存在问题与不足)	

项 目 小 结

项目 1 主要介绍了加工中心机床的结构和特点，常用夹具、刀具和量具的类型和使用方法，通过手动铣削“回字形凸模”零件，让学生掌握该零件的加工工艺、装夹方法、刀具的选择和装拆方法、零件手动加工方法，培养学生严格按照操作规程操作机床，熟练控制手轮沿各轴方向切削加工，以期培养学生查阅理论资料和团队互助配合的协作能力。此外，通过这部分理论知识和实践技能的学习，培养了同学们热爱劳动、尊重知识、力争创造的责任意识，努力成为担当民族复兴大任的时代新人。

项目 2　数控铣削程序的编制与操作

【项目载体】台阶垫块、扇形片凸模、扇形片凹模、垫板、密封盖、直身定位锁

【知识要点】

- 掌握数控铣削加工工艺基本知识。
- 掌握数控编程基础知识。
- 掌握数控铣削加工的手工编程方法。

【技能要求】

- 能规范操作加工中心机床。
- 能正确进行零件的手工编程。
- 能正确录入数控程序。
- 能正确对刀及自动加工零件。
- 会正确补偿、控制零件加工精度。
- 能正确检查零件加工精度。

【素质目标】

- 着力培养担当民族复兴大任的时代新人。
- 培养学生尊重劳动、尊重知识、尊重创造的意识。
- 培养学生安全操作意识、规范管理意识和团队交流协作意识。

任务 2.1　台阶垫块零件的程序编制与录入

2.1.1　任务目标

广泛查阅相关资料，掌握不同进给量粗、精加工平面和台阶；理解 G54、G90/G91、G00、G01、G43/G44 等编程指令的含义；会手工编制台阶垫块的数控程序；能手动录入和编辑程序；培养认真、严谨的工作态度。

图 2-1 所示为台阶垫块零件。

图 2-1　台阶垫块零件

2.1.2　"台阶垫块"零件的加工工艺

如图 2-2 所示台阶垫块(the Step Pad)零件(第三视角视图)，批量为 300 件，该零件的交货期为 5 个工作日。

按照工艺规程的制定步骤，编制台阶垫块数控铣削加工工艺。

1. 零件图样分析(Pattern Analysis)

1) 结构分析(Structural Analysis)

从“台阶垫块”零件的第三角视图中可知，该零件是结构简单的块料类零件，零件由两层台阶构成，零件轮廓由直线和平面构成。

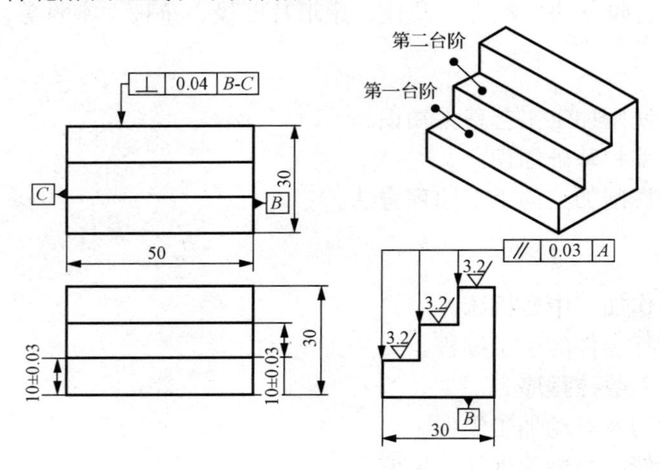

图 2-2　台阶垫块零件图

2) 毛坯材料分析(Analysis of Work-piece Materials)

该“台阶垫块”零件材料为铝(YL12)，切削加工性能较好。根据图样表述，零件最大轮廓尺寸为 50 mm×30 mm×30 mm，根据本项目的设计需要，此处即选择 50 mm×30 mm ×30 mm 的精铝坯块来加工该零件。

3) 主要技术要求

图样中，该“台阶垫块”零件的形位公差共有 4 处。垫块的内侧面与左右两侧面垂直度要求较高，其垂直度要求在 0.04 mm 以内；零件顶面、两台阶面与底面有平行度要求，平行度要求在 0.03 mm 以内，要求较高；两台阶面是垫块的重要工作面，其高度尺寸均为 10+0.03-0.03mm，要求较高，表面粗糙度要求为 R_a=3.2 μm，要求也较高；零件其余尺寸均未注公差，表面粗糙度 R_a=6.3μm，加工要求不高。此外，零件表面要求硬质阳极氧化。

2. 数控设备的选择(Selection of CNC Equipment)

根据零件的外形特征，可选择在不同机床上完成零件的加工。一般需遵循机床规格与零件外形尺寸相适应原则、机床精度与工件加工精度相适应原则、机床生产效率与工件生产类型相适应原则，选用功率相当的机床进行零件加工。

本书是围绕加工中心机床的编程与操作来编写的，故根据实习现场现有条件，选择 Fadal-3016L 加工中心机床对该“台阶垫块”零件进行加工。

3. 装夹方式的选择(Selection of the Clamping Way)

该“台阶垫块”零件毛坯为长方形块料，形状规则，故采用通用平口钳进行装夹，选择钳口宽度为 125 mm 规格的机用平口钳进行装夹。在生产加工一定周期后，需注意平口钳在机床工作台上的定位精度，依据产品精度来确定平口钳定位精度的大致范围在 1/3～1 产品精度之间，故在一定周期后需校正平口钳在机床上的定位精度。

该“台阶垫块”零件，需重点保证顶面、两台阶面与底面的平行度，故装夹时选择合适的标准垫块进行装夹。以毛坯内侧面与固定钳口内侧面靠紧定位，底面与标准垫块顶面靠紧定位，移动活动钳口夹紧坯料，注意坯料探出钳口的高度应足够加工两台阶面。

4. 确定加工方案(Determination of Processing Scheme)

根据零件图样分析，考虑其加工批量、加工精度及表面粗糙度等方面的要求，合理采用加工方案制定加工工艺来满足加工需要，同时也需充分考虑其加工的经济性等因素。

经过前期的技术精度分析，因两台阶面的加工精度要求较高，故选择粗铣、精铣的加工方式对零件进行加工，具体加工流程为：粗铣零件第二台阶、第一台阶—精铣零件第二台阶、第一台阶。每个台阶粗铣时分两刀切削，第一刀切削深度 5 mm，第二刀切削深度 4.7 mm，加工台阶面留 0.3 mm 余量精加工。

5. 刀具的选择(Tool Selection)

该台阶垫块加工批量较大，粗加工阶段刀具易磨损，故考虑粗精加工刀具应分开。此处安排粗铣“台阶垫块”两台阶面选择ϕ20 高速钢立铣刀进行加工，精铣时采用ϕ14 高速钢立铣刀进行加工。

6. 工艺卡的制定(Making Technology Card)

根据前面的分析制定“台阶垫块”零件铣削加工工艺卡，如表 2-1 所示。

表 2-1　“台阶垫块”零件数控加工工艺卡

单位：××××××××　　编制：×××　　审核：×××

零件名称	台阶垫块	设备	加工中心	机床型号	FADAL-3016L
工序号	1	毛坯	50mm×30mm×30mm 铝块	夹具	平口钳

刀具表		量具表		工具表	
T01	ϕ20 高速钢立铣刀	1	游标卡尺(0～150 mm)	1	扳手
T02	ϕ14 高速钢立铣刀	2	千分尺(0～25 mm)	2	垫块
T03		3	千分尺(25～50 mm)	3	塑胶榔头
T04		4	深度游标卡尺	4	

序号	工艺内容	切削用量			备注
		S/(r/min)	F/(mm/r)	a_p/mm	
1	T01 刀粗铣第二台阶面(台阶底面留 0.3 mm)	1500	150	约 5	
2	T01 刀粗铣第一台阶面(台阶底面留 0.3 mm)	1500	150	约 5	
3	T02 刀精铣第二台阶面	2500	100	0.3	
4	T02 刀精铣第一台阶面	2500	100	0.3	

7. 确定加工路径(Determine the Processing Route)

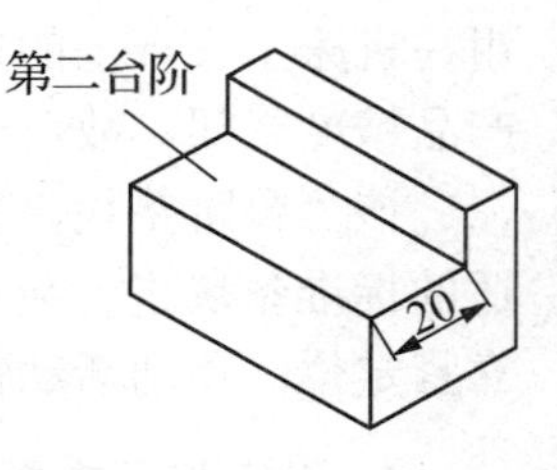

图 2-3　粗铣后零件模型

该“台阶垫块”所需加工的两台阶面均为平面，走刀路线均为直线，较为简单。如图 2-3 所示，当粗铣削第二台阶面时，因其需加工的宽度为 20 mm，所选用的粗铣刀直径为 20，考虑到铣削加工中铣刀宽度应大于被铣削平面宽度的要求，粗铣该台阶面时走刀路径应分两刀完成。需注意走刀时刀具步距量的合理选择，同时沿工件轮廓加工台阶时需考虑刀具的半径影响，不能产生过切。

2.1.3　“台阶垫块”零件的数控程序编制

程序编制过程

1. 程序编制过程(Programming Process)

加工中心加工工件是根据事先编写好的加工程序自动完成的。程序的编制过程就是把工件加工所需的数据和信息，如工件材料、形状、尺寸、精度、加工路线、切削用量、数值计算等按数控系统规定的格式和代码，编写加工程序，然后将程序输入数控装置，由数控装置控制加工中心进行加工。加工中心加工零件的主要过程如图 2-4 所示。通常将从分析零件图样到程序校验完成的全过程称为数控加工的程序编制，简称数控编程。

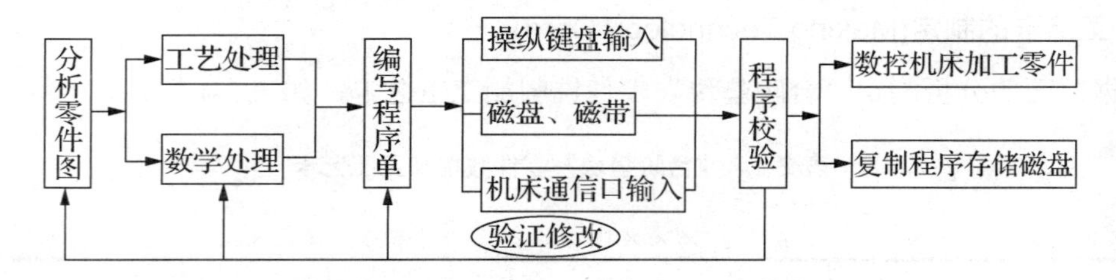

图 2-4　数控机床零件首件加工全过程

2. 工件坐标系(Workpiece Coordinate System)

工件坐标系的概念

项目 1 中所认识的机床坐标系是机床加工和编程的基础，但是很多时候利用机床坐标系编制程序极不方便。因此，为了方便编程，人们通常以工件上的某一点为工件原点，建立工件坐标系(也称为编程坐标系)，此坐标系平行于机床坐标系 *X*、*Y*、*Z* 轴。工件坐标系的建立一般设在工件的设计基准处或工艺基准处，目的是为了便于尺寸计算和编程。同时，工件原点应选在容易找正，在加工过程中便于测量的位置。工件坐标系的原点是由操作者或编程者自由选择的，图 2-5 所示的工件坐标系原点设置在工件上表面对称中心处。

3. 程序代码介绍(Program Code Introduction)

1) 程序结构(Program Structure)

FANUC 数控系统主程序和子程序都是由程序开始符、程序名、程序主体和程序结束语、结束符组成的，如表 2-2 所示。

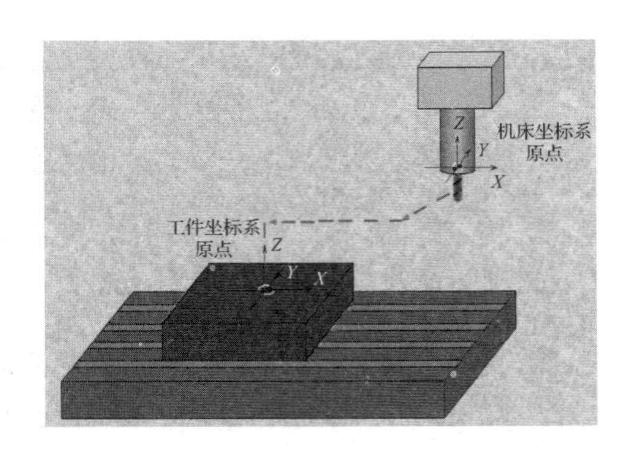

图 2-5　工件坐标系与机床坐标系

表 2-2　数控程序的组成

程序组成	程序段	注　释
开始符	%	可省略
程序名	O0001；	地址 O 后面用 0～9999 四位数字表示
程序主体	N10 T1； N20 M03 S800； N30 G54 G0 X0 Y0； N40 G43　Z50 H01； N50 M08； ···	程序段的格式： N_ G_ X_ Z_ T_ D_ M_ S_ F_； “N”：程序段号数值为 1～9999 的正整数，一般以 5 或 10 间隔，以便以后插入一些程序段。 “；”：表示程序段结束。 注：两相邻程序字之间应留有空格
程序结束语	N300 M30；	M30 或用 M02
结束符	%	可省略

2) 指令代码(Instruction Code)

数控常用编程指令主要有：准备功能指令(G 指令)、辅助功能指令(M 指令)、其他功能指令等几类。准备功能指令是控制机床运动方式的指令；辅助功能指令是控制机床辅助动作(如冷却液的开关、主轴正反转等)的指令；其他功能指令主要是指主轴切削速度、机床进给速度、选刀等指令。

该“台阶垫块”零件的数控编制所需指令代码如表 2-3 所示。

表 2-3　编制指令代码

代号类型	代　号	意　义	代号类型	代　号	意　义
准备功能	*G90	绝对编程	辅助功能	M00(M01)	程序暂停
	G91	相对编程		M02	程序停止
	G54···	工件坐标系 1···		M03	主轴顺时针旋转
	G59	工件坐标系 6		M04	主轴逆时针旋转
	*G00	快速定位		M05	主轴旋转停止
	G01	直线插补		M06	换刀

续表

代号类型	代　号	意　义	代号类型	代　号	意　义
准备功能	G43	长度正补偿	辅助功能	M08(M07)	冷却液开
	G44	长度负补偿		M09	冷却液关
	G49	长度补偿取消		M30	程序停止并返回开始处
其他功能	F	进给速度	带 * 的 G 指令为机床通电后系统默认的状态。		
	S	主轴转速			
	T	选刀指令			

3) 指令用法

(1) G90 与 G91 指令属于编程方式指令(Program Mode Instruction)，具体含义及用法如下。

G90 和 G91

G90：绝对方式编程，编程时以工件坐标系原点为参考定义各位置点的坐标。

G91：相对(增量)方式编程，编程时以前一点的坐标为参考定义下一目标点的坐标。

如图 2-6 所示，当前刀位点 *A*，加工目标点 *B*，则采用绝对方式和增量方式沿 *AB* 走刀，程序分别如下。

绝对编程：G90 G01 X50 Y100;

相对编程：G91 G01 X-100 Y60;

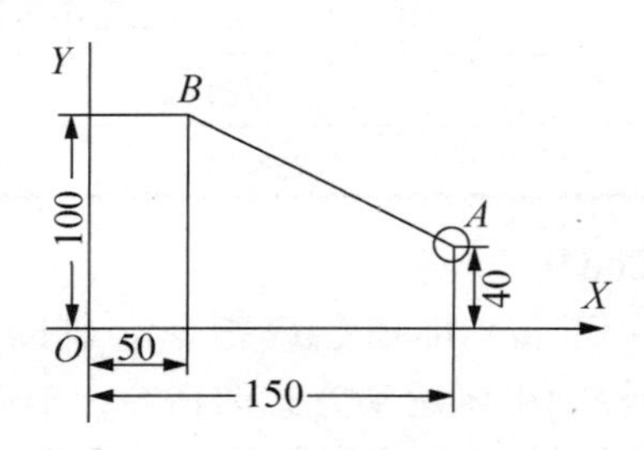

图 2-6　绝对、相对方式编程

(2) G54～G59 指令属于加工坐标系指令(MCS Instruction)，具体含义及用法如下。

G54 到 G59/MDI 面板设置法可以设置 6 个工件坐标系，如图 2-7 所示。适用于工作台上放置多个工件，或箱体类多孔系的加工，可以设置不同的程序零点。机床默认 G54 为工件坐标系，编写程序时 G54 可以省略不写，使用其他 5 个坐标系时，编程必须写清 G55 或 G56 等。工件坐标系的建立是在机床坐标系的基础上，各工件坐标系原点在机床坐标系中的机床坐标值用 MDI 或 MDA 方式输入，系统自动记忆，以便程序中相应的工件坐标系指令进行调用。

G54~G59

程序段格式：G54 G00(G01)X _ Y_ Z_ (F_);

对于在加工中心机床上加工的具体工件来说，必须通过一定的方法把工件坐标系原点，也就是工件坐标系原点所在的机床坐标值体现出来，这个过程称为对刀。对刀常用的方法

有试切法和工具对刀法两种。试切法对刀适用于工件侧面要求不高的场合；对于模具或表面要求较高的工件，须采用工具对刀。

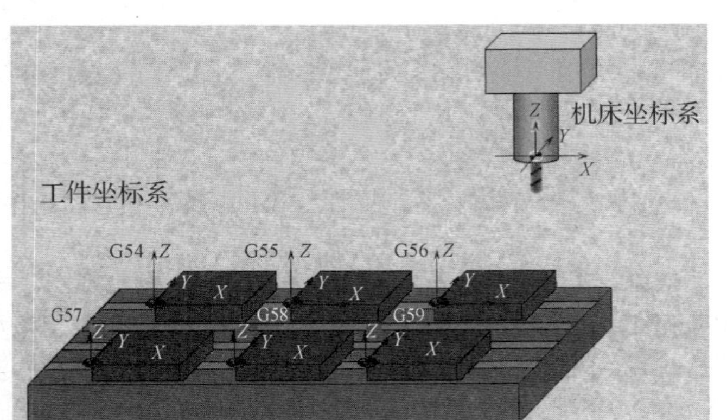

图 2-7 多个工件坐标系

(3) G00 与 G01 指令属于直线运动指令(Straight Line Motion Instruction)，具体含义及用法如下。

G00 和 G01

G00(快速定位)：刀具以机床设定的速度快速移动到目标点。

G01(直线插补) ：刀具以程序设定的速度移动到目标点。

功能区别：①G00 移动到目标点其运动速度由厂家预先设定，不可用指令设定，但可利用 FANUC 系统机床面板上的快速进给速率按键调节(F0、25%、50%、100%)；G01 移动到目标点其运动速度是由程序中的 F 指令设定的。可利用 FANUC 系统机床面板上的进给倍率旋钮调节(0%～120%)。②G00 在运动过程中不可进行切削加工，否则会出现“撞刀”的严重事故；G01 在运动过程中可进行切削加工，它能完成平面、台阶、内外轮廓、锥面等铣削。③G00 程序段格式：G00 X _ Z _；

G01 程序段格式：G01 X _Y _ Z _F _；

注：X、Y、Z——目标点坐标；F——进给速度。

G43 和 G49

(4) G43、G44 与 G49 指令属于长度补偿指令(Length Compensation Instruction)，具体含义及用法如下。

在加工中心加工零件时，绝大多数时候要用到多把刀具，而且还要进行刀具自动交换，这样就必须对每把刀具或除基准刀具之外的所有刀具进行 *Z* 向的长度补偿。

程序格式：

G43(G44)G00 _Z _ H_ ；

…

G49 G00 Z ；

注：G43 表示刀具长度正补偿；G44 表示刀具长度负补偿；G49 表示取消刀具长度补偿；H 表示刀具长度偏置代号地址字，后面一般用两位数字表示，用于存放刀具长度值作为偏置量，其存放的偏置量并不一定必须是刀具的实际长度。偏置量可以通过 CRT/MDI 方式输入。无论是采用绝对方式编程还是增量方式编程，对于存放在 H 中的数值，在 G43 时是与 NC 程序中的 *Z* 轴坐标相加，在 G44 时是与 NC 程序中的 *Z* 轴坐标相减，从而形成新的 *Z*

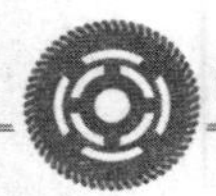

轴坐标，此新的 Z 轴坐标为程序运行时刀具实际到达的 Z 轴坐标。

M 指令

(5) M00 与 M01 指令属于程序暂停指令(Program Pause Instruction)，具体含义及用法如下。

M00 表示程序暂停，可用 NC 启动命令(CYCLE START)使程序继续运行；M01 表示计划暂停，与 M00 的作用相似，但 M01 可以用机床的“任选停止”按钮选择是否有效。

(6) M03、M04 与 M05 指令属于主轴控制指令(Spindle Control Instructions)，具体含义及用法如下。

M03 表示主轴顺时针旋转；M04 表示主轴逆时针旋转；M05 表示主轴旋转停止。

(7) M06 指令(Tool Change Instruction)是换刀指令，具体含义及用法如下。

M06 表示将刀库中所选刀具与机床主轴中的刀具进行交换，常与 T 选刀指令一起使用。

(8) M07、M08 和 M09 指令属于切削液开关指令(Cutting Fluid Switch Instructions)，具体含义及用法如下。

M07 表示 2 号冷却液开；M08 表示 1 号冷却液开；M09 表示冷却液关。

(9) M02 指令和 M30 指令属于程序暂停指令(Program Pause Instruction)，具体含义及用法如下。

M02 表示程序停止，系统复位；M30 表示程序停止，系统复位，程序复位到起始位置。

(10) F 指令属于进给速度指令(Feed Speed Instruction)，具体含义及用法如下。

FST 指令

用来指定刀具铣削工件时的走刀速度。一旦设定一直有效(模态)，直到被新的 F 指令取代。F 的单位有 mm/min 和 mm/r 两种。配合机床设置来使用。例如：F100 表示进给速度为 100 mm/min；F0.12 表示进给速度为 0.12 mm/r。另该速度可通过 FANUC 系统加工中心机床操作面板上的进给倍率旋钮来调节(0%～150%)。

(11) S 指令是主轴转速指令(Spindle Speed Instruction)，具体含义及用法如下。用来指定机床的主轴速度。S 的单位有 m/min 和 r/min 两种，配合机床设置来使用。例如：S1000 表示主轴转速为 1000 r/min；S200 表示主轴的切削速度为 200 m/min。该速度可通过 FANUC 系统加工中心机床操作面板上的主轴倍率旋钮来调节(0%～120%)。

(12) T 指令是选刀指令(Choose Tool Instruction)，具体含义及用法如下。

用来指定加工中所用的刀具。例如：T02 表示选用 2 号刀，一般配合 M06 换刀指令一起应用。

4) 程序编制步骤

数控编程的步骤一般为：分析零件图样—确定加工工艺过程—数值计算—编写零件的加工程序单—程序输入数控系统—校对加工程序—首件试加工。其中在程序编制出来之前需重点注意以下几点。

(1) 编程第一步：分析零件图样。

通过分析零件的材料、形状、尺寸和精度及毛坯形状和热处理要求等，从而确定零件加工的机床及零件的加工表面等，并对零件数控加工的适应性进行验证。

(2) 编程第二步：确定零件加工工艺(Machining Technology of Workpiece)。

在分析零件图样的基础上，确定零件加工用的工装夹具、定位装夹及加工路线，并选定加工所用刀具及切削用量等工艺参数。

(3) 编程第三步：零件数值计算(Numerical Calculation of Workpiece)。

根据零件图样及所确定的工艺路线和切削用量，计算出数控机床所需要的零件轮廓上的各坐标数据，主要包括零件轮廓的基点和节点坐标。所谓基点是指零件的轮廓中两直线的交点、两圆弧的交点或切点、直线与圆弧的交点或切点等。

5) “台阶垫块”的程序编制

该“台阶垫块”工件原点建立在工件顶面的中心处，如图 2-8 工件视图中所示。

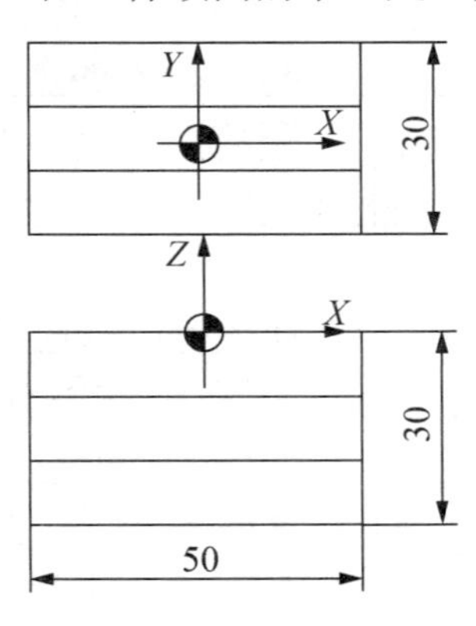

图 2-8　“台阶垫块”视图

“台阶垫块”零件数控加工程序单，如表 2-4 所示。

表 2-4　“台阶垫块”零件数控加工程序单

加工程序	程序注释
O2001；(台阶垫块程序)	约定程序命名“项目号-0-0-序号”
N10 G90 G80 G40 G49；	绝对编程、钻孔循环取消、半径补偿取消、长度补偿取消
N20 T1 M6；	选换 1 号刀ϕ20 高速钢立铣刀
N30 M03 S1500 F150；	粗加工设置：主轴正转、转速 1500 r/min、走刀速度 150 mm/min
N40 G54 G00 X0 Y0；	建立工件坐标系(工件对称中心)，刀具快速运动至原点
N50 G43 Z50.0 H01；	建立 1 号长度补偿，快速运动至 Z50 处
N60 X-40.0 Y-15.0	*XY* 平面内刀位点快速定位，开始粗铣第二台阶面(−40, −15)
N70 Z5.0；	快速下刀至 Z5 位置
N80 G01 Z-5；	下刀 5 mm(第一刀)
N90 X40.0；	*X* 正方向铣削至(40, −15)
N100 Y-5.0；	*Y* 向调整步距至(40, −5)
N110 X-40.0；	*X* 负方向铣削至(−40, −5)
N120 Y-15.0；	*Y* 向调整步距
N130 Z-9.7；	下刀 4.7 mm(第二刀)
N140 X40.0；	*X* 正方向铣削
N150 Y-5.0；	*Y* 向调整步距
N160 X-40.0；	*X* 负方向铣削，完成第二台阶面铣削
N170 Y-15.0；	*XY* 平面内刀位点快速定位，开始粗铣第一台阶面
N180 Z-15；	下刀 5 mm(第一刀)

续表

加工程序	程序注释
N190 X40.0;	X 正方向铣削
N200 Z-19.7;	下刀 4.7 mm(第二刀)
N210 X-40.0;	X 负方向铣削，完成第一台阶面铣削
N220 Z5.0;	抬刀至 Z5
N230 G00 Z200.;	快速抬刀至 Z200 高处
N240 M05;	主轴停转
N250 T2 M6;	选换 2 号刀ϕ14 高速钢立铣刀
N260 M03 S2500 F100;	精加工设置：主轴正转、转速 2500 r/min、走刀速度 100 mm/min
N270 G54 G00 X0 Y0;	建立工件坐标系(工件对称中心)，刀具快速运动至原点
N280 G43 Z50.0 H02;	建立 2 号长度补偿，快速运动至 Z50 处
N290 X-40. Y-2;	XY 平面内刀位点快速定位，开始精铣第二台阶面
N300 Z5.0;	快速下刀至 Z5 位置
N310 G01 Z-10;	下刀 0.3 mm
N320 X40.0;	X 正方向铣削，精铣第二台阶
N330 G00 Z5.;	快速抬刀至 Z5
N340 X-40.0 Y-12;	XY 平面内刀位点快速定位，开始精铣第一台阶面
N350 G01 Z-20;	下刀 0.3 mm
N360 X40.0;	X 正方向铣削，精铣第一台阶
N370 Z5.0;	快速抬刀至 Z5
N380 G00 Z200.;	快速抬刀至 Z200 高处
N390 M05;	主轴停转
N400 M02;	程序停止

2.1.4 手动编辑程序及程序管理

录入程序、删除程序

1. 搜索一个程序(Search for a program)

搜索一个程序的操作步骤如下。

(1) 按EDIT键，进入 EDIT 模式。

(2) 按PROG键，输入需要编辑的程序号，如 O0008，按↓搜索并打开该文件。屏幕将显示该程序，即可进行编辑。

(3) 移动光标。

方法一：按PAGE↑或PAGE↓键翻页，按↑或↓方向键移动光标。

方法二：用搜索一个指定的代码的方法移动光标。输入需要搜索的程序内容，然后按【搜索】软键搜索并定位光标。

2. 删除一个程序(Delete a program)

删除一个程序的操作步骤如下。

(1) 按EDIT键，进入编辑模式。

(2) 按PROG键，输入需要删除的程序号，如 O0008，再按DELETE键，该程序被删除。

注：如果设定删除的程序号不存在，则机床会发出一个报警信息。

3. 删除全部程序(Delete all programs)

删除系统内存中的所有程序的操作步骤如下。

(1) 按EDIT键，进入 EDIT 模式。

(2) 按PROG键，然后输入 0-9999。

(3) 按DELETE键，全部数控程序都被删除。

4. 录入一个新程序(Enter a new program)

如图 2-9 所示为程序列表。

图 2-9　程序列表

新建并录入程序的操作步骤如下。

(1) 按EDIT键，进入编辑模式。

(2) 按PROG键，输入需要新建的程序号，如 O0008，再按INSERT键，一个插入新程序数控系统会自动打开新建的程序。

(3) 插入新的程序内容。按EOB键，再按INSERT键，插入一个换行符，然后开始输入程序。每输完一个程序段，按EOB键，输入程序块结束符号换行，然后再输入下一段程序，再按EOB键，再按INSERT键，继续输入。

注：如果插入的程序号已经存在，则机床会发出一个报警信息。

(4) 输入数据：在光标显示处按下数字/字母键，数据被输入到输入域。按CAN键用于删除输入域内的字符，每按一次删除一个字符。

删除：按DELETE键，删除光标所在位置的数控代码。

插入：按INSERT键，把输入域的内容插入到光标所在代码后面。

(5) 替换：按ALTER键，把输入域的内容替代光标所在的数控代码。

2.1.5 技能训练

根据实训现场提供的设备，分小组进行台阶垫块程序录入与编辑训练，并做好记录(见表 2-5)。

表 2-5 台阶垫块程序录入与编辑训练记录表

序 号	训练内容	情况(√ ×)	简述心得
1	搜索一个程序		
2	删除一个程序		
3	删除全部程序		
4	新建一个程序		
5	模拟程序并纠错		

2.1.6 中英文对照

(1) 应用数控机床加工零件，当零件外形简单，编程时可设置一次工件坐标系(编程原点)，即可完成零件的加工。

When using CNC machines to process the part, it can set the part reference frame (the origin of programming) once to complete the process if the outline of part is simple.

(2) 在制定零件加工的工艺规程时，合理选择定位基准是至关重要的。

So in constituting the technical regulations for machining a part, it's crucial to choose a reasonable locating criterion.

(3) 加工方案又称工艺方案，数控机床的加工方案包括制定工序、工步及走刀路线等内容。

Processing program also known as process plans, CNC machining programs include the development process, working steps and take the knife line and so on.

2.1.7 拓展思考

1. 填空题

(1) 数控常用编程指令主要有：(　　)、(　　)、(　　)等几类。

(2) 对刀常用的方法有(　　)和(　　)两种。

(3) 解释下列指令的意义。

G00(　　)　　G01(　　)　　G54(　　)

G43(　　)　　M00(　　)　　M02(　　)

M03(　　)　　M05(　　)　　M06(　　)

M08(　　)　　M09(　　)　　M30(　　)

F (　　)　　S (　　)　　T (　　)

2. 选择题

(1) 用于机床开关指令的辅助功能的指令代码是(　　)。
A. F 代码　B. S 代码　C. M 代码

(2) 辅助功能中表示程序计划停止的指令是(　　)。
A. M00　B. M01　C. M02　D. M30

(3) 加工中心机床主轴以 5000 转/分转速正转时，其指令应是(　　)。
A. M03 S5000　B. M04 S5000　C. M05 S5000

(4) 加工中心机床默认的加工平面是(　　)。
A. *XY* 平面　B. *XZ* 平面　C. *YZ* 平面

(5) 执行 G90 G01 X30 Z6 ；G91 G01 Z15 两条程序段后，刀具的 *Z* 方向的位置是(　　)。
A. Z9　B. Z21　C. Z15　D.Z-9

3. 简答题

(1) 简述绝对坐标的编程与相对坐标编程的区别。
(2) 编程时为什么要用刀具长度补偿？

4. 编程题

根据本节所学，编制图 2-10 所示 T 形块零件的数控加工程序。

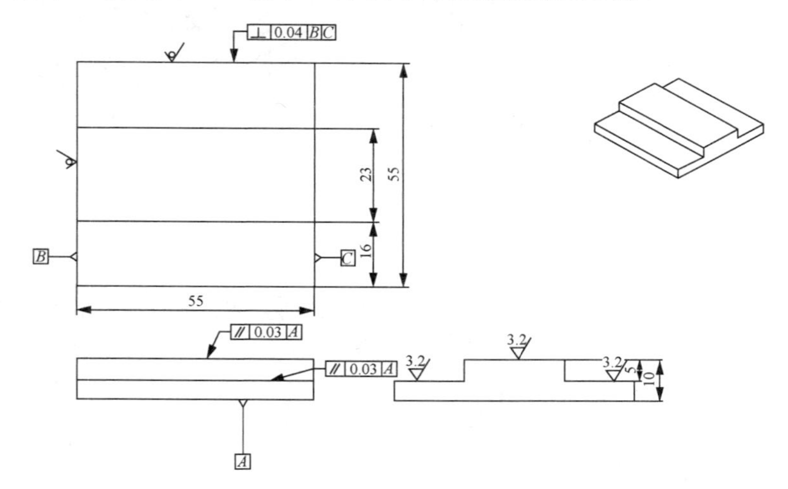

图 2-10　T 形块零件

任务 2.2　扇形片凸模零件的程序编制与加工

2.2.1　任务目标

广泛查阅相关资料，进一步掌握平面和轮廓铣削加工工艺；理解 G17/G18/G19、G2/G3、G41/ G42/ G40 等编程指令的含义；会手工编制扇形片凸模的数控程序；能正确对刀、自动加工零件；理解实际加工过程中刀具半径补偿和长度补偿的含义及灵活应用；培养安全操作、团队协作的工作作风。

扇形片凸模零件，如图 2-11 所示。

图 2-11　扇形片凸模零件

2.2.2　“扇形片凸模”零件的加工工艺

如图 2-12 所示扇形片凸模(Punch)零件(第三视角视图)，批量为 8 件，该零件的交货期为 1 个工作日。

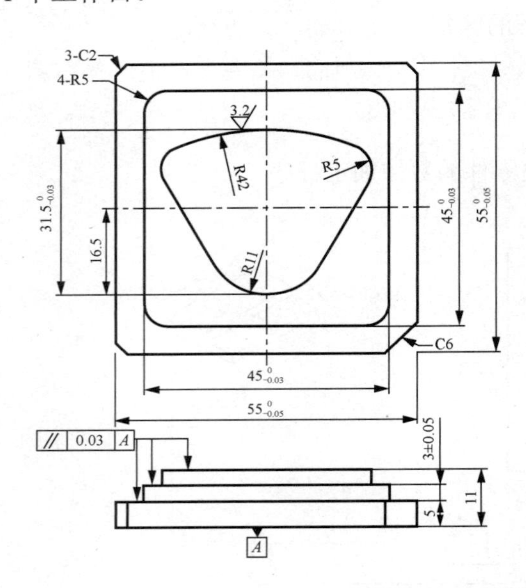

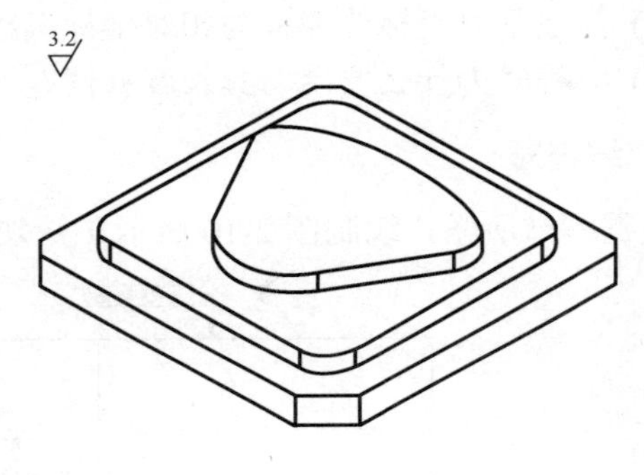

技术要求：零件表面无飞边、凹陷等缺陷。

图 2-12　扇形片凸模零件图

1. 零件图样分析

1) 结构分析

从“扇形片凸模”零件的第三角视图中可知，该零件是结构简单的块料零件，零件由平面和凸台组成，凸台轮廓由直线和圆弧构成，结构简单。

2) 毛坯材料分析

该“扇形片凸模”零件材料为铝(YL12)，切削加工性能较好。根据图样表述，零件最大轮廓尺寸为 55 mm×55 mm×11 mm，因其最外轮廓周边前道工序中已加工完毕，故本工序选择 55 mm×55 mm 高度大于零件 15 mm 的精坯作为坯料。根据零件批量大小考虑毛坯材料的经济性，合理选择毛坯尺寸，此处毛坯选择尺寸为 55 mm×55 mm×18 mm 的精坯。

3) 主要技术要求

图样中，该“扇形片凸模”零件的形位公差要求共有 1 处，凸模顶面和两台阶面与凸模底面有平行度要求，在 0.03 mm 以内。扇形凸台轮廓是用于成型的重要工作面，其轮廓尺寸为 31.50 −0.03 mm，带圆角 45 mm×45 mm 方台安装时需与模板配合，轮廓尺寸为 450 −0.03 mm、高度 3±0.05m，两处加工精度要求均较高，表面粗糙度要求为 R_a3.2 μm。此外，零件表面要求无飞边、凹陷等缺陷。

2. 数控设备的选择

选择 Fadal-3016L 加工中心机床加工“扇形片凸模”零件。

3. 装夹方式的选择

该“扇形片凸模”零件毛坯为长方形块料，形状规则，故采用通用平口钳进行装夹，选择钳口宽度为 125 mm 规格的机用平口钳进行装夹。注意平口钳在机床上的定位精度。毛坯长宽方向为精坯面，需重点保证顶面、台阶面与底面的平行度，故装夹时选择合适的标准垫块进行装夹。以坯面侧面和底面作为定位基准面，一侧面与固定钳口靠紧定位，底面与标准垫块顶面紧贴，装夹时采用塑胶榔头轻轻敲击工件顶面，使底面贴紧垫块，以保证零件上下底面的平行度符合加工要求。坯料探出钳口高度应高于扇形凸台的高度，且需考虑坯料的总高余量。

4. 加工方案的选择

经过前期的技术精度分析，扇形片凸模顶面粗糙度要求较高，故装夹后手动粗铣后需精加工；扇形凸台轮廓及带圆角方台的加工精度和粗糙度要求较高，故选择粗铣、精铣的加工方式对其进行加工。

因此，扇形片凸模的具体加工流程为：手动粗铣零件顶面(留 0.5 mm 余量)—精铣零件顶面—粗铣带圆角方台(侧壁 0.3 mm 余量、底部 0.5 mm 余量)—粗铣扇形片凸台(侧壁 0.3 mm 余量、底部 0.5 mm 余量) —精铣带圆角方台−精铣扇形片凸台。特别说明，精铣圆角方台和扇形片凸台时均采用修改刀具补偿值来控制零件的加工精度。

5. 铣削刀具的选择

根据加工方案，粗、精铣“扇形片凸模”顶面选择ϕ50 硬质合金面铣刀进行加工；粗、精铣扇形凸台和带圆角方台选择ϕ20 高速钢立铣刀进行加工。

6. 工艺卡的制定

根据前面的分析制定“扇形片凸模”零件铣削加工工艺卡，如表 2-6 所示。

表 2-6　“扇形片凸模”零件数控加工工艺卡

单位：××××××××　　编制：×××　　审核：×××

零件名称	扇形片凸模	设备	加工中心	机床型号	FADAL-3016L
工序号	1	毛坯	55mm×55mm×18mm 铝块	夹具	平口钳

续表

刀具表		量具表		工具表			
T01	ϕ50 硬质合金面铣刀	1	游标卡尺(0～150 mm)	1	扳手		
T02	ϕ20 高速钢立铣刀	2	千分尺(0～25 mm)	2	垫块		
T03		3	千分尺(25～50 mm)	3	塑胶榔头		
T04		4	深度游标卡尺	4			
序号	工艺内容			切削用量 S/(r/min)	F/(mm/r)	a_p/mm	备注
1	T01 刀粗铣零件上平面(留 0.5 mm)			1500	150	约 1	手动粗铣
2	T01 刀精铣零件上平面			2000	120	0.5	自动铣 G54Z-0.5
3	T02 刀粗铣扇形凸台、带圆角方台(壁 0.3 mm、底 0.5 mm)			1500	150	2.5	半径补偿 D+0.3 长度补偿 H+0.5
4	T02 刀精铣扇形凸台、带圆角方台			2500	120	0.5	刀具半径补偿应用
5	零件翻身后装夹，T01 刀粗精铣底面(保证零件总高)			2000	120	—	

7. 走刀路径的确定

“扇形片凸模”顶面和带圆角方台的走刀路径与“回字形凸模”零件的顶面及其方形凸台轮廓的走刀路径相仿，此处略。扇形片凸台轮廓采用顺铣加工法铣削，*XY* 面内采用法向切入和法向切出的方法，走刀路径如图 2-13 所示，*U* 点为 *XY* 平面内切入轮廓前的进刀位置点，*V* 点为扇形凸台轮廓的切入和切出位置点，自 *U* 点切入工件 *V* 点，绕扇形轮廓顺时针切削回到 *V* 点，再由 *V* 点切出至 *U* 点。

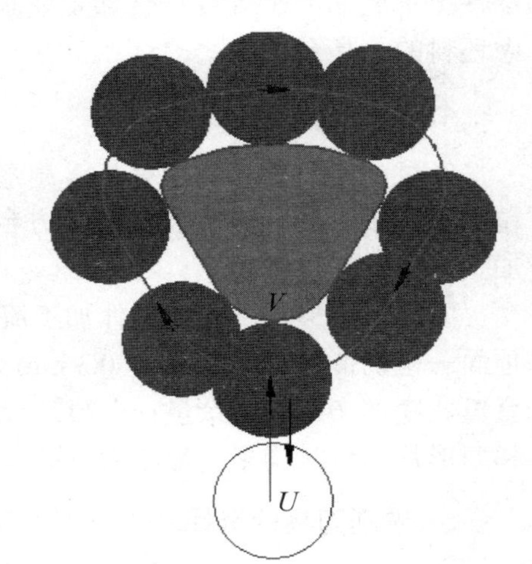

图 2-13　扇形凸台走刀轨迹示意图

2.2.3 “扇形凸模”零件的数控程序编制

1. 程序代码介绍

编制该“扇形片凸模”零件程序，需要增加 G17\G18\G19、G02\G03、G41\G42\G40 等几组指令代码。

G17G18G19指令

1) G17\G18\G19 指令(坐标平面选择指令)(Coordinate Plane Selection Instruction)

如图 2-14 所示，G17、G18、G19 分别表示在 *XY*、*ZX*、*YZ* 坐标平面内进行加工，常用于确定直线插补平面、圆弧插补平面、刀具半径补偿平面等，它们均为模态指令。在加工中心机床上，一般默认在 *XY* 平面内加工，因而 G17 可以省略。

2) G02/G03 指令(圆弧插补指令)(Circular Interpolation Instruction)G02 表示(顺圆插补)刀具按照程序设定的进给速度进行顺圆弧切削加工，模态指令；G03 表示(逆圆插补)刀具按照程序设定的进给速度进行逆圆弧切削加工，模态指令，如图 2-15 所示。

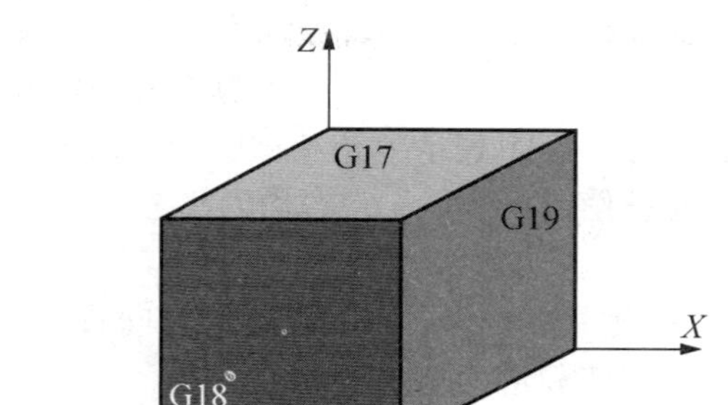

图 2-14　坐标平面选择

注：顺圆或逆圆的判定，是沿垂直于圆弧加工面的第三轴负方向看，顺时针为顺圆加工，逆时针为逆圆加工。

G02 和 G03 指令

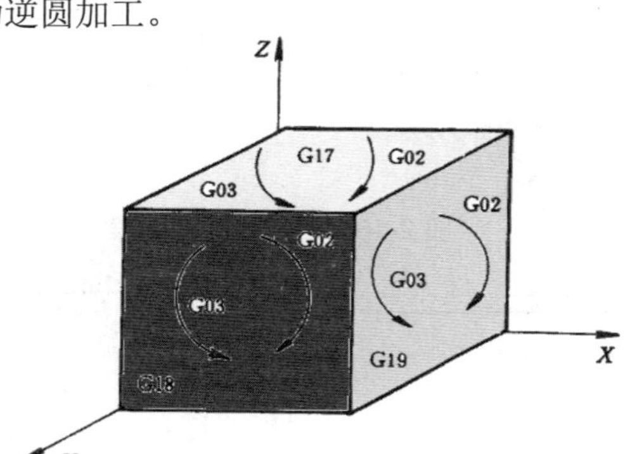

图 2-15　G02(G03)判断方法

程序段格式如下。

方法一：G02(G03) X　Y　Z　R　F；

注：

X　Z——目标点坐标。

R——圆弧半径(小于 180 度 R 为正值，大于等于 180 度 R 为负值)；

F——进给速度。

(采用此种圆弧编程方法，其不能实现整圆的插补运动。)

方法二：G02(G03) X　Y　Z　I　J　K　F。

注：I、J、K 分别表示圆心相对于起点在 X、Y、Z 三个方向的代数差值；该代数差值可能是正值、负值和零。

3) G41\G42\G40(刀具半径补偿指令) (Tool Radius Compensation Instruction)

(1) 半径补偿的功能。若刀具沿工件轮廓铣削，因刀具有一定的直径，故铣削的结果会增加或减少一个刀具直径值。外形尺寸会减少一铣刀直径值(双边)；内形尺寸会增加一铣刀直径值(双边)。如果每次皆要加、减刀具半径值才能找到真正的刀具中心轨迹，编写程序很不方便。为了编写程序的方便性，系统提供了刀具半径补偿指令，可以使编程时不必考虑刀具半径，只需要根据图纸标准尺寸编程，由数控系统根据半径补偿指令自动处理偏移所指定的刀具半径值，并计算出刀心轨迹。

G41G42 和 G40

(2) 指令含义及程序段格式。G41 表示半径左补偿；G42 表示半径右补偿；G40 表示取消刀具半径左补偿或右补偿。它们均为模态指令，如图 2-16 和图 2-17 所示。

判定左右补偿的方法：假设零件不动，沿刀具运动方向看，刀具在被加工轮廓左侧进给为左补偿；反之，刀具在被加工轮廓右侧进给为右补偿。

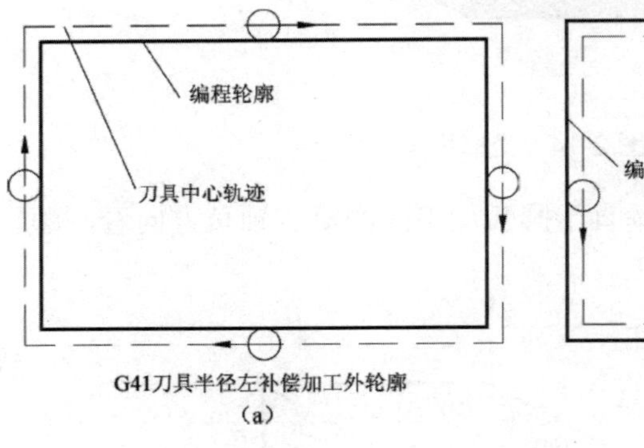

G41刀具半径左补偿加工外轮廓
(a)

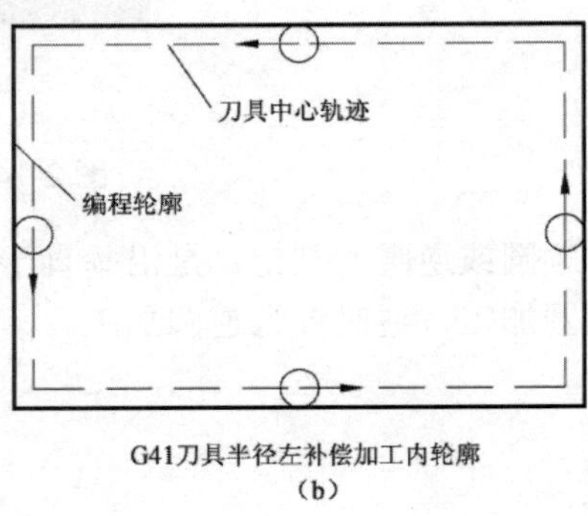

G41刀具半径左补偿加工内轮廓
(b)

图 2-16　G41 半径左补偿

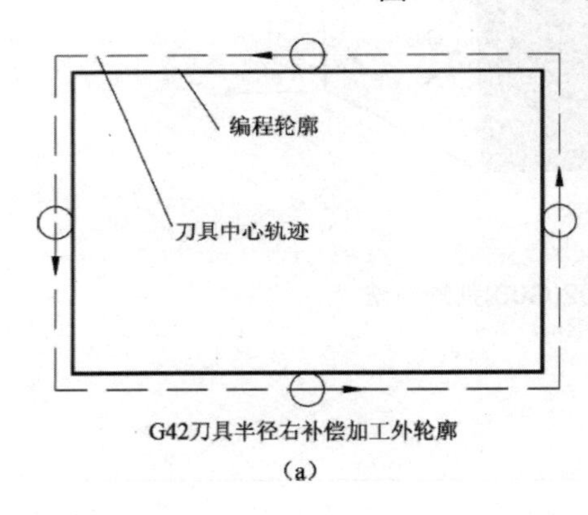

G42刀具半径右补偿加工外轮廓
(a)

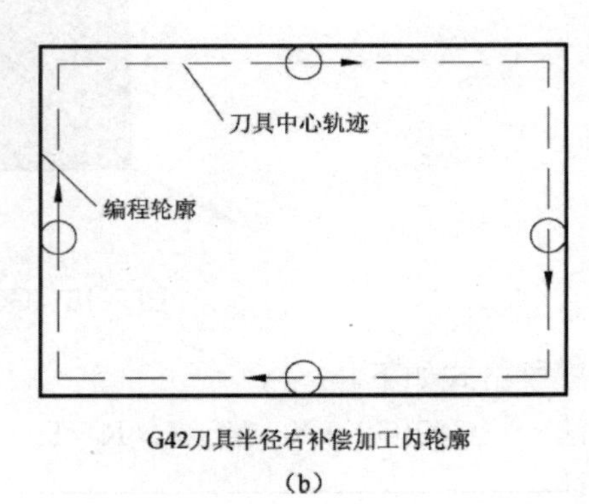

G42刀具半径右补偿加工内轮廓
(b)

图 2-17　G42 半径右补偿

刀具半径补偿程序段格式：

G41(G42) G01 X Y　D;

...

G40　G01　X　Y;

注：X、Y 表示建立刀具半径补偿直线段的终点坐标。

D 表示刀具半径偏置代号地址字，后面一般用两位数字表示，用于存放刀具半径值作为偏置量，用于数控系统计算刀具中心轨迹，其存放的偏置量并不一定必须是刀具的实际半径。偏置量可以通过 CRT/MDI 方式输入。

(3) 刀具半径补偿的建立与撤销。刀具补偿过程的运动轨迹分为三个组成部分：建立刀具半径补偿，执行刀具补偿切削零件轮廓，撤销半径补偿。数控系统一启动时，总是处在补偿撤销状态，这时刀具的偏移量为 0，刀具中心轨迹与编程路线一致。

注意：①刀具半径补偿的建立和撤销过程是一个补偿平面内的直线运动的过程，不能使用圆弧插补指令来建立和撤销刀具半径补偿。②在刀具半径补偿建立过程中一般不出现非补偿平面内的运动。③需关注半径补偿所在的具体平面(G17\G18\G19)。

2. 零件的数学处理

根据零件图样及所确定的工艺路线和切削用量，计算出数控机床所需要的零件轮廓上的各坐标数据，主要指零件轮廓的基点坐标。所谓基点是指零件的轮廓中两直线的交点、两圆弧的交点或切点、直线与圆弧的交点或切点等。在图 2-18 中，*A*、*B*、*C*、*D*、*E*、*F* 是扇形凸台轮廓的直线与圆弧的交点或切点，即为该轮廓的基点，*Q*、*W* 为方台轮廓的基点。

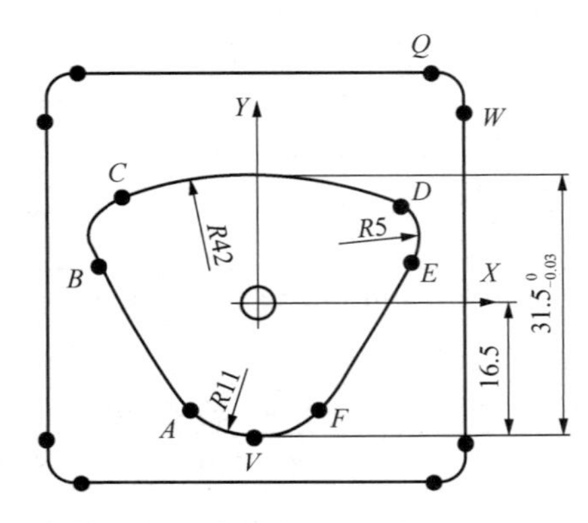

图 2-18　扇形片凸模零件轮廓基点

如图 2-18 所示，设工件坐标系建立在工件顶面的对称中心处，扇形凸台轮廓基点的坐标分别为：*A*(−10, −11)、*B*(−19, 5)、*C*(−16, 12)，*F*、*E*、*D* 各点分别与之对称。另外，凸台轮廓的切入\切出位置 *V* 点的坐标为(0, −16.5)。方台轮廓基点坐标分别为：*Q*(17.5, 22.5)、*B*(22.5, 17.5)。

3. “扇形片凸模”零件的程序编制

该“扇形片凸模”工件原点建立在工件顶面对称中心处。“扇形片凸模”零件数控加工程序单如表 2-7 所示。

表 2-7　“扇形片凸模”零件数控加工程序单

加工程序	程序注释
O2002;	扇形片凸模程序
N10 G90 G80 G40 G49;	绝对编程、钻孔循环取消、半径补偿取消、长度补偿取消
N20 T1 M6;	选换 1 号刀ϕ50 高速钢面铣刀(精铣平面)
N30 M03 S2000 F120;	主轴正转、转速 2000 r/min、走刀速度 120 mm/min
N40 G54 G00 X0 Y0;	建立工件坐标系(工件上平面对称中心)，刀具快速运动至原点
N50 G43 Z50.0 H01;	建立 1 号长度补偿，快速运动至 Z50 处

续表

加工程序	程序注释
N60 X-60.0 Y15.0；	*XY* 平面内刀具快速至第一刀起刀定位点(−60, 15)
N70 Z5.0；	快速下刀至 Z5 位置
N80 G01 Z0；	切削速度下刀至工件系 Z0，下刀量 0.5 mm(对刀时设置 G54 Z−0.5)
N90 X60.0；	*X* 正方向铣削，精铣第一刀
N100 G00 Z5.0；	快速抬刀至 Z5
N110 X-60.0；	*XY* 平面内快速返回至第一刀起刀定位点(−60, 15)
N120 Y-15；	*Y* 向调整步距，至第二刀起到定位点(−60, −15)
N130 G01 Z0.0；	切削速度下刀至工件系 Z0，下刀量 0.5 mm
N140 X60.0；	*X* 正方向铣削，精铣第二刀
N150 G28 G00 Z0；	*Z* 向回参考点
N160 G28 X0 Y0；	*XY* 向回参考点
N170 M05；	主轴停转
N180 M00；	程序暂停
N190 T2 M6；	选换 2 号刀 ϕ20 高速钢立铣刀(粗铣凸台)
N200 M03 S1500 F150；	粗加工设置：主轴正转、转速 1500 r/min、走刀速度 150 mm/min 精加工设置：主轴正转、转速 2500 r/min、走刀速度 150 mm/min
N210 G54 G00 X0 Y0；	建立工件坐标系(工件对称中心)，刀具快速运动至原点
N220 G43 Z50.0 H02；	建立 2 号长度补偿，快速运动至 *Z*50 处
N230 X0.0 Y-45.0；	*XY* 平面内刀具快速至进刀点 *U*(0,−45)
N240 Z5.0；	快速下刀至 Z5 位置
N250 G01 Z-3；	下刀 2.5mm(刀具长度补偿留 0.5 mm)
N260 G41 G01 Y-16.5 D02；	*Y* 向切入至 *V* 点(0，−16.5)，建立半径补偿(刀具半径补偿留 0.3 mm) 地址号 02，粗铣存 20.5；精铣根据测量后存数据
N270 G02 X-10 Y-11 R11；	圆弧插补至 *A* 点，执行半径补偿
N280 G01 X-19.0 Y5；	直线插补至 *B* 点，执行半径补偿
N290 G02 X-16 Y12 R5；	圆弧插补至 *C* 点，执行半径补偿
N300 G02 X16 Y12 R42；	圆弧插补至 *D* 点，执行半径补偿
N310 G02 X19 Y5 R5；	圆弧插补至 *E* 点，执行半径补偿
N320 G01 X10 Y-11；	直线插补至 *F* 点，执行半径补偿
N330 G02 X0 Y-16.5 R11；	圆弧插补至 *V* 点(0，−16)，执行半径补偿
N340 G40 G01 Y-45；	*Y* 向切出至起刀点 *U*，撤销半径补偿
N350 Z5；	抬刀至 Z5
N250 G01 Z-6；	下刀 5.5 mm(刀具长度补偿留 0.5 mm)
N360 G41 G01 Y-22.5 D02；	*U* 点起刀切入至带圆角方形凸台轮廓处，建立半径补偿(留 0.3 mm)
N370　X-17.5；	切削带圆角方形凸台，执行半径补偿
N380 G02 X-22.5 Y-17.5 R5；	切削带圆角方形凸台，执行半径补偿

续表

加工程序	程序注释
N390 G01 Y17.5;	切削带圆角方形凸台，执行半径补偿
N400 G02 X-17.5 Y22.5 R5;	切削带圆角方形凸台，执行半径补偿
N410 G01 X17.5;	切削带圆角方形凸台，执行半径补偿(*Q* 点)
N420 G02 X22.5 Y17.5 R5;	切削带圆角方形凸台，执行半径补偿(*W* 点)
N430 G01 Y-17.5;	切削带圆角方形凸台，执行半径补偿
N440 G02 X17.5 Y-22.5 R5;	切削带圆角方形凸台，执行半径补偿
N450 G01 X0;	切削带圆角方形凸台，执行半径补偿
N460 G40 G01 Y-45;	*Y* 向切出至起刀点 *U* 点，撤销半径补偿
N470 G28 G00 Z0;	*Z* 向回参考点
N480 G28 X0 Y0;	*XY* 向回参考点
N490 M05;	主轴停转
N500 M02;	程序结束(粗铣后测量工件，修改补偿和切削用量再执行 T2 刀程序精铣)

2.2.4　对刀、自动加工

试切分中法
对刀(XY)

1. 对刀(Tool Setting)及偏置(Offset)设定

对刀就是在机床上确定刀补值或工件坐标系原点的过程，数据记录在工件坐标系(G54～G59)中设定。图 2-19 所对刀数据设置在 G54 中，则程序中采用 G54 指令调用此对刀数据。G54 一般为默认或优先选用坐标系。

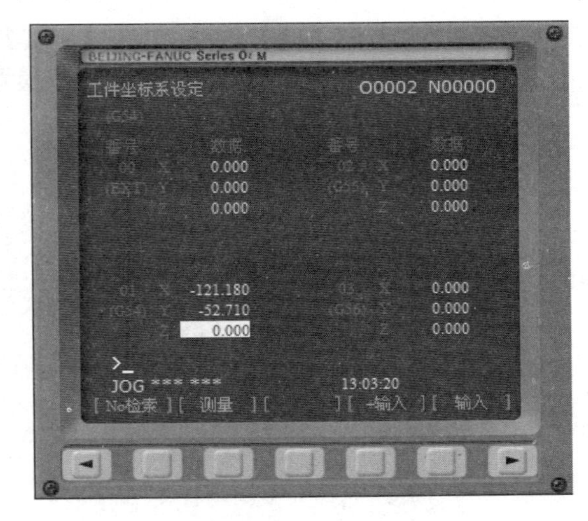

图 2-19　工件坐标系设定窗口

坐标系可通过设定零点偏置值，来修改工件坐标系的原点位置。EXT 基本偏移，*X*、*Y*、*Z* 三个方向上可设置偏移值。

1) 直接设置工件坐标系

直接设置工件坐标系的操作步骤如下。

(1) 按、键，切换到手动模式。

(2) 按键进入参数设定页面，按【坐标系】软键，显示工件坐标系设定窗口。

(3) 用或键在坐标系及各项数值之间切换。

(4) 输入数值，按键，把输入的内容输入到光标所指定的位置即可。

2) 自动计算坐标系位置偏移(Coordinate Position Offset)。

自动计算坐标系位置偏移的操作步骤如下。

(1) 按、键，切换到手动模式。

(2) 通过刀具或者寻边器找到工件的边界。

(3) 把刀具移动到坐标系零点或坐标系已知坐标点位置。

(4) 按键进入参数设定页面，按【坐标系】软键，显示工件坐标系设定窗口。

(5) 用或键在坐标系及各项数值之间切换。

(6) 输入相应的数值，如“X0”，再按【测量】软键就可以把当前位置设置为工件坐标系 X0 位置，设定到光标所在的偏移数据组内。

2. 刀具补偿设置(Tool Compensation Setting)

刀具补偿数据设置的操作步骤如下。

试切法对刀长度补偿

(1) 按键启动主轴，先快速将刀具移到工件附近，然后将进给倍率调到低速挡，配合以增量进给，使刀具轻轻触碰到工件上表面。

注：在此操作前应确保工件上表面是一个平面。

这里以工件坐标系 Z0 点建立在工件上表面为例。

(2) 按键，切换到坐标显示页面，按【综合】软键，把机床坐标系中的 Z 坐标记录下来 Z_{T1}。将刀具离开工件后再按键停止主轴。

(3) 按键，进入参数设定页面，按【补正】软键，再按【形状】软键，进入刀具补偿窗口，如图 2-20 所示。按或键移动光标，找到对应刀具的补偿号的(形状)H 列。

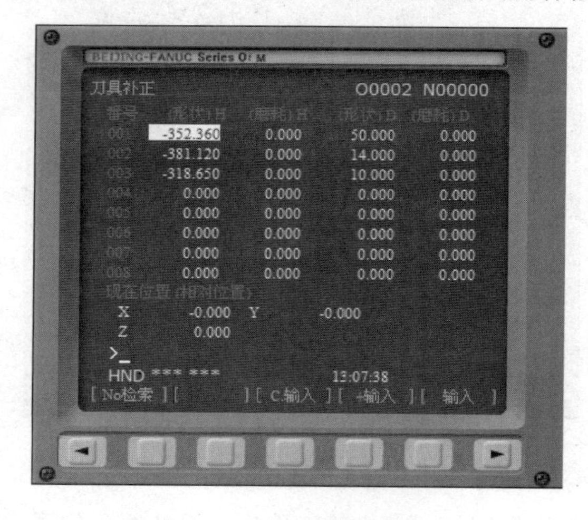

图 2-20 刀具补偿窗口

(4) 输入刚刚记录下的数值 Z_{T1}，按键，再按【测量】软键，刀具 X 轴方向的对刀结束。

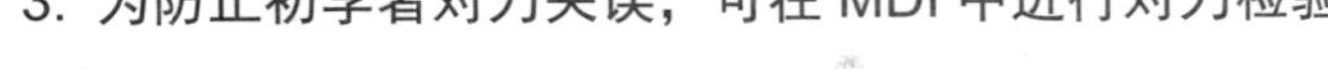

(5) 按↑或↓键移动光标到对应刀具的补偿号的(形状)D 列，输入刀具的直径值，再按INPUT键即可输入。

(6) 调用下一个刀具，直至所有加工时需要的刀具的长度和直径数值都设置完成。

3. 为防止初学者对刀失误，可在 MDI 中进行对刀检验

运行程序加工零件

4. 程序自动运行(Program Automatic Operation)

(1) 按EDIT键，进入编辑模式。

(2) 按PROG键，然后按 DIR 软键列出机床中的程序列表，如图 2-21(a)所示。

(3) 输入需要打开的程序号，如 O1，再按↓键搜索并打开。

(4) 按MEMORY键，进入运行模式，屏幕左下角显示 MEM，通常再按一次【检视】软键可打开信息界面，以查看坐标状态指令状态等信息，如图 2-21(b)所示。

(5) 按●键，立即执行所选定的程序段。在自动方式下零件程序可以执行自动加工，这是零件加工中正常使用的方式。

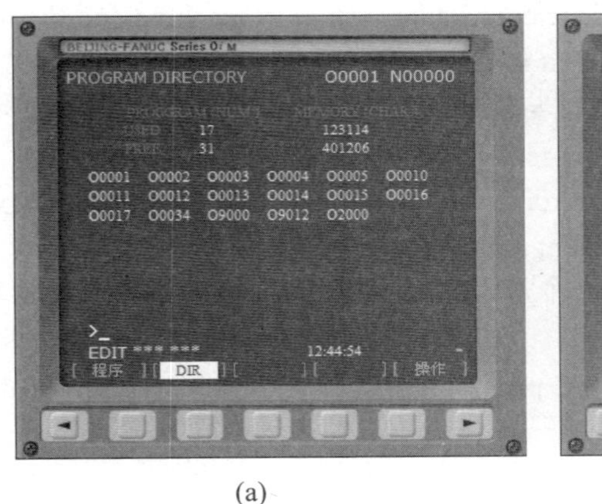

(a)

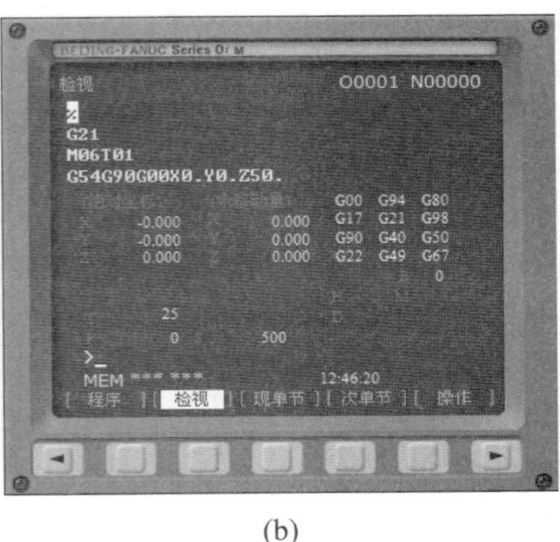

(b)

图 2-21　选择加工程序

2.2.5　技能训练

根据实训现场提供的设备及工量刃具，根据零件图纸要求完成“扇形片凸模”零件的加工，并选择合适的量具对其进行检测，并做好记录(见表 2-8)。

表 2-8　“扇形片凸模”零件检测记录单

姓名		班级			组别			
零件名称		时间	120 分钟	起止时间			总分	
检测项目	内容及其要求	配分	评分标准		检测结果	扣分	得分	备注
1	编程、调试熟练程度	15	程序思路清晰，可读性强，模拟调试纠错能力强					
2	操作熟练程度	10	试切对刀、建立工件坐标系操作熟练					

续表

检测项目	内容及其要求	配分	评分标准	检测结果	扣分	得分	备注
3	450 -0.03(2 处)	20	超差不得分				
4	扇形外轮廓	10	样板检测				
5	31.50 -0.03	10	超差不得分				
6	3+0.05 -0.05	10	超差不得分				
7	11	10	超差不得分				
8	R_a3.2	10	大于 R_a3.2 每处扣 5 分				
9	其他	5	超差 1 处扣 1 分				
10	90 分钟		超过 5 分扣 3 分				
心得体会							

2.2.6　中英文对照

(1) 根据工件坐标系向机床坐标系的坐标变换过程，说明对刀操作的作用和原理。

Based on the switch process of work piece coordinate system to machine coordinate system, explained the function and principle of aiming at tool operation.

(2) 在数控机床加工中，由于工件坐标与机床坐标不同心，因此工件坐标的设置是必要的。

It is necessary to set up the workpiece coordinate in numerical controlled machine processing as they are not concentric with the coordinates of a machine.

(3) 刀具半径补偿指令是数控加工中一个常用的应用指令，合理使用刀具补偿功能在数控加工中有着非常重要的作用。

Tool offset is an application order in CNC programming. If you can use it reasonably, it has a vitally function in CNC.

2.2.7　拓展思考

1. 填空题

(1) 刀具补偿包括：(　　)和(　　)。

(2) 根据刀具相对工件的运动方向，判断图 2-22 中刀具半径补偿指令代码，分别是：(　　)、(　　)、(　　)。

图 2-22　刀具加工工件示意图

(3) 解释下列指令的意义。

G17(　　　　　)　G18(　　　　　)　G19(　　　　　)
G01(　　　　　)　G02(　　　　　)　G03(　　　　　)
G41(　　　　　)　G42(　　　　　)　G40(　　　　　)

(4) 采用 G02/G03 圆弧编程方法，不能实现(　　　　　)的插补运动。

(5) 刀具半径补偿的建立和撤销过程是一个补偿平面内直线运动的过程，不能使用圆弧插补指令来(　　　　　)和(　　　　　)刀具半径补偿。

2. 选择题

(1) 在数控编程中，均用于刀具半径补偿指令的是(　　)。

A. G81 G80　　B. G90 G91　　C. G41 G42 G40　　D. G43 G44

(2) G02 X20 Y20 R-10 F100；所加工的一般是(　　)。

A. 整圆　　B. 夹角≤180° 的圆弧

C. 180° <夹角<360° 的圆弧

(3) 圆弧插补指令 G03 X Z R 中，X、Z 后的值表示圆弧的(　　)。

A. 起点坐标值　　B. 终点坐标值

C. 圆心坐标相对于起点的值　　D. 圆心坐标值

(4) 通常数控系统除了直线插补外，还有(　　)。

A. 正弦插补　　B. 圆弧插补　　C. 抛物线插补　　D. 余弦插补

(5) 采用直径为 20 的立铣刀进行平面轮廓加工时，如果被加工零件是 80mm×80mm×60mm 的开放式凸台零件，毛坯尺寸为 95mm×95mm×60mm；要求加工后表面无进出刀痕迹，加工切入时采用(　　)方向切入。

A. 垂直于工件轮廓　　B. 沿工件轮廓切面

C. 垂直于工件表面　　D. A、B 方向都可以

3. 判断题

(1) 对于 FANUC 系统，G43 和 G44 的刀具长度偏置补偿方向是一致的。　(　　)

(2) 由于数控车床使用直径编程，因此圆弧指令中的 R 值是圆弧的直径。　(　　)

(3) 圆弧插补中，对于整圆，其起点和终点相重合，用 R 编程无法定义，所以只能用圆心坐标编程。　(　　)

4. 简答题

(1) 数控机床加工程序的编制方法有哪些？它们分别适用于什么场合？

(2) 用 G02，G03 编程时，什么时候用 R+，什么时候用 R−？

5. 编程题

编制如图 2-23 所示的花形凸台零件的数控加工程序。零件最大轮廓尺寸为 55mm× 55mm×15mm，其最外轮廓周边前道工序中已加工完毕，故本工序选择尺寸为 55mm×55mm × 18mm 的精坯，编写加工程序。基点坐标为：*A*(−8, −16)，*B*(−16, 18)。

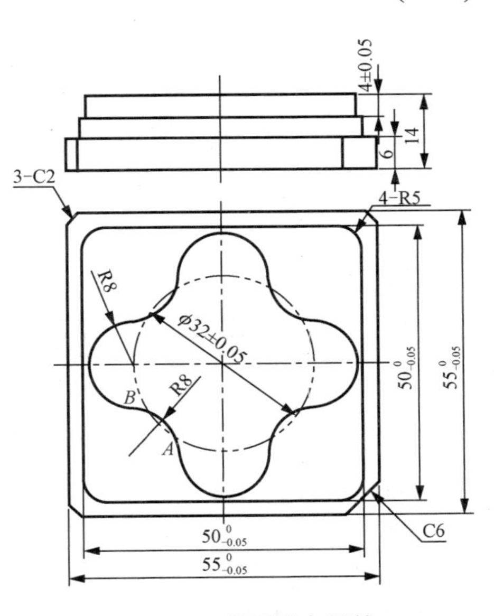

图 2-23　花形凸台零件

任务 2.3　扇形片凹模零件的程序编制与加工

2.3.1　任务目标

广泛查阅相关资料，掌握型腔的粗、精加工工艺；理解 M98/M99 编程指令的含义与子编程的编写方法；会手工编制扇形片凹模零件的数控程序；能正确对刀、自动加工零件；掌握半径补偿和长度补偿在型腔加工中的应用；培养勤于思考、认真严谨的工作作风。

图 2-24 所示为扇形片凹模零件实物图。

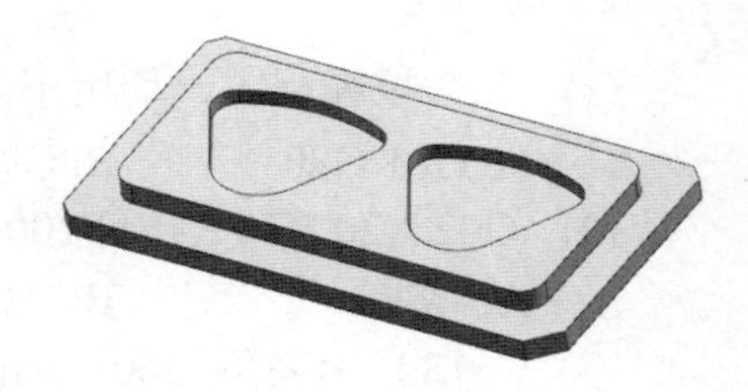

图 2-24　扇形片凹模零件

2.3.2　“扇形片凹模”零件的加工工艺

如图 2-25 所示扇形片凹模(Die)零件，批量为 4 件，该零件的交货期为 1 个工作日。按照工艺规程的制定步骤，编制扇形片凹模数控铣削加工工艺(NC Milling Process Craft)。

1. 零件图样分析

1) 结构分析

从“扇形片凹模”零件的第三角视图中可知，该零件是结构简单的块料类零件，零件外轮廓为带圆角长方体，零件内部为扇形片腔体轮廓，轮廓均由直线和圆弧构成。

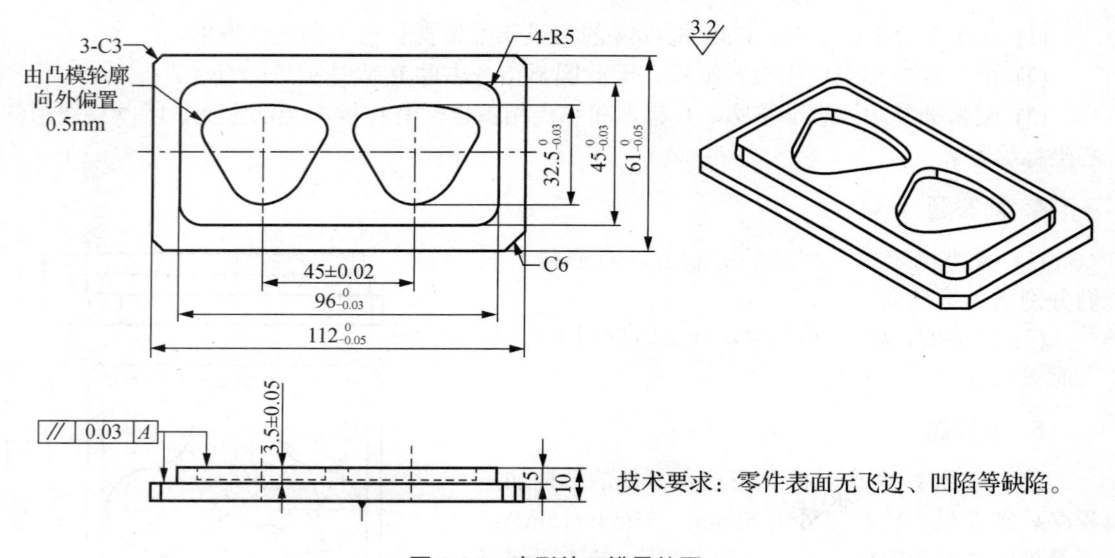

图 2-25　扇形片凹模零件图

2) 毛坯材料分析

该“扇形片凹模”零件材料为铝(YL12)，切削加工性能较好。根据图样表述，零件最大轮廓尺寸为 112 mm×61 mm×10 mm，因其最外轮廓周边前道工序中已加工完毕，故本工序选择尺寸为 112 mm×61 mm×15 mm 的精坯。

3) 主要技术要求

图样中，该“扇形片凹模”零件的形位公差要求共有 1 处，凹模顶面和挂台台阶面与凸模底面有平行度要求，在 0.03 mm 以内。扇形凹模轮廓是由凸模轮廓向外偏置 0.5 mm(即凹模轮廓大于凸模轮廓单边 0.5 mm)，它是与凸模合模后用于成型的重要工作面。其轮廓尺寸为 32.5+0.03 0.mm、高度 3.5 mm，带圆角长方台安装时需与模板配合，轮廓尺寸 960 −0.03 mm、450 −0.03 mm、高度 5+0.05 −0.05mm，两处加工精度要求均较高、表面粗糙度要求为 R_a3.2 μm。此外，零件表面要求无飞边、凹陷等缺陷。

2. 数控设备的选择

根据实习现场现有条件，选择Fadal-3016L加工中心机床对该“扇形片凹模”零件进行加工。

3. 装夹方式的选择

该“扇形片凹模”零件毛坯为长方形块料，形状规则，故采用通用平口钳进行装夹，选择钳口宽度为 125 mm 规格的机用平口钳进行装夹。需注意保证顶面与底面的平行度，装夹时选择合适的标准垫块进行装夹。

4. 加工方案的选择

经过前期的技术精度分析，扇形片凹模坯料装夹后顶面需进行精加工；扇形凹模轮廓及带圆角长方台的加工精度要求较高，故选择粗铣、精铣的加工方式。因此，扇形片凹模的具体加工流程为：粗、精铣零件顶面—粗铣带圆角长方台(侧壁 0.3 mm 余量、底部 0.5 mm 余量)—粗铣扇形片凹模型腔(侧壁 0.3 mm 余量、底部 0.5 mm 余量)—精铣带圆角长方台—精铣扇形片凹模型腔。

5. 铣削刀具的选择

根据加工方案，粗、精铣“扇形片凹模”顶面选择ϕ50 硬质合金面铣刀进行加工；粗、精铣扇形凹模型腔和带圆角长方台都选择ϕ8 高速钢键槽铣刀。

6. 工艺卡的制定

根据前面的分析制定“扇形片凹模”零件铣削加工工艺卡，如表 2-9 所示。

表 2-9　“扇形片凹模”零件数控加工工艺卡

单位：××××××××　　编制：×××　　审核：×××

零件名称		扇形片凹模	设备	加工中心	机床型号		FADAL-3016L
工序号		1	毛坯	112mm×61mm×15mm 铝块	机床编号		平口钳
刀具表			量具表		工具表		
T01	ϕ50 硬质合金面铣刀		1	游标卡尺(0～150 mm)	1	扳手	
T02	ϕ8 高速钢键槽铣刀		2	千分尺(0～25 mm)	2	垫块	
T03			3	千分尺(25～50 mm)	3	塑胶榔头	
T04			4	深度游标卡尺	4		

续表

序号	工艺内容	切削用量			备注
		S/(r/min)	F/(mm/r)	a_p/mm	
1	T01 刀粗铣零件上平面(留 0.5 mm)	1500	150	约 1	手动粗铣
2	T01 刀精铣零件顶面	2000	120	0.5	自动铣 G54Z-0.5
3	T02 刀粗铣扇形凹模型腔、带圆角长方台(壁 0.3 mm、底 0.5 mm)	800	150	约 2	半径补偿 D+0.3 长度补偿 H+0.5
4	T02 刀精铣扇形凹模型腔、带圆角长方台	1000	120	0.5	刀具半径补偿应用
5	零件翻身后装夹，T01 刀粗精铣底面(保证零件总高)	1500	150		

7. 走刀路径的确定

行切、环切、综合法

当所加工的型腔余量较大或精度较高时，一般采用平底立铣刀加工，刀具半径应符合图纸型腔圆角的加工要求，可采用多次走刀的方法控制零件的变形误差。图 2-26 所示为铣刀加工型腔的三种进给路线。

1) 行切法(Row-cutting Method)

行切法是从槽的一边一行一行地切到槽的另一边。其特点是进给路线短，不留死角，不伤轮廓，减少了重复进给的搭接量，但在每两次进给的起点与终点间留下了残留面积，增大了表面粗糙度。

2) 环切法(Ring Cutting Method)

环切法是从槽的中间逐次向外扩展进行环形走刀， 直至切完全部余量。其特点是表面粗糙度好于行切法，但进给路线比行切法长，在编程时刀位点计算较复杂。

3) 综合法(Synthesis Method)

综合法是先用行切法切去中间大部分余量，然后用环切法沿凹槽的周边轮廓环切一刀。其特点是综合了行切法和环切法的优点，既能使总的进给路线较短，又能获得较好的表面粗糙度。显然，三种方案中，综合法的进给路线方案最佳。

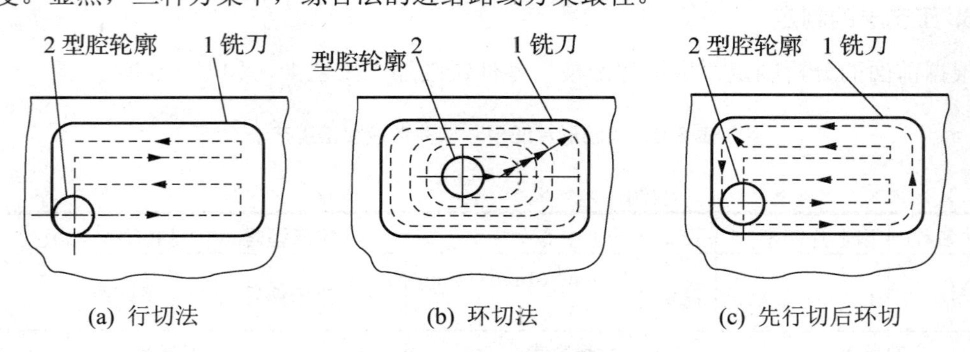

图 2-26 型腔铣削的三种进给路线

型腔加工的最后一次走刀其切除量一般控制在 0.2～0.5 mm。当型腔加工精度要求一般时，铣刀可沿工件轮廓的法线方向切入和切出，其切入点和切出点选在工件轮廓两几何元素的交点处；当型腔加工精度要求较高时，需增加圆弧切入和圆弧切出线，可使加工表面光洁，无切入切出的刀痕。因此，随着进给路线的不同，加工结果也将不一样。

“扇形片凹模”顶面和带圆角长方台的走刀路径与“扇形片凸模”零件相仿。扇形片凹模型腔精加工时，由型腔中点 *U* 点处下刀，在 *XY* 平面直线切入至轮廓 *V* 点，沿扇形轮廓(顺铣)逆时针切削回到 *V* 点，再由 *V* 点切出至 *U* 点，走刀路径如图 2-27 所示。由此分析发现，型腔中部有未加工到的余料，因此在精加工前要进行型腔的开粗，由型腔中点 *U* 点处下刀，刀具沿 *GHI* 三角形轨迹走刀进行开粗，如图 2-28 所示。因此，该“扇形片凹模”型腔加工的轨迹为：*U—G—H—I—G—U—V—F—E—D—C—B—A—V—U*。

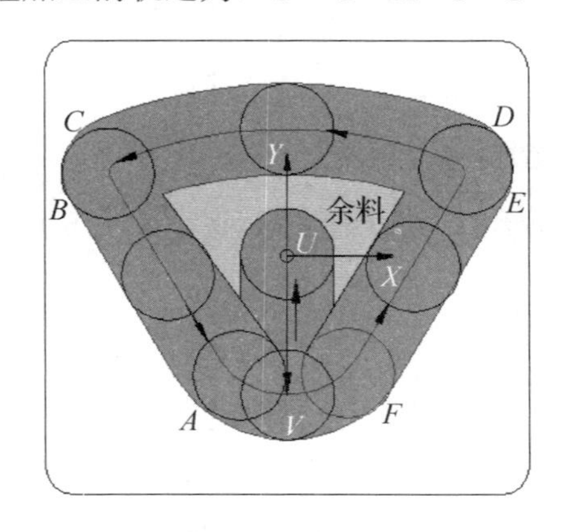

图 2-27　精铣走刀路径

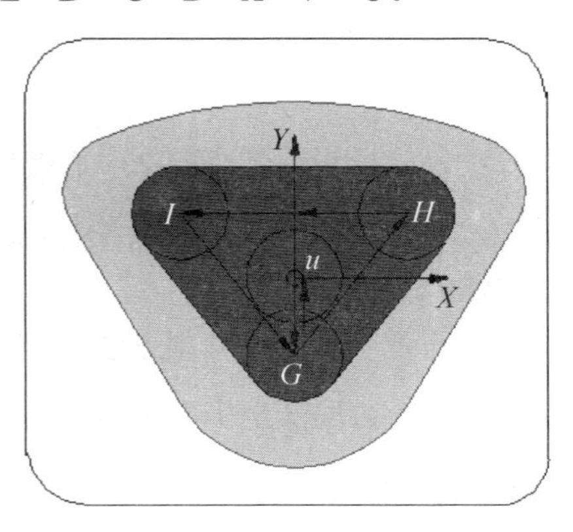

图 2-28　开粗走刀路径

值得注意的是：开粗 *U—G—H—I—G—U* 轨迹采用沿刀心轨迹走刀编程；精加工 *U—V—F—E—D—C—B—A—V—U* 轨迹采用半径补偿指令编程。

2.3.3　“扇形片凹模”零件的数控程序编制

1. M98/M99 指令(子程序代码指令)(Subroutine Code Instructions)

编程时，为了简化程序的编制，当一个工件上有相同的加工内容时，常采用调用子程序的方法进行编程。调用子程序的程序叫作主程序，被调用的程序叫作子程序。子程序和主程序在结构上相似，也是一个独立的程序，子程序结束代码为 M99，表示子程序结束并返回到调用子程序的主程序中。

M98 和 M99 指令

值得注意的是，主程序可以调用子程序，但子程序没有调用主程序的权限。并且，子程序还可以再调用下一级子程序，也就是子程序嵌套，如图 2-29 所示。子程序嵌套次数由具体的数控系统决定。

子程序调用指令格式为：M98 P _ L_ ；

其中，P 表示调用的子程序号，后面跟 4 位阿拉伯数字；L 表示调用次数，后面跟 4 位阿拉伯数字。例如：M98 P100 L10 表示调用 O100 号子程序，连续调用 10 次。调用次数为 1 时，可省略。

子程序返回指令格式为：M99；或 M99 P__ ；

子程序返回的两种用法如下。

(1) 子程序的最后程序段只用 M99 时，子程序结束返回，返回到调用程序段后面一个程序段。

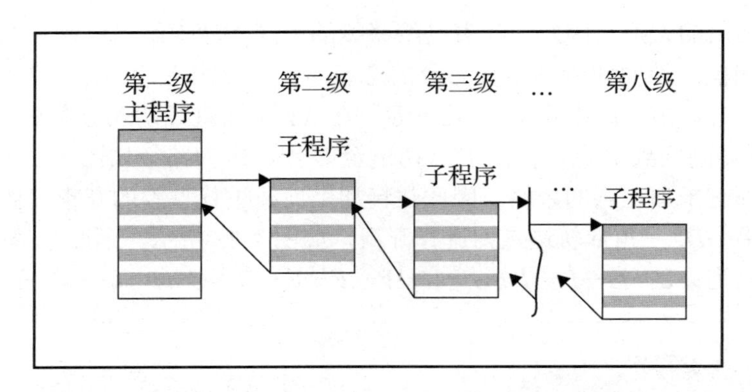

图 2-29　主程序与子程序及子程序嵌套的关系

(2) 一个程序段号在 M99 后由 P 指定时，系统执行完子程序后，将返回到由 P 指定的那个程序段号上。

FANUC 系统子程序编制方法及样例如表 2-10 所示。

2. G52 指令(局部坐标系指令)(Local Coordinate Instructions)

G52 可以建立一个局部坐标系，相当于使 G54～G59 坐标系偏移一定距离后形成的子坐标系。

建立局部坐标系格式：G52 X__Y__Z__;

注：X__Y__Z 为局部坐标系原点在当前坐标系中的位置坐标；

取消局部坐标系格式：G52 X0 Y0 Z0;

表 2-10　FANUC 系统子程序编制方法及样例

主程序	子程序	备　注
00011; N10 G90 G80 G49 G40; N20 T2 M6; N30 M3 S1000 F100; N40 G54 G00 X0 Y0; … N80 M98 p111 L1;(调用子程序) N90 G00 X-45; ⋮ N120 M5; N130 M30;	01111; G91 G01 Z-8 F80; G41 G01 X7.5 Y0 D2; … G40 G01 X-7.5 Y-5; G90 G1 Z5; M99;(返回主程序) (或 M99 P120;)	1.子程序名 00001～09999 中可选。 2.子程序调用指令 M98 格式： M98 P_____ L_____; M98　　　/调用子程序 P_____　/子程序名 L_____　/调用次数 3.子程序结束指令 M99，返回至上一级程序，执行主程序中下一条程序段。 4.FANUC 系统子程序嵌套次数为 3～6 次。

3. 零件的数学处理

根据零件图样图 2-25 所示，扇形片凹模轮廓由凸模轮廓向外偏置 0.5 mm 形成，操作中可根据凸模轮廓坐标点编程后采用半径补偿偏置的方法来加工，故编制扇形片凹模轮廓程序时需用到凸模各轮廓点坐标，参考凸模各基点坐标分别为：*A*(−10, −11)、*B*(−19, 5)、*C*(−16, 12)，*D*(16, 12)、*E*(19, 5)、*F*(10, −11)、*V*(0, −16.5)。如图 2-30 所示，开粗时各刀心轨迹点的坐标通过制图软件获得，分别为：$U(0,\ 0)$、$G(0,\ -6.69)$、$H(9.47,\ 5.47)$、$I(-9.47,\ 5.47)$。

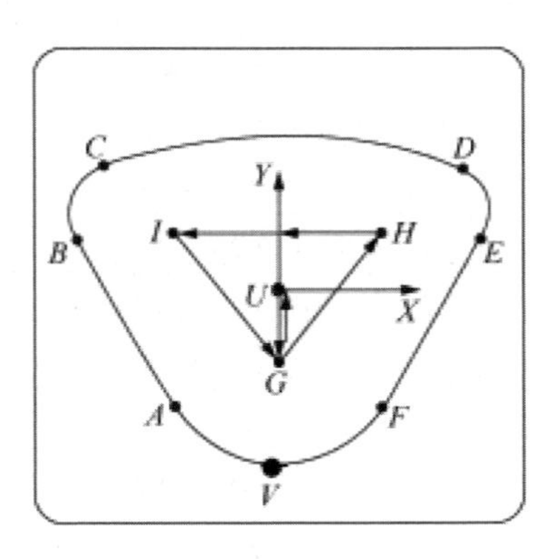

图 2-30　扇形片凸模轮廓基点

特别说明：以上各点坐标是以“扇形片凸模”零件在工件坐标系下获得的坐标位置，而“扇形片凹模”的凹模型腔有两处，且坐标系原点位置与凸模原点位置不同，故在编程时应将局部坐标系指令灵活应用。

4. “扇形片凹模”零件的程序编制

该“扇形片凹模”工件原点建立在工件顶面的中心处，如图 2-31 所示。顶面和带圆角长方台的程序参考“扇形片凸模”零件，此处略。表 2-11 所示的程序单主要为“扇形片凹模”型腔的开粗及精加工程序。

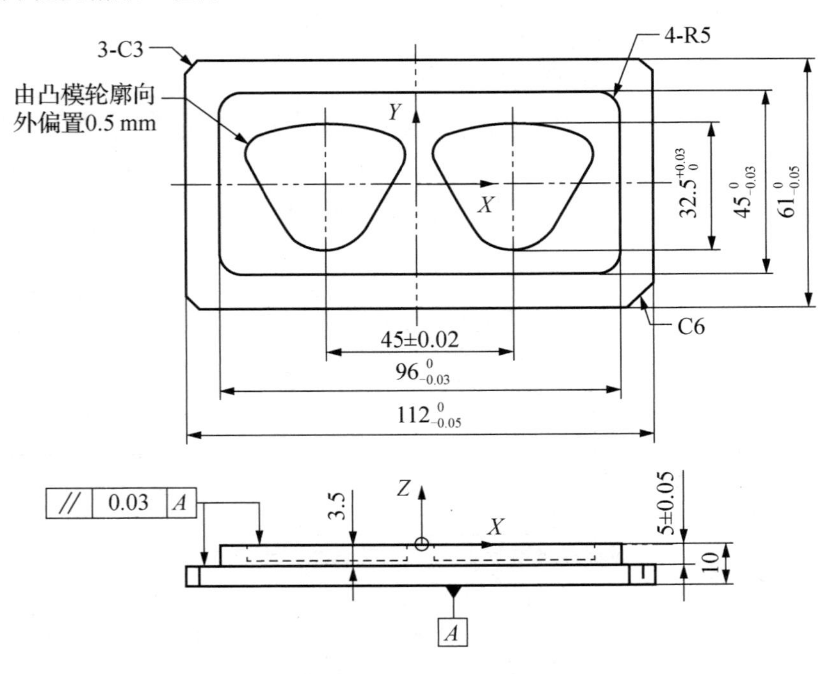

图 2-31　扇形片凹模零件原点设置

表 2-11 “扇形片凹模”零件数控加工程序单

加工程序	程序注释
O2003；	扇形片凹模程序
N10 G90 G80 G40 G49；	绝对编程、钻孔循环取消、半径补偿取消、长度补偿取消
…	顶面及带圆角长方台程序省略
N190 T2 M6；	选换 2 号刀ϕ8 高速钢立铣刀(粗铣凸台)
N200 M03 S800 F150；	粗加工设置：主轴正转、转速 800 r/min、走刀速度 150 mm/min 精加工设置：主轴正转、转速 1000 r/min、走刀速度 150 mm/min
N205 G50.1 X0 Y0；	取消镜像(防止程序执行中中断程序后，再执行时镜像有效)
N210 G54 G00 X0 Y0；	建立工件坐标系(工件对称中心)，刀具快速运动至原下刀点 *U*(0,0)
N220 G43 Z50.0 H02；	建立 2 号长度补偿，快速运动至 Z50 处
N230 G52 X22.5 Y0；	建立局部坐标系(右侧扇形片凹模中心点)
N240 M98 P1111；	调用子程序 O1111
N250 G52 X0 Y0；	取消局部坐标系
N260 G52 X-22.5 Y0；	建立局部坐标系(左侧扇形片凹模中心点)
N265 G51.1 X0 ；	开启关于 *Y* 轴的镜像功能
N270 M98 P1111；	调用子程序 O1111
N275 G50.1 X0 ；	关闭关于 *Y* 轴的镜像功能
N280 G52 X0 Y0；	取消局部坐标系
N290 G28 G00 Z0；	*Z* 向回参考点
N300 G28 X0 Y0；	*XY* 向回参考点
N310 M05；	主轴停转
N320 M02；	程序结束(粗铣后测量工件，修改补偿和切削用量再执行 T2 刀程序精铣)
O1111；	子程序 O1111(扇形片凹模型腔)
N05 G00 X0 Y0；	快速至(0，0)
N10 Z5.0；	快速下刀至 Z5 位置
N20 G01 Z-3.5；	下刀 3 mm(刀具长度补偿留 0.5 mm)
N30 X0 Y-6.69；	直线插补至 *G* 点，开始开粗
N40 X9.47 Y 5.47；	直线插补至 *H* 点
N50 X-9.47；	直线插补至 *I* 点
N60 X0 Y-6.69；	直线插补至 *G* 点
N70 X0 Y0；	直线插补至 *U* 点
N80 G41 G01 Y-16.5 D02；	*Y* 向切入至 *V* 点(建立半径补偿，要灵活应用补偿值) 地址号 02，粗铣存 8.5；精铣根据测量后存数据；
N90 G03 X10 Y-11 R11；	圆弧插补至 *F* 点，执行半径补偿，逆时针切削凹模型腔
N100 G01 X19.0 Y5；	直线插补至 *E* 点，执行半径补偿
N110 G03 X16 Y12 R5；	圆弧插补至 *D* 点，执行半径补偿

续表

加工程序	程序注释
N120 G03 X-16 Y12 R42;	圆弧插补至 *C* 点，执行半径补偿
N130 G03 X-19 Y5 R5;	圆弧插补至 *B* 点，执行半径补偿
N140 G01 X-10 Y-11;	直线插补至 *A* 点，执行半径补偿
N150 G03 X0 Y-16.5 R11;	圆弧插补至 *V* 点，执行半径补偿
N160 G40 G01 Y0;	*Y* 向切出退至起刀点 *U* 点，撤销半径补偿
N170 Z5.0;	快速抬刀至 Z5 位置
M99;	子程序结束，返回主程序

2.3.4　技能训练

根据实训现场提供的设备及工量刃具，根据零件图纸要求完成“扇形片凹模” 零件的加工，并选择合适的量具对其进行检测，并做好记录(见表 2-12)。

表 2-12　“扇形片凹模”零件检测记录单

姓名		班级		组别			
零件名称		时间	120 分钟　起止时间			总分	
检测项目	内容及其要求	配分	评分标准	检测结果	扣分	得分	备注
1	编程、调试熟练程度	15	程序思路清晰，可读性强，模拟调试纠错能力强				
2	操作熟练程度	10	试切对刀、建立工件坐标系操作熟练				
3	1120 −0.05	5	超差不得分				
4	61+0 −0.05	5	超差不得分				
5	960 −0.03	5	超差不得分				
6	45+0 −0.03	5	超差不得分				
7	扇形内轮廓	10	样板检测两处				
8	32.50−0.03	10	超差不得分				
9	3.5+0.05 −0.05	10	超差不得分				
10	5	5	超差不得分				
11	10	5	超差不得分				
12	$R_a3.2$	10	大于 $R_a3.2$ 每处扣 5 分				
13	其他	5	超差 1 处扣 1 分				
14	90 分钟		超过 5 分扣 3 分				
心得体会							

2.3.5　中英文对照

(1) 实践证明，C 功能刀具半径补偿方法切实可行，且效率高。

It is proved that the C function cutter radius compensation is efficient and useful.

(2) 切削力的准确预报不仅对合理选择切削用量、刀具几何参数有着重要作用，还是刀具磨损状态的关键指标。

Predicting the cutting force plays a crucial part not only in choosing the cutting conditions and tool geometry, but also in monitoring the tool wearing.

(3) 但有些方面可以通过修正程序或增加补偿程序来提高加工质量，尽可能发挥数控的作用。

But, some aspects can come to raise processing quality through correction program or compensation , play the role of numerical control as far as possible.

2.3.6 拓展思考

1. 填空题

(1) 当所加工的型腔余量较大或精度较高时，一般采用(　　)刀粗加工，刀具的(　　)应符合图纸中型腔圆角的加工要求，可采用(　　)的方法切除大部分余量，以便控制零件的变形误差。

(2) 铣刀加工型腔的三种路线是(　　)、(　　)、(　　)。

(3) 当型腔精度要求较高时需增加(　　)和(　　)线，可使加工表面光洁，无切入切出刀痕。

(4) 当一个工件上有相同的加工内容时，常用(　　)方法进行编程。

(5) FANUC 数控系统主程序和子程序都是由(　　)、(　　)、(　　)和(　　)、(　　)组成的。

2. 选择题

(1) G41 指令的含义是(　　)。

A. 直线插补　　B. 圆弧插补
C. 刀具半径右补偿　　D. 刀具半径左补偿

(2) 数控铣床在利用刀具半径补偿功能编程时，最好(　　)。

A. 按刀具中心轨迹编程　　B. 按工件要求编程
C. 按铣床运行轨迹编程　　D. 按工件轮廓尺寸编程

(3) 刀具长度补偿值的地址用(　　)。

A. D　　B. H　　C. R　　D. J

(4) 程序结束并且光标返回程序头的代码是(　　)。

A. M00　　B. M02　　C. M30　　D. M03

(5) 当在 *YZ* 平面进行圆弧插补铣削时，应先用(　　)指令指定加工平面。

A. G17　　B. G18　　C. G19　　D. G20

3. 简述题

简述加工型腔的三种路线的各自特点。

4. 编程题

如图 2-32 所示的“花形凹模”零件，零件最大轮廓尺寸为 100mm×50mm×8mm，其最外轮廓周边前道工序中已加工完毕，故本工序选择尺寸为 100mm×50mm×13mm 的精坯，编写加工程序。

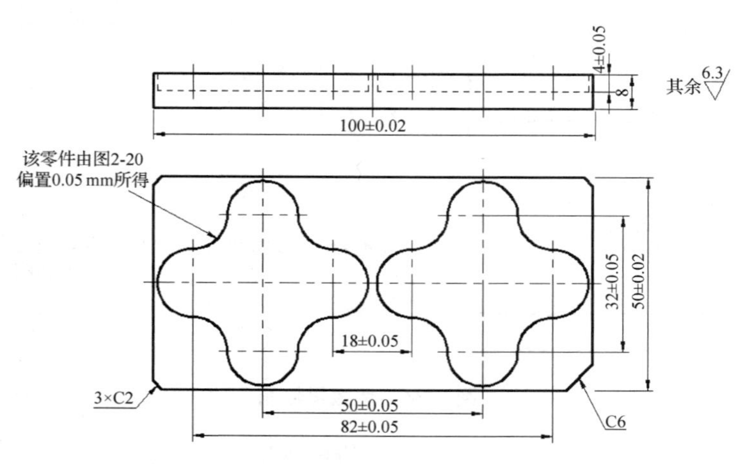

图 2-32　花形凹模零件

任务 2.4　垫板零件的程序编制与加工

2.4.1　任务目标

广泛查阅相关资料，掌握钻削加工工艺；理解 G98/G99、G80、G81、G82、G83、G73 等编程指令的含义；会手工编制垫板零件的数控程序；能合理安装板类零件；能正确对刀、自动加工零件，并进行检测；培养严谨治学的态度和胆大心细的工作作风。

垫板零件如图 2-33 所示。

图 2-33　垫板零件

2.4.2　“垫板”零件的加工工艺

如图 2-34 所示垫板(Stool Plate)零件(第三角视图)，批量为 1 件，该零件的交货期为 1 个工作日。

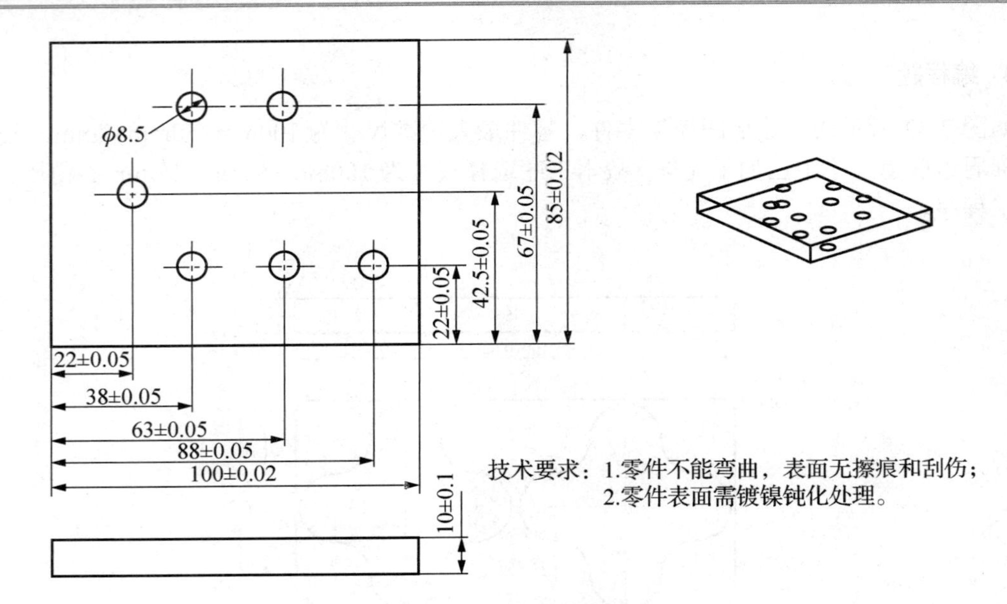

图 2-34　垫板零件图

按照工艺规程的制定步骤，编制垫板数控铣削加工工艺。

1. 零件图样分析

1) 结构分析

从“垫板”零件的第三角视图中可知，该零件是典型的板块类零件，零件外形为规则的长方体板，零件表面分别有多个尺寸规格相同的通孔(Through Hole)。

2) 毛坯材料分析

该“垫板”零件材料为碳素结构钢(Q235)，也称 A3 钢。该材料含碳量适中，综合性能较好，切削性能较好，用途广泛。该零件周边轮廓为 100mm×85mm×10mm，前道工序采用普通机床已加工到尺寸精度要求，本工序中无须加工，故可选尺寸为 100mm×85mm×10mm 的钢板作为坯料。

3) 主要技术要求

图样中，该“垫板”零件有六个ϕ8.5 的光孔，是用于连结螺栓的过孔，其形状精度要求不高，位置精度要求为公差 0.1 mm。此外，零件要求不能弯曲，表面无擦痕和刮伤，需镀镍钝化处理。

2. 数控设备的选择

根据实习现场现有条件，选择Fadal-3016L加工中心机床对该“垫板”零件进行加工。

3. 装夹方式的选择

该“垫板”零件毛坯为长方形板料，形状规则，故可采用通用平口钳进行装夹，选择钳口宽度为 125 mm 规格的机用平口钳进行装夹。需注意保证顶面与底面的平行度，装夹时需对其顶面进行打表校正。

4. 加工方案的选择

该“垫板”零件的特点是孔多，根据前期的精度分析，考虑采用钻削加工工艺。钻孔(Drill Hole)就是用麻花钻(Twist Drill)在实体材料上加工孔的方法，如图 2-35 所示。钻削时，工件固定在工作台上，钻头安装在加工中心的主轴上做旋转运动(主运动)，钻头沿轴线方向移动(进给运动)。考虑孔加工的定位精度，一般在钻孔前需要采用中心钻(Center Drill)进行点孔，钻一个小眼做预先精确定位，对麻花钻钻削起引导作用，以减少位置误差，如图 2-36 所示。

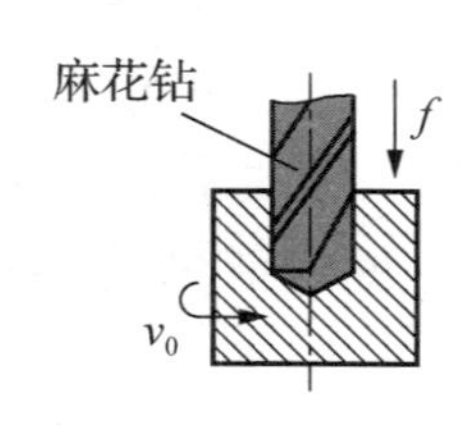

图 2-35　钻孔

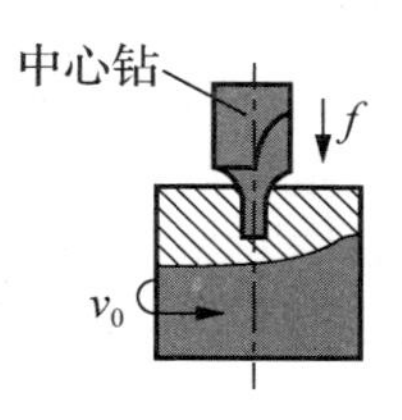

图 2-36　点孔

因此，“垫板”零件装夹后的加工工艺流程为：点六个中心孔—钻六个ϕ8.5 孔。

5. 铣削刀具的选择

根据加工方案，“垫板”零件采用如图 2-37 所示的 A2 中心钻点孔和ϕ8.5 高速钢麻花钻钻孔。

图 2-37　中心钻和麻花钻

6. 工艺卡的制定

根据前面的分析制定“垫板”零件铣削加工工艺卡，如表 2-13 所示。

表 2-13　“垫板”零件数控加工工艺卡

单位：××××××××　　编制：×××　　审核：×××

零件名称		垫板	设备		加工中心	机床型号		FADAL-3016L
工序号		1	毛坯		100mm×85mm×10mm Q235 的钢板	夹具		平口钳
刀具表			量具表			工具表		
T01	ϕ2 中心钻(A2)		1	游标卡尺(0～150 mm)		1	扳手	
T02	ϕ8.5 高速钢麻花钻		2	千分尺(0～25 mm)		2	垫块	
T03			3	千分尺(25～50 mm)		3	塑胶榔头	
T04			4	深度游标卡尺		4		

续表

序号	工艺内容	切削用量			备注
		S/(r/min)	F/(mm/r)	a_p/mm	
1	T01 刀钻中心孔	1800	150	3	
2	T02 刀钻ϕ8.5 个孔	1000	120	钻通	

7. 走刀路径的确定

加工孔的走刀路线主要应考虑寻求最短路线，减少空刀时间，以提高生产效率。本例中“垫板”零件是单件生产，板件尺寸不大，其中 *A*、*B*、*C* 三个孔为排孔布局，其他三个孔无规律，因此，在安排孔加工走刀轨迹时相对合理即可。此处安排的轨迹为：A—B—*C*—*D*—*E*—*F*，如图 2-38 所示。

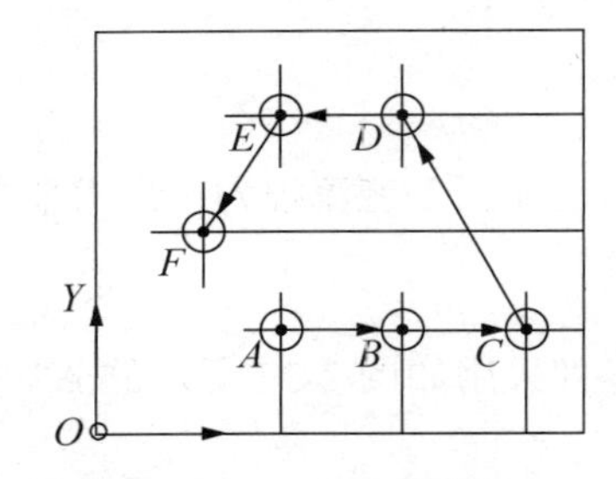

图 2-38　“垫板”零件孔加工走刀路径

2.4.3　“垫板”零件的数控程序编制

钻孔循环指令的功能、G81 和 G82 指令

1. 钻孔循环的功能及代码

1) 固定循环指令的功能

数控系统将一些典型孔加工的固定、连续的动作采用一个指令来表达，即固定循环指令。一般常用的加工指令(如 G01、G02 等)只控制机床作一个相应的基本动作，固定循环指令可实现一套完整的循环动作。常用的固定循环指令能完成钻孔、攻螺纹和镗孔等，使程序大大简化，读取和修改都非常清晰和简便。FANUC 系统和 SIEMENS 系统的钻孔循环都各有几种方法，其循环动作基本相似，合理选择指令就能发挥最佳的钻削效果。

2) 钻孔循环的基本动作

钻孔循环通常包括六个基本动作，如图 2-39 所示。动作①：快定位至初始点；动作②：快定位至 *R* 参考点；动作③：钻孔加工；动作④：孔底动作；动作⑤：返回 *R* 参考点；动作⑥：返回初始点。图中用虚线表示的是快速进给，用实线表示的是切削进给。

固定循环的指令格式：G90(G91) G98(G99) G81～G83 X__Y__Z__R__Q__P__F__K__;

3) 返回点指定代码(Return Point Specifies the Code)

返回动作⑤采用 G99 指令回到 *R* 平面，返回动作⑥采用 G98 指令回到初始平面。*R* 平面也称参考平面，一般距离工件上表面 2～5 mm。

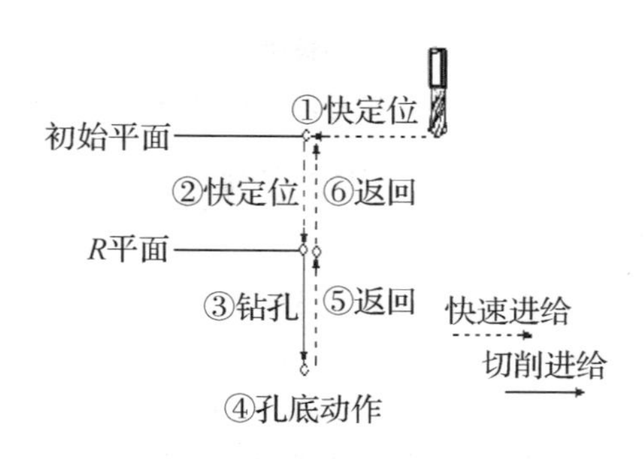

图 2-39　固定钻孔循环基本动作

4) 钻孔循环代码(Drilling Cycle Code)

常用的固定钻孔循环指令有：标准钻孔循环指令 G81、钻孔或粗镗削循环指令 G82、深孔钻削循环指令 G83 及高速深孔钻削循环指令 G73 四个。这四个指令的基本动作相似，主要区别在于动作③、④的运动方式有所不同，如表 2-14 所示。

表 2-14　常用固定钻孔循环指令表

指令	编程格式	基本动作
G81	G98/G99　G81　X__Y__Z__　R__F K__；	动作①—②—③普通钻削—⑤快速返回—(⑥快退)
G82	G98/G99　G82　X__Y__Z__　R__P__F K__；	动作①—②—③普通钻削—④孔底暂停—⑤快速返回—(⑥快退)
G83	G98/G99　G83　X__Y__Z__　R__Q__F K__；	动作①—②—③分层钻削—⑤快速返回—(⑥快退)
G73	G98/G99　G73　X__Y__Z__　R__Q__F K__；	动作①—②—③分层钻削(小回退量)—⑤快速返回—(⑥快退)
G80	可自成一行，也可与 G28 一起使用，如 G80 G28 G91 X0 Y0 Z0；	

说明如下。

X__Y__Z__：孔位置(可以用绝对坐标值，也可以用增量坐标值)。

F：表示切削进给速度。

R：参考平面 *R* 的位置(采用 G90，为 *R* 到平面的绝对坐标值；采用 G91，为起始平面到 *R* 平面的增量距离)。

P：孔底暂停时间(最小单位为 1 ms)。

Q：每次切削深度(特指在 G73 指令、G83 指令时)。

K：重复加工次数(1～6)。K=0 时，孔加工数据存入，机床不动作。K 缺省时，相当于 K=1，进行一次孔循环加工。K=2～6 时，当程序为增量编程方式时，可采用重复次数方便地加工若干个孔距相同的孔；当程序为绝对编程方式时，则仅在该孔处重复钻多次。

在使用固定循环编程时，一定要在前面程序段中指定 M03(或 M04)，使主轴启动。

G81～G83 是模态指令。一旦指定，一直有效，直到出现其他孔加工固定循环指令，或固定循环取消指令(G80)，或 G00，G01，G02，G03 等插补指令才失效。因此，多孔加工时该指令只需指定一次，以后的程序段只给出孔的位置即可。

2. 各钻孔循环指令介绍

1) G81 指令(标准钻孔循环指令)(Standard Drilling Cycle Instruction)

标准钻孔循环指令 G81 用于一般孔的钻孔、中心钻点钻中心孔。先主轴正转，然后刀具快进到 *X*、*Y* 位置定位，*Z* 轴快进到 *R* 点，以 *F* 速度进给到 *Z* 点，快速返回初始点(G98)或 *R* 点(G99)，没有底孔动作，其工作过程示意图如图 2-40 所示。

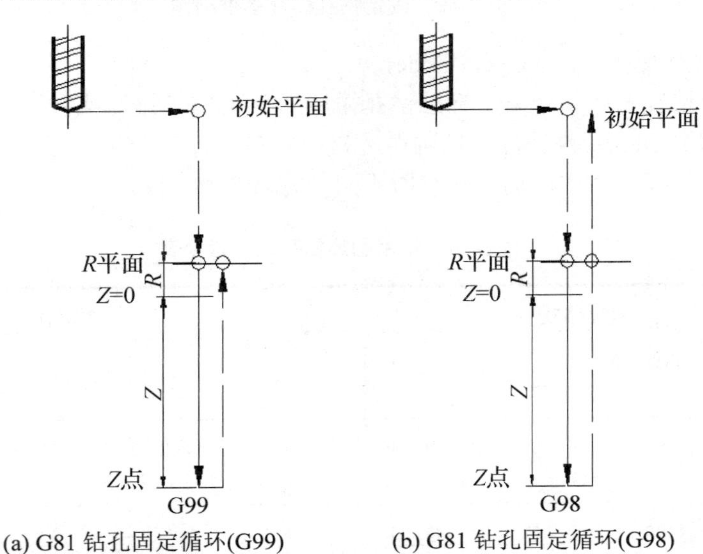

(a) G81 钻孔固定循环(G99)　(b) G81 钻孔固定循环(G98)

图 2-40　G81 钻孔、钻中心孔固定循环

格式：G90(G91)　G98(G99)　G81 X__ Y__ Z__ R__ F__；

编程应用如下。

```
G90 G54 G00 X0 Y0 M03 S1000;                       /建立 G54 加工坐标，1000 r/min
G43 G00 Z50.0 H01;                                 /调用 1 号长度补偿
G90(G91) G98(G99) G81 X7.5 Y10 Z-14 R5.0 F100;     /钻孔循环调用
G80;                                               /取消循环
```

2) G82 指令(钻孔或粗镗削循环指令)(Drilling or Rough Boring Cycle Instruction)

G82 指令孔底有一个停留的动作，停留时间由地址 P 给定，其他动作与 G81 指令完全相同。孔底的暂停可以提高孔深的精度以及孔底的表面质量。G82 指令主要用于加工盲孔、阶梯孔以及孔口倒角等。其工作过程示意图如图 2-41 所示。

格式：G90(G91)　G98(G99)　G82 X__ Y__ Z__ R__ P__ F__；

编程应用如下。

```
G90 G54 G00 X0 Y0 M03 S800;                        /建立 G54 加工坐标，正转 800 r/min
G43 G00 Z50.0 H01;                                 /调用 1 号长度补偿
```

G90(G91) G98(G99) G82 X-50 Y55 Z-4 P100 R5 F100;　　　/钻孔循环调用
X7.5 Y20;　　　/钻孔续效
G80;　　　/取消循环

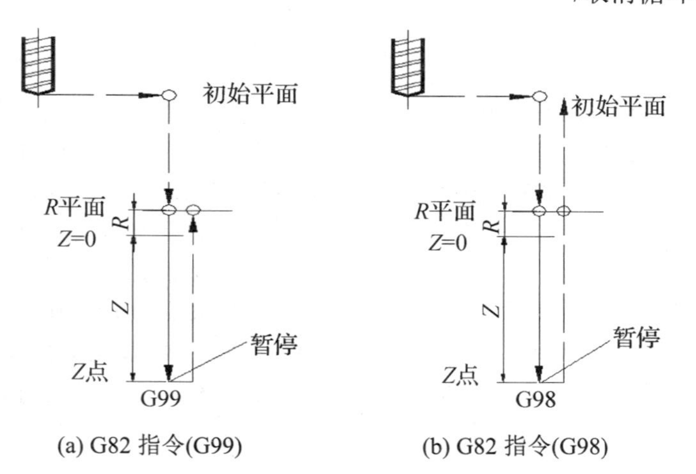

(a) G82 指令(G99)　　(b) G82 指令(G98)

图 2-41　G82 钻孔或粗镗削固定循环

3) G83、G73 指令(深孔钻削循环指令、高速深孔钻削循环指令)(Deep Hole Drilling Cycle Instruction、High Speed Deep Hole Drilling Cycle Instruction)

G83 和 G73 指令

深孔钻削循环指令 G83，采用间歇进给钻孔，以利于排屑。每次钻削 q 的距离后返回到 R 平面，d 为让刀量，其值由 CNC 系统内部参数设定，末次钻削的距离小于等于 q。用于深孔加工。G83 指令的工作过程如图 2-42 所示。

格式：G90(G91)　G98(G99)　G83　X__Y__Z__R_Q__F_K_;

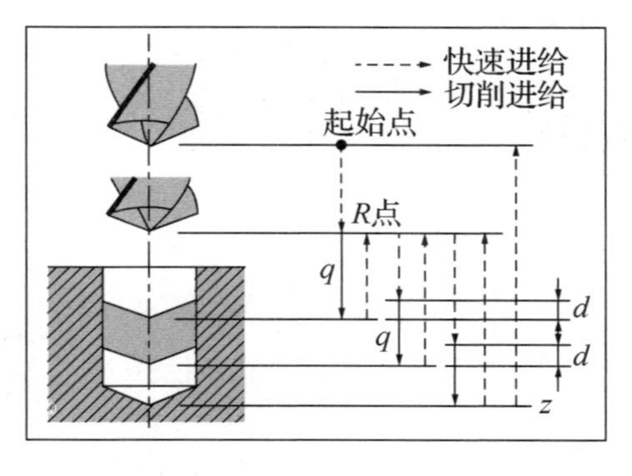

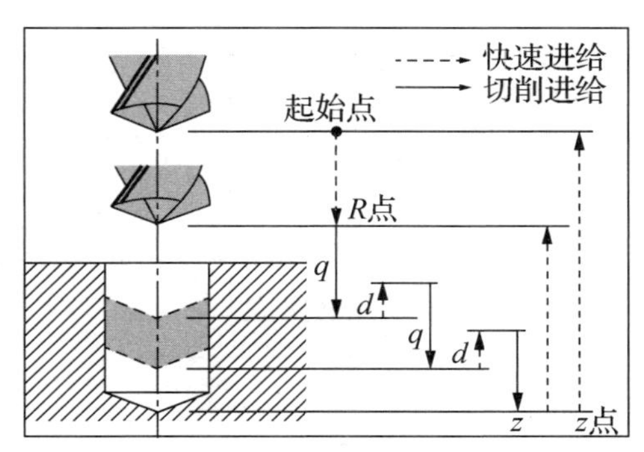

(a) 深孔加工循环指令 G83　　(b) 高速深孔加工循环指令 G73

图 2-42　深孔加工循环指令 G83 和 G73

高速深孔钻削循环指令 G73，钻孔时刀具的间断进给有利于深孔加工过程中断屑与排屑，其中 q 为每一次进给的加工深度(增量值且为正值)，d 为排屑退刀距离，其值由数控系统内部设定，用于深孔钻削。G73 指令的工作过程如图 2-42 所示。

格式：G90(G91)　G98(G99)　G83　X__Y__Z__R_Q__F_K__

G83 指令与 G73 指令略有不同，G83 指令每次钻孔时，刀具间歇进给后回退至 *R* 点平面。这种退刀方式排屑更加畅通，*d* 表示刀具间断进给每次下降时由快进转为工进的那一点至前一次切削进给下降的点之间的距离，其值由数控系统内部设定。这种钻削方式适宜加工非常深的孔，让钻头能够及时冷却。

编程应用如下。

```
G90 G54 G00 X0 Y0 M03 S800;                    /建立 G54 加工坐标，正转 800 r/min
G43 G00 Z50.0 H01;                             /调用 1 号长度补偿
G90(G91) G98(G99)   G73 X-50 Y55 Z-15 Q5 R5 F120;   /钻孔循环调用
X20 Y20;                                       /钻孔续效
G80;                                           /取消循环
```

4) G80 指令(取消钻孔循环指令)(Cancel Drilling Cycle Instruction)

取消钻孔循环指令为 G80，机床回到正常操作状态，孔的加工数据包括 *R* 点、*Z* 点等都被取消，从 G80 的下一程序段开始执行一般 G 指令。此外，还可以采用 G 代码 01 组(G00、G01、G02、G03 等) 中的任意一个命令作取消。

3. 零件的数学处理

该“垫板”工件原点建立在工件顶面的左下角，如图 2-43 所示。由图样可知，各孔坐标位置标注清晰、一目了然，各点分别为：*A*(38, 22)、*B*(63, 22)、*C*(88, 22)、*D*(63, 67)、*E*(38, 67)、*F*(22, 42.5)。

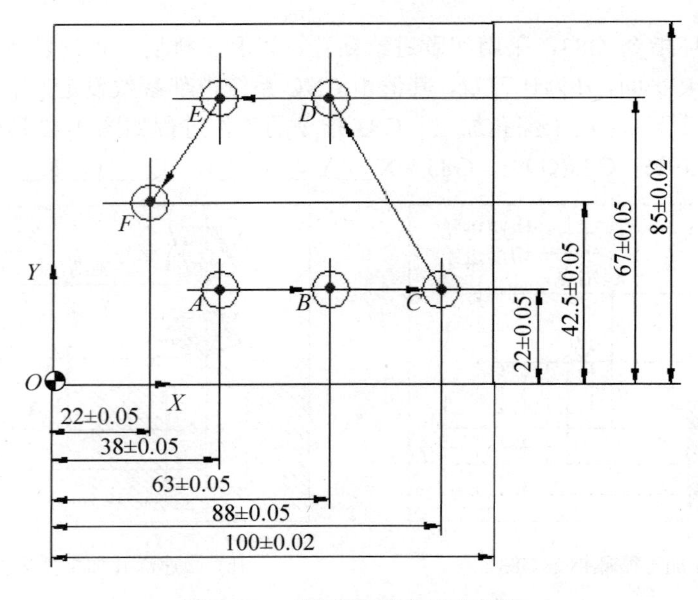

图 2-43 “垫板”零件原点设置

4. “垫板”零件的程序编制

该“垫板”工件原点建立在工件顶面 *O* 点，如图 2-40 所示。表 2-15 所示的程序单为“垫板”零件的孔加工程序。

表 2-15　“垫板”零件数控加工程序单

加工程序	程序注释
O2003;	垫板程序
N10 G90 G80 G40 G49;	绝对编程、钻孔循环取消、半径补偿取消、长度补偿取消
N20 M06 T1;	选换 1 号刀，A2 中心钻
N30 M03 S1800 F150;	钻中心孔设置：主轴正转、转速 1800 r/min、走刀速度 150 mm/min
N40 G54 G00 X0 Y0;	建立工件坐标系，刀具快速运动至原点
N50 G43 Z50.0 H01 M08;	建立 1 号长度补偿，快速运动至 Z50 处，切削液开
N60 G99 G82 X38 Y22 Z-3 R5 P2;	钻 *A* 中心孔，*A* (38, 22)
N70 X63;	钻 *B* 中心孔，*B*(63, 22)
N80 X88;	钻 *C* 中心孔，*C*(88, 22)
N90 X63 Y67;	钻 *D* 中心孔，*D*(63, 67)
N100 X38 Y67;	钻 *E* 中心孔，*E*(38, 67)
N120 X22 Y42.5;	钻 *F* 中心孔，*F*(22, 42.5)
N130 G80;	取消钻孔循环
N140 M09;	切削液关闭
N150 G28 G0 Z0;	*Z* 向回机床原点
N160 G28 G0 X0 Y0;	*X*、*Y* 向回机床原点
N170 M05;	主轴停转
N180 M06 T2;	换 2 号刀，ϕ8.5 麻花钻
N190 M03 S1000 F120;	钻孔设置：主轴正转、转速 1000 r/min、走刀速度 120 mm/min
N200 G54 G00 X0 Y0;	建立工件坐标系，刀具快速运动至原点
N210 G43 Z50.0 H02 M08;	建立 2 号长度补偿，快速运动至 Z50 处，切削液开
N220 G99 G81 X38 Y22 Z-13 R5;	钻 *A* 孔，*A*(38, 22)，通孔需钻通，钻孔深度需有导出量
N230 X63;	钻 *B* 孔，*B*(63, 22)
N240 X88;	钻 *C* 孔，*C*(88, 22)
N250 X63 Y67;	钻 *D* 孔，*D*(63, 67)
N260 X38 Y67;	钻 *E* 孔，*E*(38, 67)
N270 X22 Y42.5;	钻 *F* 孔，*F*(22, 42.5)
N280 G80;	取消钻孔循环
N290 G28 G0 Z0;	*Z* 向回机床原点
N300 G28 G0 X0 Y0;	*X*、*Y* 向回机床原点
N310 M09;	切削液关闭
N320 M05;	主轴停转
N330 M30;	程序结束

2.4.4 技能训练

根据实训现场提供的设备及工量刃具，根据零件图纸要求完成“垫板” 零件的加工，并选择合适的量具对其进行检测，并做好记录(见表 2-16)。

表 2-16 “垫板”零件检测记录单

姓名		班级			组别			
零件名称		时间	120 分钟	起止时间			总分	
检测项目	内容及其要求	配分	评分标准		检测结果	扣分	得分	备注
1	编程、调试熟练程度	15	程序思路清晰，可读性强，模拟调试纠错能力强					
2	操作熟练程度	10	试切对刀、建立工件坐标系操作熟练					
3	6-ϕ8.5	30	超差不得分					
4	22+0.05 −0.05	5	超差不得分					
5	38+0.05	5	超差不得分					
6	63+0.05	5	超差不得分					
7	88+0.05	5	超差不得分					
8	22+0.05	5	超差不得分					
9	42.5+0.05	5	超差不得分					
10	67+0.05	5	超差不得分					
11	R_a3.2	5	大于 R_a3.2 每处扣 5 分					
12	其他	5	超差 1 处扣 1 分					
13	60 分钟		超过 5 分扣 3 分					
心得体会								

2.4.5 中英文对照

(1) 它能使用多把刀具来完成如铣削、钻削、镗削以及攻丝等加工操作。

It can access multiple tools to perform such operations as milling, drilling, boring, and tapping.

(2) 根据图样进行加工过程分析，确定工艺方案、工艺参数和位移数据。

Carry on the processing process study; determine the processing plan, technological parameter and displacement data according to the pattern.

(3) 速度和精度是数控机床的两项重要指标，与加工效率和产品质量紧密相关。

Speed and accuracy are the two important indicators of CNC machine tools, closely related to processing efficiency and product quality.

2.4.6　拓展思考

1. 填空题

(1) 主轴正转，刀具以进给速度向下运动钻孔，到达孔底位置后，快速退回，这一钻孔指令是(　　)。

(2) 固定循环指令可以实现一套完整的循环动作，常用的固定循环指令能完成(　　)、(　　)和(　　)等。

(3) 常用的固定钻孔循环指令有：(　　)、(　　)、(　　)和(　　)四种。

(4) 在使用固定循环编程时，一定要在前面程序段中指定(　　)，使主轴启动。

(5) (　　)用于一般孔的钻孔、中心钻点钻中心孔。

2. 选择题

(1) 在切断、加工深孔或用高速钢刀具加工时，宜选择(　　)的进给速度。

A. 相对较高　　B. 相对较低

C. 数控系统设定的最低　　D. 数控系统设定的最高

(2) 在数控机床的加工过程中，需要进行测量刀具和工件的尺寸、工件调头、手动变速等固定的手工操作时，需要运行(　　)指令。

A. M00　　B. M98　　C. M02　　D. M03

(3) 下列孔加工中，(　　)孔是起钻孔定位和引证作用的。

A. 麻花钻　　B. 中心钻　　C. 扩孔钻　　D. 锪孔

(4) 在 G43 G01 Z15.0 H15 语句中，H15 表示(　　)。

A. Z 轴的位置是 15　　B. 长度补偿值的地址是 15

C. 长度补偿指是 15　　D. 半径补偿值是 15

(5) 下列说法正确的是(　　)。

A. 标准麻花钻头的导向部分外径一致，即外径从切削部分到尾部直径始终相同。

B. 标准麻花钻头的导向部分外径有倒锥量，即外径从切削部分向尾部逐渐减小。

C. 标准麻花钻头导向部分外径有锥度，即外径从切削部分向尾部逐渐加大。

D. 标准麻花钻头的导向部分外径一致，在尾部的加持部分有莫氏锥度。

(6) 用 FANUC 系统的孔加工循环功能加工地面光滑的沉孔时，可采用(　　)指令。

A. G80　　B. G81　　C. 82　　D. G84

3. 简述题

请简述图 2-39 所示的固定循环的六个动作。

4. 编程题

编写如图 2-44 所示多孔零件的加工程序。

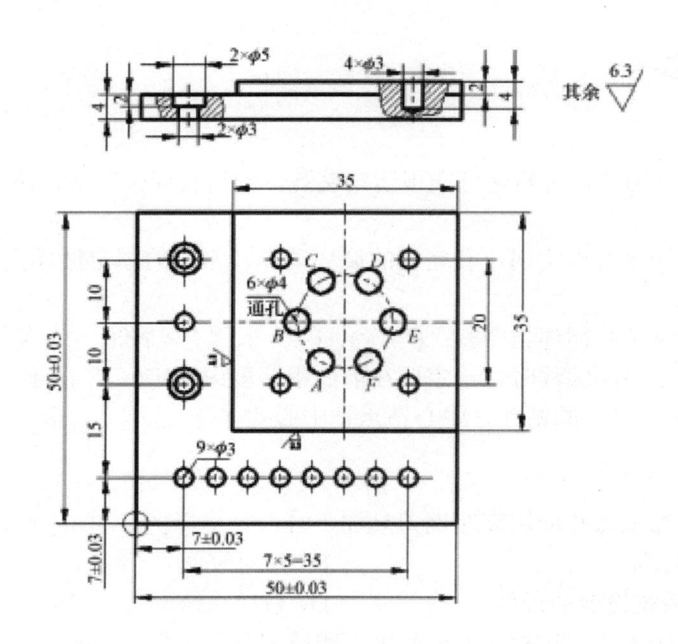

图 2-44　多孔零件

任务 2.5　密封盖零件的程序编制与加工

2.5.1　任务目标

广泛查阅相关资料，掌握圆弧槽、内圆、钻孔、攻丝等加工工艺；理解 G02/G03 整圆加工、G80、G84/G74 等编程指令的含义；会手工编制密封盖零件的数控程序；能正确安装、对刀、自动加工零件，并进行检测；培养严谨治学的态度和胆大心细的工作作风。

图 2-45　密封盖零件

本任务涉及的密封盖零件，如图 2-45 所示。

2.5.2　“密封盖”零件的加工工艺

如图 2-46 所示密封盖(Sealed Cap)零件(第三视角视图)，批量为 1 件，该零件的交货期为 1 个工作日。

按照工艺规程的制定步骤，编制密封盖数控铣削加工工艺。

1. 零件图样分析

1) 结构分析

从“密封盖”零件的第三角视图中可知，该零件是典型的板块类零件，零件外形为规则的长方体板，零件上顶面有一条封闭的圆弧槽，此外，还有两个光孔和四个螺纹孔。

2) 毛坯材料分析

该“密封盖”零件材料为碳素结构钢(Q235)，也称 A3 钢。该材料含碳量适中、综合性能较好，切削性能较好，用途广泛。该零件周边轮廓为 100 mm×85 mm×10 mm，前道工序采用普通机床已加工到尺寸精度要求，本工序中无须加工，故可选尺寸为 100 mm×85 mm×10 mm 的钢板作为坯料。

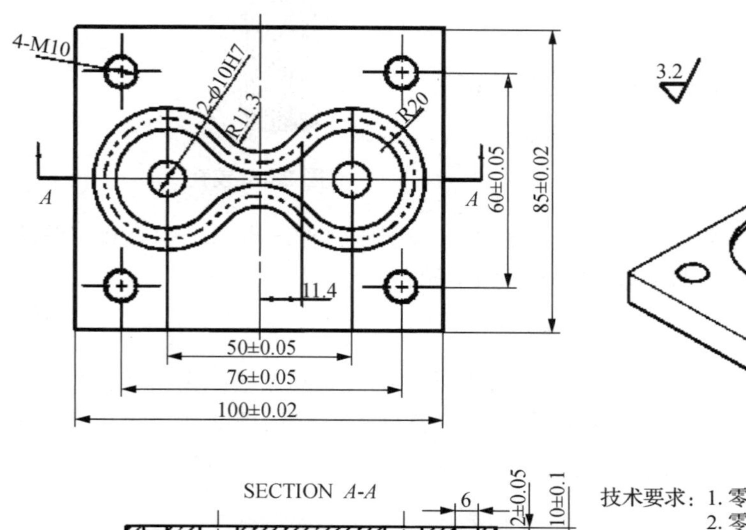

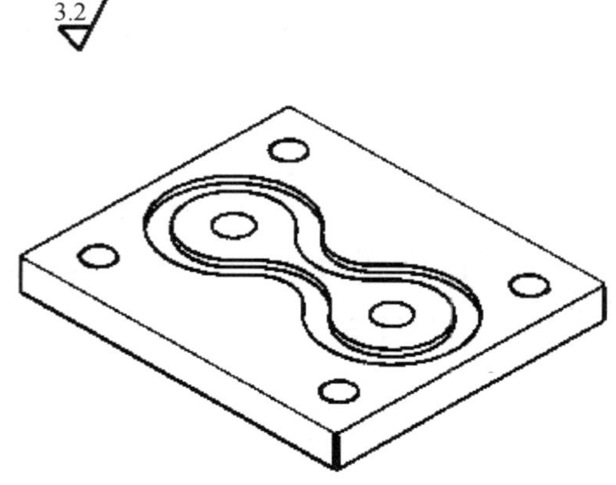

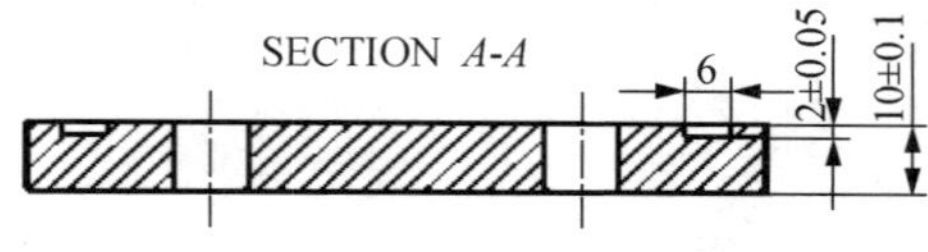

技术要求：1. 零件不能弯曲，表面无擦痕和刮伤；
2. 零件表面需镜像钝化处理。

图 2-46　密封盖零件

3) 主要技术要求

图样中，该“密封盖”零件的圆弧槽槽宽为 6 mm，尺寸为未注公差，表面粗糙度(Roughness)要求 R_a3.2，加工精度要求一般；两个 ϕ10 的光孔精度要求为 H7 级，是密封盖用于定位的配合孔，形状精度(Form Accuracy)和位置精度(Positional Accuracy)较高；四个 M10 螺纹孔(Threaded Hole)为连接用的标准螺纹；各光孔和螺纹孔的位置精度公差要求均为 0.1 mm，要求较高。此外，零件要求不能弯曲，表面无擦痕和刮伤，需镀镍钝化处理。

2. 数控设备的选择

根据实习现场现有条件，选择 Fadal-3016L 加工中心机床对该“密封盖”零件进行加工。

3. 装夹方式的选择

该“密封盖”零件毛坯为长方形板料，形状规则，故可采用通用平口钳进行装夹，选择钳口宽度为 125 mm 规格的机用平口钳进行装夹。需注意保证顶面与底面的平行度，装夹时需对其顶面进行打表校正。

4. 加工方案的选择

该“密封盖”零件根据前期的精度分析，圆弧槽的加工要求一般，故选择与槽宽相等的刀具直接加工；两个 ϕ10 H7 的光孔精度要求较高，需钻完底孔后进行铰削(Ream)加工，如图 2-47 所示；四个 M10 螺纹孔，需钻完底孔后进行攻丝(Tapping)加工，如图 2-48 所示。

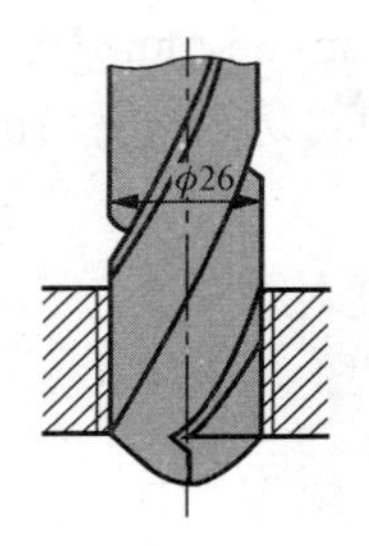

图 2-47　钻孔

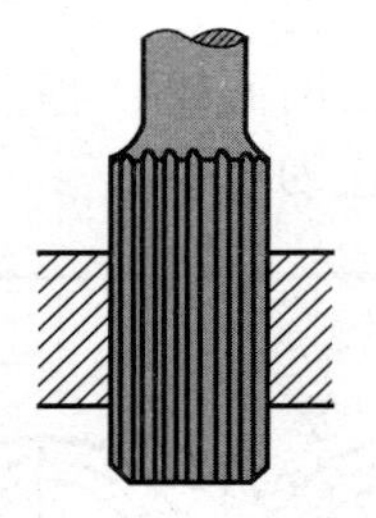

图 2-48　铰孔

因此，“密封盖”零件装夹后的加工工艺流程为：铣削圆弧槽—点六个中心孔—钻四个螺纹底孔—钻两个光孔底孔—攻四个螺纹孔—铰两个光孔。

5. 铣削刀具的选择

根据加工方案，“密封盖”零件选择ϕ6 硬质合金键槽铣刀铣圆弧槽；采用 A2 中心钻点孔，选择ϕ8.5 高速钢麻花钻预钻螺纹底孔；选择ϕ9.8 高速钢麻花钻预钻光孔底孔，选择 M10 高速钢丝锥(Tap)攻螺纹孔，选择ϕ10 高速钢铰刀(Reamer)铰光孔，如图 2-49 所示。

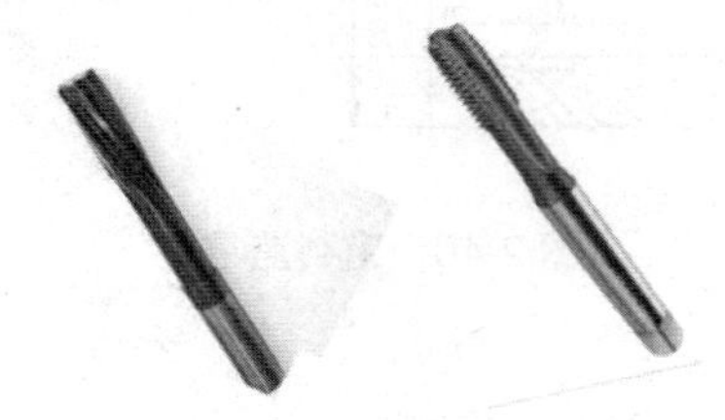

图 2-49　铰刀和丝锥

6. 工艺卡的制定

根据前面的分析制定“密封盖”零件铣削加工工艺卡，如表 2-17 所示。

表 2-17　“密封盖”零件数控加工工艺卡

单位：××××××××　　编制：×××　　审核：×××

零件名称	密封盖	设备	加工中心	机床型号	FADAL-3016L
工序号	1	毛坯	100mm×85mm×10mm Q235 钢板	夹具	平口钳
刀具表		量具表		工具表	
T01	ϕ6 硬质合金键槽铣刀	1	游标卡尺(0～150 mm)	1	扳手
T02	ϕ2 中心钻(A2)	2	千分尺(0～25 mm)	2	垫块
T03	ϕ8.5 高速钢麻花钻	3	千分尺(25～50 mm)	3	塑胶榔头
T04	ϕ9.8 高速钢麻花钻	4	深度游标卡尺	4	
T05	M10 高速钢丝锥				
T06	ϕ10 高速钢铰刀				

续表

序号	工艺内容	切削用量			备注
		S/(r/min)	F/(mm/r)	a_p/mm	
1	T01 刀铣削圆弧槽	1800	150	2	
2	T02 刀钻中心孔	1800	150		
3	T03 刀预钻四个ϕ8.5 螺纹底孔	1000	120		
4	T04 刀预钻两个ϕ9.8 光孔底孔	1000	120		
5	T05 刀攻四个 M10 螺纹孔	400	600		
6	T06 铰两个ϕ10H7 光孔	100	100		

7. 走刀路径的确定

本例中“密封盖”零件中四个螺纹孔和两个光孔的走刀轨迹较为简单，按序完成即可。加工圆弧槽的走刀轨迹也不复杂，需注意的是刀具的刀心沿圆弧槽中心线走刀，此处安排的轨迹为：*A* 处下刀—*A*—*B*—*C*—*D*—*A*—*A* 处抬刀，如图 2-50 所示。

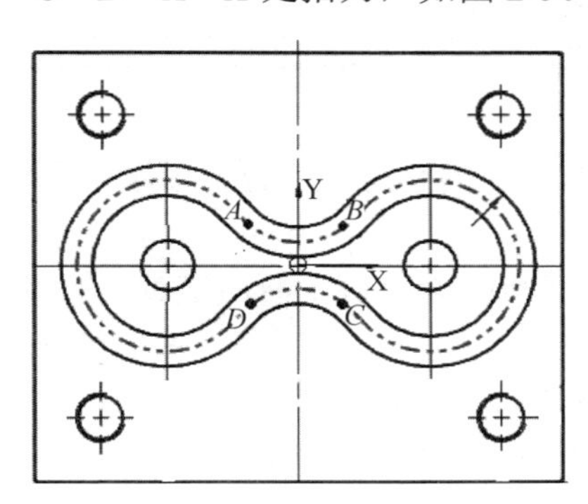

图 2-50　“密封盖”零件加工走刀路径

2.5.3　“密封盖”零件的数控程序编制

1. 镗削、攻丝循环代码

在 FANUC 系统中，镗孔可以有 G85～G89、G76 等多个循环指令，铰孔可采用 G85 循环指令，攻丝可采用 G84 指令和 G74 指令，这些指令如表 2-18 所示。

表 2-18　FANUC 系统镗孔、铰孔及攻丝固定循环指令一览表

指令	编程格式	钻削 Z 方向	孔底动作	返回 Z 方向	应用
G74	G74 X__Y__Z__ R__P__F K__;	切削进给	主轴：停转→正转	切削进给	左旋螺纹攻丝循环
G76	G76 X___Y___Z___ R___Q F__;	切削进给	主轴定向停止→刀具移位	快速移动	精镗循环

续表

指令	编程格式	钻削Z方向	孔底动作	返回Z方向	应用
G84	G84 X__Y__Z__ R__F K__;	切削进给	主轴：停转→反转	切削进给	右旋螺纹攻丝循环
G85	G85 X__Y__Z__ R__F K__;	切削进给	无	切削进给	镗(铰)削循环
G86	G86 X__Y__Z__ R__F K__;	切削进给	主轴停止	快速移动	镗削循环
G87	G87 X__Y__Z__ R__Q__P F__K__;	切削进给	主轴正转	快速移动	反镗削循环
G88	G88 X__Y__Z__ R__P__F K__;	切削进给	进给暂停→主轴停转	手动移动	镗孔循环
G89	G89 X__Y__Z__ R__F K__;	切削进给	进给暂停数秒	切削进给	精镗阶梯孔循环
G80	可自成一行，也可与G28一起使用，如G80 G28 G91 X0 Y0 Z0				取消钻孔循环

说明如下。

X__Y__Z__：孔位置(可以用绝对坐标值，也可以用增量坐标值)。

F：表示切削进给速度。

R：参考平面 *R* 位置(采用G90，为 *R* 到平面的绝对坐标值；采用G91，为起始平面到 *R* 平面的增量距离)。

P：孔底暂停时间(最小单位为1 ms)。

Q：偏移量(特指在G76指令、G87指令时)。

K：重复加工次数(1～6)。K=0时，孔加工数据存入，机床不动作。K缺省时，相当于K=1，进行一次孔循环加工。K=2～6时，当程序为增量编程方式时，可采用重复次数方便地加工若干个孔距相同的孔；当程序为绝对编程方式时，则仅在该孔处重复钻多次。

在使用固定循环编程时，一定要在前面程序段中指定M03(或M04)，使主轴启动。

G84～G89是模态指令。一旦指定，一直有效，直到出现其他孔加工固定循环指令，或固定循环取消指令(G80)，或G00、G01、G02、G03等插补指令才失效。因此，多孔加工时该指令只需指定一次，以后的程序段只给出孔的位置即可。

2. 各镗、铰孔、攻丝循环指令介绍

G86、G85、G76、G84指令

1) G86指令(粗镗孔循环指令)(Coarse Boring Cycle Instruction)

刀具以进给速度切削至孔底后主轴停止，返回初始平面或 *R* 点平面后，主轴再重新启动。采用这种方式，如果连续加工的孔间距较小，可能出现刀具已经定位到下一个孔加工的位置而主轴尚未到达指定的转速，为此可以在各孔动作之间加入暂停G04指令，使主轴获得指定的转速。其工作过程示意图如图2-51所示。

格式：G90(G91)　G98(G99)　G86 X__ Y__ Z__ R__F__K__;

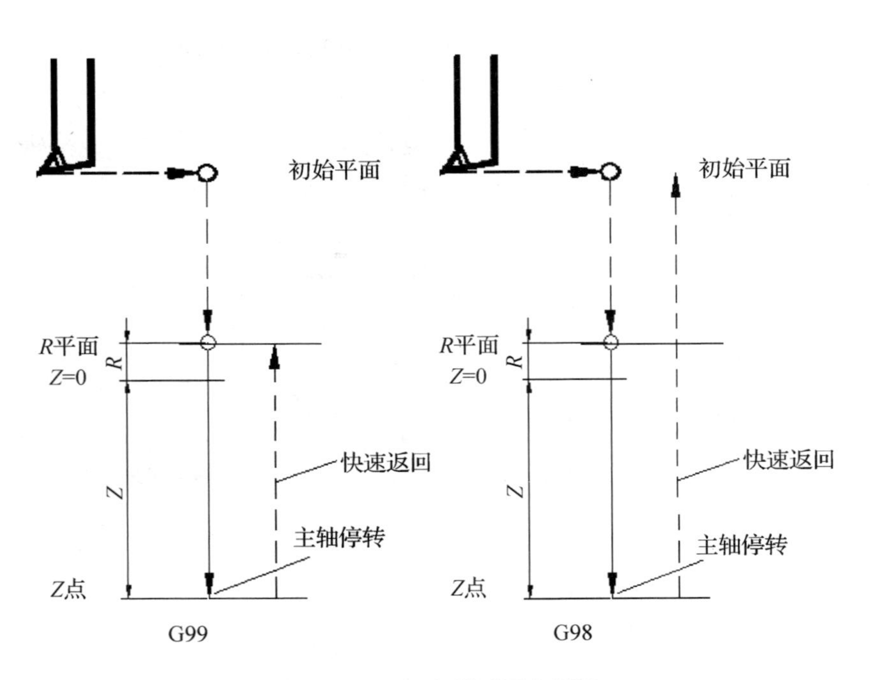

图 2-51　G86 粗镗孔固定循环

编程应用如下。

G90 G54 G00 X0 Y0 M03 S1000;　　/建立 G54 加工坐标，正转 1000 r/min

G43 G00 Z50.0 H02;　　/调用 2 号长度补偿

G90(G91) G98(G99) G86 X20 Y20 Z-15 R5 F150;　/镗孔循环调用

X250 Y200;　　/镗孔续效

G80 M05;　　/取消循环，程序暂停

2) G85 指令(精镗孔/铰孔循环指令)(Precision Boring/Hinge Hole Cycle Instruction)

精镗孔/铰孔固定循环指令 G85，是常用镗削循环指令。主轴正转刀具定位于初始平面高度，刀具快速到达孔的位置定位，快速到达 *R* 平面，从 *R* 平面开始刀具以进给速度向下运动钻孔，到达孔底位置后，以进给速度返回 *R* 平面(G99)或初始平面(G98)，无孔底动作。其工作过程示意图如图 2-52 所示。

格式：G90(G91)　G98(G99)　G85 X__ Y__ Z__ R__F__K__;

编程应用如下。

G90 G54 G00 X0 Y0 M03 S100;　　/建立 G54 加工坐标，正转 100 r/min

G43 G00 Z50.0 H01;　　/调用 1 号长度补偿

G90(G91) G98(G99) G85 X50 Y50 Z-15 R5 F100;　/铰孔循环调用

G80 M05;　　/取消循环，程序暂停

3) G76 指令(精镗孔循环指令)(Precision Boring Cycle Instruction)

精镗孔循环指令 G76，常用于镗高精度孔。刀具以进给速度向下切削至孔底位置后，G76 指令在孔底有三个动作，即进给停止、主轴定向停止、刀具沿刀尖所指的反方向偏移 *Q* 值，头的偏移量在 G76 指令中设定，然后快速返回 *R* 平面(G99)或初始平面(G98)。采用这

种镗孔方式可以高精度、高效率地完成孔加工而不损伤工件表面。其工作过程示意图如图 2-53 所示。

格式：G90(G91)　G98(G99)　G76 X__ Y__ Z__ R__Q__F__K__；

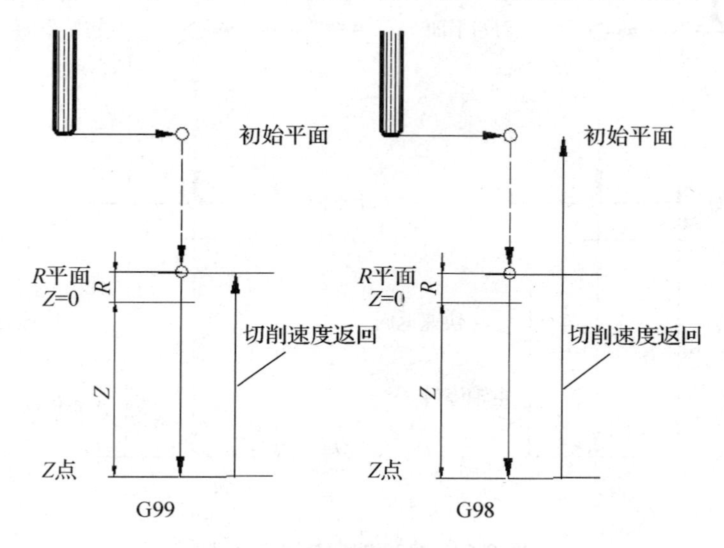

图 2-52　G85 精镗孔/铰孔固定循环

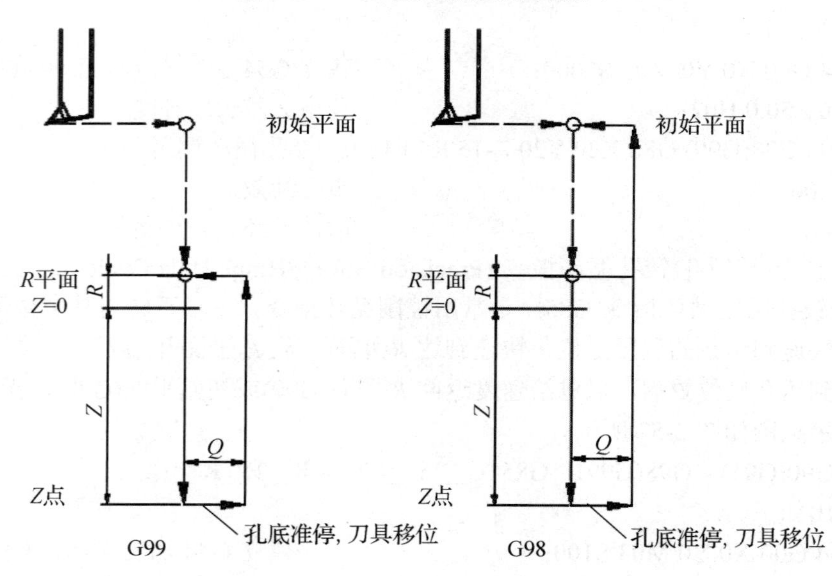

图 2-53　G76 精镗孔固定循环

编程应用如下。

G90 G54 G00 X0 Y0 M03 S500；　　/建立 G54 加工坐标，正转 500 r/min

G43 G00 Z50.0 H10；　　/调用 10 号长度补偿

G90(G91) G98(G99)　G76 X10 Y10 Z-20 R5.0 Q0.3 F100；　　/镗孔循环调用

G80 M05；　　/取消循环，程序暂停

4) G84 指令(右旋螺纹攻丝指令)(Right - Threaded Tapping Instruction)

G84 指令攻右旋螺纹时主轴正转进给，攻右螺纹结束后退出时主轴反转以进给速度返回到 *R* 平面(G99)或初始平面(G98)。攻螺纹过程中要求进给速度与主轴转速成严格的比例关系，其比例系数为螺纹的导程，攻螺纹时根据不同的进给模式指定。当采用 G94 模式时，进给速度=螺纹的螺距×头数(默认单头，为 1)×主轴转速；当采用 G95 模式时，进给速度＝导程。在 G74(攻左旋螺纹)与 G84 攻螺纹期间，进给倍率、进给保持均被忽略。因此，编程时要求根据主轴的转速计算出进给量。其工作过程示意图如图 2-54 所示。

格式：G90(G91)　G98(G99)　G84　X__ Y__ Z__ R__F__K__;

编程应用如下。

G90 G54 G00 X0 Y0 M03 S1000;　　/建立 G54 加工坐标，1000 r/min

G43 G00 Z50.0 H01;　　/调用 1 号长度补偿

G90(G91) G98(G99) G84 X0 Y5 Z-8 R5 F1000;　　/右螺纹攻丝，螺距 1 mm(*Z* 轴 G94 每分钟进给)

G80;　　/取消循环

5) G80 指令(取消钻孔循环指令)

取消钻孔循环指令为 G80，机床回到正常操作状态，孔的加工数据包括 *R* 点、*Z* 点等都被取消，从 G80 的下一程序段开始执行一般 G 指令。此外，还可以采用 G 代码 01 组(G00、G01、G02、G03 等) 中的任意一个命令作取消。

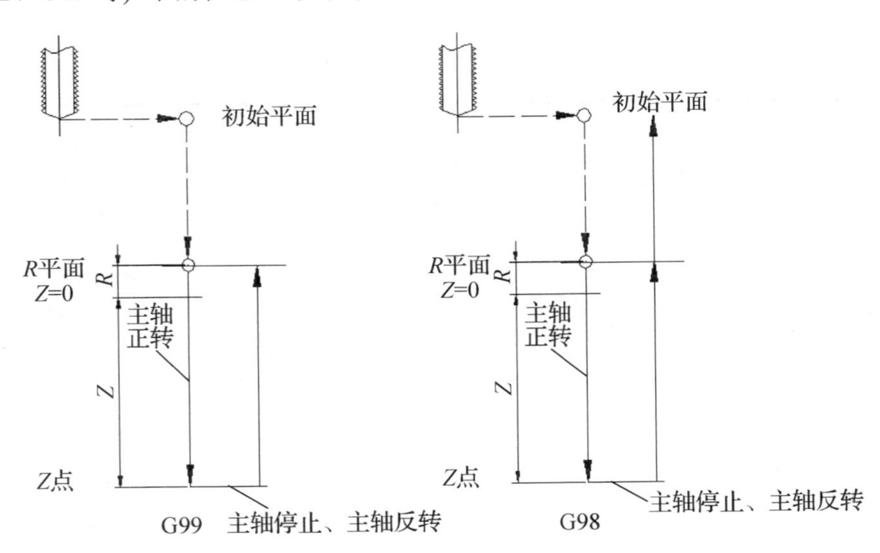

图 2-54　G84 攻右螺纹孔固定循环

3. 零件的数学处理

该“密封盖”工件原点建立在工件顶面中心处，如图 2-55 所示。由图样可知，各孔坐标位置标注清晰、一目了然，此处省略。圆弧槽各连接点为对称点，分别为：*A*(−11.4, 10.3)、*B*(11.4, 10.3)、*C*(11.4, −10.3)、*D*(−11.4, −10.3)。

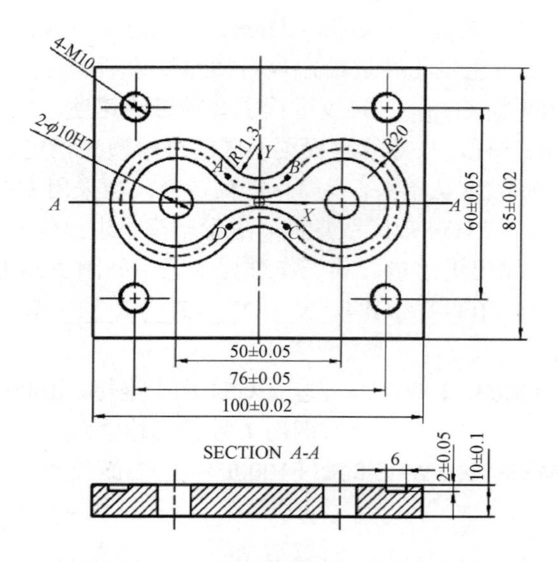

图 2-55　“密封盖”零件工件原点设置

4. “密封盖”零件的程序编制

该“密封盖”工件原点建立在工件顶面中心处。表 2-19 所示的程序单为“密封盖”零件的加工程序。

表 2-19　“密封盖”零件数控加工程序单

加工程序	程序注释
O2003；	密封盖程序
N10 G90 G80 G40 G49；	绝对编程、钻孔循环取消、半径补偿取消、长度补偿取消
N20 M06 T1；	选换 1 号刀，$\phi 6$ 键槽铣刀
N30 M03 S1800 F150；	铣圆弧槽设置：主轴正转、转速 1800 r/min、走刀速度 150 mm/min 精加工设置：主轴正转、转速 1000 r/min、走刀速度 150 mm/min
N40 G54 G00 X0 Y0；	建立工件坐标系，刀具快速运动至原点
N50 G43 Z50.0 H01 M08；	建立 1 号长度补偿，快速运动至 Z50 处，切削液开
N60 X-11.4 Y10.3；	快速运动至 *A* 点
N70 Z5；	快速运动至 Z5
N80 G01 Z-2；	下刀
N90 G03 X11.4 Y10.3 R14.3；	加工 *AB* 圆弧(需注意按刀心轨迹编程)
N100 G02 X11.4 Y-10.3 R-17；	加工 *BC* 圆弧(圆弧大于 180 度，*R* 为负值)
N110 G03 X-11.4 Y-10.3 R14.3；	加工 *CD* 圆弧
N120 G02 X-11.4 Y10.3 R-17；	加工 *DA* 圆弧(圆弧大于 180 度，*R* 为负值)
N130 G01 Z5；	抬刀至 Z5
N140 G28 G0 Z0；	*Z* 向回机床原点
N150 G28 G0 X0 Y0；	*X*、*Y* 向回机床原点

续表

加工程序	程序注释
N160 M05；	主轴停转
N170 M09；	切削液关
N180 M06 T2；	换 2 号刀，A2 中心钻钻六个中心孔
N190 M03 S1800 F150；	钻中心孔设置：主轴正转、转速 1800 r/min、走刀速度 150 mm/min
N200 G54 G00 X0 Y0；	建立工件坐标系，刀具快速运动至原点
N210 G43 Z50.0 H02 M08；	建立 2 号长度补偿，快速运动至 Z50 处，切削液开
N220 G99 G82 X38 Y30 Z-3 R5P3；	点中心孔
N230 X38 Y-30；	点中心孔
N240 X-38 Y-30；	点中心孔
N250 X-38 Y30；	点中心孔
N260 X-25 Y0；	点中心孔
N270 X25 Y0；	点中心孔
N280 G80；	取消钻孔循环
N290 M09；	
N300 G28 G0 Z0；	
N310 G28 G0 X0 Y0；	
N320 M05；	主轴停转
N330 M06 T3；	换 3 号刀，ϕ8.5 麻花钻钻四个螺纹底孔
N340 M03 S1000 F120；	钻孔设置：主轴正转、转速 1000 r/min、走刀速度 120 mm/min
N350 G54 G00 X0 Y0；	建立工件坐标系，刀具快速运动至原点
N360 G43 Z50.0 H03 M08；	建立 3 号长度补偿，快速运动至 Z50 处，切削液开
N370 G99 G81 X38 Y30 Z-13 R5；	钻螺纹底孔
N380 X38 Y-30；	钻螺纹底孔
N390 X-38 Y-30；	钻螺纹底孔
N400 X-38 Y30；	钻螺纹底孔
N410 G80；	取消钻孔循环
N420 G28 G0 Z0；	
N430 G28 G0 X0 Y0；	
N440 M09；	
N450 M05；	主轴停转
N470 M06 T4；	换 4 号刀，ϕ9.8 麻花钻钻两个光孔底孔
N480 M03 S1000 F120；	钻孔设置：主轴正转、转速 1000 r/min、走刀速度 120 mm/min
N490 G54 G00 X0 Y0；	建立工件坐标系，刀具快速运动至原点
N500 G43 Z50.0 H04 M08；	建立 4 号长度补偿，快速运动至 Z50 处，切削液开
N510 G99 G81 X-25 Y0 Z-13 R5；	钻光孔底孔
N520 X25 Y0；	钻光孔底孔

续表

加工程序	程序注释
N530 G80;	取消钻孔循环
N540 G28 G0 Z0;	
N550 G28 G0 X0 Y0;	
N560 M09;	
N570 M05;	主轴停转
N580 M06 T5;	换 5 号刀，M10 丝锥攻四个螺纹孔
N590 M03 S400 F600;	攻丝设置：主轴正转、转速 400 r/min、走刀速度 600 mm/min
N600 G54 G00 X0 Y0;	建立工件坐标系，刀具快速运动至原点
N610 G43 Z50.0 H05 M08;	建立 5 号长度补偿，快速运动至 Z50 处，切削液开
N620 G99 G84 X38 Y30 Z-10 R5;	攻丝
N630 X38 Y-30;	攻丝
N640 X-38 Y-30;	攻丝
N650 X-38 Y30;	攻丝
N660 G80;	取消钻孔循环
N670 G28 G0 Z0;	
N680 G28 G0 X0 Y0;	
N690 M09;	
N700 M05;	主轴停转
N710 M06 T6;	换 6 号刀，ϕ10H7 铰孔
N720 M03 S100 F100;	铰孔设置：主轴正转、转速 100 r/min、走刀速度 100 mm/min
N730 G54 G00 X0 Y0;	建立工件坐标系，刀具快速运动至原点
N740 G43 Z50.0 H06 M08;	建立 6 号长度补偿，快速运动至 Z50 处，切削液开
N750 G99 G85 X-25 Y0 Z-13 R5;	铰孔
N760 X25 Y0;	铰孔
N770 G80;	取消钻孔循环
N780 G28 G0 Z0;	
N790 G28 G0 X0 Y0;	
N800 M09;	
N810 M05;	
N820 M30;	程序结束

2.5.4 技能训练

根据实训现场提供的设备及工量刃具，根据零件图纸要求完成“密封盖” 零件的加工，并选择合适的量具对其进行检测，并做好记录(见表 2-20)。

表 2-20　“密封盖”零件检测记录单

姓名		班级			组别			
零件名称		时间	120 分钟	起止时间			总分	
检测项目	内容及其要求	配分	评分标准		检测结果	扣分	得分	备注
1	编程、调试熟练程度	15	程序思路清晰，可读性强，模拟调试纠错能力强					
2	操作熟练程度	10	试切对刀、建立工件坐标系操作熟练					
3	圆弧槽	10	超差不得分					
4	2-ϕ10H7	15	超差不得分					
5	50+0.05 −0.05	5	超差不得分					
6	4-M10	20	超差不得分					
7	76+0.05 −0.05	5	超差不得分					
8	60+0.05 −0.05	5	超差不得分					
9	2+0.05 −0.05	5	超差不得分					
10	R_a3.2	5	大于 R_a3.2 每处扣 5 分					
11	其他	5	超差 1 处扣 1 分					
12	90 分钟		超过 5 分扣 3 分					
心得体会								

2.5.5　中英文对照

(1) 不要用手处理切屑，不要用切屑钩弄断长而卷曲的切屑。编制不同的切削状态以便更好地控制切屑。如果需要彻底清除切屑，应关闭机床。

Do not handle chips by hand and do not use chip hooks to break long curled chips. Program different cutting conditions for better chip control. Stop the machine if you need to properly clean the chips.

(2) 采用极高的切削速度加工很硬的材料几乎不影响刀具寿命。另外，这样精加工后的表面粗糙度比其他材料表面要高。

Hard materials can be machined at extremely high cutting speeds with relatively little loss in tool life. In addition, the surface finish is better than that finished with other cutting materials.

(3) 定位需要定位基准，定位基准选择是否合适，将直接影响零件的加工精度。

To locate, we need the locating criteria, whether a suitable locating criterion is chosen or not will directly influence the machining precision.

2.5.6 拓展思考

1. 填空题

(1) 在 FANUC 系统中，镗孔可以有(   )等多个循环指令，铰孔可采用(   )循环指令，攻丝可采用(   )指令和(   )指令。

(2) 镗孔方式可以以高精度、高效率地完成孔加工而不损伤工件表面的程序指令是(   )。

(3) 攻螺纹过程中要求(   )与(   )成严格的比例关系，其比例系数为(   )。

(4) 螺纹加工有使用丝锥和弹性攻丝刀柄，即(   )攻丝方式；使用丝锥和弹簧夹头刀柄，即(   )攻丝方式。

(5) 如果使用单齿螺纹铣刀可以加工(   )的螺纹孔，编程时使用螺旋插补指令。

2. 选择题

(1) 选择铣削加工的主轴转速的依据是(   )。

A. 一般依赖于机床的特点和用户的经验

B. 机床本身、工件材料、刀具材料、工件的加工精度和表面粗糙度

C. 工件材料和刀具材料

D. 由加工时间定额决定

(2) G84 指令在切削螺纹期间，速度倍率、进给保持功能均不起作用，(   )，否则会产生乱扣。

A. 进给速度=螺纹的螺距×头数(默认单头为 1)×主轴转速

B. 进给速度=导程

C. 进给速度=主轴转速×螺纹导程

(3) 加工中心使用的刀柄锥度最常采用的是(   )。

A. 7∶24 的锥度　　B. 莫氏 1 号锥度

C. 莫氏 2 号锥度　　D. 莫氏 3 号锥度

(4) 螺纹的加工根据孔径的大小，一般(   )适合在加工中心上用丝锥攻螺纹。

A. 尺寸在 M6 以下的螺纹　　B. 尺寸在 M6～M20 之间的螺纹

C. 尺寸在 M20 以上的螺纹　　D. 任何尺寸

(5) 在 M20-6H/6g 中，6H 表示内螺纹公差代号，6g 表示(   )公差代号。

A. 大径　　B. 小径　　C. 中径　　D. 外螺纹

(6) 主刀刃与铣刀轴线之间的夹角称为(   )。

A. 螺旋角　　B. 前角　　C. 后角　　D. 主偏角

3. 简述题

请简述几种攻螺纹的进给速度的区别。

4. 编程题

编写如图 2-56 所示盖板零件的加工程序。

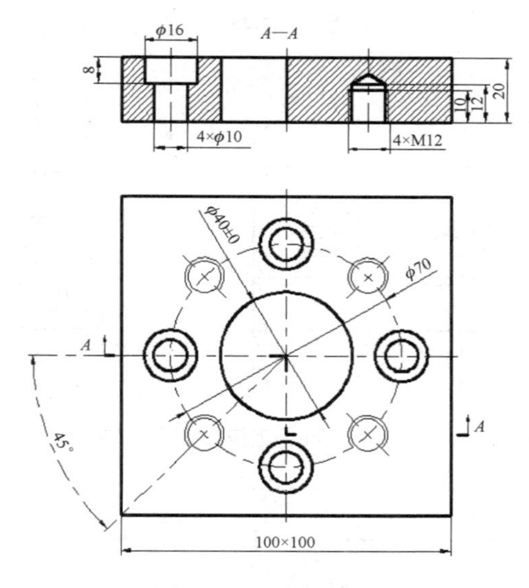

图 2-56　盖板零件

任务 2.6　直身定位锁零件的程序编制与加工

2.6.1　任务目标

综合应用铣削知识和编程知识，完成定位锁两配合件的数控程序编制和数控加工；掌握配合件的加工工艺与技巧；培养严谨治学的态度和胆大心细的工作作风。

直身定位锁零件，如图 2-57 所示。

图 2-57　直身定位锁零件

2.6.2　“直身定位锁”零件的加工工艺

如图 2-58、图 2-59 所示直身定位锁(Direct Positioning Lock)零件，批量为 4 件，该零件的交货期为 1 个工作日。

按照工艺规程的制定步骤，编制“直身定位锁”数控铣削加工工艺。

1. 零件图样分析

1) 结构分析

“直身定位锁”也叫模具辅助器、边锁、定位块，模具上广泛用于模具精确定位。它是一组配合件(Mating Part)，由“凹锁”和“凸锁”两件构成。从两锁的第三角视图中可知，两零件都是典型的块料零件，“凹锁”由横向通槽、螺纹孔及沉孔构成，“凸锁”由凸台、螺纹孔及沉孔构成，结构都较简单。

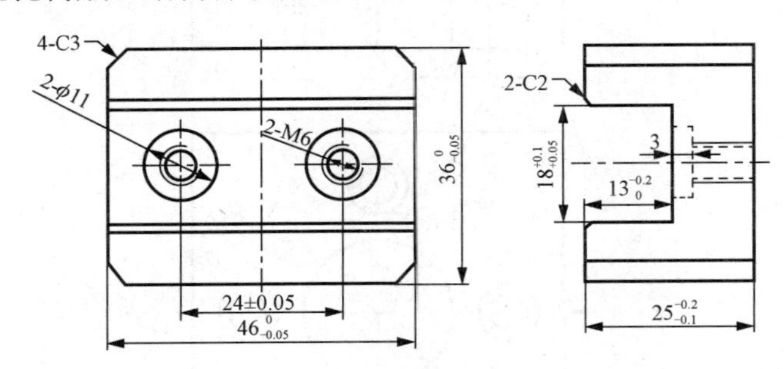

图 2-58　直身定位锁凹锁零件

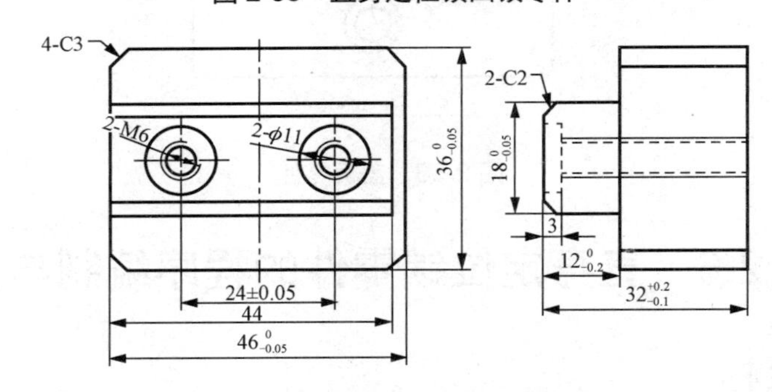

图 2-59　直身定位锁凸锁零件

2) 毛坯材料分析

该“直身定位锁”零件材料为合金结构钢 17131(德国 16MnCr5)，该材料是从德国引进的钢种，相当于我国的 15CrMn 钢，有较好的淬透性和切削性，对较大截面零件，热处理后能得到较高表面硬度和耐磨性，低温冲击韧度也较高。经渗碳淬火后使用，主要用于制造齿轮、蜗轮、密封轴套等场合，一般坯料为圆钢/棒材。两零件的长度都为 45 mm，选择该长度方向为毛坯棒料的轴线方向，根据“凹锁”和“凸锁”的长宽高尺寸，选择 50 mm×50 mm×50 mm 的方形块料。

3) 主要技术要求

图样中可见，“凹锁”和“凸锁”两零件的轮廓尺寸为 460 −0.05 mm、36 0 −0.05 mm，精度要求较高，高度尺寸分别为 25 +0.2 +0.1mm、32 +0.2 +0.1mm，精度要求均不高；凸凹锁均有两个 M6 连接用螺纹孔，沉孔尺寸为ϕ11，精度要求较高；“凹锁”有宽为 18+0.1 +0.05 mm、深为 13+0.2 0mm 的横向通槽，宽度方向精度要求较高；“凸锁”有长为 44 mm、宽为 180 −0.05 mm、高为的 120 −0.2 mm 凸台。

2. 数控设备的选择

根据实习现场现有条件，选择 Fadal-3016L 加工中心机床对该“直身定位锁”的两零件进行加工。

3. 装夹方式的选择

该“直身定位锁”零件毛坯为长方形板料，形状规则，故可采用通用平口钳进行装夹，

选择钳口宽度为 125 mm 规格的机用平口钳进行装夹。

4. 加工方案的选择

根据前期的图样分析，零件主要有轮廓形状的铣削加工和螺纹孔及沉孔的加工。零件的精度要求较高，零件加工的批量较大，考虑配制加工，拟定先加工“凹锁”，再以凹锁配作加工“凸锁”，两零件的具体加工方案如下。

“凹锁”零件的加工工艺流程为：粗铣零件外轮廓—粗铣横向通槽—精铣零件外轮廓—精铣横向通槽—点两个中心孔—钻两个螺纹底孔—铣两个沉头孔—攻两个螺纹—倒 C2 角。

“凸锁”零件的加工工艺流程为：粗铣零件外轮廓及凸台—精铣零件外轮廓及凸台—点两个中心孔—钻两个螺纹底孔—铣两个沉头孔—攻两个螺纹—倒 C2 角。

5. 铣削刀具的选择

“凹锁”和“凸锁”的特征和加工方案相近，根据分析，这两个零件的铣削加工和孔加工可选同样的刀具，具体刀具为：粗、精铣分别选择ϕ10 硬质合金粗齿立铣刀和选择ϕ10 硬质合金细齿立铣刀，铣ϕ11 沉头孔选择ϕ8 硬质合金键槽铣刀，点孔选择 A2 中心钻，钻螺纹底孔选择ϕ5 高速钢麻花钻，攻螺纹选择 M6 丝锥；C2 倒角选择ϕ8 成型倒角刀。

立铣刀刃数通常为 2、3、4、6、8，根据刃数多少可分为粗齿、中齿和细齿三种。刃数少，刀齿强度高，容屑空间大，排屑好；刃数多，刀芯厚度大，刀具刚性好，工作平稳，但排屑较差。所以，根据工件材料和加工性质，一般粗加工选用刃数较少的粗齿立铣刀，精加工时采用刃数较多的细齿立铣刀。铣削深槽时，立铣刀的切削刃长度 L 应比深槽高度 H 长 5～10 mm，即 $L=H+(5\sim10)$ mm；加工通孔或深度方向通槽时，立铣刀的切削刃长度还应增加刀尖角半径值 r_c，即 $L=H+r_c+(5\sim10)$ mm。

6. 工艺卡的制定

根据前面的分析制定“直身定位锁”两零件的铣削加工工艺卡，如表 2-21、表 2-22 所示。

表 2-21　“直身定位凹锁”零件数控加工工艺卡

单位：××××××××　　编制：×××　　审核：×××

零件名称	直身定位凹锁	设备	加工中心	机床型号	FADAL-3016L
工序号	1	毛坯	50mm×50mm×50mm 合金结构钢 17131	夹具	平口钳

刀具表		量具表		工具表	
T01	ϕ10 硬质合金粗齿立铣刀	1	游标卡尺(0～150 mm)	1	扳手
T02	ϕ10 硬质合金细齿立铣刀	2	千分尺(0～25 mm)	2	垫块
T03	ϕ2 中心钻(A2)	3	千分尺(25～50 mm)	3	塑胶榔头
T04	ϕ5 高速钢麻花钻	4	深度游标卡尺	4	
T05	ϕ8 硬质合金键槽铣刀				
T06	M6 丝锥				
T07	ϕ8 成型倒角刀				

续表

序号	工艺内容	切削用量			备注
		S/(r/min)	F/(mm/r)	a_p/mm	
1	T01 刀粗铣零件外轮廓	2000	250	4	
2	T01 刀粗铣横向通槽	2000	250	2	
3	T02 刀精铣零件外轮廓	3000	150	4	
4	T02 刀精铣横向通槽	3000	150	2	
5	T03 刀钻两个中心孔	2500	100	3	
6	T04 刀钻两个ϕ5 螺纹底孔	1500	120	钻通	
7	T05 刀铣两个ϕ11 沉头孔	2000	250	2	
8	T06 攻两个 M6 螺纹	400	400	钻通	
9	T07 倒 C2 角	2000	250		
10	零件翻身后装夹，T01 刀粗、精铣底面(保证总高)	2500	150		

表 2-22 “直身定位凸锁”零件数控加工工艺卡

单位：××××××××　　编制：×××　　审核：×××

零件名称	直身定位凸锁	设备	加工中心	机床型号	FADAL-3016L
工序号	1	毛坯	50 mm×50 mm×50 mm 合金结构钢 17131	夹具	平口钳

刀具表		量具表		工具表	
T01	ϕ10 硬质合金粗齿立铣刀	1	游标卡尺(0～150 mm)	1	扳手
T02	ϕ10 硬质合金细齿立铣刀	2	千分尺(0～25 mm)	2	垫块
T03	ϕ2 中心钻(A2)	3	千分尺(25～50 mm)	3	塑胶榔头
T04	ϕ5 高速钢麻花钻	4	深度游标卡尺	4	
T05	ϕ8 硬质合金键槽铣刀				
T06	M6 丝锥				
T07	ϕ8 倒角刀				

序号	工艺内容	切削用量			备注
		S/(r/min)	F/(mm/r)	a_p/mm	
1	T01 刀粗铣零件外轮廓及凸台	2000	250	4	
3	T02 刀精铣零件外轮廓及凸台	3000	150	4	
4	T03 刀钻两个中心孔	2500	100	3	
5	T04 刀钻两个ϕ5 螺纹底孔	1500	120	钻通	
6	T05 刀铣两个ϕ11 沉头孔	2000	250	2	
7	T06 攻两个 M6 螺纹	400	400	钻通	
8	T07 倒 C2 角	2000	250		
9	零件翻身后装夹，T01 刀粗、精铣底面(保证总高)	2500	150		

7. 走刀路径的确定

“直身定位锁”两零件外轮廓为带 C 角长方形，加工路径与前面案例相似，此处略。“凹锁”零件的横向通槽，考虑到精加工刀具补偿应用的方便性，其刀具路径仿内轮廓加工的走刀路径，为保证通槽左右侧彻底切削到位，构建的内轮廓 X 左右向尺寸略放大一些，走刀轨迹如图 2-60 所示。C2 倒角采用倒角刀沿倒角轮廓线走刀。

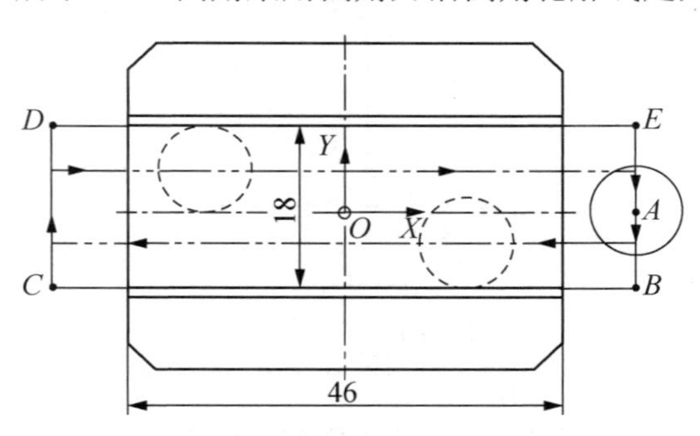

图 2-60　“直身定位凹锁”横向通槽走刀路径

2.6.3　“直身定位锁”零件的数控程序编制

1. 倒斜角指令(Backward Angle Instruction)

指令格式：G01 X_ Y_ C_ A_；

注：X_ Y_ Z_表示不倒角时的轮廓交点(如图 2-61 所示的 *b* 点)位置坐标。

C_表示倒角的长度矢量值(沿坐标系正方向为+，负方向为−)。

A_表示倒角的角度。

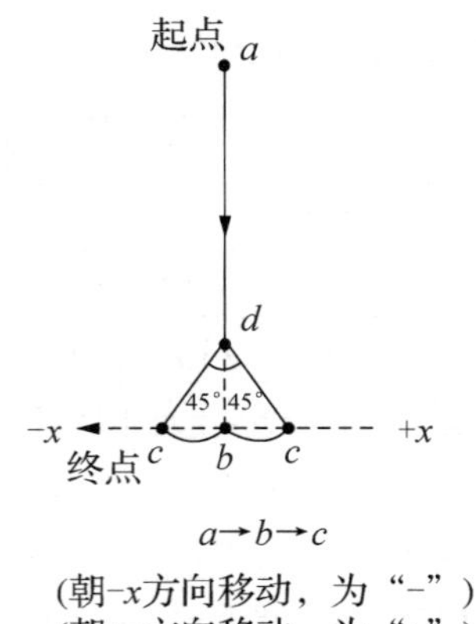

图 2-61　倒斜角路径示意图

2. 倒圆角指令(Round Angle Instruction)

指令格式：G01 X_ Y_ R_ A_；

注：X_ Y_ Z_表示不倒角时的轮廓交点(如图 2-62 所示的 *b* 点)位置坐标。

R_表示倒角的长度矢量值(沿坐标系正方向为+，负方向为−)。

A_表示倒角的角度。

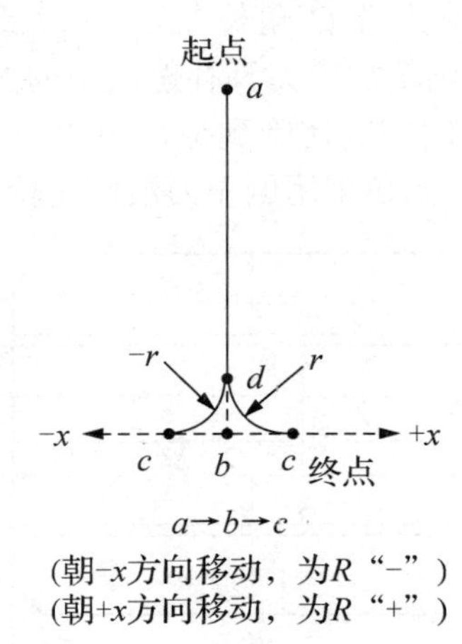

图 2-62　倒圆角路径示意图

3. 零件的数学处理

“凹锁”工件原点建立在工件顶面中心处，如图 2-57 所示。横向通槽加工的各基点分别为：$A(33, 0)$、$B(33, -9)$、$C(-33, -9)$、$D(-33, 9)$、$E(33, 9)$。

4. “直身定位锁”零件的程序编制

1) “凹锁”零件程序编制

表 2-23 所示的程序单为“凹锁”零件的外轮廓及横向通槽加工程序，螺纹孔及沉头孔加工程序略。

表 2-23　“直身定位锁凹锁”零件数控加工程序单

加工程序	程序注释
O2003；	直身定位锁程序
N10 G90 G80 G40 G49；	绝对编程、钻孔循环取消、半径补偿取消、长度补偿取消
N20 M06 T1；	选换 1 号刀，ϕ10 立铣刀
N30 M03 S1800 F150；	钻中心孔设置：主轴正转、转速 1800 r/min、走刀速度 150 mm/min 精加工设置：主轴正转、转速 1000 r/min、走刀速度 150 mm/min
N40 G54 G00 X0 Y0；	建立工件坐标系，刀具快速运动至原点
N50 G43 Z50.0 H01 M08；	建立 1 号长度补偿，快速运动至 Z50 处，切削液开
N60 X33 Y0；	A 点定位
N70 Z5；	
N80 G01 Z0；	加工外轮廓 Z 向起刀位置
N90 M98 P2222 L7；	
N100 G1 Z1；	加工横向通槽 Z 向起刀位置

续表

加工程序	程序注释
N120 M98 P3333 L7；	
N130 G1 Z5；	抬刀至 Z5 位置
N140 M09；	切削液关闭
N150 G28 G0 Z0；	*Z* 向回机床原点
N160 G28 G0 X0 Y0；	*X*、*Y* 向回机床原点
N170 M05；	主轴停转
…	换 2 号刀，A2 中心钻
N290 G28 G0 Z0；	*Z* 向回机床原点
N300 G28 G0 X0 Y0；	*X*、*Y* 向回机床原点
N310 M09；	切削液关闭
N320 M05；	主轴停转
N330 M30；	程序结束
O2222；	子程序(外轮廓程序)
G91 Z-4；	相对编程，每次下刀 4 mm
G90 G41 G01 X23 D01；	建立半径补偿(粗加工需留有余量)
Y-18 C-3；	加工轮廓，转角处倒 3 mm 斜角
X-23 C3；	
Y18 C3；	
X23 C3；	
Y0；	
G40 G01 X33；	撤销半径补偿
M99；	
O3333；	子程序(横向通槽程序)
G91 Z-2；	相对编程，每次下刀 2 mm
G90 G41 G01 Y-9 D01；	建立半径补偿(粗加工需留有余量)
X-33；	
Y9；	
X33；	
G40 G01Y0；	撤销半径补偿
M99；	

2) “凸锁”零件程序编制

“凸锁”零件的外轮廓及凸台加工程序参考之前案例进行编制，螺纹孔 M6 的孔深为 32 mm，长径比比较大，预钻底孔时需采用 G83/G76 深孔钻削循环指令以及时抬刀排屑，防止断刀。

2.6.4 技能训练

根据实训现场提供的设备及工量刃具，根据零件图纸要求完成“直身定位锁”两零件的加工，并选择合适的量具对其进行检测，并做好记录(见表 2-24、表 2-25)。

表 2-24 “直身定位锁凹锁”零件检测记录单

姓名		班级		组别			
零件名称		时间	120 分钟　起止时间			总分	
检测项目	内容及其要求	配分	评分标准	检测结果	扣分	得分	备注
1	编程、调试熟练程度	15	程序思路清晰，可读性强，模拟调试纠错能力强				
2	操作熟练程度	10	试切对刀、建立工件坐标系操作熟练				
3	46 0 −0.05	10	超差不得分				
4	36 0 −0.05	10	超差不得分				
5	24+0.05 −0.05	5	超差不得分				
6	18+0.1 -0.05	5	超差不得分				
7	13+0.2 0	5	超差不得分				
8	25+0.2−0.1	5	超差不得分				
9	2−M6	10					
10	2−ϕ11	10					
11	C2 倒角	5					
12	R_a3.2	5	大于 R_a3.2 每处扣 5 分				
13	其他	5	超差 1 处扣 1 分				
14	90 分钟		超过 5 分扣 3 分				
心得体会							

表 2-25 “直身定位锁凸锁”零件检测记录单

姓名		班级		组别			
零件名称		时间	120 分钟　起止时间			总分	
检测项目	内容及其要求	配分	评分标准	检测结果	扣分	得分	备注
1	编程、调试熟练程度	15	程序思路清晰，可读性强，模拟调试纠错能力强				
2	操作熟练程度	10	试切对刀、建立工件坐标系操作熟练				
3	460 −0.05	10	超差不得分				
4	360 −0.05	10	超差不得分				
5	24+0.05 −0.05	5	超差不得分				

续表

检测项目	内容及其要求	配分	评分标准	检测结果	扣分	得分	备注
6	44	5	超差不得分				
7	120−0.2	5	超差不得分				
8	32+0.2−0.1	5	超差不得分				
9	2-M6	10					
10	2-ϕ11	10					
11	C2 倒角	5					
12	R_a3.2	5	大于 R_a3.2 每处扣 5 分				
13	其他	5	超差 1 处扣 1 分				
14	90 分钟		超过 5 分扣 3 分				
心得体会							

2.6.5　中英文对照

(1) 表面切削速度主要取决于被加工材料和切削刀具的材料，可以从手册、切削工具制造商提供的资料等处获得。

The surface cutting speed is dependent primarily upon the material being machined as well as the material of the cutting tool and can be obtained from handbooks, information provided by cutting tool manufacturers, and the like.

(2) 提出数控加工过程中的加工工艺路线的确定原则和选择要点，以保证加工质量，提高生产效率。

The determination rule and selecting points of NC machining processing route are proposed for ensuring machining quality and enhancing productivity.

(3) 根据数控铣削的加工特点，提出零件图工艺分析的要点。

The paper presents the main points of technological analysis in detail drawing based on machining feature of NC-milling.

2.6.6　拓展思考

1. 填空题

(1) 加工箱体类零件平面时，应选择的数控机床是(　　)。

(2) 立铣刀刃数通常为 2、3、4、6、8，根据刃数多少可分为(　　)、(　　)和(　　)三种。

(3) 铣削深槽时，立铣刀的切削刃长度 L 应比深槽高度 H 长(　　)。

(4) 对于没有型腔的封闭区域，走刀方式应选择(　　)，在局部区域切入。

2. 选择题

(1) 材料是钢，欲加工一个宽度×深度为6F8×3尺寸的键槽，键槽侧表面粗糙度为R_a1.6，最好采用(　　)。

A. ϕ6键槽铣刀一次加工完成

B. ϕ6键槽铣刀分粗精加工两次完成

C. ϕ5键槽铣刀沿中心线走一刀，然后精加工两侧面

D. ϕ5键槽铣刀顺铣一圈一次完成

(2) 平面的加工质量主要从(　　)两个方面来衡量。

A. 平面度和表面粗糙度　　B. 平面度和垂直度

C. 表面粗糙度和垂直度　　D. 平行度和自由度

(3) 铣削一外轮廓，为了避免切入/切出点产生刀痕，最好采用(　　)。

A. 法向切入/切出　　B. 切向切入/切出

C. 斜向切入/切出　　D. 垂直切入/切出

(4) 在G54中设置的数值是(　　)。

A. 工件坐标系原点相对机床坐标系原点的偏移量

B. 刀具的长度偏差值

C. 工件坐标系的原点

D. 工件坐标系原点相对对刀点的偏移量

(5) 工件以一面两孔定位时，夹具通常采用一个平面和两个圆柱销作为定位元件。而其中一个圆柱销做成削边销(或称菱形销)，其目的是(　　)。

A. 为了装卸方便　　B. 为了避免欠定位

C. 为了工件稳定　　D. 为了避免过定位

3. 编程题

编写如图2-63、图2-64、图2-65所示阀壳装配中件1和件2的数控加工程序。

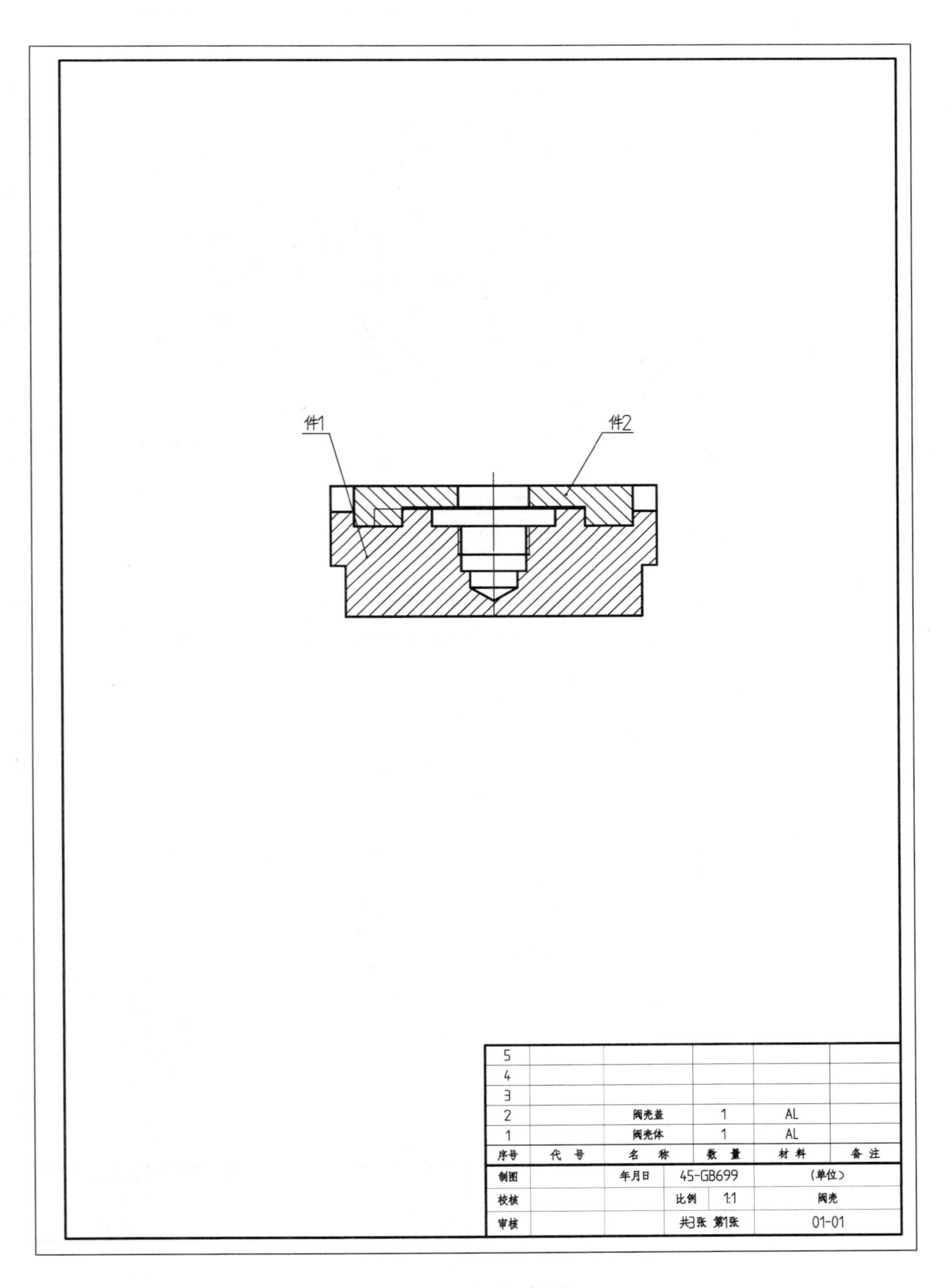
件1
件2
5
4
3
2 阀壳盖 1 AL
1 阀壳体 1 AL
序号 代 号 名 称 数 量 材 料 备 注
制图 年月日 45-GB699 (单位)
校核 比例 1:1 阀壳
审核 共3张 第1张 01-01

图 2-63　阀壳装配件

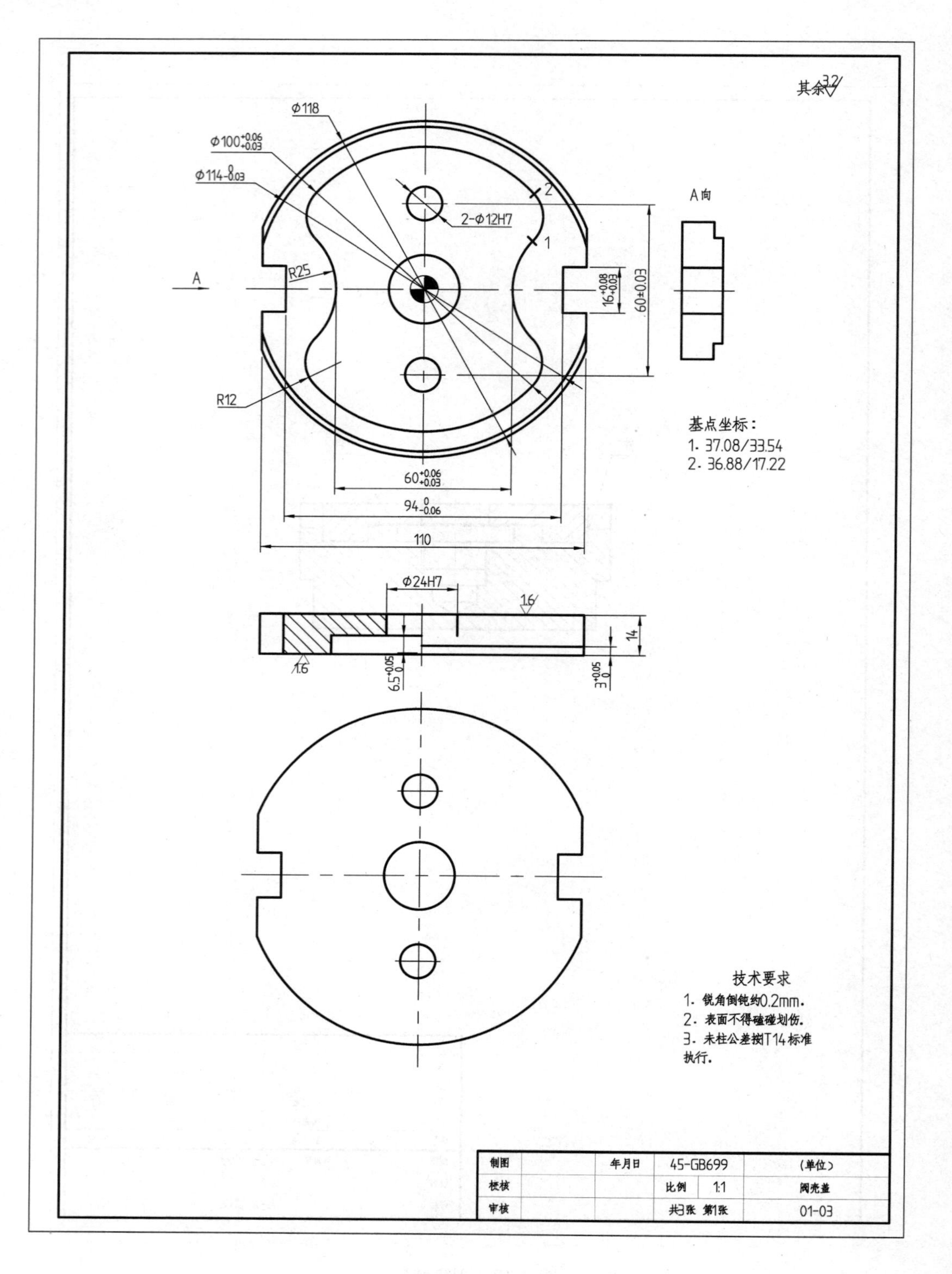
其余3.2
Φ118
Φ100+0.06 +0.03
Φ114-0 -0.03
2
2-Φ12H7
1
A
R25
16+0.08 +0.03
60±0.03
A向
R12
基点坐标：
1. 37.08/33.54
2. 36.88/17.22
60+0.06 +0.03
94-0 -0.06
110
Φ24H7
16
14
1.6
6.5+0.05 0
3+0.05 0
技术要求
1. 锐角倒钝约0.2mm.
2. 表面不得磕碰划伤.
3. 未柱公差按IT14标准执行.
制图
年月日
45-GB699
(单位)
校核
比例
1:1
阀壳盖
审核
共3张 第1张
01-03

图 2-64　阀壳盖

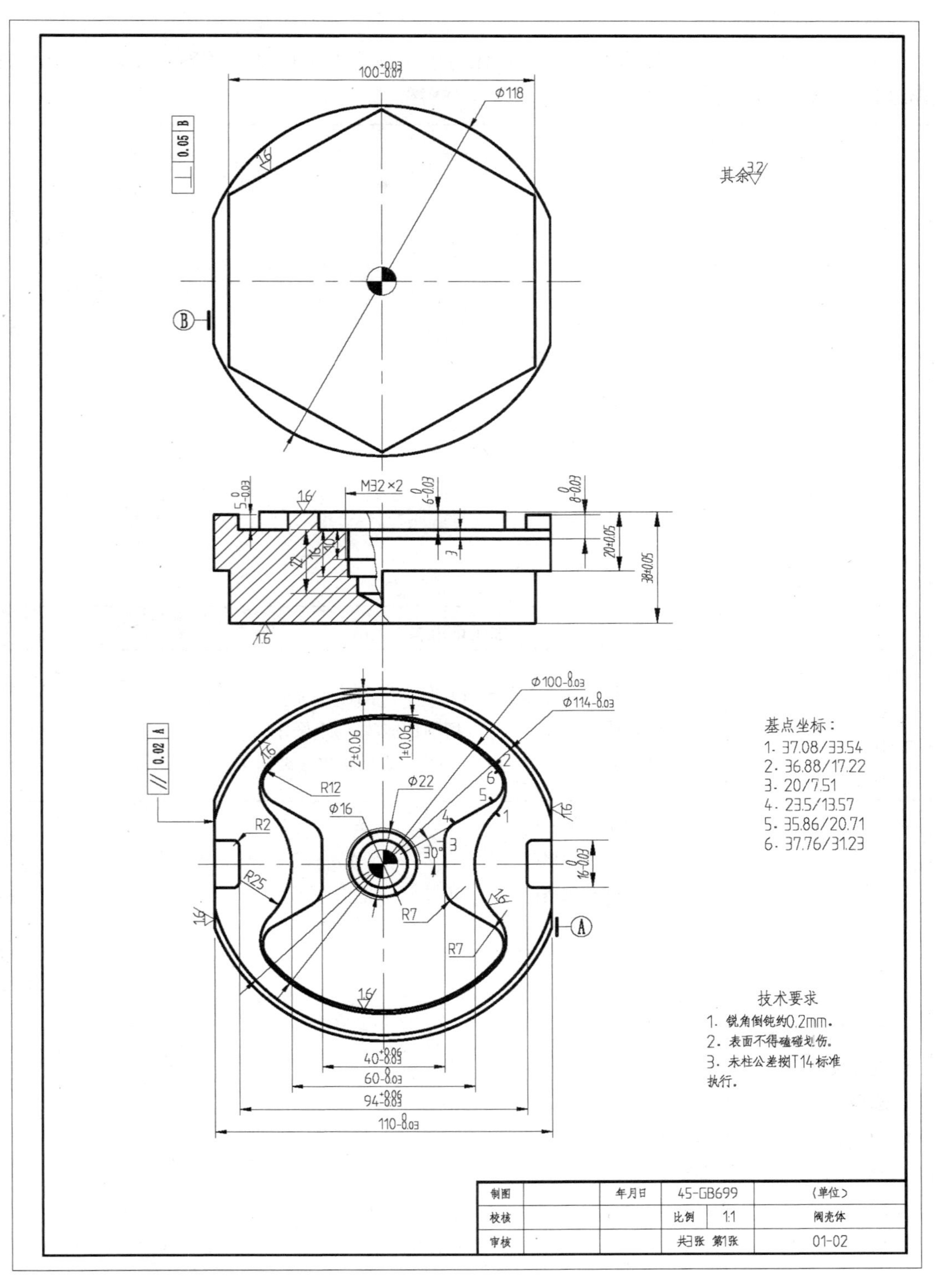

其余 3.2
基点坐标：
1. 37.08/33.54
2. 36.88/17.22
3. 20/7.51
4. 23.5/13.57
5. 35.86/20.71
6. 37.76/31.23
技术要求
1. 锐角倒钝约0.2mm。
2. 表面不得磕碰划伤。
3. 未注公差按IT14标准执行。
制图
年月日
45-GB699
（单位）
校核
比例
1:1
阀壳体
审核
共3张 第1张
01-02

图 2-65　阀壳体

4. 技能操作题

完成下图零件的手工编程与加工，强化对手工编程及机床加工的熟练度。认真记录操作过程中数据、问题及心得。

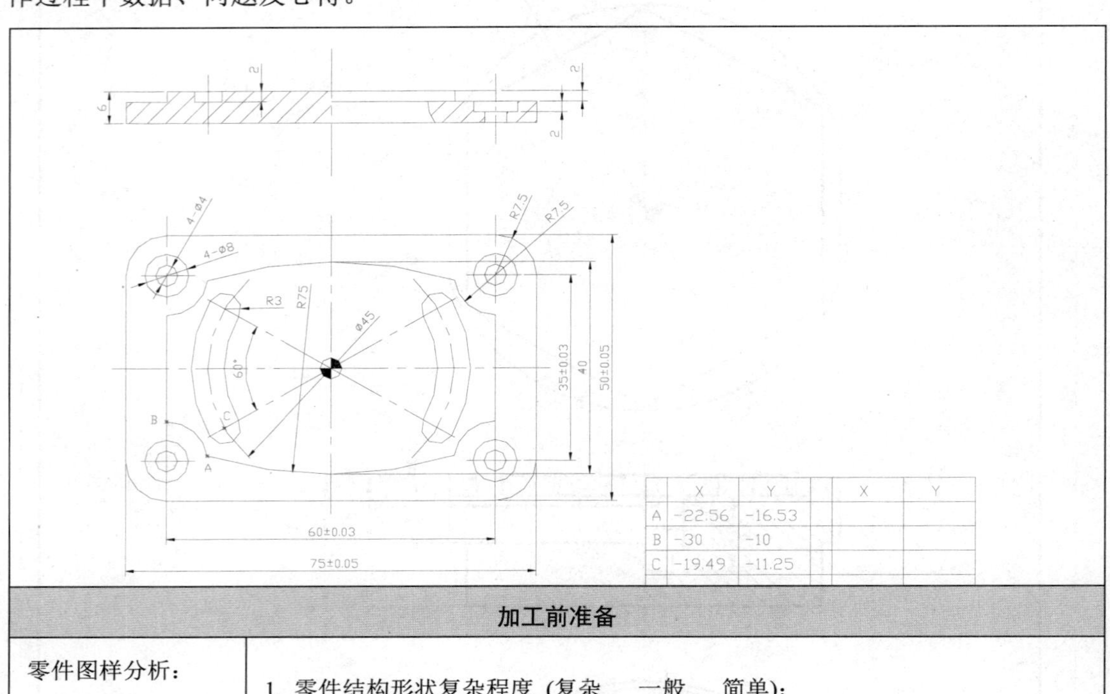

加工前准备	
零件图样分析： 1. 结构复杂性分析 2. 切削加工性分析 3. 加工精度分析	1. 零件结构形状复杂程度（复杂　一般　简单）； 2. 零件材质为(　　　　)，切削性能(好　不好)； 3. 零件总体加工精度为IT(　)级，表面粗糙度要求 R_a(　　)；
加工工艺分析： 1. 选择加工设备 2. 选择夹具 3. 选择刀具 4. 确定加工方案	1. 设备类型及型号(　　　　　　　　)； 2. 夹具名称及规格(　　　　　　　　)； 3. 刀具名称及规格(　　　　)(　　　　)(　　　　)； 4. 工艺步骤： 步骤： 步骤： 步骤： 步骤： 步骤： 步骤：

续表

<table>
<tr><td colspan="2">加工前准备其他情况说明：</td></tr>
<tr><td colspan="2">加工过程</td></tr>
<tr><td>开机操作：
1. 开机点检；
2. 主轴热机；</td><td>开机点检；水(正常　异常记录　　　　　　　　　)
电(正常　异常记录　　　　　　　　　)
气(正常　异常记录　　　　　　　　　)
油(正常　异常记录　　　　　　　　　)
机床回零、热机；(正常　异常记录　　　　　　　　　)</td></tr>
<tr><td>零件加工：
1. 装夹工件
2. 装夹刀具
3. 对刀设立工件系
4. 加工零件</td><td>1. 工件以(　　　　)定位装夹，探出高度(　　　　mm)；
2. 对刀方法(试切法　　机内对刀　　　　机外对刀　)
3. 对刀数据记录
<table>
<tr><td colspan="2">刀具号：T　　¢</td><td>Z_1=　　　　H(　) D(　)</td></tr>
<tr><td colspan="2">刀具号：T　　¢</td><td>Z_2=　　　　H(　) D　　)</td></tr>
<tr><td colspan="2">刀具号：T　　¢</td><td>Z_3=　　　　H(　) D(　)</td></tr>
<tr><td colspan="2">刀具号：T　　¢</td><td>Z_4=　　　　H(　) D(　)</td></tr>
<tr><td colspan="2">刀具号：T　　¢</td><td>Z_5=　　　　H(　)　(　)</td></tr>
<tr><td colspan="2">刀具号：T　　¢</td><td>Z_6=　　　　H(　) D(　)</td></tr>
<tr><td colspan="3">第一次对刀数据</td></tr>
<tr><td>X_1=</td><td>X_2=</td><td>$X_{原点}$=</td></tr>
<tr><td>Y_1=</td><td>Y_2=</td><td>$Y_{原点}$=</td></tr>
<tr><td colspan="3">第二次对刀数据</td></tr>
<tr><td>X_1=</td><td>X_2=</td><td>$X_{原点}$=</td></tr>
<tr><td>Y_1=</td><td>Y_2=</td><td>$Y_{原点}$=</td></tr>
</table>
4. 零件加工情况记录：
步骤 1 情况记录:

步骤 2 情况记录:

步骤 3 情况记录:

步骤 3 情况记录:

步骤 5 情况记录:

步骤 6 情况记录:</td></tr>
</table>

续表

零件检测：

考核项目	考核内容及其要求	配分	评分标准	检测结果	扣分
1	编程、调试熟练程度	5	程序思路清晰，可读性强，模拟调试纠错能力强。		
2	操作熟练程度	5	试切对刀、建立工件坐标系操作熟练		
3	50±0.05	5	超差不得分		
4	75±0.05	5	超差不得分		
5	35±0.03	5	超差不得分		
6	60±0.03	5	超差不得分		
7	40±0.05	3	超差不得分		
8	60±0.03	5	超差不得分		
9	R7.5±0.03(8处)	16	超差不得分		
10	2±0.05	5	超差不得分		
11	2±0.05	5	超差不得分		
12	4-ϕ8 ±0.05 孔	8	超差不得分		
13	R75±0.03(2处)	6	超差不得分		
14	4-ϕ4 孔	4	超差不得分		
15	R_a1.6	12	大于 R_a1.6 每处扣 1 分		
16	其他	6	超差 1 处扣 1 分		
17	超时扣分		超过 5 分扣 3 分 超过 10 分停止考试		
得分					

加工过程中其他情况说明：

加工后	
• 零件检测后保存 • 工量具等保存	零件是否妥善保存(是 否) 工具等整理情况(好 中 差)

续表

• 机床清洁保养：	机床清洁情况(好　中　差) 地面清洁情况(好　中　差) 水电气油液位情况(正常　不足已添加) 设备使用记录是否完成(　是　否)
项目完成总结：(安全、10S、交流沟通、质量、实践能力、创新能力、存在问题与不足)	

项 目 小 结

项目 2 主要介绍了数控编程基础知识和手工编写程序的方法，通过台阶垫块、扇形片凸模、扇形片凹模、垫板、密封盖和直身定位锁等一系列难度递增的零件载体，让学生加强锻炼数控加工工艺编制能力、数控程序编写能力和规范操作机床加工零件的能力，以培养学生更强的安全操作意识、团结协作精神和胆大心细的工作作风。通过在知识和技能的学习中提升学生爱国主义、集体主义和社会主义核心价值观。

项目3　UG NX 10.0 计算机辅助制造软件的应用

【CAM 软件】UG NX10.0 加工模块。

【项目载体】平行垫块、T 形块、趣味公交车凸模、反光镜凹模、适配器板零件。

【知识要点】

- 熟悉 UG NX 10.0 CAM 软件操作界面。
- 掌握平面铣、型腔铣、固定轴曲面轮廓铣和点位加工的操作方法。
- 掌握铣削加工常用参数的设置方法。
- 掌握程序后置处理方法。

【技能要求】

- 能根据加工内容合理选用 CAM 铣削加工方式。
- 能合理设置切削参数、非切削参数和点位加工参数等。
- 能运用 UG CAM 软件完成零件的自动编程和仿真加工。

【素质目标】

- 培养学生劳动精神、奋斗精神、奉献精神、创造精神。
- 培养学生热爱知识，为现代化强国建设努力奋斗。
- 培养学生团结协作，善于思考、勤于动手的能力。

任务 3.1　UG NX 10.0 CAM 模块的基本操作(平行垫块)

3.1.1　任务目标

广泛查阅相关资料，熟悉 UG NX 10.0 CAM 的基本操作流程；会选择加工环境；会创建四个父节点组(创建程序、创建刀具、创建几何体、创建工序)；了解平行垫块零件的 CAM 自动编程的创建过程；激发学生学习软件编程的兴趣，培养互帮互助、团结协作的精神。

平行垫块零件，如图 3-1 所示。

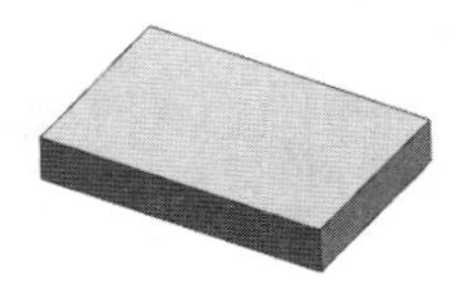

图 3-1　平行垫块

3.1.2　“平行垫块”零件的加工工艺

如图 3-2 所示平行垫块(Parallel Block)零件，批量为 2 件，该零件的交货期为 1 个工作日。

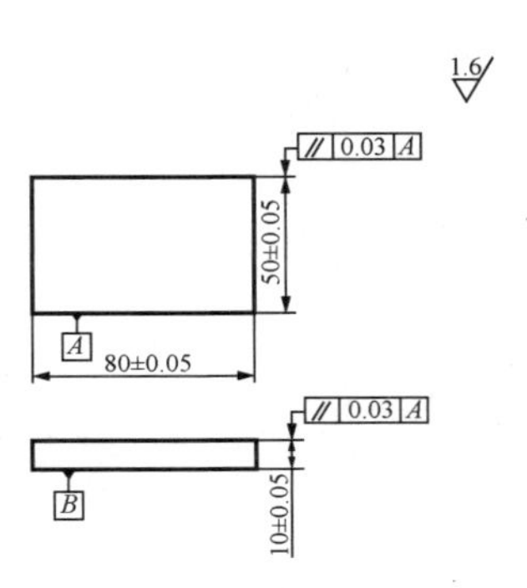

图 3-2　平行垫块零件

该“平行垫块”零件结构简单，一般考虑节约成本，采用普通机床进行加工，此处为方便学生浅显易懂地学习 UG NX CAM，

故选择该简单案例作为学习对象。

根据图样分析，选择 85mm×55mm×12mm 的 S50C 毛坯块，该材料为高级优质中碳钢，通常回火到硬度 19～22 HRC 以后使用，具有良好的机械加工性和切削性。经过工艺分析，编制如表 3-1 所示的数控铣削加工工艺卡。

表 3-1　“平行垫块”零件数控加工工艺卡

单位：××××××××　　编制：×××　　审核：×××

<table>
<tr><td colspan="2">零件名称</td><td colspan="2">平行垫块</td><td>设备</td><td>加工中心</td><td colspan="2">机床型号</td><td colspan="2">FADAL-3016L</td></tr>
<tr><td colspan="2">工序号</td><td colspan="2">1</td><td>毛坯</td><td>85mm×55mm×12mm
S50C 块料</td><td colspan="2">夹具</td><td colspan="2">平口钳</td></tr>
<tr><td colspan="4">刀具表</td><td colspan="2">量具表</td><td colspan="4">工具表</td></tr>
<tr><td>T01</td><td colspan="3">ϕ50 硬质合金面铣刀</td><td>1</td><td>游标卡尺(0～150 mm)</td><td>1</td><td colspan="3">扳手</td></tr>
<tr><td>T02</td><td colspan="3">ϕ20 硬质合金立铣刀</td><td>2</td><td>千分尺(0～25 mm)</td><td>2</td><td colspan="3">垫块</td></tr>
<tr><td>T03</td><td colspan="3"></td><td>3</td><td>千分尺(25～50 mm)</td><td>3</td><td colspan="3">塑胶榔头</td></tr>
<tr><td>T04</td><td colspan="3"></td><td>4</td><td>深度游标卡尺</td><td>4</td><td colspan="3"></td></tr>
<tr><td rowspan="2">序号</td><td colspan="5" rowspan="2">工艺内容</td><td colspan="3">切削用量</td><td rowspan="2">备注</td></tr>
<tr><td>S/(r/min)</td><td>F/(mm/r)</td><td>a_p/mm</td></tr>
<tr><td>1</td><td colspan="5">T01 刀粗、精铣顶面(留 0.3 mm)</td><td>800</td><td>150</td><td>约 0.5</td><td></td></tr>
<tr><td>2</td><td colspan="5">T01 刀粗、精铣四周面(留 0.3 mm)</td><td>800</td><td>150</td><td>5</td><td></td></tr>
<tr><td>3</td><td colspan="5">翻面装夹，T01 刀粗、精铣底面(留 0.3 mm)</td><td>1200</td><td>100</td><td>约 0.5</td><td></td></tr>
</table>

3.1.3　UG NX 10.0 加工模块简介

1. UG NX 10.0 加工环境

启动 UG NX 10.0 打开所需加工的模型，在【应用模块】(Application)菜单中选择【加工】(Manufacturing)命令，可进入加工界面，如图 3-3 所示。

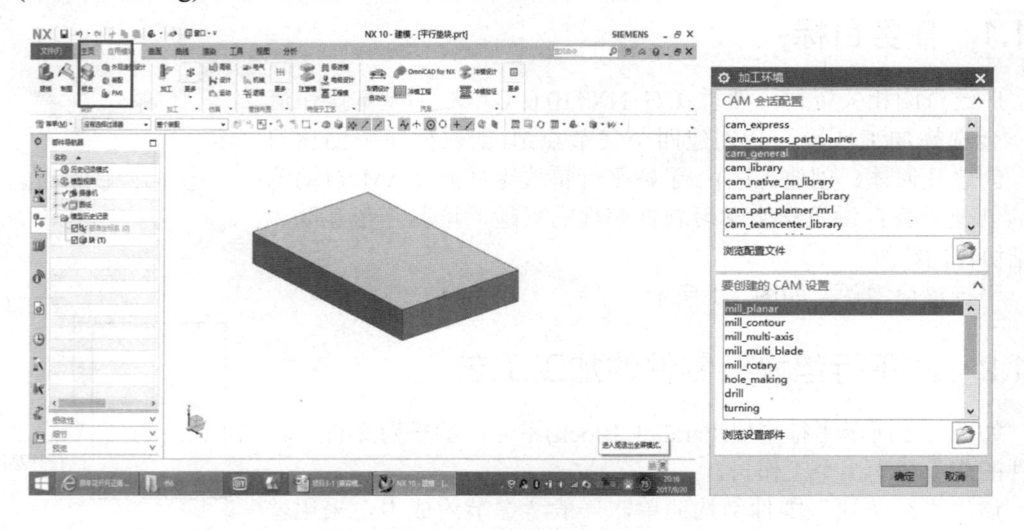

图 3-3　进入加工环境

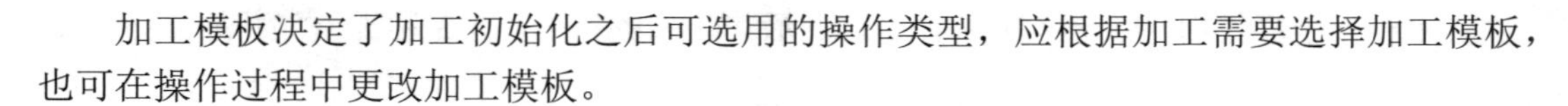

加工模板决定了加工初始化之后可选用的操作类型，应根据加工需要选择加工模板，也可在操作过程中更改加工模板。

2. 常用工具栏

(1) 【工序导航器】(Operation Navigator)工具栏如图 3-4 所示，其功能是变换【加工操作导航器】窗口中的显示内容。

(2) 【加工创建】(Manufacturing Create)工具栏如图 3-5 所示，其功能是创建各种加工操作，如创建刀具、创建几何体、创建工序、创建程序和创建方法等。

(3) 【加工操作】(Manufacturing Procedure)工具栏如图 3-6 所示，该工具栏提供与刀位轨迹有关的功能，如生成刀轨、机床仿真等，也提供对刀具路径的操作，如后处理、车间文档等。

图 3-4　工序导航器

图 3-5　【加工创建】工具栏

图 3-6　【加工操作】工具栏

3. 工序导航器

工序导航器在加工界面左侧，以树状结构显示已经创建的操作和节点组，共有 4 种显示形式，如表 3-2 所示。可通过单击【工序导航器】工具栏上的相应按钮来切换。

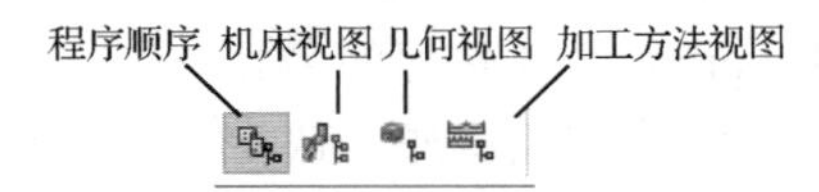

表 3-2　操作导航器视图显示形式

操作导航视图	描　述
程序顺序视图	显示程序顺序的视图，该视图按刀具路径的执行顺序列出所有操作
机床视图	显示刀具视图，该视图按加工刀具来列出各个操作
几何视图	显示几何体视图，该视图列出几何体、坐标系，以及相应的操作
加工方法视图	显示加工方法视图，该视图列出加工方法，以及相应的操作

当完成一个操作后，每一个操作前都有表示其状态的符号，有 3 种类型，如表 3-3 所示。

表 3-3　状态符号的含义

符号类型	描　述
重新生成	表示该操作还没有生成过刀具轨迹
重新后处理	表示该操作的刀具轨迹已经生成，但还没有进行后处理输出 NC 程序
完成	表示该操作的刀具轨迹已经完成，而且已经进行后处理输出 NC 程序

4. UG NX 10.0 铣加工编程步骤

应用 UG NX 完成一个铣加工程序需要经过如图 3-7 所示的几个步骤。

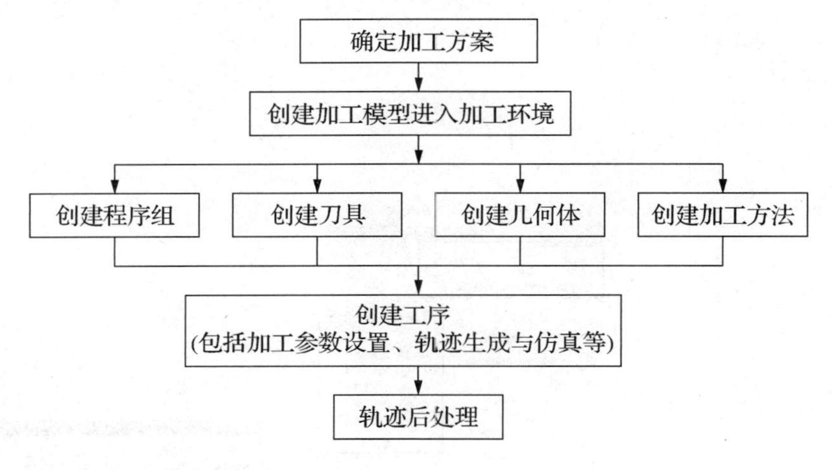

图 3-7　UG NX 10.0 铣加工编程步骤

数控编程前必须先确定零件的加工方案，它是数控编程的基础，工艺方案的优劣直接影响着零件的加工质量。

(1) 创建 CAD 模型，进入加工环境。

建立 CAD 加工模型。加工模型可以是使用 UG 创建的实体模型，也可以是其他格式的 CAD 文件。之后启动加工模块，进入加工环境。

(2) 创建程序(Create Program)，新建程序名。

程序用于排列各加工操作在程序中的次序，决定了操作输出的顺序。例如，一个复杂的零件如果需要在不同的机床上完成加工，则应该将同一机床上加工的操作组合成一个程序组，以便刀具路径的输出。如图 3-8 所示，单击【创建程序】有三个默认的父级组：NC-Program、Program 和 None，输入名称即可创建新的程序组。通常，也可不创建程序组，直接使用默认的程序组 NC_PROGRAM。

(3) 创建刀具(Create Tool)，新建刀具类型。

刀具是从工件上切除多余材料的工具。加工前必须创建刀具或从刀具库中选取刀具。刀具的使用应考虑加工类型、加工表面形状和加工部位的尺寸、工具材料等因素。如图 3-9、图 3-10 所示，创建刀具需设置刀具尺寸、刀具号、补偿号等参数。

(4) 创建几何体(Create Geometry)，新建几何体类型。

创建几何体主要是在零件上定义要加工的几何对象和指定零件在机床上的加工位置等，通常包括创建加工坐标系 MCS(包括安全平面)、部件、毛坯、铣削区域、边界和铣削几何体数据等，如图 3-11 所示。

图 3-8　创建程序

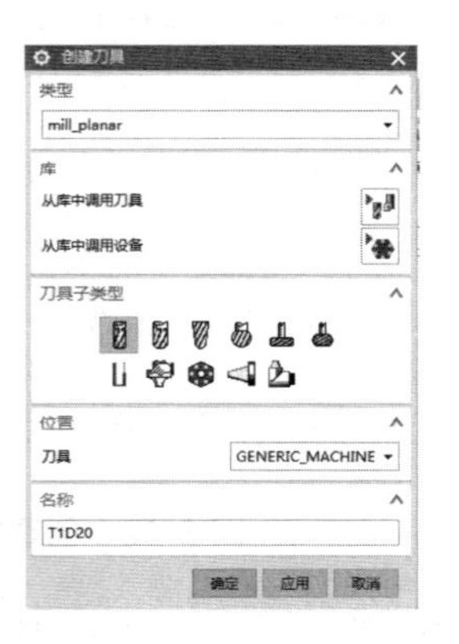

图 3-9　创建刀具

图 3-10　刀具参数

图 3-11　创建几何体

(5) 创建方法(Create Method)，确定加工方法。

加工方法一般可以直接使用或修改系统默认的四种加工方法，默认的加工方法分别有：MILL_ROUGH(粗加工)、MILL_SEMI_FINISN(半精加工)、MILL_FINISH(精加工)和DRILL_METHOD(钻加工)方法，如图 3-12 所示。加工方法中可以对粗加工、半精加工、精加工设置不同的加工余量、几何体的内外公差、切削方式和进给速度等。

(6) 创建工序(Create Process)，选择合适的加工工序。

创建工序就是选择合适的操作类型生成刀具轨迹。通常一个零件的加工要创建多个操作。创建工序一般包括以下几个内容。

① 选择工序子类型。根据加工需要，选择操作类型和子类型，并打开相应的铣加工方法对话框，如图 3-13 所示。

图 3-12　创建方法

图 3-13　创建工序

② 选择(或创建)几何体、刀具和加工方法。在铣加工方法对话框中可选择或创建几何体、刀具和加工方法，如果在选择操作类型和子类型时已经指定了几何体、刀具和加工方法等，此步可省略。

③ 设置加工各参数。加工参数的设置是 UG NX 编程中最主要的内容之一，对于不同的操作，需要设置的加工参数也有所不同。一般包括切削模式、步距、切削层、切削参数、非切削移动、进给和速度等参数，很多参数需要通过二级对话框进行设置。

④ 生成轨迹和仿真(Generate Tool Path and Diagnose)加工。加工参数设置好后，可生成刀具轨迹和进行轨迹仿真。

(7) 后处理后处理(Post Process)，生成适合机床需要的程序单。

刀具轨迹必须经过后处理才可以生成数控机床可以识别的数控加工程序。后处理结束后，还可以建立车间工艺文件，把有关的加工信息送达加工程序的使用者。

以上步骤在实际应用过程中，根据不同的需要略有不同。

3.1.4　技能训练

平行垫块的自动编程

以“平行垫块”的顶面精加工为训练载体，完成程序的创建、刀具的创建、几何体的创建和工序的创建等操作，流程如表 3-4 所示。

表 3-4　“平行垫块”零件加工流程表

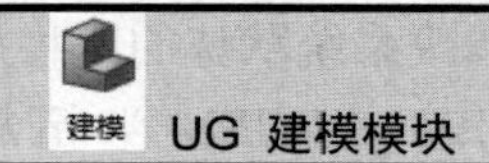 建模 UG 建模模块	
1. 打开“平行垫块”模型 2. 调整工作坐标系至工件的顶面中心，保持与加工坐标系一致，以方便实际对刀和数据检验	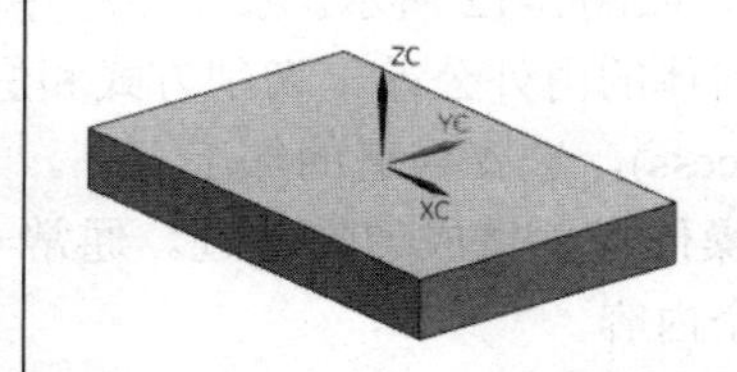

续表

 UG 加工模块	
1. 设置加工环境 CAM 会话配置：cam_general CAM 设置：mill_planar	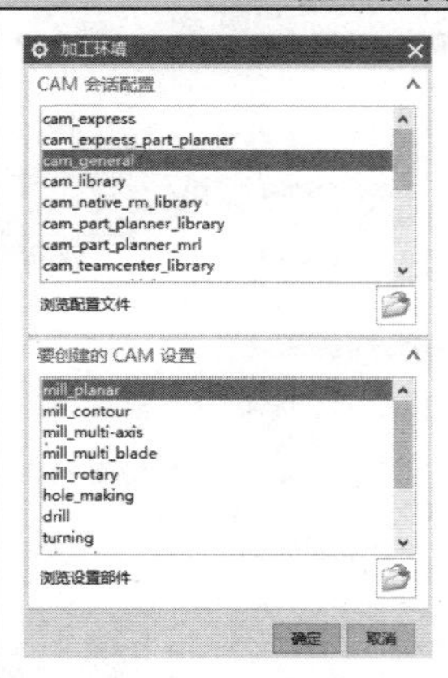
2. 创建程序(程序顺序视图) 类型：mill_planar 程序名：PROGRAM_1	
3. 创建刀具(机床视图) 类型：mill_planar 刀具子类型：MILL 刀具名称：T1D20 (刀具直径 20、刀具号 1、补偿号 1)	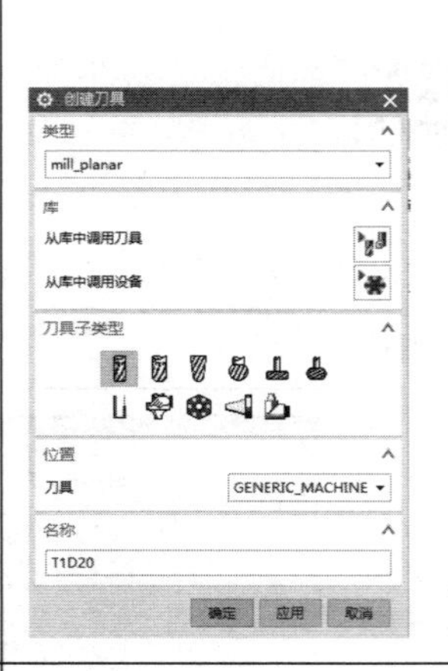 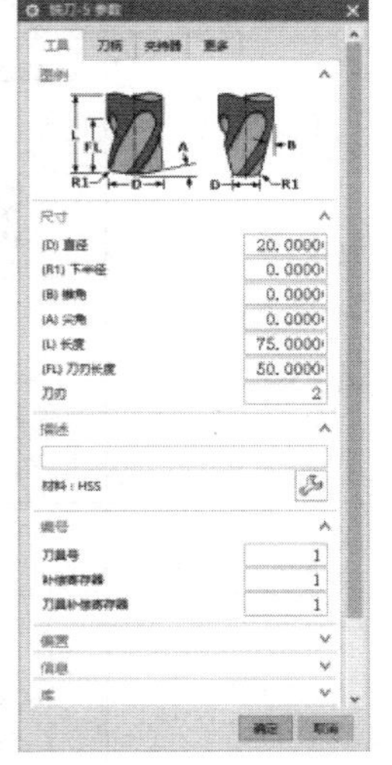
4. 创建几何体(几何视图) 注：【工序导航器-几何】，有默认的一组MCS-MILL和WORKPIECE。	

续表

UG 加工模块	
(1) 双击 MCS_MILL 选项，动态设置加工坐标系与建模时工件系一致。	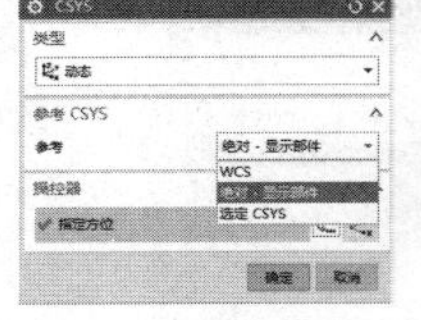 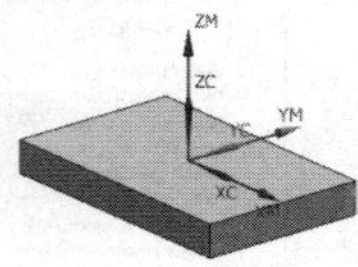
(2) 双击 WORKPIECE 选项，指定部件及毛坯。 注：毛坯几何体选择【包容块】选项。	  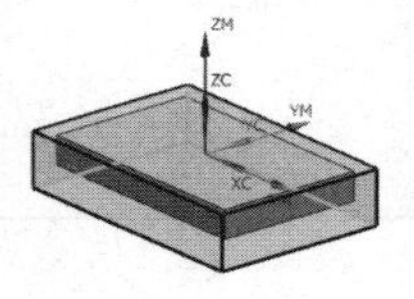
5. 创建方法 粗加工：部件余量 1 mm，内外公差 0.08 mm，可根据自拟设定新数值。	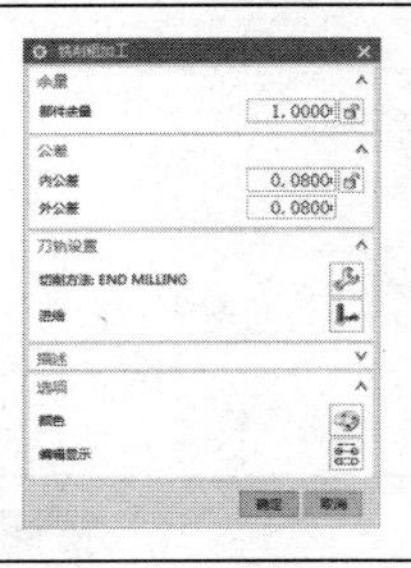
6. 创建工序 工序子类型：面铣(程序、刀具、几何体、方法选择如图示) 名称：FACE_MILLING	
(1) 指定面边界。 采用【面】方式选择零件的顶面。	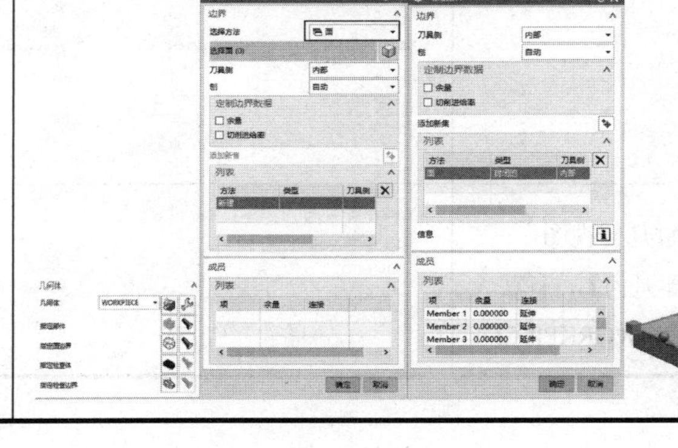

续表

 UG 加工模块	
(2) 刀轨设置。 切削模式：单向 毛坯距离：0.5 mm 每刀切削深度：0.5 mm 其余参数默认。	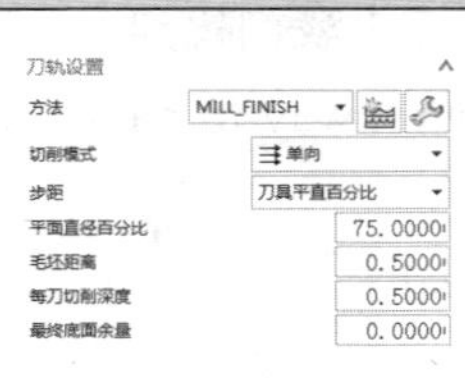
(3) 进给率和速度。 主轴速度：3500 r/min 进给率：1250 mm/min	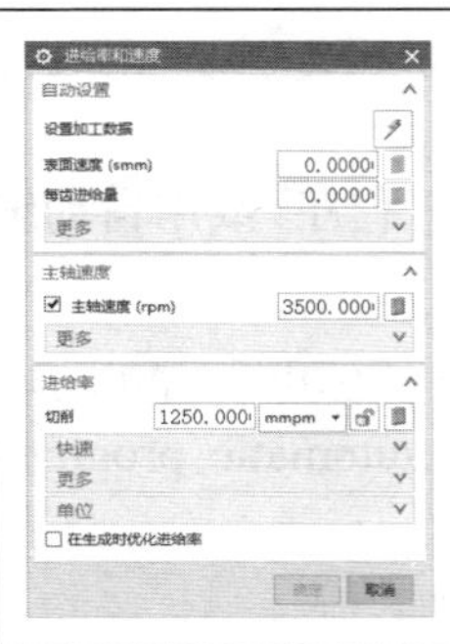
(4) 在【操作】工具条中单击【生成】按钮，即可在零件上生成刀路。	生成 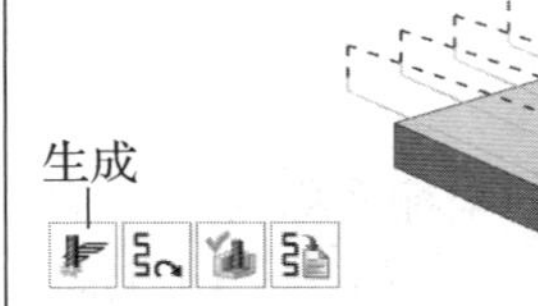
(5) 在【操作】工具条中单击【确认】按钮，在打开的对话框中选择 2D 或 3D 选项，调整动画速度，确定后可查看仿真加工。	确认 
(6) 单击【后处理】按钮，选择合适机床型号的后处理器，输出文件后保存。	 

3.1.5 中英文对照

(1) 通过对零件原点的分析，在数控机床上我们找到了一种快速准确搜索零件原点的方法。

Through analysis of part origin, we find a way to pass artificially quick accurate search out part origin at CNC machine tool.

(2) 这表明数控加工可实现零件加工的工序集中，有效提高零件的加工精度和加工效率。

It shows that numerical-control machining can achieve working procedure centralize, increase machining precision and efficiency.

(3) 用规定的程序代码和格式编写加工程序；或用自动编程软件进行 CAD/CAM 工作来建立零件的加工程序文件。

Write the processing program to work part with the prescriptive code and format; or build the processing program file for parts with the automatic programming software, and perform the CAD/CAM work.

3.1.6 拓展思考

1. 填空题

(1) UG NX CAM 软件编程中选用的坐标系称为(　　)。

(2) 在 UG NX CAM 中一个操作可以生成(　　)个刀轨。

(3) 操作导航工具有四种视图显示方式，分别是(　　)、(　　)、(　　)和(　　)视图。

(4) 编程操作中使用的刀具可以用两种方法获得，分别是(　　)和(　　)。

(5) 计算机辅助制造是利用(　　)对制造过程进行设计、管理和控制。

2. 选择题

(1) 在数控机床中，机床坐标系的 X 和 Y 轴可以联动，当 X 和 Y 轴固定时，Z 轴可以有上下的移动，这种加工方法称为(　　)。

A. 两轴加工　　B. 两轴半加工　　C. 三轴加工　　D. 五轴加工

(2) 在 CAD/CAM 系统中，连接 CAD、CAM 的纽带是(　　)。

A. CAE　　B. CAG　　C. CAPP　　D. CAQ

(3) 为了确定机床的运动方向、移动距离，就要在机床上建立一个坐标系，这个坐标系叫作(　　)

A. 世界坐标系　　B. 设备坐标系

C. 规格化的设备坐标系　　D. 机床坐标系

(4) 计算机辅助制造简称为(　　)

A. CAE　　B. CAD　　C. CAPM　　D. CAM

3. 多选题

(1) 程序校验与首件试切的作用是(　　)。

A. 检查机床是否正常
B. 提高加工质量
C. 检验程序是否正确及零件的加工精度是否满足图纸要求
D. 检验参数是否正确

(2) 加工中心能够(　　)。
A. 车削工件　　B. 磨削工件　　C. 刨削工件
D. 铣削工件　　E. 钻削工件

4. 问答题

(1) 什么是操作?
(2) 创建操作的目的是什么?
(3) 操作信息存储在哪里?
(4) 当加工零件上的平面时，选择何种操作类型?

任务 3.2　UG NX 10.0 T 形块零件的自动编程

3.2.1　任务目标

广泛查阅相关资料，掌握 UG NX 10.0 CAM 面铣加工操作方式；理解四个父节点组(创建程序、创建刀具、创建几何体、创建工序)的含义和创建方法；能采用面铣(FACE_MILLING)方式完成“T形块”零件的程序编制和仿真加工；激发学生学习软件编程的兴趣，培养互帮互助、团结协作的精神。

“T 形块”零件如图 3-14 所示。

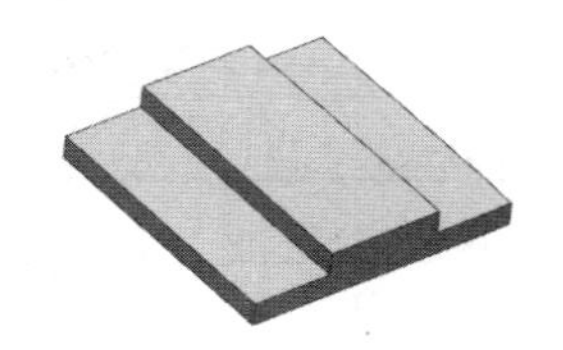

图 3-14　T 形块

3.2.2　“T 形块”零件的加工工艺

如图 3-15 所示 T 形块零件，批量为 2000 件，该零件的交货期为 7 个工作日。

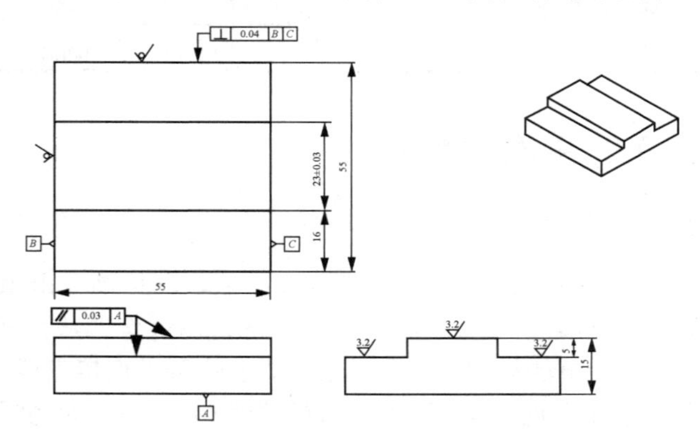

图 3-15　T 形块

“T 形块”零件材质为 45 钢，产品订单数量较大，应充分考虑刀具的耐用度和生产效

率，合理编排工艺，并制订生产计划。经过工艺分析，毛坯选用 55 mm×55 mm×18 mm 的钢块。刀具方面粗加工选用ϕ20 涂层波刃钨钢立铣刀，精加工采用ϕ14 涂层钨钢立铣刀如图 3-16 所示。零件的数控铣削加工工艺卡如表 3-5 所示。

图 3-16 波刃铣刀、涂层钨钢立铣刀

表 3-5 “T 形块”零件数控加工工艺卡

单位：××××××××　　编制：×××　　审核：×××

零件名称	T 形块	设备	加工中心	机床型号	FADAL-3016L
工序号	1	毛坯	55mm×55mm×18mm 45 钢块	夹具	平口钳

刀具表		量具表		工具表	
T01	ϕ20 涂层波刃钨钢立铣刀	1	游标卡尺(0～150 mm)	1	扳手
T02	ϕ14 涂层钨钢立铣刀	2	千分尺(0～25 mm)	2	垫块
T03		3	千分尺(25～50 mm)	3	塑胶榔头
T04		4	深度游标卡尺	4	

序号	工艺内容	切削用量			备注
		S/(r/min)	F/(mm/r)	a_p/mm	
1	T01 刀精铣零件顶面	3500	1250	0.5	
2	T01 刀粗铣两侧台阶面(台阶余量，壁 0.3 mm、底 0.5 mm)	3500	1250	1	
3	T02 刀精铣两侧台阶面	4500	1000	0.5	

3.2.3 UG NX 10.0 平面铣简介

1. 平面铣的特点与应用

如图 3-17 所示进入加工环境后，需创建 CAM 环境，默认项 mill_planar 即为平面铣加工方式。平面铣(mill_planar)是一种 2.5 轴的加工方法，用所选的边界和材料侧方向来定义加工区域，故不需要做出完整的模型而只依据 2D 图形就可以直接生成刀具轨迹。

平面铣一般适用于零件为直壁的，岛屿顶面和槽腔底面为平面的零件的加工，但不能加工曲面。UG NX 10.0 版本亦可以加工侧壁为斜壁、底面为平面的零件，但只限“轮廓”加工方式，且加工路径及安全性不及型腔铣加工方式。

2. 平面铣的子类型

在【加工创建】工具栏上单击【创建工序】按钮，弹出【创建工序】对话框。在【类型】选项组中选择 mill_planar(平面铣)选项，将显示平面铣子类型。平面铣的子类型很多，如图 3-17 所示。

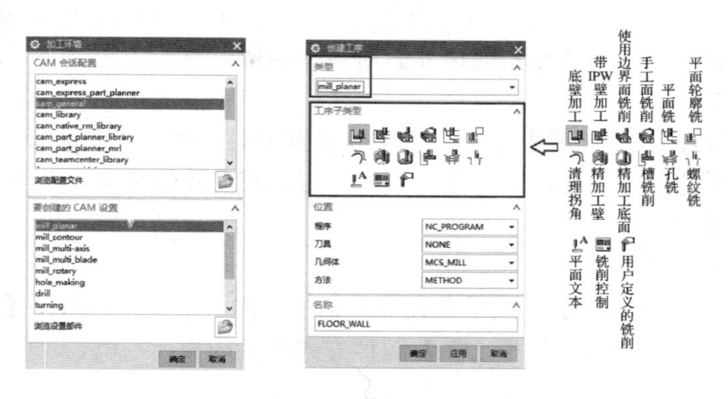

图 3-17　平面铣子类型

3. 平面铣的参数设置

选择平面铣加工子类型，并指定操作所在的位置，输入操作名称后，单击【确定】按钮，系统打开【面铣】操作对话框，需设置各加工参数，如图 3-18 所示。

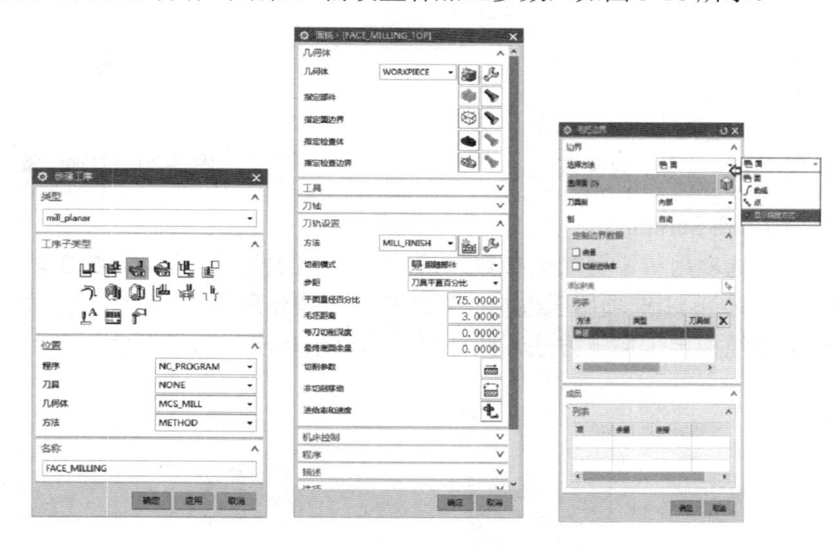

图 3-18　面铣操作

1) 几何体(Geometry)

在面铣操作中的“几何体”，需指定部件、指定面边界、指定检查体、指定检查边界。

【指定部件】：即指定需加工的零件，单击选择后确定即可。若在创建工序时已指定，则此选项灰化不可选。

【指定面边界】：单击【指定面边界】后面的按钮，弹出【毛坯几何体】对话框。可采用【面】、【曲线/边】、【点】等模式来创建边界。定义边界的关键在于确定刀具侧和

刨。刀具侧是加工中刀具运动的一侧；刨有【自动】和【指定】两种，是用于指定所选平面的高度位置的。

【指定检查体】：用于定义刀具要避开的体，如夹具、压板等。单击【指定检查体】选项后，弹出的【检查几何体】对话框与【指定部件】对话框相似。

【指定检查边界】：用于定义刀具要避开的区域。单击【指定检查边界】选项后，弹出的【检查边界】对话框与【指定面边界】对话框相似。

2) 工具(Tool)

如图 3-19 所示，在【工具】菜单栏中主要设置刀具参数，用于选择、新建和编辑所用的刀具。【输出】选项组主要用于设置刀具号、刀具长度补偿和半径补偿等，【换刀设置】选项组用于设置换刀方式。

3) 刀轴(Tool Axis)

如图 3-20 所示，【刀轴】选项用于设置刀轴的方向。轴的方向有：【+*Z* 轴】、【指定矢量】、【垂直于第一个面】和【动态】四种方式可供选择。

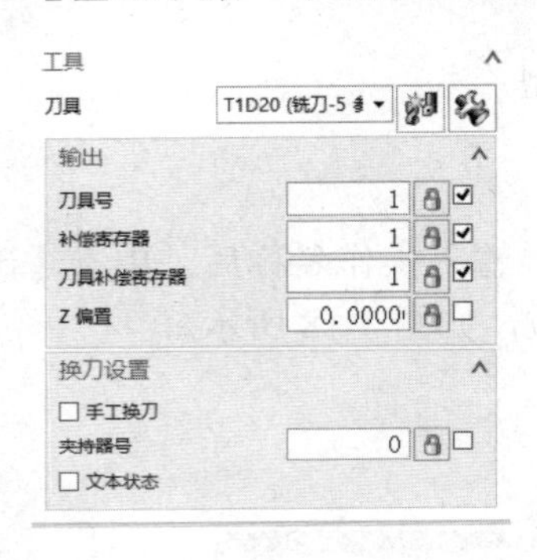

图 3-19　工具参数设置

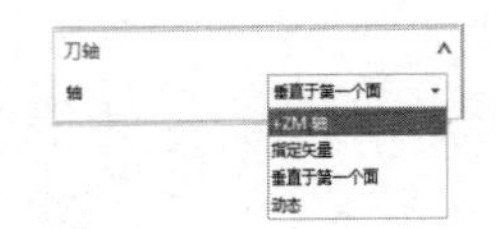

图 3-20　刀轴设置

4) 刀轨设置(Path Settings)

【刀轨设置】选项用于设置加工参数，是加工程序的核心内容，如图 3-21 所示。

(1) 【方法】(Method)选项用于选择、新建和编辑操作所用的加工方法。如果在【创建工序】对话框中已经指定了加工方法，此处将自动显示相应的加工方法。

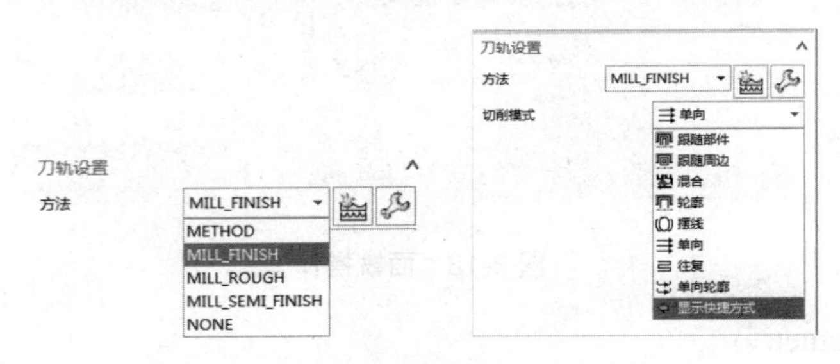

图 3-21　刀轨设置

(2) 【切削模式】(Cut Pattern)选项用于确定刀具在切削区域的运动模式，如表 3-6 所示。

表 3-6　切削模式类型

切削模式	描　述	应　用
跟随部件	沿零件切削，是通过对整个指定的“部件几何体”进行偏置来产生刀轨	常用。建议在有岛的型腔区域中优先使用“跟随部件”
跟随周边	沿外轮廓切削，用于创建一条沿着轮廓顺序、同心的刀具轨迹。它是通过偏置外围轮廓区域得到的	常用
混合	可以对各面采用不同的切削模式加工	主要用于面铣加工
轮廓切削	创建一条或指定数目的刀轨来完成零件侧壁的精加工	零件侧壁的精加工
摆线	刀具以圆形回环模式移动而圆心沿刀轨方向移动的铣削方法	主要用于高速加工
单向	创建平行且单向的刀具轨迹，轨迹始终维持一致的顺铣或逆铣，在连续的刀轨之间没有沿轮廓的切削	加工效率较低，主要用于表面的精加工
往复	创建往复、平行的刀具轨迹，切削效率较单向高，顺铣和逆铣交替产生	通常用于内腔的粗加工
单向轮廓	创建平行的、单向的、沿着轮廓的刀具轨迹。在前一行的起始点下刀，前一行的终点退刀，且始终维持着顺铣或逆铣切削	通常用于粗加工后要求余量均匀的零件

(3) 步距(Stepover)是指相邻两次走刀之间的距离。步距的设置方式如表 3-7 和图 3-22 所示。步距的确定需要考虑刀具的承受能力、加工后的残余材料量、切削负荷等因素，一般为刀具有效直径的 75%～90%。在粗加工时，步距可以设置为刀具有效直径的 90%。

图 3-22　步距设置

表 3-7　步距的设置方式

步　距	描　述	应　用
恒定	指定切削刀路之间的固定距离。即以恒定的常数值作为步距	常用
残余高度	指定切削刀路之间余留的材料高度。指定残余波峰高度后，系统将计算所需的步距，使刀路间剩余材料的高度不大于指定的残余高度	球头刀
刀具平直百分比	指定切削刀路之间的固定距离，以有效刀具直径(刀具底部平直部分)的百分比表示	常用
多个	允许根据刀具值的百分比指派刀路数和距离	

(4) 平直百分比(Percent of Flat Diameter)是指刀具步距的距离，即刀具有效直径的百分比。

(5) 每刀切削深度是指深度方向，刀具每次吃刀的深度值。

(6) 最终底面余量是指底面预留的余量值。

(7) 切削参数和非切削参数暂略，后续项目中详细介绍。

(8) 【进给率和速度】(Feed and Speeds)选项用于设置刀具的移动速度和主轴转速。单击【进给和速度】后面的按钮，弹出【进给率和速度】对话框，如图 3-23 所示，参数如表 3-8 所示。

图 3-23 【进给率和速度设置】对话框

表 3-8 【进给率和速度】选项参数

进给和速度	选　项	描　述
自动设置	系统根据输入的表面速度和每齿进给量自动计算主轴速度和进给速度	
	表面速度	指定在表面各齿切削边缘测量的刀具切削速度
	每齿进给量	测量每齿移除的材料量，软件使用此值计算切削进给率。更改此值会重新计算切削进给率
	从表格重置	系统根据刀具参数，直接计算主轴转速和切削进给率
主轴速度	主轴速度	指定以转/分为单位测量的刀具切削速度
	输入模式	指定主轴速度单位，有四个选项：RPM——每分钟转数，SFM——每分钟曲面英尺，SMM——每分钟曲面米，【无】
	方向	指定主轴旋转方向，有三个选项：【无】、【顺时针】、【逆时针】
进给率	切削	即切削进给速度，设置刀具在切削零件过程中的进给速度。这是最重要的一个速度，不能设置为零
	快速	设置快进速度，即从刀具出发点到下一个前进点的移动速度
	逼近	设置接近速度，即刀具从起点到进刀点的进给速度
	进刀	设置进刀速度，即刀具切入零件时的进给速度。它是刀具从进刀点到初始切削位置的进给速度
	第一刀切削	设置第一刀切削时的进给速度
	步进	设置刀具进行下一个平行切削时横向移动的进给速度
	移刀	设置刀具从一个切削区域移动到另一个切削区域时的速度
	退刀	设置退刀速度，即刀具切出零件时的进给速度，它是从最终切削位置到退刀点的运动速度
	离开	设置离开速度，即刀具从退刀点离开的移动速度
	单位	设置非切削和切削的单位

设置表面速度和主轴速度是指定刀具切削速度的两种不同方法。

在【进给率】选项组中，设置为 0 不表示进给率为 0，而是使用默认值，如非切削运动的【快速】【逼近】【移刀】【退刀】【离开】等选项将采用快进方式，即使用 G00 方式移动，而切削运动的【进刀】【第一刀切削】【步进】等选项将采用切削进给速度。

5) 机床控制(Machine Control)

【机床控制】选项用于定义和编辑后处理命令，主要控制机床的动作，如主轴开停、换刀、冷却液开关等，如图 3-24 所示。

可以从系统现有的模板中调用默认的“开始/结束刀轨事件”(单击按钮)，也可由用户定义(单击按钮)。

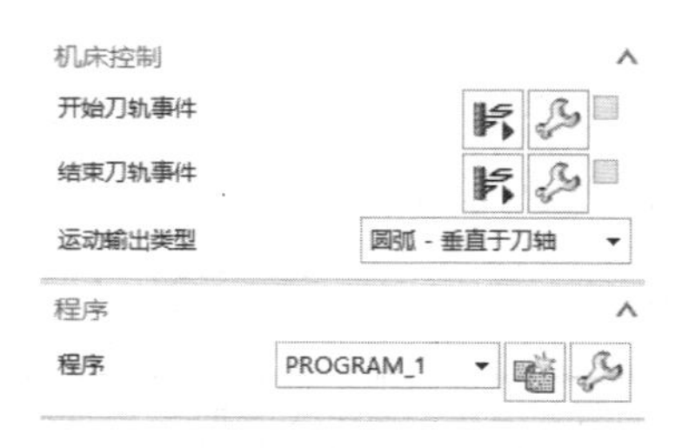

图 3-24　机床控制操作

6) 程序(Program)

【程序】选项用于设置(选择、新建和编辑)程序输出位置，如图 3-24 所示。如果在【创建操作】对话框中已指定了程序输出位置，此时将自动显示相应的程序位置。

7) 选项(Options)

【选项】选项用于设置刀轨显示、定制对话框等，如图 3-25 所示。

8) 操作(Actions)

【操作】选项用于对刀具路径的管理，如图 3-26、表 3-9 所示。

图 3-25　选项设置　　　　图 3-26　【操作】选项

表 3-9　【操作】选项参数

操　作	描　述	操　作	描　述
生成	根据输入的加工参数，计算并生成刀具轨迹	确认	在图形窗口以线框或实体形式模拟刀具路径
重播	在图形窗口中显示已生成的刀具路径	列表	在屏幕上弹出信息窗口，显示操作所包含的刀具路径信息

3.2.4　面铣典型应用方式

扇形片凸模
自动编程

如图 3-27 所示的平面铣前四个子类型底壁加工方式、带 IPW 的底壁加工方式、使用边界面铣削方式和手工面铣削都属于面铣削的加工方式，可用于顶面、台阶、槽等底面为平面零件的加工，如复杂型芯和型腔上多个不同平面的加工，适用场合如表 3-10 所示。面铣中使用边界面铣削方式(FACE_MILLING)在实际中应用较广泛。

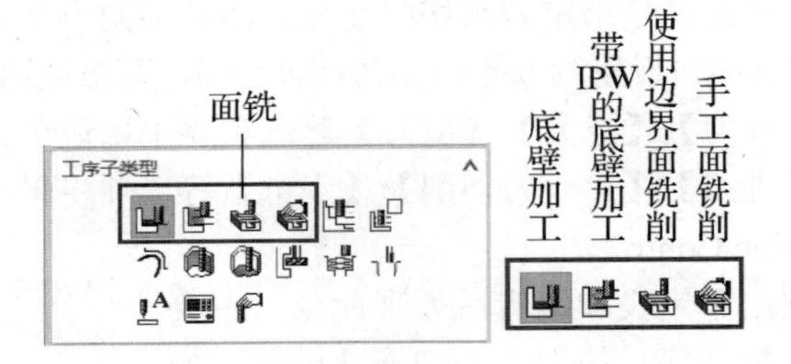

图 3-27 创建平面铣操作

表 3-10 面铣子类型应用场合

图 标	面铣子类型	适用场合
	底壁加工	底壁加工 切削底面和壁。 选择底面和/或壁几何体。要移除的材料由切削区域底面和毛坯厚度确定。 建议用于对棱柱部件上平面进行基础面铣。该工序替换之前发行版中的 FACE_MILLING_AREA 工序。
	带 IPW 的底壁加工	带 IPW 的底壁加工 使用 IPW 切削底面和壁。 选择底面和/或壁几何体。要移除的材料由所选几何体和 IPW 确定。 建议用于通过 IPW 跟踪来切削材料的铣削 2.5D 棱柱部件。
	使用边界面铣削	使用边界面铣削 垂直于平面边界定义区域内的固定刀轴进行切削。 选择面、曲线或点来定义要切削层的刀轴垂直的平面边界。 建议用于线框模型。
	手工面铣削	手工面铣削 切削垂直于固定刀轴的平面的同时允许向每个包含手工切削模式的切削区域指派不同切削模式。 选择部件上的面以定义切削区域。还可能要定义壁几何体。 建议用于具有各种形状和大小区域的部件，这些部件需要对模式或者每个区域中不同切削模式进行完整的手工控制。

3.2.5　技能训练

T 形块的
自动编程

以“T 形块”加工为训练载体，完成程序的创建、刀具的创建、几何体的创建和工序的创建等操作，流程如表 3-11 所示。

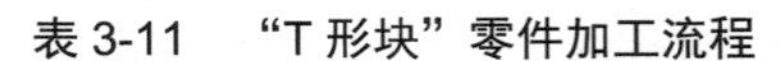

表 3-11　“T 形块”零件加工流程

 建模 UG 建模模块	
1. 打开“T 形块”模型 2. 调整工作坐标系至 T 形块顶面左侧后方角落，保持与加工坐标系一致，以方便实际对刀和数据检验	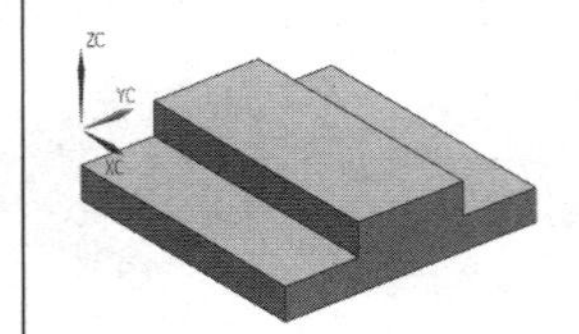
 加工 UG 加工模块	
1. 设置加工环境 UG NX 10.0 CAM 会话配置：cam_general UG NX 10.0 CAM 设置：mill_planar	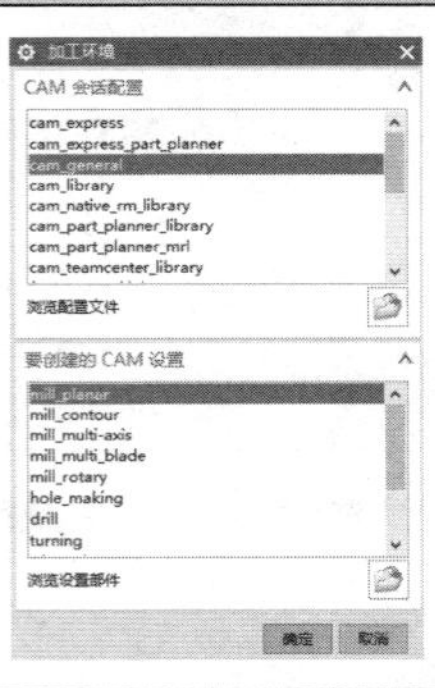
2. 创建程序(程序顺序视图) 类型：mill_planar 程序名：PROGRAM_1 程序名：PROGRAM_2	
3. 创建刀具(机床视图) 类型：mill_planar 刀具子类型：MILL 名称：T1D20 名称：T2D14	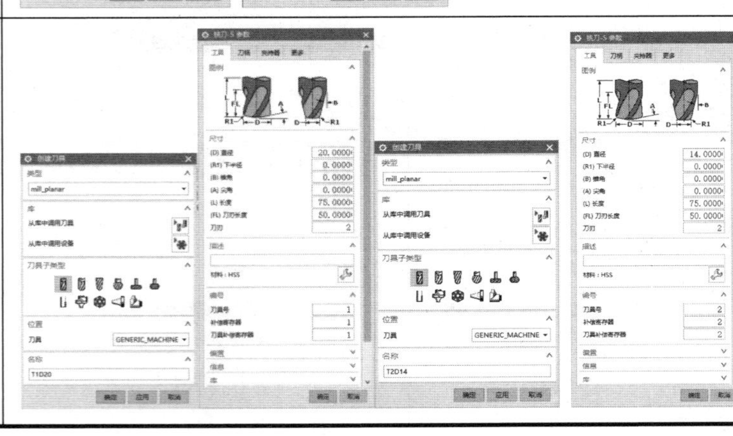

续表

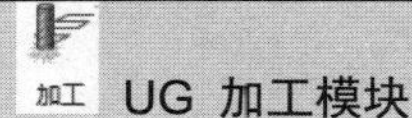 UG 加工模块	
4. 创建几何体(几何视图) 注：【工序导航器-几何】对话框，有默认的一组 MCS-MILL 和 WORKPIECE。	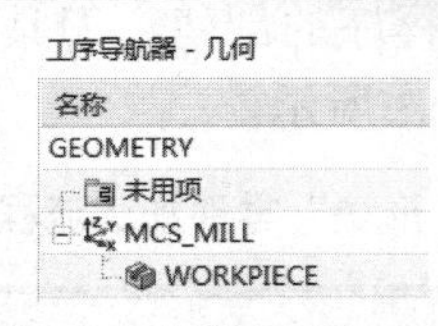
(1) 双击 MCS_MILL 选项，动态设置加工坐标系与建模时坐标系一致。	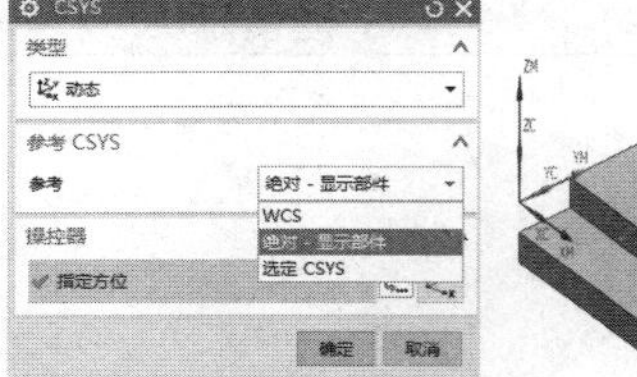 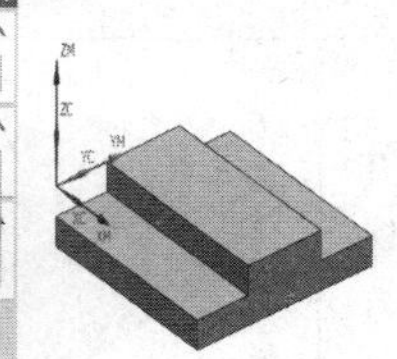
(2) 双击 WORKPIECE 选项，指定部件及毛坯。 注：毛坯几何体选择【包容块】选项。	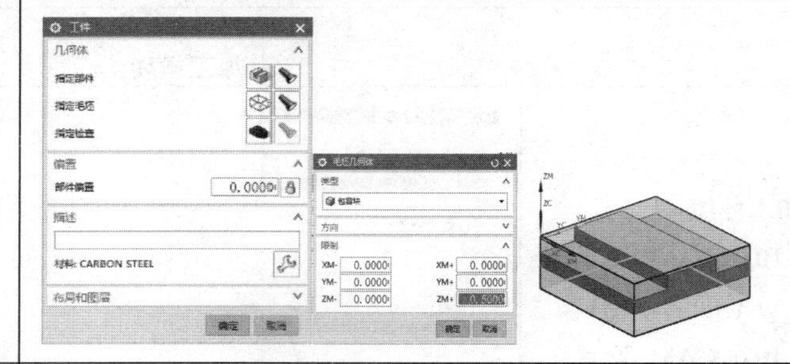
5. 创建方法 ● 粗加工：部件余量 1 mm，内外公差 0.08 mm。 ● 半精加工：部件余量 0.3 mm，内外公差 0.03 mm。 ● 精加工：部件余量 0，内外公差 0.01mm。 以上参数可根据加工需要自行拟定。	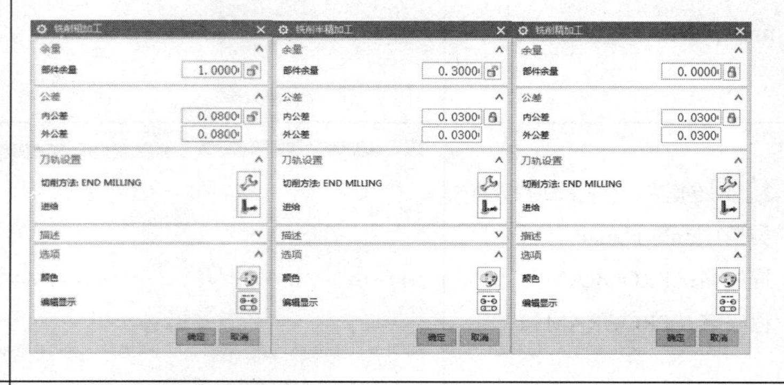
6. 创建工序(精铣零件顶面) 工序子类型：面铣 (程序、刀具、几何体、方法如图示) 名称：FACE_MILLING_TOP	

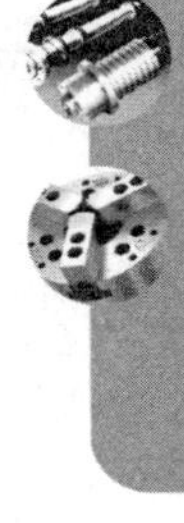

续表

 UG 加工模块	
(1) 指定面边界。 采用【面】方式选择零件的顶面。	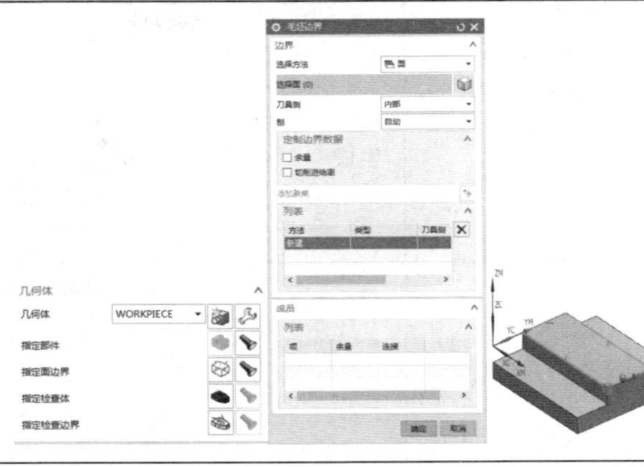
(2) 刀轨设置。 切削模式：单向 毛坯距离：0.5 mm 每刀切削深度：0.5 其余参数默认。	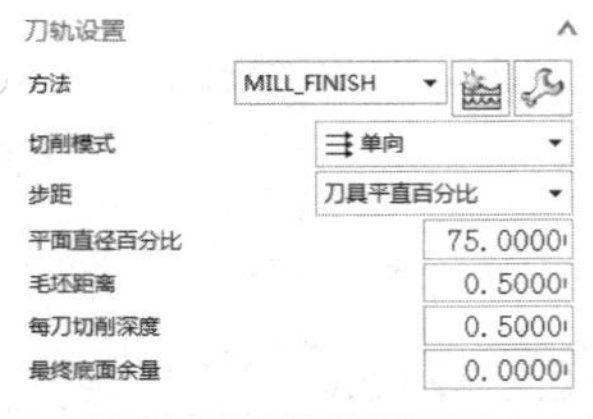
(3) 切削参数。 策略：延伸到部件轮廓 注：不延伸顶面无法完整切削整个毛坯面。	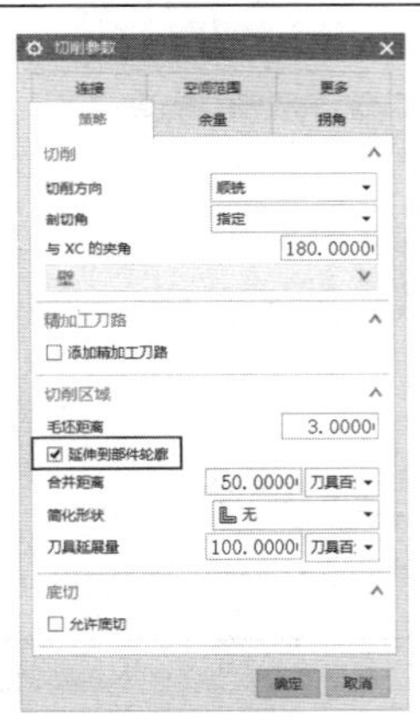
(4) 进给率和速度。 主轴速度：3500 r/min 进给率：1250 mm/min	

续表

 UG 加工模块	
(5) 在【操作】工具条中单击【生成】按钮，即可在零件上生成刀路。	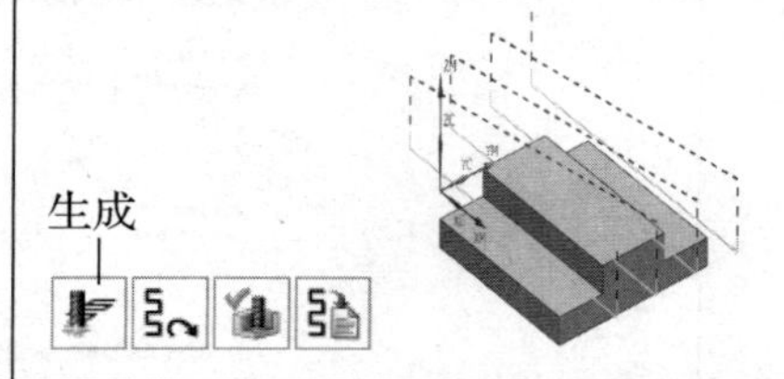
(6) 在【操作】工具条中单击【确认】按钮，在打开的对话框中选择 2D 或 3D 选项，调整动画速度，确定后可查看仿真加工。	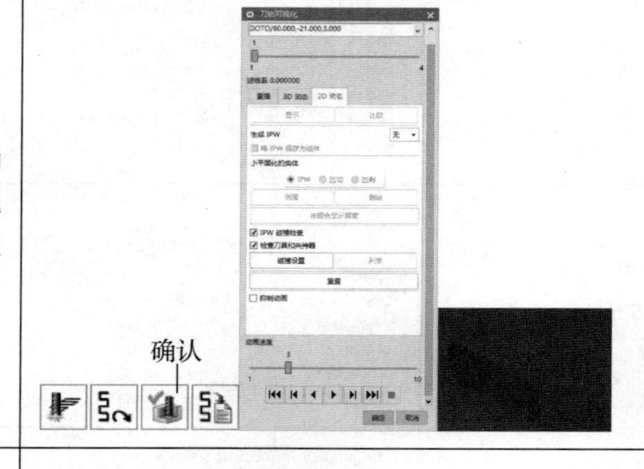
7. 创建工序(粗铣两侧台阶面) 工序子类型：FLOOR_WALL (程序、刀具、几何体、方法如图示) 名称：FLOOR_WALL_SEMI_TWO	
(1) 指切削区域底面。 采用【面】方式选择两侧台阶平面。	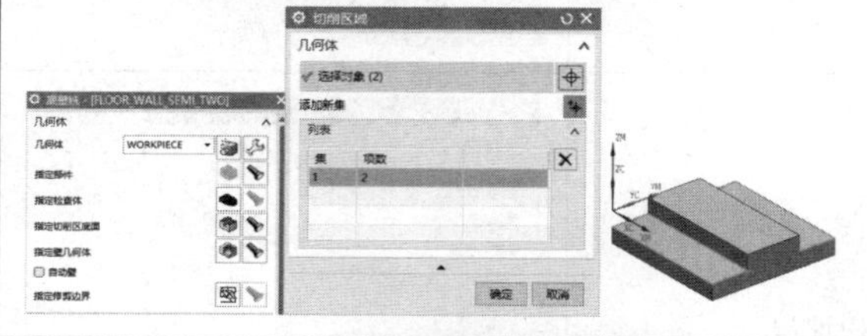
(2) 指定壁几何体。 采用【面】方式选择两侧壁。	 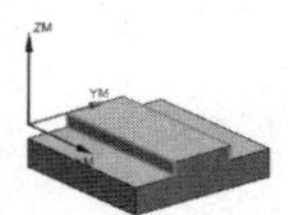

续表

加工 UG 加工模块	
(3) 刀轨设置。 方法：MILL_SEMI_FINI 切削区域空间范围：底面 切削模式：单向 毛坯距离：5 每刀切削深度：1 其余参数默认。	
(4) 切削参数。 【余量】选项卡各参数设置。 部件余量：0.3 最终底面余量：0.5	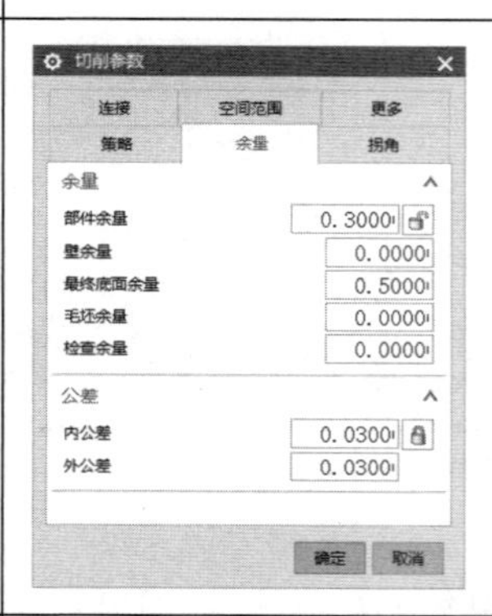
(5) 进给率和速度。 主轴速度：3500 r/min 进给率：1250 mm/min	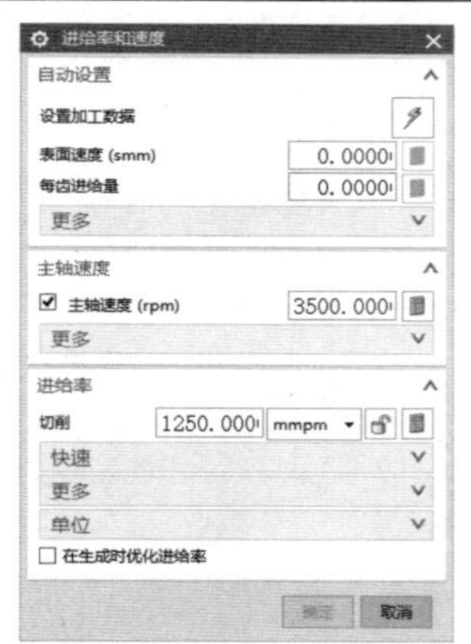
(6) 在【操作】工具条中单击【生成】按钮，即可在零件上生成刀路。	生成 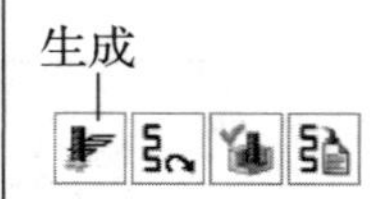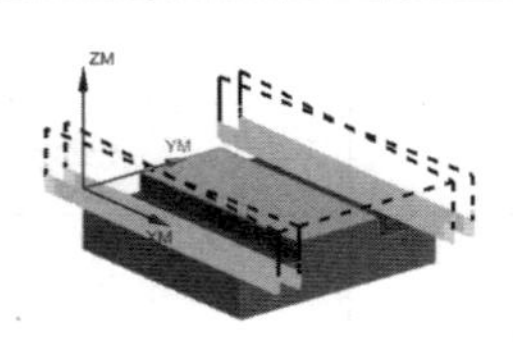

续表

<table>
<tr><th colspan="2">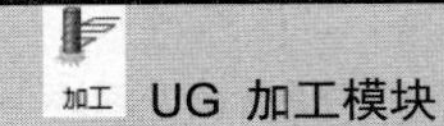
UG 加工模块</th></tr>
<tr><td>(7) 在【操作】工具条中单击【确认】按钮，在打开的对话框中选择 2D 或 3D 选项，调整动画速度，确定后可查看仿真加工。</td><td>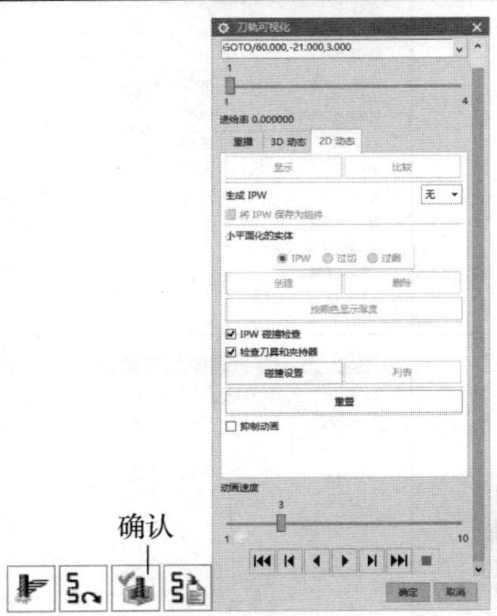</td></tr>
<tr><td>8. 创建工序(精铣两侧台阶面)
工序子类型：FLOOR_WALL
(程序、刀具、几何体、方法如图示)
名称：(复制前一条粗铣操作后修改)
FLOOR_WALL_FINISH_TWO</td><td></td></tr>
<tr><td>复制前一条粗铣操作后修改：
(1) 方法：FINISH
(2) 余量：壁、底余量均为 0
(3) 进给率和速度。
主轴速度：4500 r/min
进给率：1000 mm/min</td><td>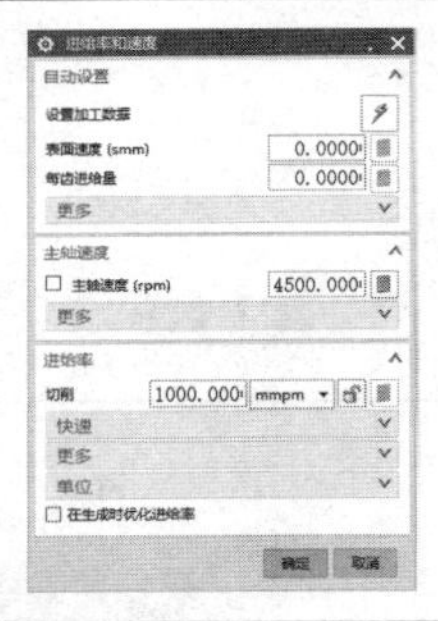</td></tr>
<tr><td>(4) 在【操作】工具条中单击【生成】按钮，即可在零件上生成刀路。</td><td>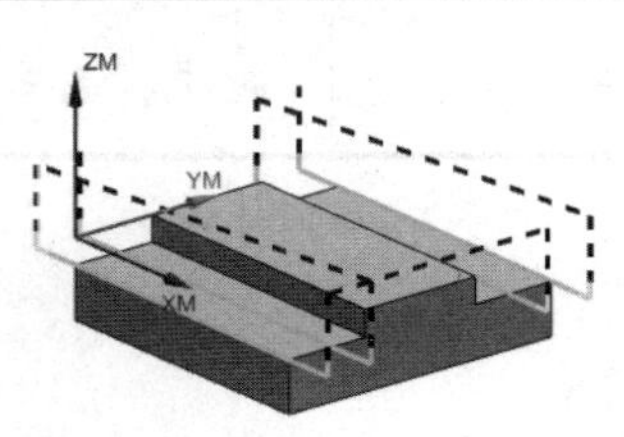</td></tr>
</table>

续表

<table>
<tr><th colspan="2">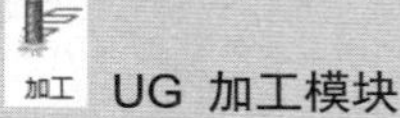 UG 加工模块</th></tr>
<tr><td>(5) 在【操作】工具条中单击【确认】按钮，在打开的对话框中选择 2D 或 3D 选项，调整动画速度，确定后可查看仿真加工。</td><td></td></tr>
<tr><td>9. 后处理
打开工序导航器(程序视图)，选择单个或多个操作后【后处理】按钮，选择适合机床型号的后处理器，输出相应文件后保存。</td><td></td></tr>
</table>

3.2.6　中英文对照

(1) 在 CAM 系统中，刀具半径、刀具半径补偿、加工余量之间的关系是非常密切和灵活的。

In the CAM system, the cutting tool radius, the cutting tool radius compensation and the processing remainder remain extremely close and flexible.

(2) 在数控加工中，灵活地利用刀具半径补偿值，对零件进行合理的加工安排，不仅简化了程序，而且提高了加工效率。

In NC machining, applying reasonable processing arrangement on parts by flexibly using compensation value of tool radius can not only save the program but also increase the processing efficiency.

(3) 切削力的准确预报不仅对合理选择切削用量、刀具几何参数有着重要作用，还是刀具磨损状态的关键指标。

Predicting the cutting force plays a crucial part not only in choosing the cutting conditions and tool geometry, but also in monitoring the tool wearing.

3.2.7 拓展思考

1. 选择题

(1) 计算机辅助制造应具有的主要特性是(　　)。

A. 准确性、耐久性等　　B. 适应性、灵活性、高效率等

C. 系统性、继承性等　　D. 知识性、趣味性等

(2) 产品数据管理(PDM)的英文原义是(　　)。

A. Product Data Management　　B. Pulse Duration Modulation

C. Pulse Duration Modulate　　D. Product Data Manufacturing

(3) 下述CAD/CAM过程的操作中，属于CAM范畴的是(　　)。

A. GT　　B. CAPP

C. 数控加工　　D. 几何造型

(4) 下列不属于切削参数的是(　　)。

A. 安全高度　　B. 主轴转速

C. 进给速度　　D. 进给深度

2. 判断题

(1) 可以完成几何造型(建模)、刀位轨迹计算及生成、后置处理、程序输出功能的编程方法，被称为图形交互式自动编程。(　　)

(2) 面铣是UG NX CAM的精加工操作。(　　)

(3) 数控程序编制的方法主要有手工编程和自动编程。(　　)

3. 问答题

(1) 操作导航工具有哪几种视图显示方式?

(2) 刀轨输出是按照哪个视图的顺序?

(3) 操作中使用的刀具可以用什么方法得到?

(4) 【创建方法】对话框有哪些作用?

(5) 什么是加工坐标系(MCS)?

(6) 模具CAD/CAM有哪些优越性?

(7) 什么是狭义CAD/CAM?

4. 编程题

采用UG UX CAM中面铣加工方式，完成图2-2所示台阶垫块零件的程序。

 UG 建模模块	
1.打开“台阶垫块”模型； 2.调整工作坐标系至台阶垫块顶面左侧后方角落，保持与加工坐标系一致，以方便实际对刀和数据检验。	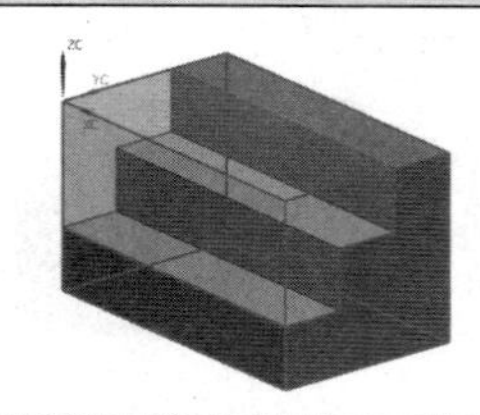
加工 UG 加工模块	
1. 设置【加工环境】 会话配置：cam_general　CAM 设置：mill_planar	
2. 创建程序(程序顺序视图) 类型：mill_planar 程序名：PROGRAM_1 程序名：PROGRAM_2	
3. 创建刀具(机床视图) 类型：mill_planar 刀具子类型：MILL 名称：T1D20 名称：T2D14	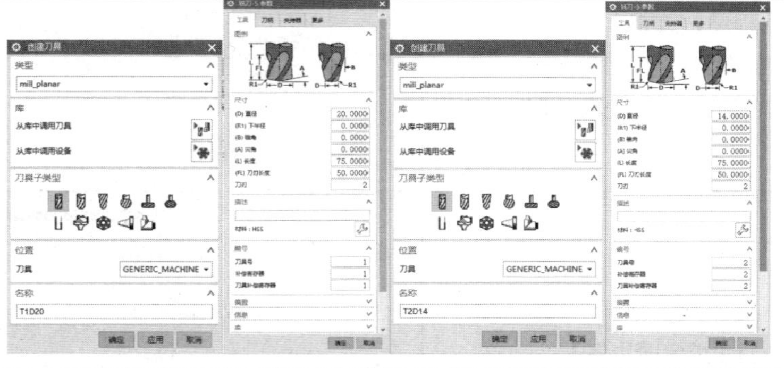
4. 创建几何体(几何视图) 注：工序导航器-几何，有默认的一组MCS和WORKPIECE	工序导航器 - 几何 名称 GEOMETRY 未用项 MCS_MILL WORKPIECE

续表

(1) 双击 MCS_MILL，动态设置加工坐标系与建模时工件系一致。	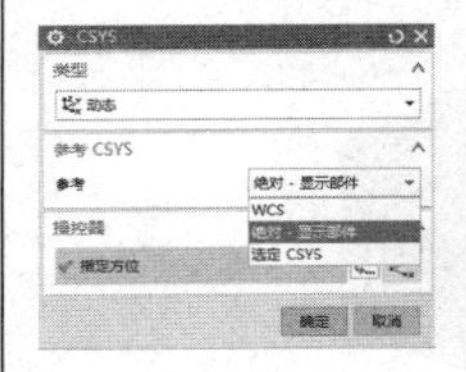 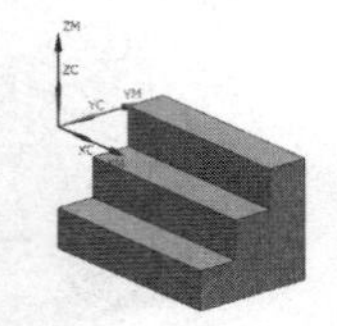
(2) 双击 WORKPIECE，指定部件及毛坯。 注：毛坯几何体选择包容块	 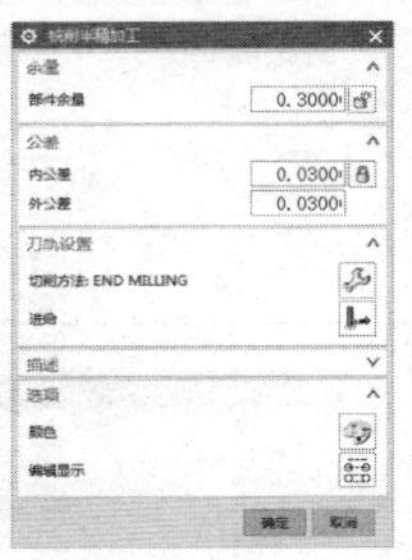 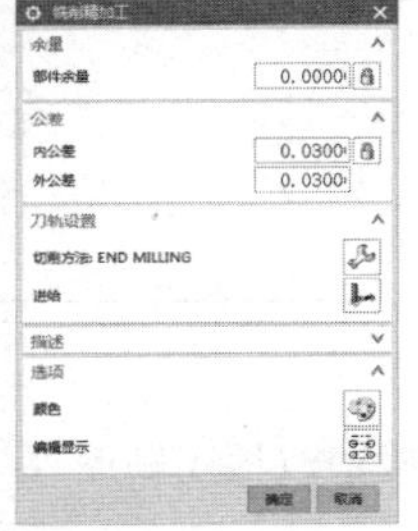
5. 创建方法 粗加工：部件余量 1mm，内外公差 0.08mm； 半精加工：部件余量 0.3mm，内外公差 0.03mm； 精加工：部件余量 0，内外公差 0.03mm。 以上参数可根据加工需要自行拟定。	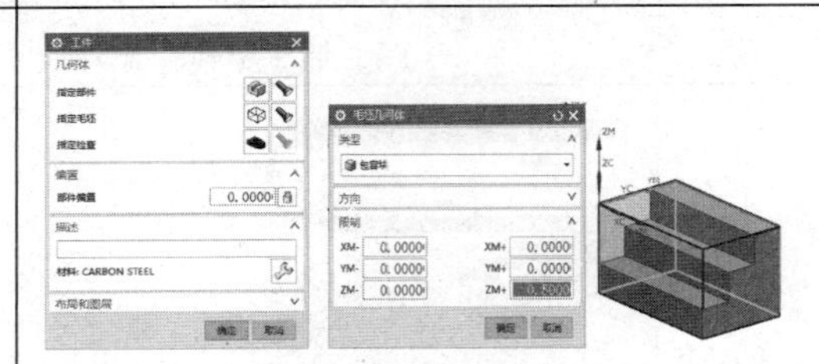
6. 创建工序(精铣零件顶面) 工序子类型：面铣 (程序、刀具、几何体、方法如图示) 名称：FACE_MILLING	
(1)【指定面边界】。 采用“面”方式选择零件的顶面。	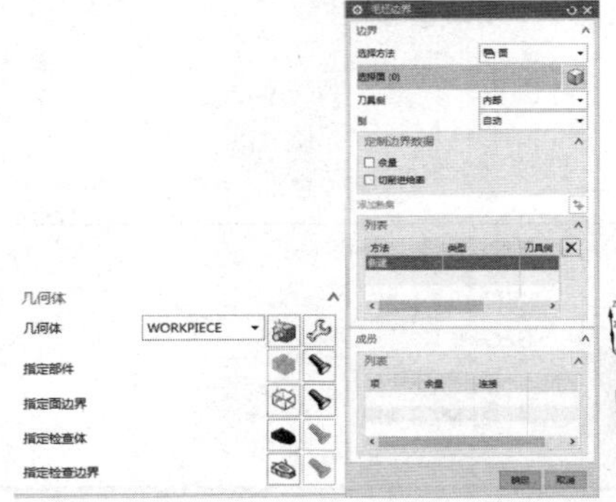 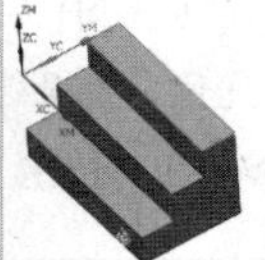

续表

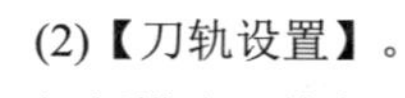 (2)【刀轨设置】。 切削模式：单向 毛坯距离：0.5mm 每刀切削深度：0.5 其余参数默认	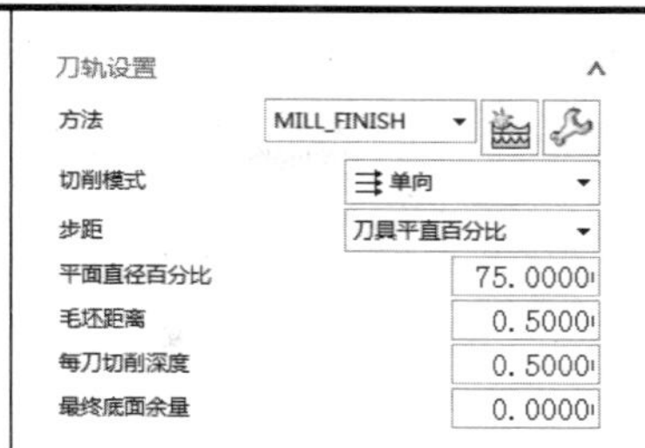
(3)【切削参数】。 【策略】："延伸至部件轮廓"打钩。 注：不延伸顶面无法完整切削整个毛坯面。	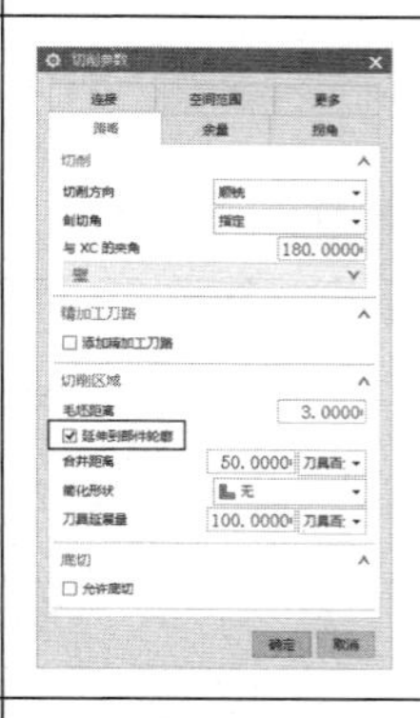
(4) 【进给率和速度】。 主轴转速：3500r/min 进给率：1250mm/min	
(5)【操作】工具条中点击"生成"，即可在零件上生成刀路。	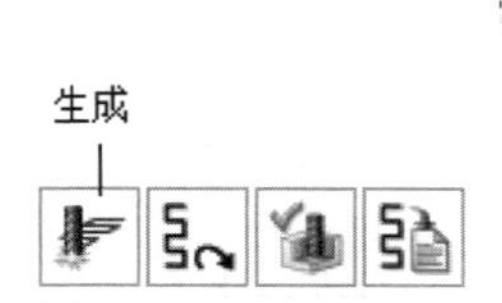 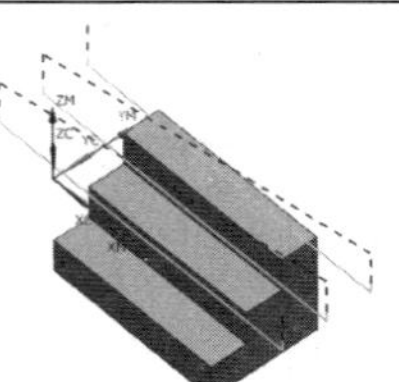
(6)【操作】工具条中点击"确认"，选择 2D 或 3D，调整动画速度，确定后可查看仿真加工。	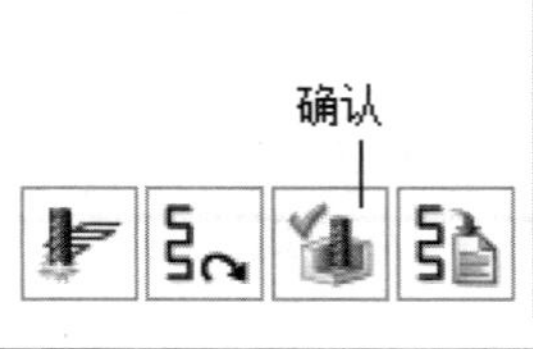 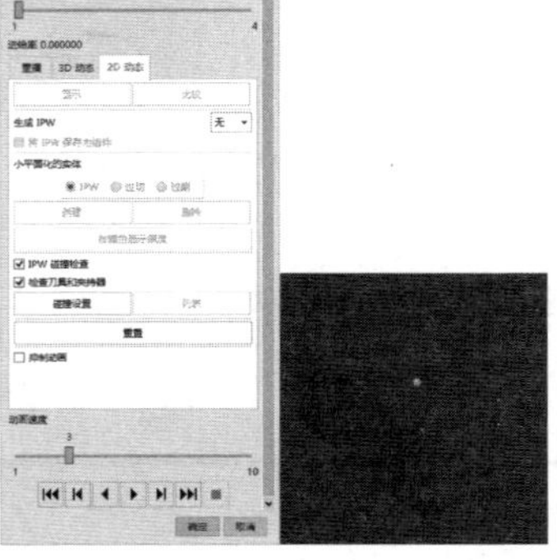

续表

<table>
<tr><td>7. 创建工序(粗铣第二台阶面)
工序子类型：面铣
(程序、刀具、几何体、方法如图示)
名称：FACE_MILLING_SEMI_TWO</td><td></td></tr>
<tr><td>(1)【指定面边界】 边界选择方法：曲线。
注：依次选择零件第二台阶的轮廓边界(应考虑实际加工的平面范围，需包含第一台阶区域)，高度应以第二台阶平面所在高度为准。</td><td>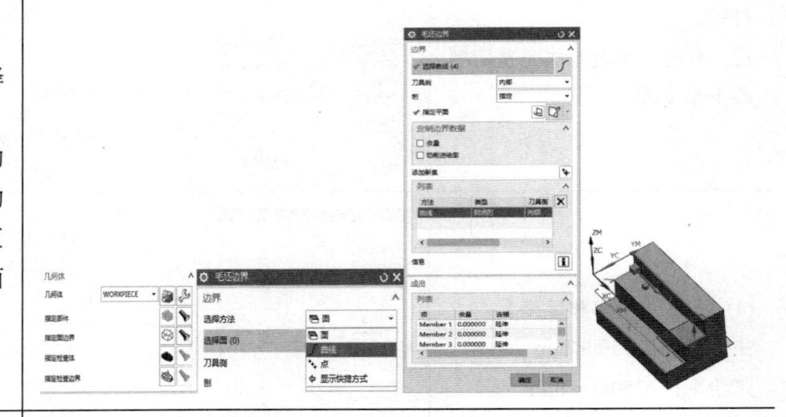</td></tr>
<tr><td>(2)【刀轨设置】。
方法：SEMI_FINISH
切削模式：跟随部件
毛坯距离：10
每刀切削深度：1
最终底面余量：0.5
其余参数默认</td><td>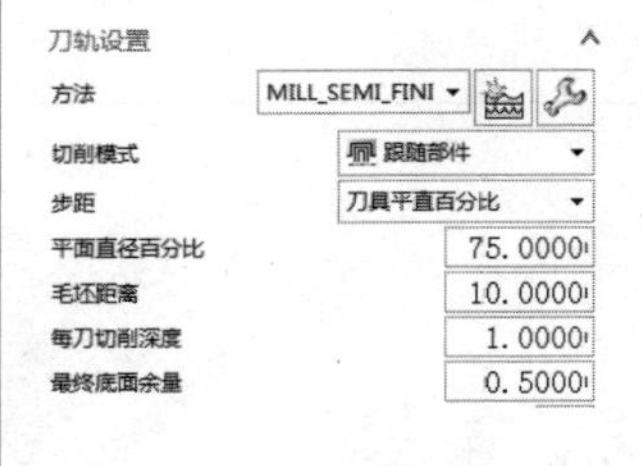</td></tr>
<tr><td>(3)【切削参数】。
【余量】中“部件余量”设置0.3，“最终底面余量”设置0.5(与【刀轨设置】页面中关联)。</td><td>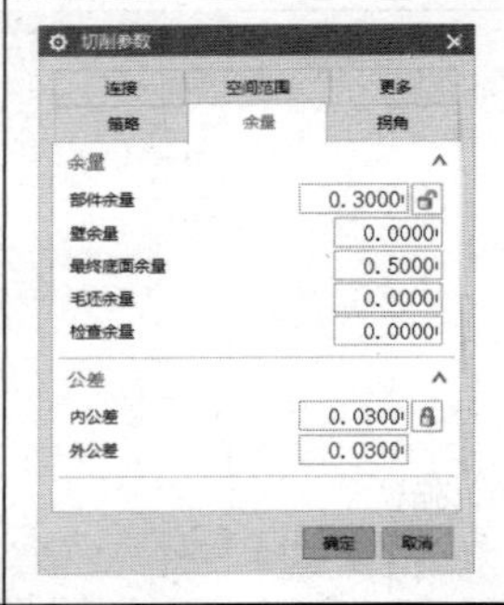</td></tr>
</table>

续表

(4) 【进给率和速度】。 主轴转速：3500r/min 进给率：1250mm/min	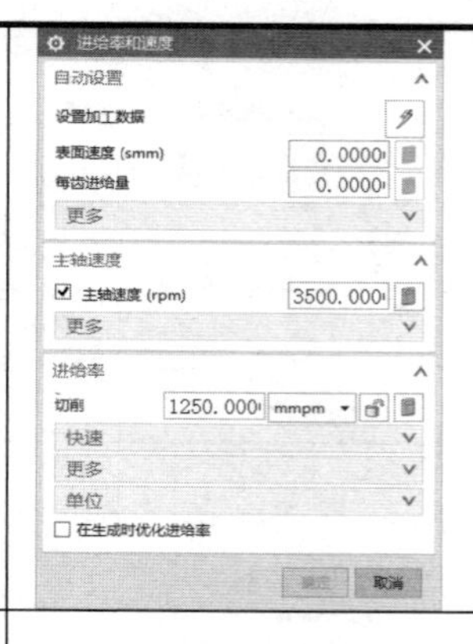
(5)【操作】工具条中点击“生成”，即可在零件上生成刀路。	生成 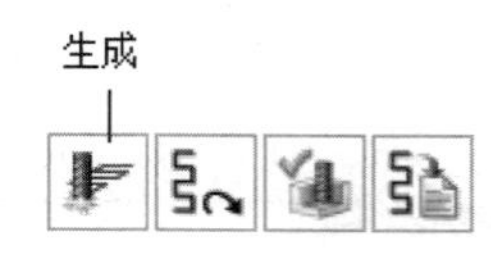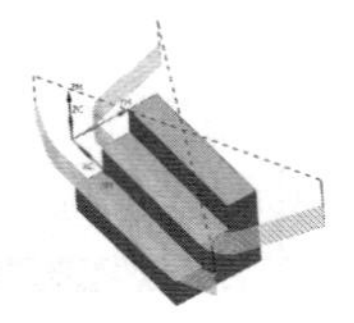
(6)【操作】工具条中点击“确认”，选择 2D 或 3D，调整动画速度，确定后可查看仿真加工。	确认 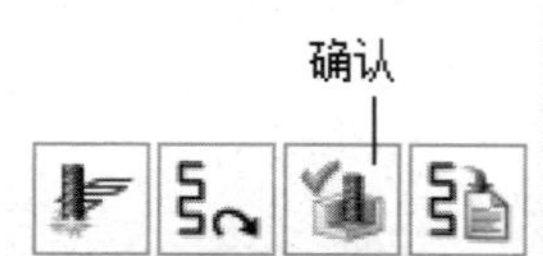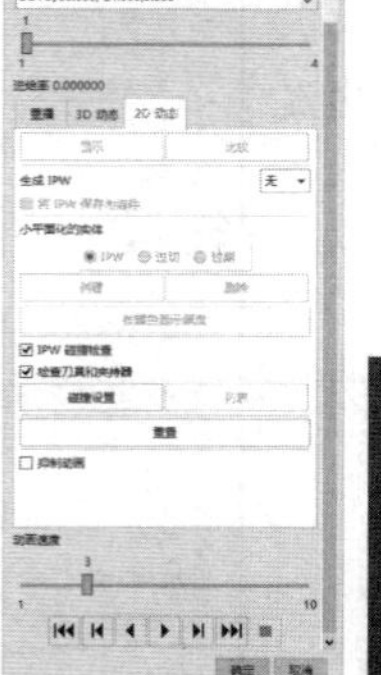
8. 创建工序(粗铣第一台阶面) 工序子类型：面铣 (程序、刀具、几何体、方法如图示) 名称：FACE_MILLING_SEMI_ONE	

续表

(1)【指定面边界】采用“面”方式选择零件的第一台阶面。	 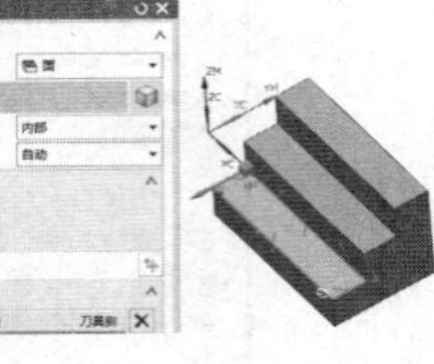
(2)【刀轨设置】。 方法：SEMI_FINISH 切削模式：跟随部件 毛坯距离：10 每刀切削深度：1 最终底面余量：0.5 其余参数默认	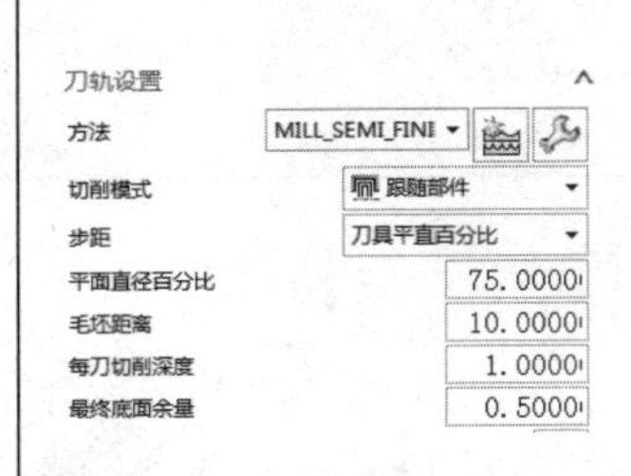
(3)【切削参数】。 【余量】中“部件余量”设置0.3，“最终底面余量”设置0.5(与【刀轨设置】页面中关联)。	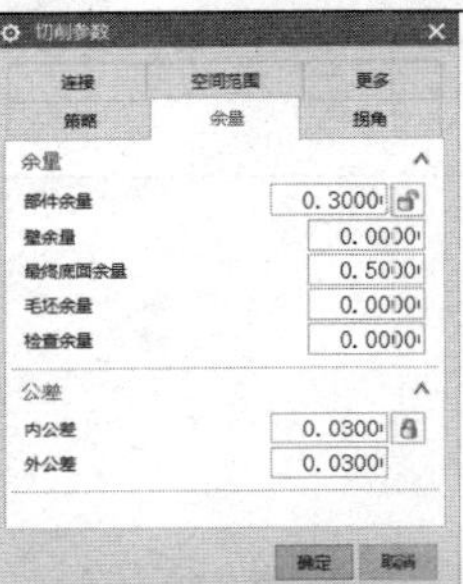
(4) 【进给率和速度】。 主轴转速：3500r/min 进给率：1250mm/min	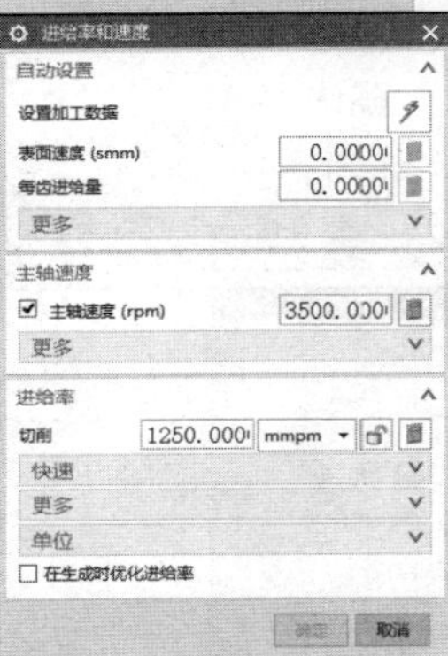
(5)【操作】工具条中点击“生成”，即可在零件上生成刀路。	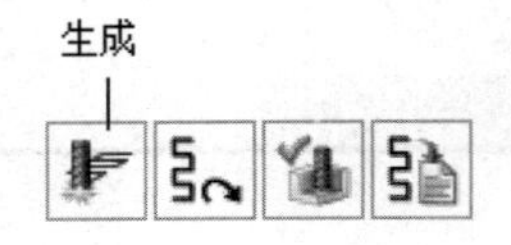 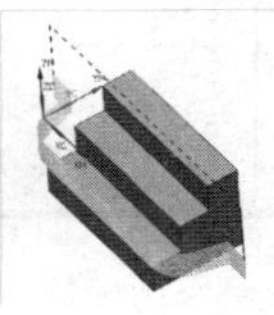

续表

(6)【操作】工具条中点击“确认”，选择 2D 或 3D，调整动画速度，确定后可查看仿真加工。	
9. 创建工序(精铣第二、一台阶面) 工序子类型：面铣 (程序、刀具、几何体、方法如图示) 名　称　：　FACE_MILLING_FINISH	
(1)【指定面边界】采用“面”方式选择零件的第一台阶面。	
(2)【刀轨设置】。 方法：FINISH 切削模式：单向 毛坯距离：0.5 每刀切削深度：0.5 最终底面余量：0	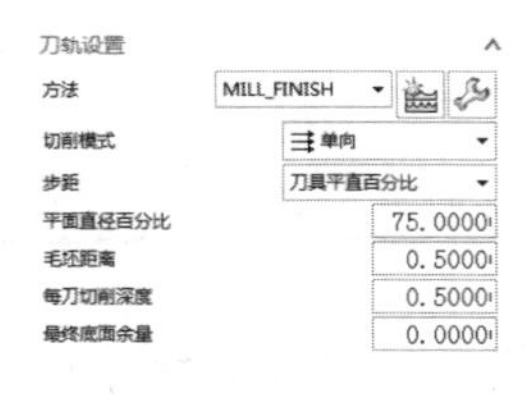
(3)【切削参数】均默认，不需修改。	

续表

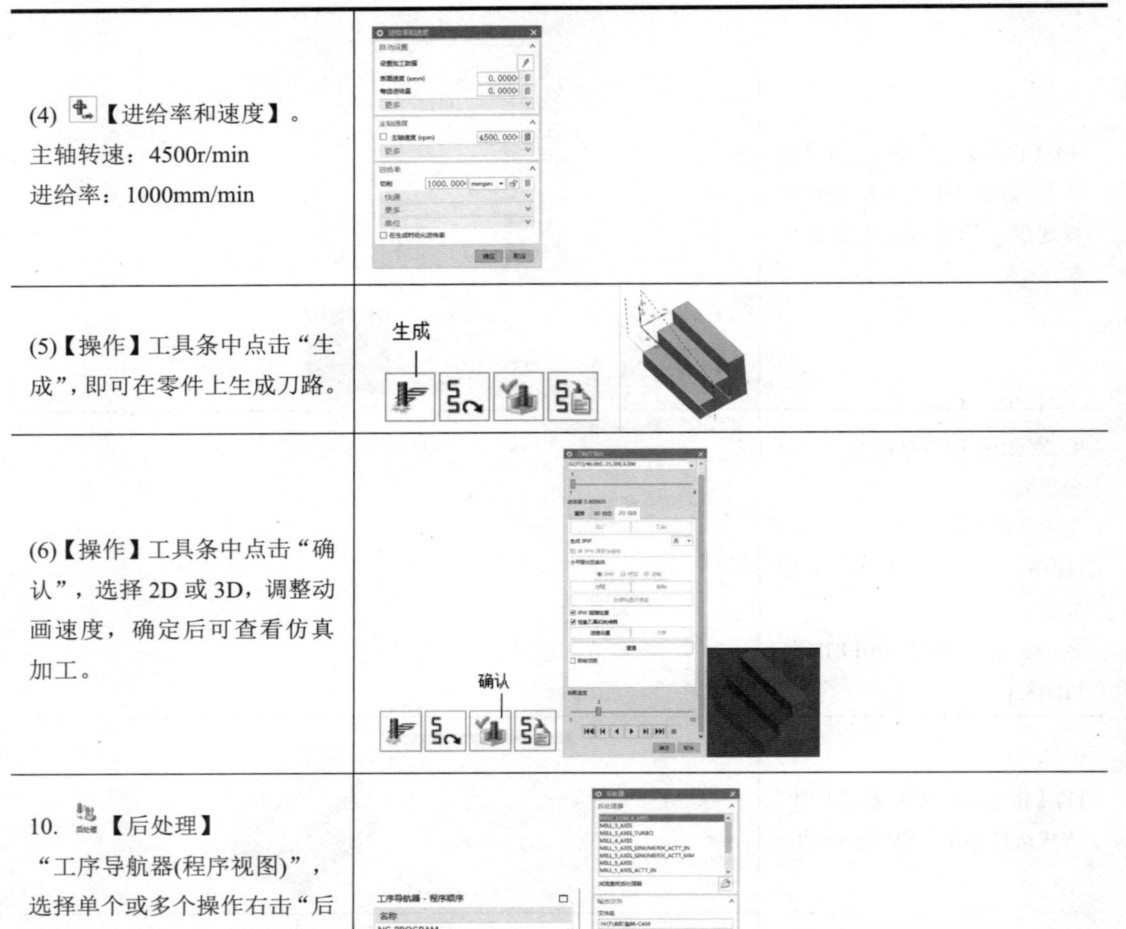

步骤	图示
(4) 【进给率和速度】。 主轴转速：4500r/min 进给率：1000mm/min	
(5)【操作】工具条中点击“生成”，即可在零件上生成刀路。	
(6)【操作】工具条中点击“确认”，选择 2D 或 3D，调整动画速度，确定后可查看仿真加工。	
10. 【后处理】 “工序导航器(程序视图)”，选择单个或多个操作右击“后处理”，选择适合机床型号的后处理器，输出相应文件后保存。	

任务 3.3　UG UX 10.0 趣味公交车凸模零件的自动编程

3.3.1　任务目标

广泛查阅相关资料，掌握 UG NX CAM 平面铣几何体设置；掌握加工边界的创建方法；会设置切削参数和非切削移动参数；能采用平面铣(PLANAR_MILLING)方式完成“趣味公交车凸模”零件的程序编制和仿真加工；培养学生编程能力和刻苦钻研的精神。

趣味公交车凸模零件，参见图 3-28。

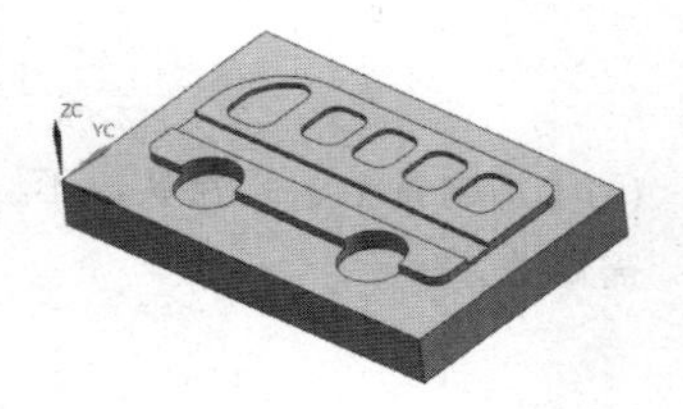

图 3-28　趣味公交车凸模

3.3.2 “趣味公交车凸模”零件的加工工艺

如图 3-29 所示公交车凸模零件，批量为 2 件，该零件的交货期为 1 个工作日。

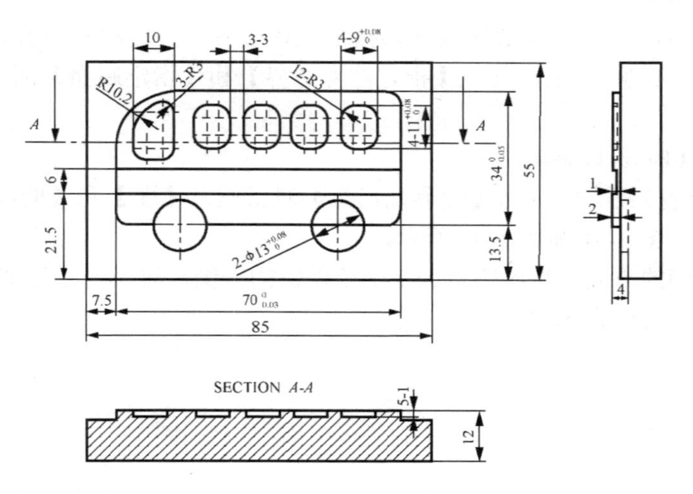

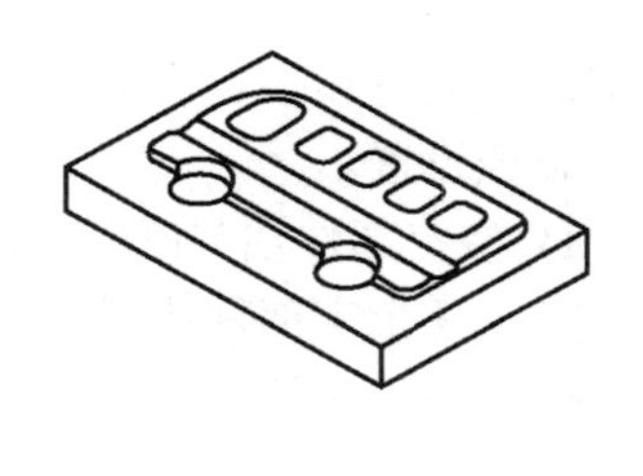

图 3-29 趣味公交车凸模零件图

“公交车凸模”零件材质为 45#钢，产品为单件生产。经过工艺分析，毛坯选用 85mm×55mm×15mm 的钢块。刀具方面材质为粗加工选用ϕ20 涂层波刃钨钢立铣刀，半精加工和精加工采用ϕ6 和ϕ4 涂层钨钢立铣刀。零件的数控铣削加工工艺卡如表 3-12 所示。

表 3-12 “公交车凸模”零件数控加工工艺卡

单位：××××××××× 编制：××× 审核：×××

零件名称	公交车凸模	设备	加工中心	机床型号	FADAL-3016L
工序号	1	毛坯	85mm×55mm×15mm 45 钢块	夹具	平口钳

刀具表		量具表		工具表	
T01	ϕ20 涂层波刃钨钢立铣刀	1	游标卡尺(0～150 mm)	1	扳手
T02	ϕ6 涂层钨钢立铣刀	2	千分尺(0～25 mm)	2	垫块
T03	ϕ4 涂层钨钢立铣刀	3	千分尺(25～50 mm)	3	塑胶榔头
T04		4	深度游标卡尺	4	

序号	工艺内容	切削用量			备注
		S/(r/min)	F/(mm/r)	a_p/mm	
1	T01 刀精铣零件顶面(保证高度尺寸)	3500	1250	0.5	
2	T01 刀粗铣零件凸台外轮廓(余量壁 0.3 mm、底 0.5 mm)	2500	1000	1	
3	T01 刀精铣零件凸台外轮廓	4500	1000	0.3	
4	T02 刀粗铣零件各型腔(5 个车窗、2 个车轮)(余量壁 0.3 mm、底 0.5 mm)	3000	800	0.5	
5	T02 刀精铣通槽	3000	800	0.5	
6	T03 刀精铣零件各型腔	3000	600	0.5	

3.3.3 平面铣参数设置

1. 几何体

在平面铣中用边界定义几何体，包括指定部件边界、指定毛坯边界、指定检查边界、指定修剪边界和指定底面等，如图 3-30 所示，其中【指定部件边界】和【指定底面】两个选项必须设置。

1) 指定部件边界(Specify Part Boundaries)

单击【指定部件边界】后面的按钮，弹出【边界几何体】对话框，【面】和【曲线/边】模式创建边界的对话框分别如图 3-31 和图 3-32 所示。

定义边界的关键是确定材料侧的方向。材料侧是加工中要保留的一侧，对于内腔切削，材料侧为外部；对于岛屿切削，材料侧为内部。

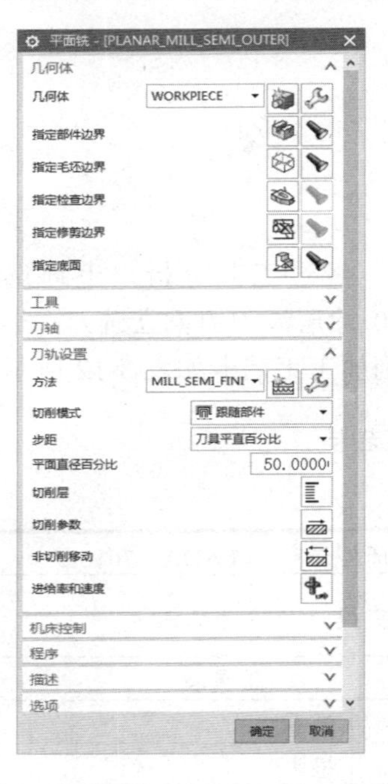

图 3-30 【平面铣】对话框

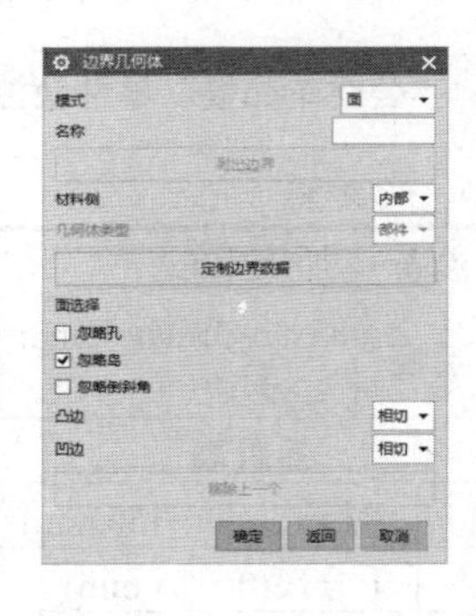

图 3-31 【面】模式

图 3-32 【曲线/边】模式

(1) “面”模式是采用“面”模式创建边界的对话框，如图 3-31 所示，该方式用于定义封闭的边界，并可通过【忽略孔】、【忽略岛】、【忽略倒角】等选项控制边界的形状，通过【凸边】和【凹边】等选项控制刀具相对于边界的位置。

(2) “曲线/边”模式是采用“曲线/边”模式创建边界的对话框，如图 3-32 所示，该方式可定义开放的和封闭的边界，参数的含义如表 3-13 所示。

2) 指定底面

【指定底面】选项用于指定平面铣加工的最低高度。单击【指定底面】后面的按钮，弹出【平面构造器】对话框，指定一个平面为底面。

表 3-13　【曲线/边】模式参数的含义

参　数	运动描述
类型	定义边界的类型，有【开放的】和【封闭的】两种
刨	定义所选择几何体将投射的平面和边界创建的平面。 【自动】：零件边界平面取决于选择的几何体，即边界所在的平面。 【用户定义】：利用平面构造器指定几何体投影平面和边界所在平面
材料侧	定义要保留哪一侧材料
刀具位置	定义刀具与边界的位置关系，有【相切】和【位于】两种

2. 切削层(Cut Levels)

单击【切削层】后面的按钮，将弹出【切削层】对话框，如图 3-33 所示，有 5 种定义切削深度的方法，如表 3-14 所示。

刀具的切削从部件边界所在平面开始到底面结束，如果部件边界平面和底面处于同一平面，只生成单一深度的刀轨；如果部件边界平面和高于底面，加之切削深度选项的定义，就可以生成多层刀轨，实现分层切削。

图 3-33　【切削层】对话框

表 3-14　“切削深度模式”类型

类　型	作　用
用户定义	通过输入的最大、最小、初始、最终的数值来确定每个切削层的高度
仅底面	仅在底面创建一个切削层
底面及临界深度	先在底面上生成单个切削层，接着在每个岛顶部生成一条清理刀轨。刀轨仅限于每个岛的顶面，而不会切削岛边界的外侧。常用于水平面的精加工
临界深度	先在每个岛顶部生成单个切削层，接着在底面上生成单个切削层。与前者的区别在于将完全切除切削层平面上的所有毛坯材料
恒定	生成恒定深度的多个切削层。当最大值为 0 时，只在底面创建一个切削层
增量侧面余量	多层切削时，指定每一个后续切削层增加一个侧面余量值，以保持刀具与侧面间的安全距离，减轻刀具深度切削的应力
临界深度顶面切削	当系统生成的刀轨层不能铣削某个岛的上表面时，在岛的上表面会留下残余量。选中此选项，会在岛的顶部深度创建一条独立的轨迹，以切除残余

3. 切削参数(Cutting Parameters)

【切削参数】是设置与部件材料切削相关的选项。单击【切削参数】后面的按钮，将弹出【切削参数】对话框，如图3-34所示，某些选项会随操作类型的不同和切削方法的不同而有所不同。

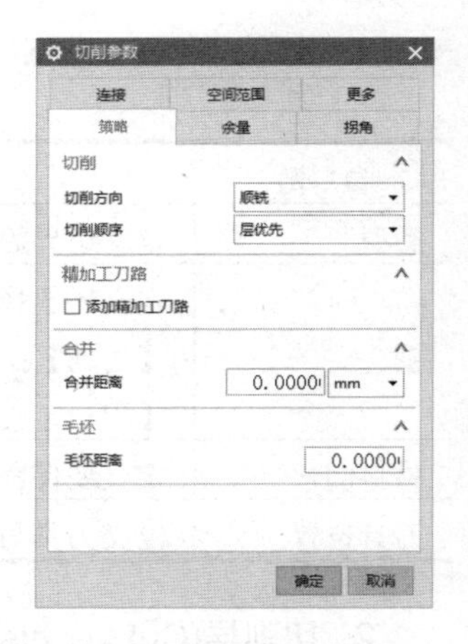

图 3-34 【切削参数】对话框

1) 策略(Strategy)

【策略】选项卡主要用于定义最常用的或主要的参数，各参数及其图示分别如表3-15和图3-35所示。

表 3-15 【策略】选项参数

策 略	描 述
切削方向	指定切削方向。有【顺铣】和【逆铣】两个选项，一般数控加工多选【顺铣】选项，粗加工锻造毛坯、铸造毛坯等时选择【逆铣】选项
切削顺序	指定如何处理贯穿多个区域的刀轨。 层优先：在继续向下进刀之前精加工各层，该项可用于加工薄壁腔体。 深度优先：在移至下一个腔体之前将每个腔体切削至最大深度
添加精加工刀路	刀具完成主要切削刀路后，在边界和岛的周围创建单个或多个刀路
合并距离	刀具轨迹向加工边界外扩展，以加工部件周围多余的材料
毛坯距离	对部件边界或部件几何体应用偏置距离，以生成毛坯几何体

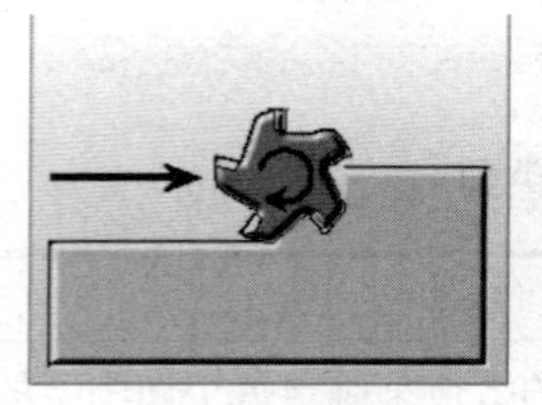
(a) 顺铣

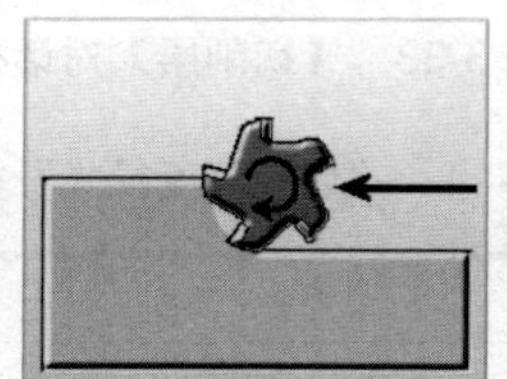
(b) 逆铣

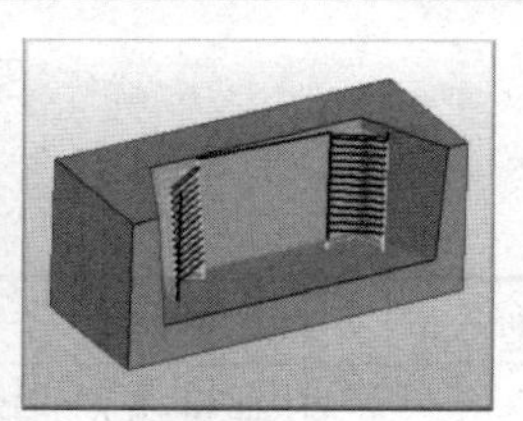
(c) 深度优先

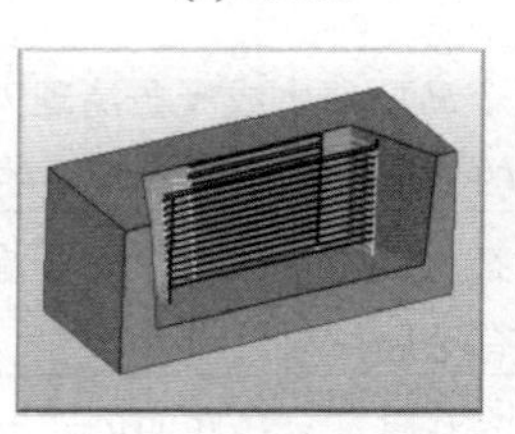
(d) 层优先

(e) 添加精加工刀路

(f) 毛坯距离

图 3-35 【策略】选项参数图示

2) 余量(Stock)

【余量】选项卡用于设置当前操作加工后零件的材料剩余量，以及各种边界的偏移量，同时可以设置当前操作的公差值。各项参数及其图示分别如表 3-16 和图 3-36 所示。

表 3-16　【余量】选项参数

余　量	描　述	余　量	描　述
部件余量	完成当前操作后零件上的剩余材料	修剪余量	切削时刀具偏离修剪边界的距离
最终底面余量	完成当前操作后保留在腔底和岛屿顶的余量	内公差	设置刀具切削零件时切入零件时的最大偏差，也称切入公差
毛坯余量	切削时刀具偏离毛坯几何体的距离	外公差	设置刀具切削零件时离开零件时的最大偏差，也称切出公差
检查余量	切削时刀具偏离检查边界的距离，防止刀具碰撞检查几何体		

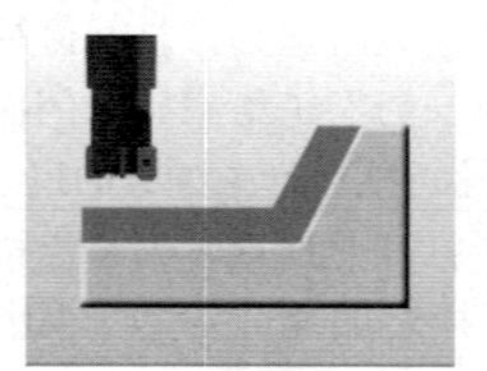

(a) 部件侧面/底面余量

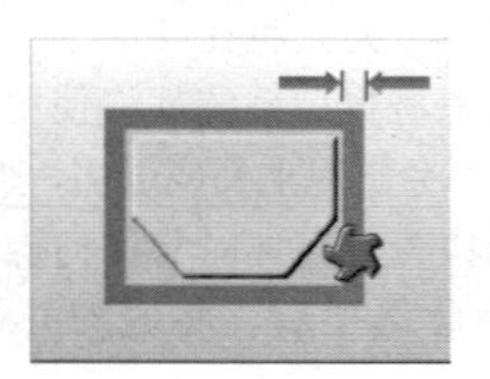

(b) 毛坯余量

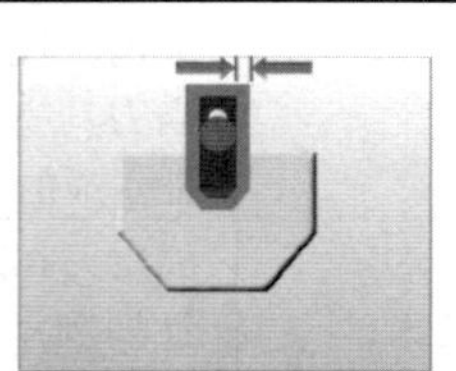

(c) 检查余量

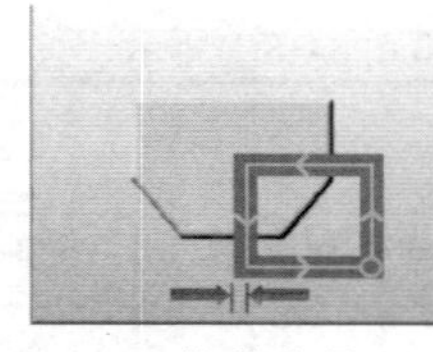

(d) 修剪余量

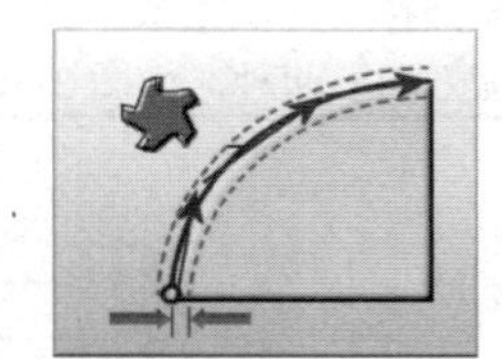

(e) 内公差

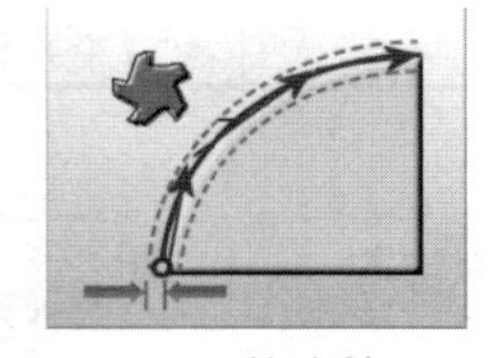

(f) 外公差

图 3-36　【余量】选项参数图示

3) 拐角(Corners)

【拐角】选项卡主要采用光顺控制过渡切削运动，参数见表 3-17。

4) 连接(Connections)

【连接】选项卡用于定义切削运动间的运动方式，各参数及其图示分别如表 3-18 和图 3-38 所示。

表 3-17　【拐角】选项参数

拐　角	描　述
凸角	包括绕对象滚动、延伸并修剪、延伸
光顺	是否在刀轨过渡连接处添加圆弧，如图 3-37 所示
调整进给率	提供控制拐角中进给率的选项
减速距离	提供控制拐角中进给率的选项，设置减速距离。 无：不提供刀轨中使用的进给率的减速。 当前刀具/上一个刀具：使用当前/上一个刀具的直径作为减速距离

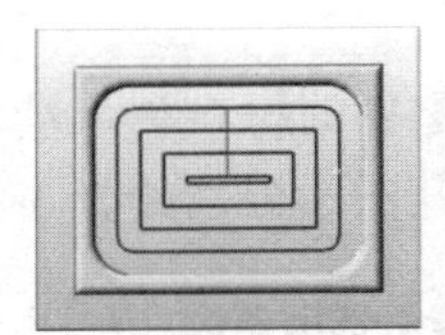

(a) 不添加圆弧

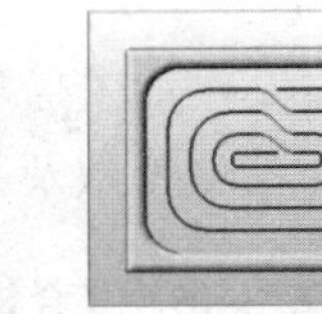

(b) 添加圆弧

图 3-37　是否添加拐角的图示

表 3-18　【连接】选项参数

连　接	描　述
区域排序	指定切削区域的加工顺序。有四个选项，如图 3-38(a)～图 3-38(d)所示。其中【优化】为默认选项，可使刀具尽可能少的在区域之间来回移动
区域连接	确定如何转换刀路和连接子区域，有四个选项，如图 3-38(e)～图 3-38(f)所示。关闭区域连接后，刀具将在移动至一个新区域时退刀。打开区域连接后，每当刀具完全进入材料后系统都将使用“第一刀”进给率。关闭区域连接可保证生成的刀轨不会出现重叠或过切，但是这可能会产生频繁的退刀和进刀运动
跟随检查几何体	确定刀在遇到检查几何体时将如何操作。打开此选项，刀将沿检查几何体进行切削；关闭此选项后，将退刀并使用指定的避让参数，如图 3-38(g)～图 3-38(h)所示
开放刀路	用于在“跟随部件”切削模式中对开放刀路进刀移刀。有【保持切削方向】和【变换切削方向】两种，如图 3-38(i)和图 3-38(j)所示

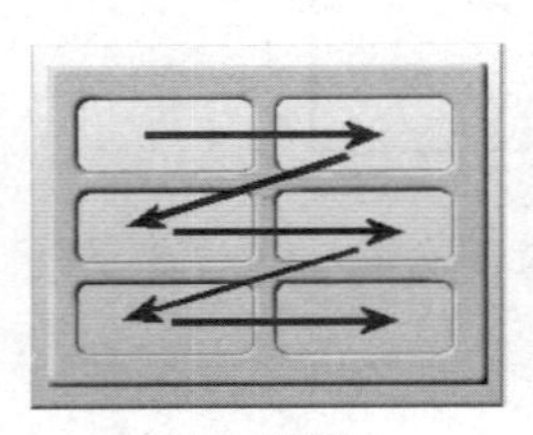

(a) 标准

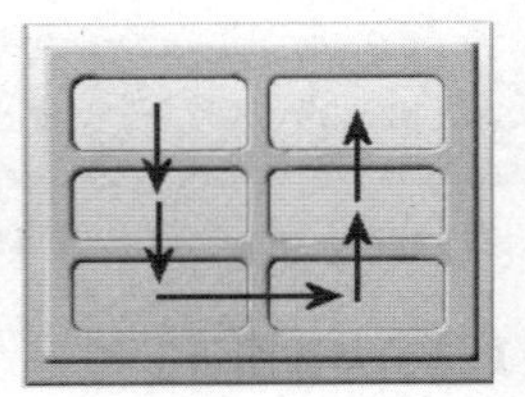

(b) 优化

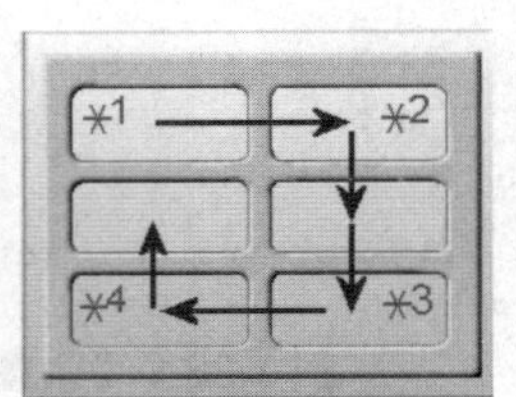

(c) 跟随起点

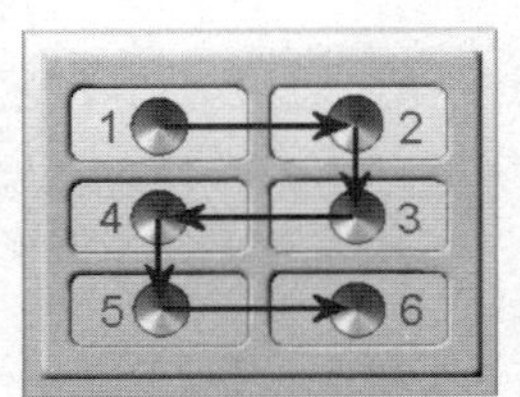

(d) 跟随预钻点

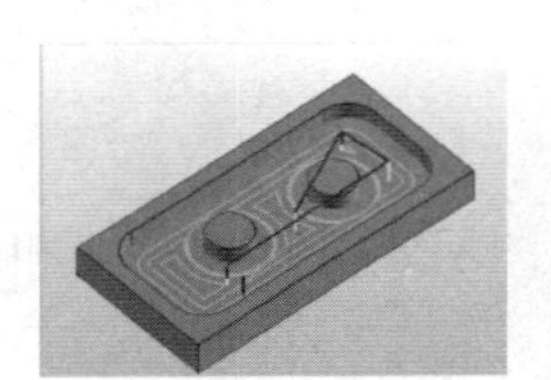

(e) 关闭区域连接

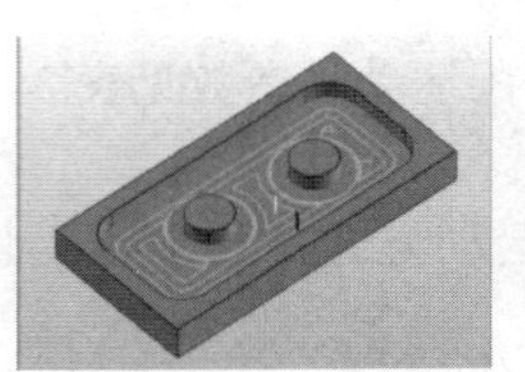

(f) 打开区域连接

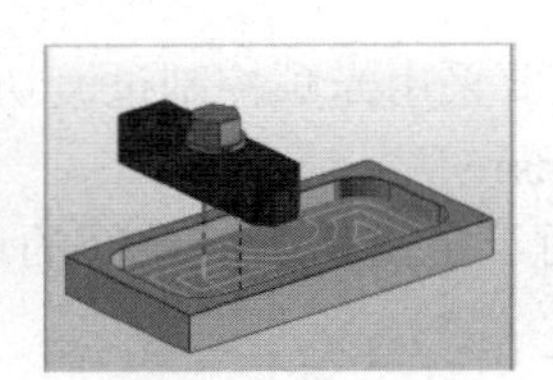

(g) 打开跟随检查几何体

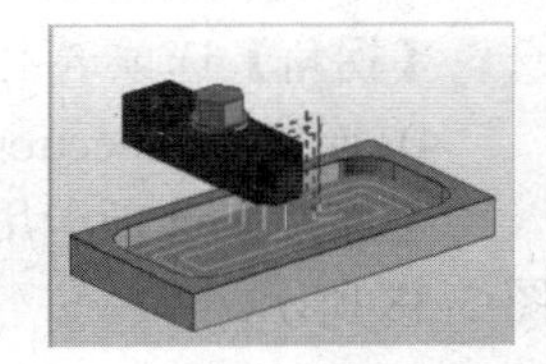

(h) 关闭跟随检查几何体

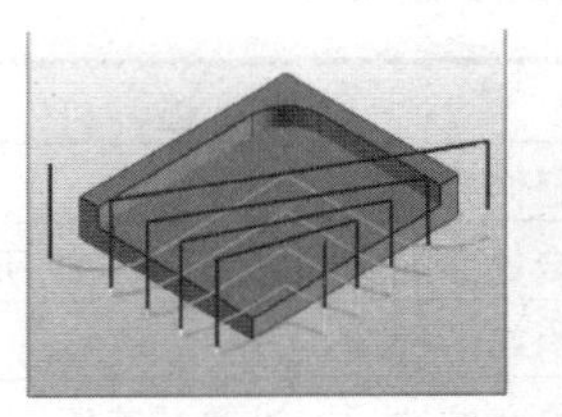

(i) 保持切削方向

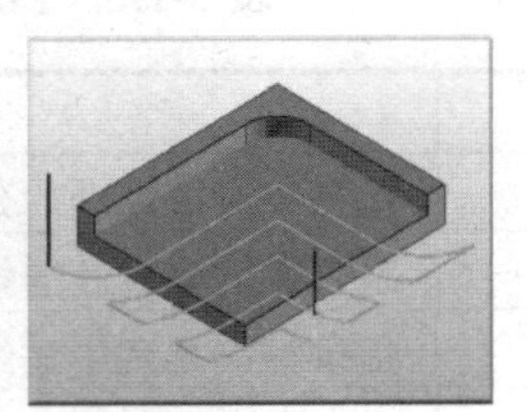

(j) 变换切削方向

图 3-38　【连接】选项参数图示

5) 空间范围(Containment)

【空间范围】选项卡用于控制几何体和刀具以避免干涉，参数如表 3-19 所示。

表 3-19　【空间范围】选项参数

毛　坯	描　述
修剪由	根据所选部件几何体的外边缘(轮廓线)创建毛坯几何体。 无：不使用修剪。 轮廓线：在没有指定毛坯几何体的情况下，它使用零件几何体的外形轮廓作为零件几何体。【容错加工】选项被激活时，【轮廓线】选项才有效。 外部边：它使用面、片体或者曲面区域特征的外部边界作为零件几何体。当【容错加工】选项未被激活时，【外部边】选项才有效
处理中的工件	用于指定经过一次操作后余下的材料(剩余材料)作为下一个操作的毛坯，有三个选项。 无：使用现有的毛坯几何体(如果有)，或切削整个型腔。 使用 3D：在同一几何体组中使用先前操作的 3D IPW 几何体。IPW 指的是一道加工工序完成后剩余的材料，又叫中间毛坯。在型腔铣中，为了更高效地生成粗加工、半精加工程序，需要经常使用 IPW 作为毛坯几何体，IPW 为小平面模型。 使用基于层：在同一几何体中使用先前操作的刀轨来识别和加工剩余材料。【使用基于层】选项的刀轨比【使用 3D】选项更加规则，轨迹处理时间更快。当前它仅可用于型腔铣
使用刀具夹持器	在碰撞检查中是否包括刀具夹持器，有助于避免刀柄与工件的碰撞
IPW 碰撞检查	指定是否检查 IPW 碰撞。选中【使用刀具夹持器】选项时才可用
小于时抑制刀轨	控制操作仅移除少量材料时是否输出刀轨
小封闭区域	指定如何处理腔体或孔之类的小特征，有【剪切】和【忽略】两个选项
参考刀具	加工上次刀具在拐角剩余的材料。系统利用参考刀具计算残留余料，用于定义本次操作的切削区域。必须选择一个直径大于当前使用的刀具直径的刀具。当选择参考刀具后，系统激活【重叠距离】文本框，定义刀轨延伸的距离
陡峭空间范围	指定切削区域是否在陡峭角所包含壁之间的陡峭区域

6) 更多

【更多】选项卡中可设置的参数如表 3-20 所示。

表 3-20　【更多】选项参数

更　多	描　述
安全距离	指定刀具夹持器与部件间不应违背的安全距离
边界逼近	当区域的边界或岛包含二次曲线或 B 样条时，使用【边界逼近】选项可减少处理时间及缩短刀轨长度
允许底切	是特定于型腔铣的一个切削参数，可准确地寻找不过切零件的可加工区域。在大多数切削操作中，该选项应被激活
下限平面	用于对刀具切削或非切削移动定义一个最低的限制平面，如果刀具的运动超过了定义的下限平面，系统将产生报警

4. 非切削移动(Non Cutting Parameters)

非切削移动是指刀具在进行切削运动以外的所有空间的运动，包括进刀、退刀和转移(分离、移刀、逼近)等运动。非切削移动对连续产生无过切的非切削刀轨是非常重要的。

单击【非切削移动】后面的按钮，弹出【非切削移动】对话框，如图 3-39 所示。

1) 进刀(Engage)

【进刀】选项卡用于定义刀具在切入零件时的距离和方向，包括【封闭区域】和【开放区域】两个选项组，各参数及其图示分别如表 3-21 和图 3-40、图 3-41 所示。

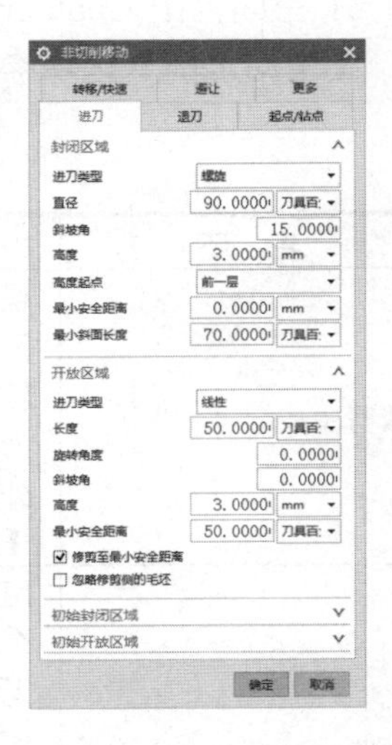

图 3-39 【非切削移动】对话框

表 3-21 【进刀】选项参数

进刀区域	进刀方式	描 述
封闭区域	螺旋	按螺旋线方式下刀。需设置的参数：螺旋线直径、斜坡角、高度、最小安全距离和最小斜面长度
	沿形状斜进刀	按外形倾斜下刀。需设置的参数：斜坡角、高度、最大宽度、最小安全距离和最小斜面长度
	插铣	按直线方式垂直下刀。需设置的参数：高度
	无	不设置进刀
开放区域	线性	沿直线进刀，即在垂直于刀轴的平面内运行倾斜一定的角度下刀。需设置的参数：长度、旋转角度、斜坡角和高度
	圆弧	以圆弧形状进刀。需设置的参数：半径、圆弧半径和高度、最小安全距离
	点	用两个点来控制进刀的方向
	线性-沿矢量	根据指定的矢量决定进刀的方向
	角度-角度-平面	根据两个角度和一个平面指定进刀运动。其中，方向由指定的两个角度决定，距离由平面和矢量方向决定
	矢量平面	通过指定的矢量来决定进刀方向，并由指定的平面一起来决定进刀点的位置

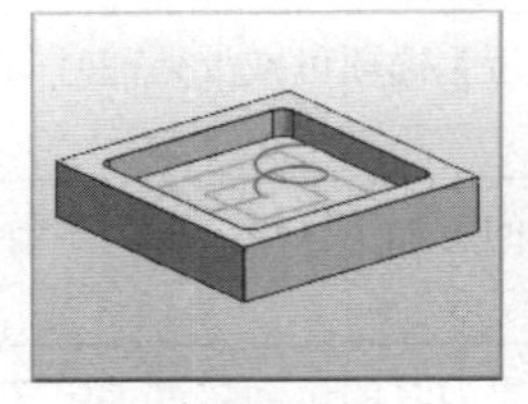

(a) 螺旋线

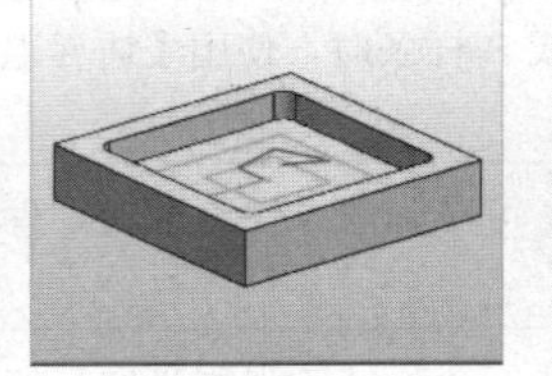

(b) 沿形状斜进刀

(c) 插铣

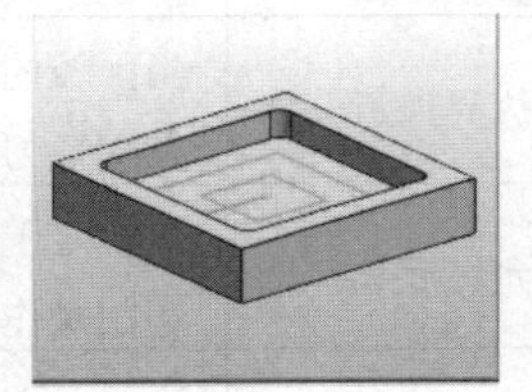

(d) 无

图 3-40 封闭区域的进刀方式

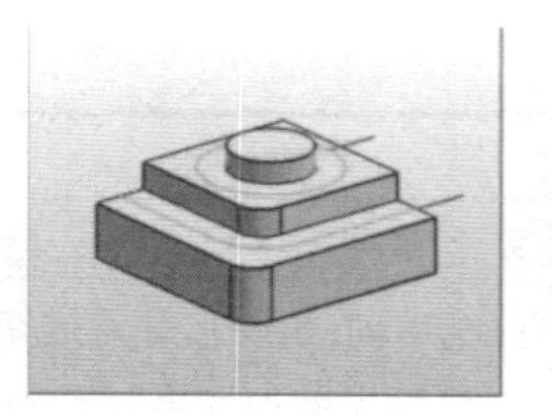

(a) 线性

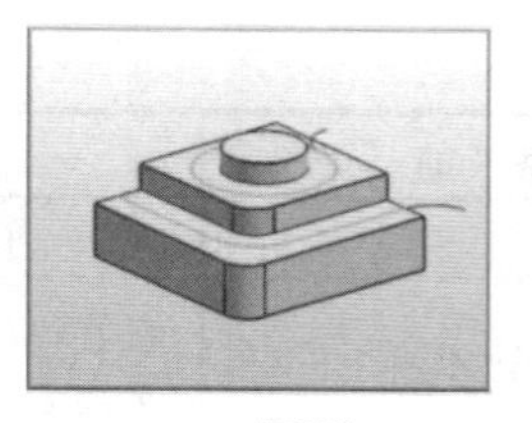

(b) 圆弧

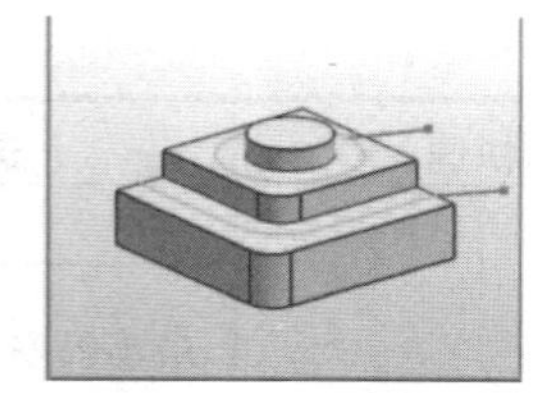

(c) 点

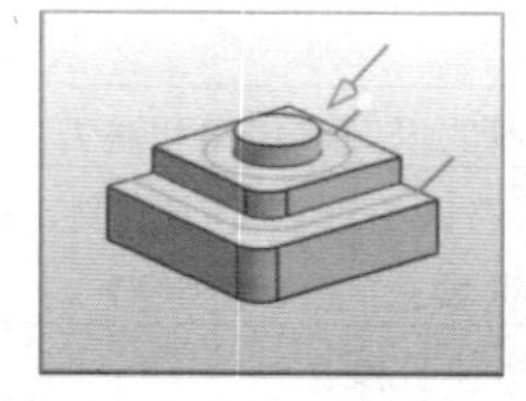

(d) 线性-沿矢量

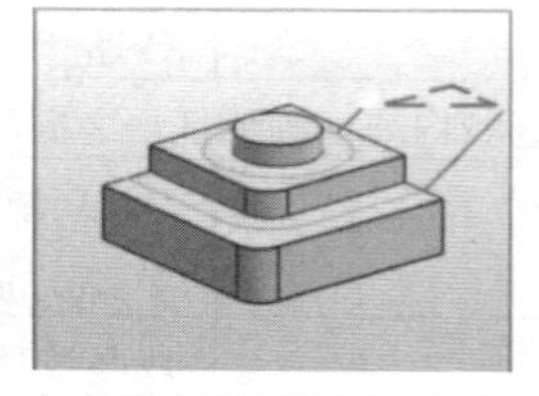

(e) 角度-角度-平面

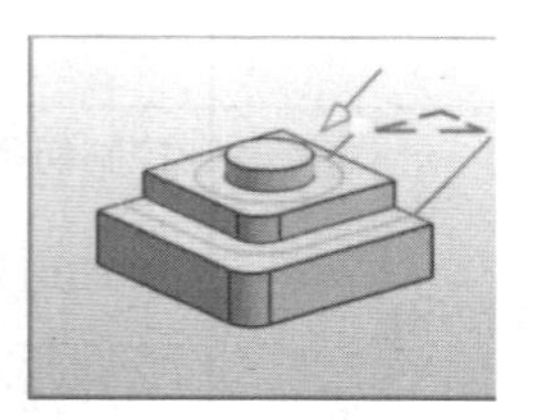

(f) 矢量平面

图 3-41　开放区域的进刀方式

合理安排刀具初始切入部件的方式，可以避让刀具受到碰撞或蹦刀等情况。

2) 退刀(Retract)

【退刀】选项卡用于定义刀具在切出零件时的距离和方向。退刀设置可参考进刀的设置。

3) 起点/钻点(Start/Drill Points)

【起点/钻点】选项卡为单个或者多个区域提供了切削起点的控制，决定了刀具移向型腔或者型芯的方向，参数如表 3-22 所示。

表 3-22　【起点/钻点】选项参数

起点/钻点	描　述
重叠距离	指定切削结束点和起点的重合深度。重叠距离将确保在进刀和退刀移动处进行完全清理
区域起点	指定加工的开始位置
预钻点	代表预先钻好的孔，刀具将在没有任何特殊进刀的情况下下降到该孔并开始加工

4) 传递/快速(Transfer/Rapid)

【传递/快速】选项卡用于确定切削安全平面和刀具横越方式，参数如表 3-23 所示。

表 3-23　【传递/快速】选项参数

传递/快速	选　项	描　述
安全设置(间隙)	使用继承的	使用在 MCS 中指定的安全平面
	无	不使用安全平面
	自动	将安全距离值添加到清除部件几何体的平面中
	平面	使用平面构造器来为该操作定义安全平面
区域之间(传递类型)	控制不同切削区域(部件上不同区域)之间障碍的退刀、传递和进刀	
	间隙(安全平面)	返回到用【安全距离】选项指定的安全几何体
	前一平面	返回可以安全传递的前一深度加工(切削层)

续表

传递/快速	选　项	描　述
区域之间(传递类型)	直接	在两个位置之间进行直接连接
	最小的安全 Z	首先应用直线运动(如果它是无过切的)，否则最小的安全 Z 使用先前的深度加工安全平面
	毛坯平面	可使刀具沿着由要移除的材料上层定义的平面传递
区域内(传递使用)	控制切削区域内或切削特征层之间材料的退刀、传递和进刀。	
	进刀/退刀	(默认)使用默认的进刀/退刀定义。区域内(传递类型)，同区域之间(传递类型)
	抬刀/插削	以竖直移动进刀和退刀
	无	不在区域内添加进刀或退刀移动
初始的和最终	逼近类型	控制初始移动到第一切削区域/层，或最终移动远离最后一个切削位置的方式。 安全距离：从安全距离组指定的安全平面移动到进刀点，或退刀点移动到指定的安全平面 相对平面：定义了一个平面，其为沿刀轴处于初始进刀点之上，或最终退刀点之上的指定安全距离值。逼近运动从这一平面移动到进刀点。离开运动从退刀点移动到该平面 无：不添加初始逼近移动，或最终离开
	离开类型	

刀具传递方式是指定一个平面，当刀具从一个切削区域转移到另一个切削区域时，刀具将先退刀到该平面，然后在该平面水平移动到下一个切削区域的进刀点位置，如图 3-42 所示。

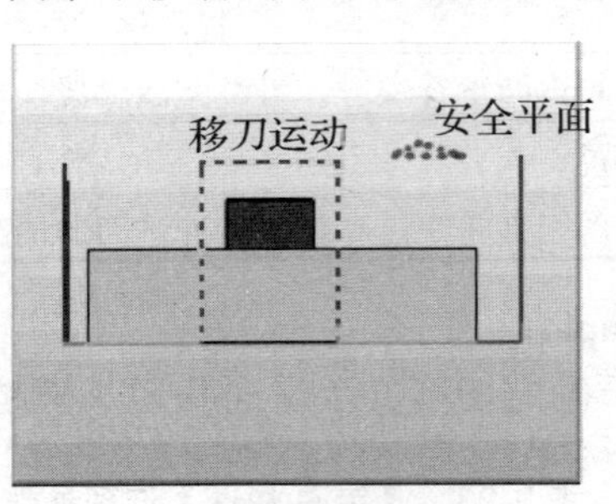

图 3-42　以安全平面方式进行横越移动

5) 避让(Avoidance)

【避让】选项卡用于定义刀具轨迹开始切削以前和切削以后的非切削运动的位置和方向，参数如表 3-24 所示。合理地指定避让参数可以使刀具有效避让工件、夹具和辅助工具等，以免发生碰撞，设置避让参数需要了解机床结构尺寸和工件的实际安装情况。

表 3-24　【避让】选项参数

避　让	描　述
出发点	用于定义新的刀位轨迹开始段的初始位置
起点	定义刀位轨迹起始位置，这个起始位置可以用于避让夹具或避免产生碰撞
返回点	定义刀具在切削程序终止时，刀具从零件上移到的位置
回零点	定义最终刀具位置。往往设为与出发点位置重合

6) 更多(More)

【更多】选项卡中包括【碰撞检查】和【刀具补偿】两个选项，如表 3-25 所示。

表 3-25　【更多】选项参数

更　多	描　述
碰撞检查	用于是否检测与部件几何体和检查几何体的碰撞
刀具补偿	显示刀具补偿是否打开

3.3.4　平面铣典型应用方式

扇形片凹模
自动编程

平面铣子类型(Subtype)除了前四种“面铣”方式外，还有：平面铣(PLANAR_MILL)、平面轮廓铣(PLANAR_PROFILE)、清理拐角(CLEANUP_CORNERS)、精加工壁(FINISH_WALLS)、精加工底面(FINISH_FLOOR)等多种类型，其各自适用场合如表 3-26 所示。其中“平面铣”(PLANAR_MILL)在实际中应用较广泛。

表 3-26　平面铣子类型适用场合

图　标	平面铣子类型	适用场合
	平面铣 PLANAR_MILL	平面铣 移除垂直于固定刀轴的平面切削层中的材料。 定义平行于底面的部件边界。部件边界确定关键切削层。选择毛坯边界，选择底面来定义底部切削层。 建议用于粗加工带竖直壁的棱柱部件上的大量材料。
	平面轮廓铣 PLANAR_PROFILE	平面铣廓铣 使用“轮廓”切削模式来生成单刀路和沿部件边界描绘轮廓的多层平面刀路。 定义平行于底面的部件边界。选择底面以定义底部切削层，可以使用带跟踪点的用户定义铣刀。 建议用于以下平面壁或边。

续表

图　标	平面铣子类型	适用场合
	清理拐角 CLEANUP_CORNERS	清理拐角 使用 2D 处理中的工件来移除完成之前工序后所遗留材料。 部件和毛坯边界定义于 MILL_BND 父级。2D IPW 定义切削区域。选择底面来定义底部切削层。 建议用于移除在之前工序中使用较大直径刀具后遗留在拐角的材料。
	精加工壁 FINISH_WALLS	精加工工壁 使用“轮廓”切削模式来精加工壁，同时留出底面上的余量。 定义平行于底面的部件边界，选择底面来定义底部切削层，根据需要定义毛坯边界，根据需要编辑最终底面余量。 建议用于精加工竖直壁，同时留出余量以防止刀具与底面接触。
	精加工底面 FINISH_FLOOR	精加工底面 使用“跟随部件”切削模式来精加工底面，同时留出壁上的余量。 定义平行于底面的部件边界，选择底面来定义底部切削层。定义毛坯边界，根据需要编辑部件余量。 建议用于精加工底面，同时留出余量以防止刀具与壁接触。
	槽铣削 GROOVE_MILLING	槽铣削 使用 T 形刀切削单个线性槽。 指定部件和毛坯几何体，通过选择单个平的面来指定槽几何体，切削区域可由处理中的工件确定。 建议在需要使用 T 形刀对线性槽进行粗加工和精加工使用。
	孔铣 HOLE_MILLING	孔铣 使用“螺旋式和/或螺旋”切削模式来加工盲孔和通孔或凸台。 选择孔几何体或使用已识别的孔特征。处理中特征的体积确定了要移除的材料。 建议在对太大而无法钻孔的凸台或孔进行加工时使用。
	螺纹铣 THREAD_MILLING	螺纹铣 加工孔或凸台的螺纹。 螺纹参数和几何体信息可以从几何体、螺纹特征或刀具派生，也可以明确指定。刀具的成形和螺距必须匹配工序中指定的成形或螺纹。选择孔几何体或使用已识别的孔特征。 建议在对太大而无法攻丝或冲模的螺纹进行切削时使用。

续表

图　标	平面铣子类型	适用场合
	平面文本 PLANAR_TEXT	平面文本 平的面上的机床文本。 将制图文本选做几何体来定义刀路。选择底面来定义要加工的面。编辑文本深度来确定切削的深度。文本将投影到沿固定刀轴的面上。 建议用于加工简单文本，如标识号。
	铣削控制 MILL_CONTROL	铣削控制 仅包含机床控制用户定义事件。 生成后处理命令并直接将信息提供给后处理器。 建议用于加工功能，如开关冷却液以及显示操作员消息。
	用户定义铣削 MILL_USER	用户定义的铣削 需要定制 NX Open 程序以生成刀路的特殊工序。

3.3.5　技能训练

汽车凸模的自动编程

以“公交车凸模”加工为训练载体，完成程序的创建、刀具的创建、几何体的创建和工序的创建等操作，流程如表 3-27 所示。

表 3-27　“公交车凸模”零件加工流程

UG 建模模块	
1. 打开“公交车凸模”模型 2. 调整工作坐标系至公交车凸模顶面左侧后方角落，保持与加工坐标系一致，以方便实际对刀和数据检验	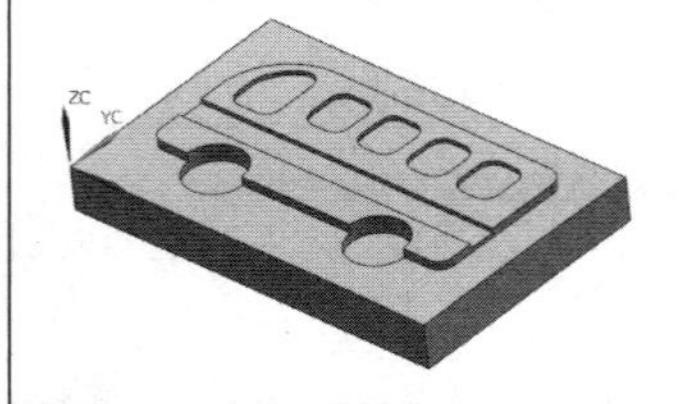
1. 设置加工环境 CAM 会话配置：cam_general CAM 设置：mill_planar	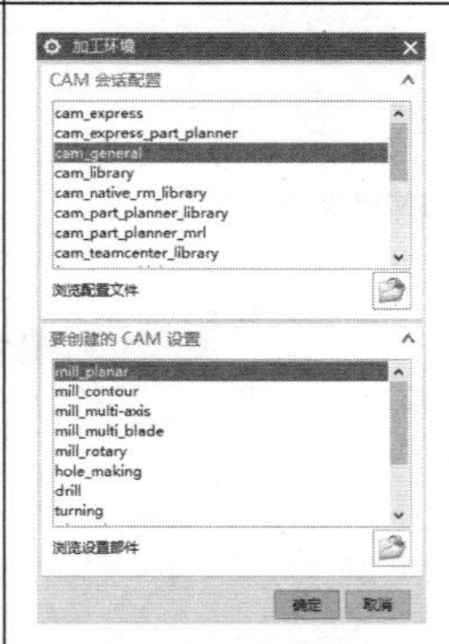

续表

 加工 UG 加工模块	
2. 创建程序(程序顺序视图) 类型：mill_planar 程序名：PROGRAM_1(T1 刀程序) 程序名：PROGRAM_2(T2 刀程序) 程序名：PROGRAM_3(T3 刀程序)	 
3. 创建刀具(机床视图) 类型：mill_planar 刀具子类型：MILL 名称：T1D20 名称：T2D6(图略) 名称：T3D4(图略)	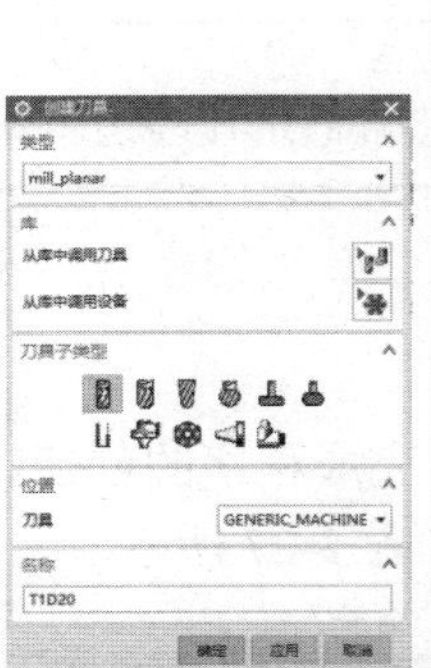 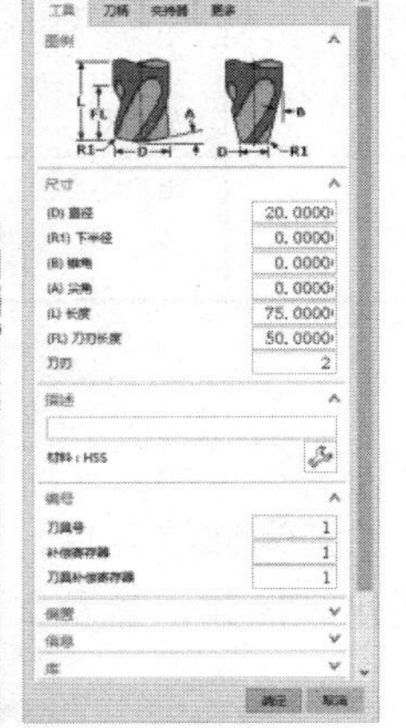
4. 创建几何体(几何视图) 注：工序导航器-几何，有默认的一组 MCS 和 WORKPIECE	工序导航器 - 几何 名称 GEOMETRY 未用项 MCS_MILL WORKPIECE
(1) 双击 MCS_MILL 选项，动态设置加工坐标系与建模时工件系一致。	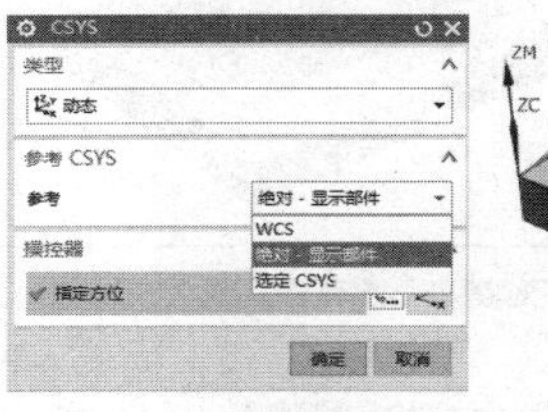 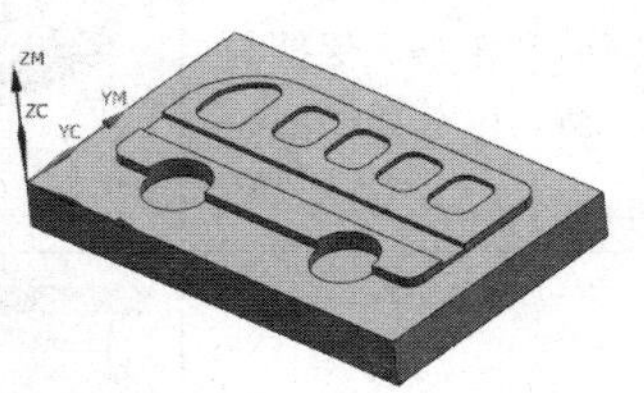
(2) 双击 WORKPIECE 选项，指定部件及毛坯。 注：毛坯几何体选择【包容块】。	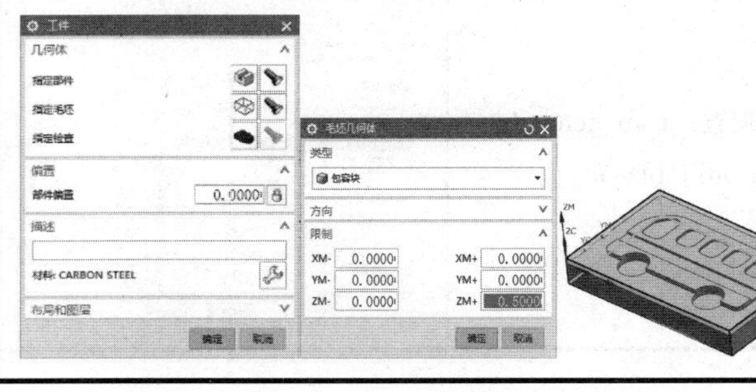

续表

 加工 UG 加工模块	
5. 创建方法 ● 粗加工：部件余量 1 mm，内外公差 0.08 mm。 ● 半精加工：部件余量 0.3 mm，内外公差 0.03 mm。 ● 精加工：部件余量 0，内外公差 0.01 mm。 以上参数可根据加工需要自行拟定。	
6. 创建工序(精铣零件顶面) 工序子类型：面铣 (程序、刀具、几何体、方法如图示) 名称：FACE_MILLING_TOP	
(1) 指定面边界。 采用【面】方式选择零件的顶面。	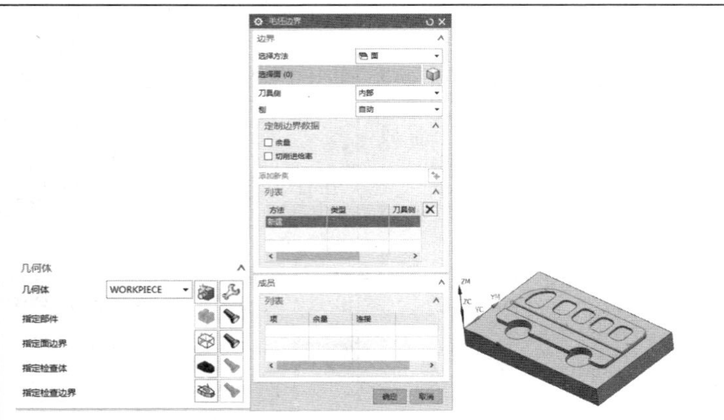
(2) 【刀轨设置】对话框各参数设置。 切削模式：单向 毛坯距离：0.5 mm 每刀切削深度：0.5 mm 其余参数默认。	

续表

 UG 加工模块	
(3) 【切削参数】对话框各参数设置。 策略：延伸到部件轮廓 注：不延伸顶面无法完整切削整个毛坯面。	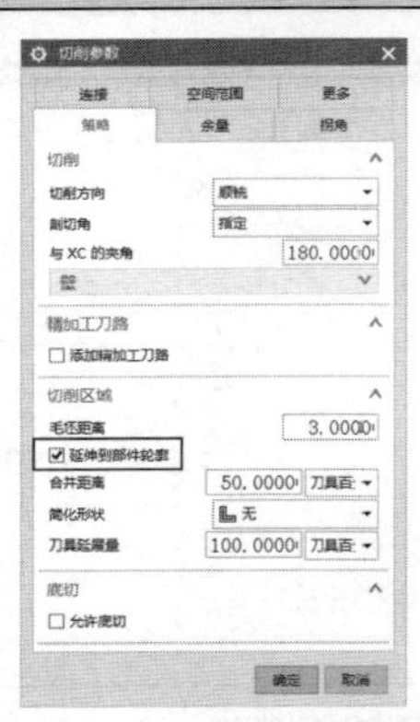
(4) 【进给】对话框各参数设置。 主轴速度：3500 r/min 进给率：1250 mm/min	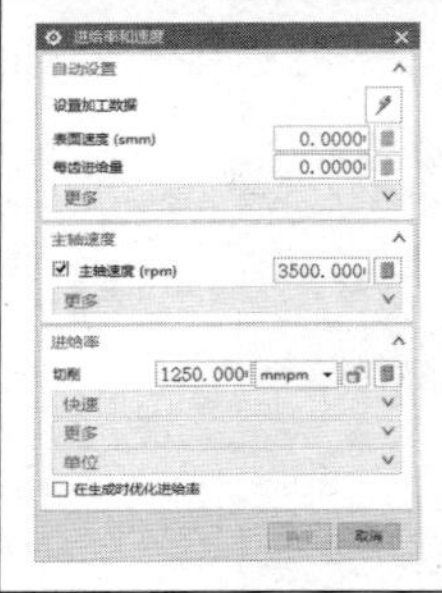
(5) 在【操作】工具条中单击【生成】按钮，即可在零件上生成刀路。	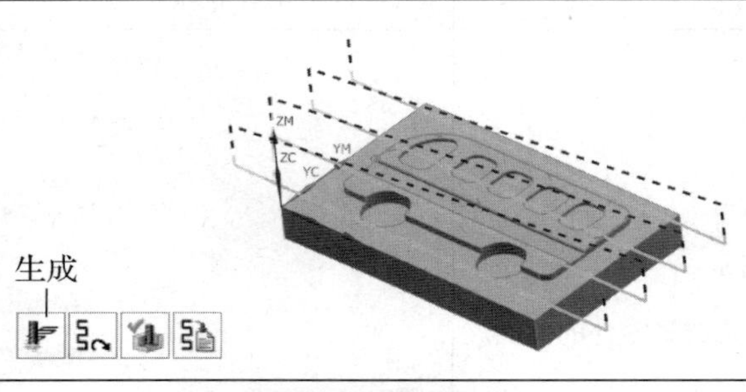
(6) 在【操作】工具条中单击【确认】按钮，在打开的对话框中选择2D或3D选项，调整动画速度，确定后可查看仿真加工。	 

续表

	 UG 加工模块
7. 创建工序(粗铣外轮廓) 工序子类型：平面铣 (程序、刀具、几何体、方法如图示) 名称：PLANAR_MILL_SEMI_Outer	
(1) 指定部件边界。 【边界几何体】对话框各参数设置。 模式：曲线/边 【创建边界】对话框各参数设置。 类型：封闭的 刨：自动 材料侧：内部 刀具位置：相切 注：依次选择零件外轮廓边界线，可选完整轮廓，也可忽略车轮轮廓。	  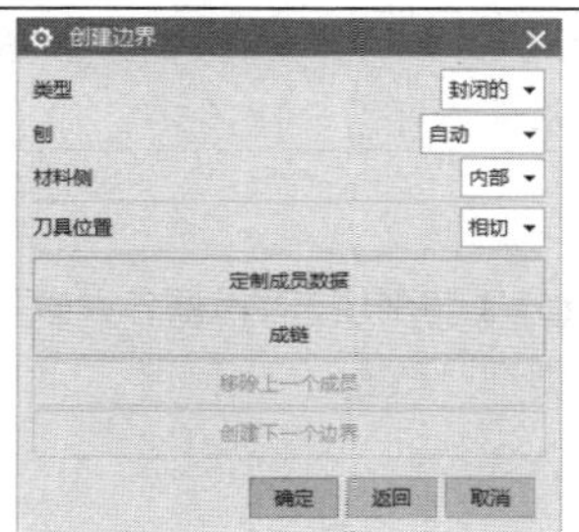 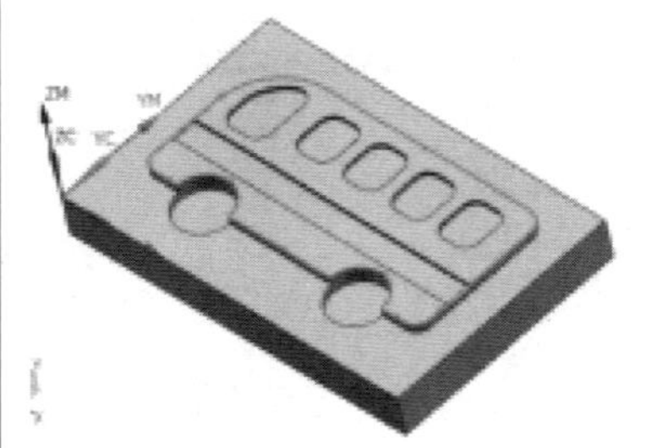
(2) 指定毛坯边界。 【边界几何体】对话框各参数的设置。 模式：曲线/边 【创建边界】对话框各参数设置。 类型：封闭的 刨：用户定义 材料侧：内部 刀具位置：相切 注：依次选择零件毛坯方形轮廓边界线。	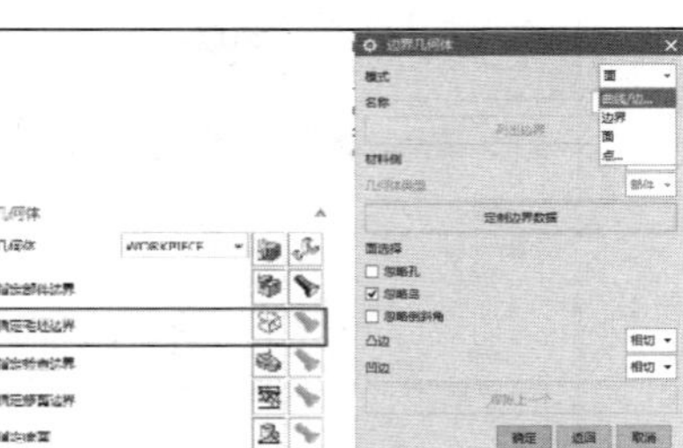  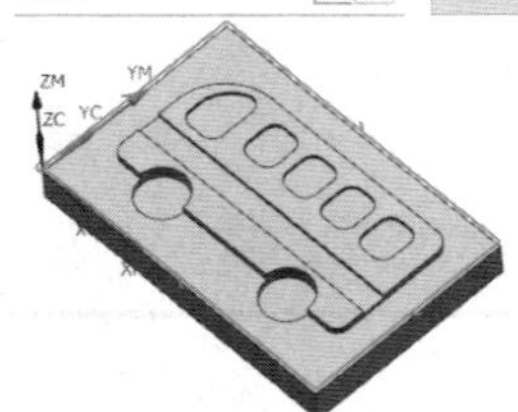

续表

 UG 加工模块	
(3) 指定底面。 选择公交车车身底面。	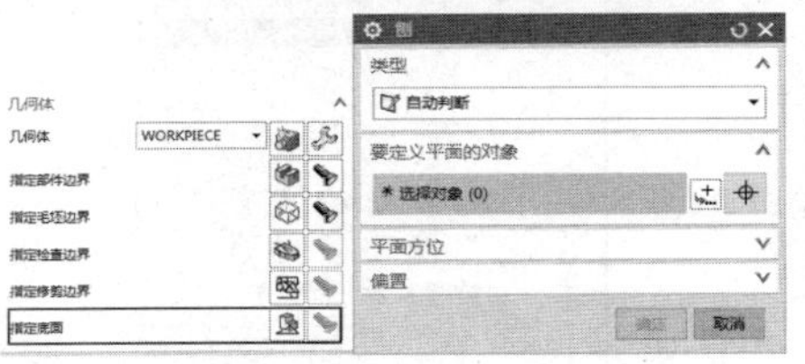 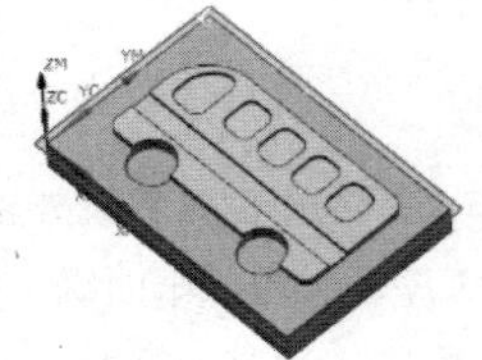
(4) 【刀轨设置】对话框各参数设置。 方法：MILL_SEMI_FINISH 切削模式：跟随部件 步距：刀具平直百分比 平面直径百分比：50	
(5)【切削层】对话框各参数设置。 类型：恒定 公共：1	
(6) 切削参数。 【余量】选项卡各参数设置。 部件余量：0.3 最终底面余量：0.5	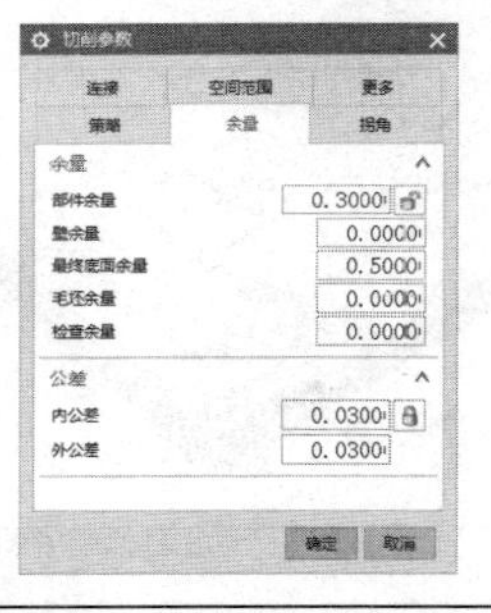
(7) 【进给率和速度】对话框中各参数设置。 主轴速度：2500 r/min 进给率：1000 mm/min	

续表

 UG 加工模块	
(8) 在【操作】工具条中单击【生成】按钮，即可在零件上生成刀路。	 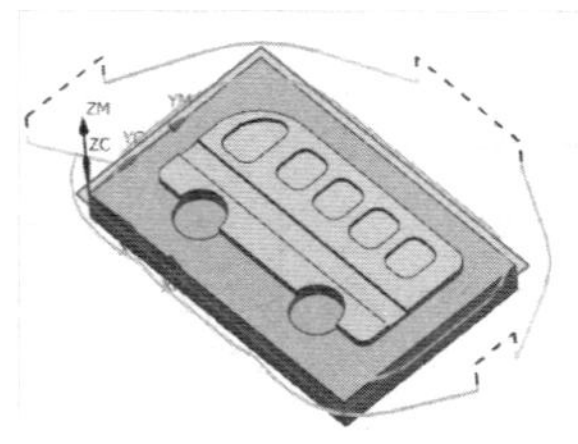
(9) 在【操作】工具条中单击【确认】按钮，在打开的对话框中选择 2D 或 3D，调整动画速度，确定后可查看仿真加工。	 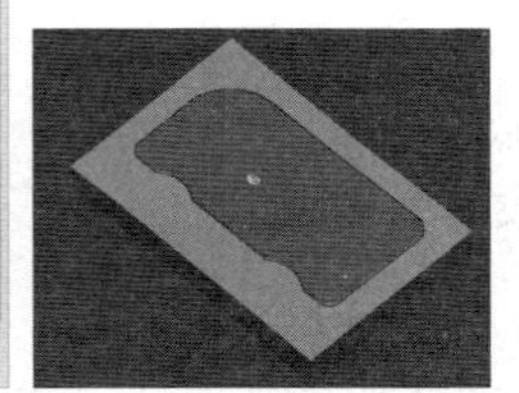
8. 创建工序(精铣外轮廓) 工序子类型：平面铣 (程序、刀具、几何体、方法如图示) 名称: PLANAR_MILL_FINISH_Outer	
(1) 指定部件边界。 【边界几何体】对话框各参数设置 模式：曲线/边 【创建边界】对话框各参数设置。 类型：封闭的 刨：自动 材料侧：内部 刀具位置：相切 注：依次选择零件外轮廓边界线，可选完整轮廓，也可忽略车轮轮廓。	   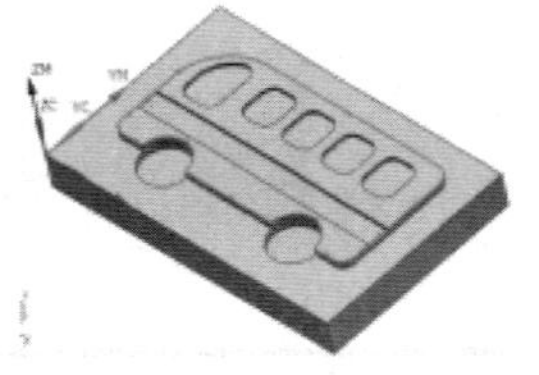

续表

 加工 UG 加工模块	
(2) 指定毛坯边界。 【边界几何体】对话框各参数设置。 模式：曲线/边 【创建边界】对话框各参数设置。 类型：封闭的 刨：用户定义 材料侧：内部 刀具位置：相切 注：依次选择零件毛坯方形轮廓边界线。	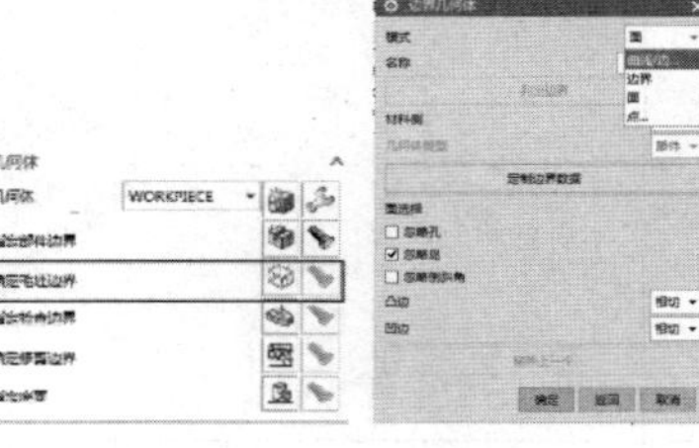  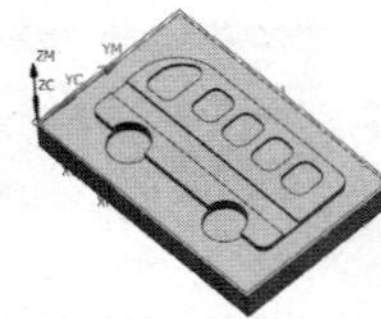
(3)指定底面 选择公交车车身底面。	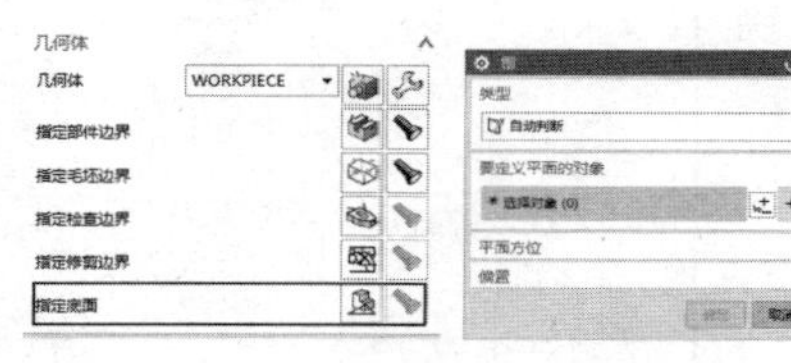 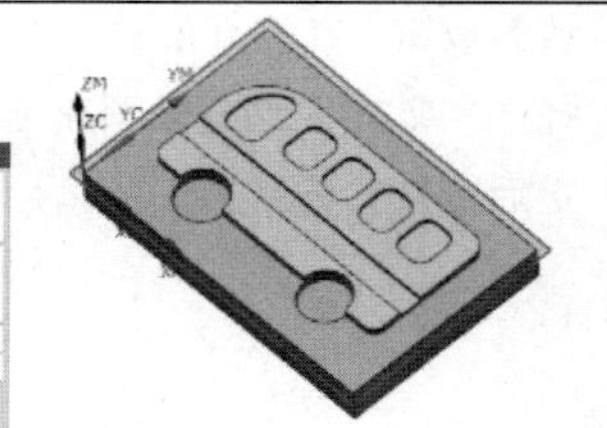
(4) 【刀轨设置】对话框各参数设置。 方法：SEMI_FINISH 切削模式：跟随部件 步距：刀具平直百分比 平面直径百分比：50	
(5) 切削层类型：仅底部。	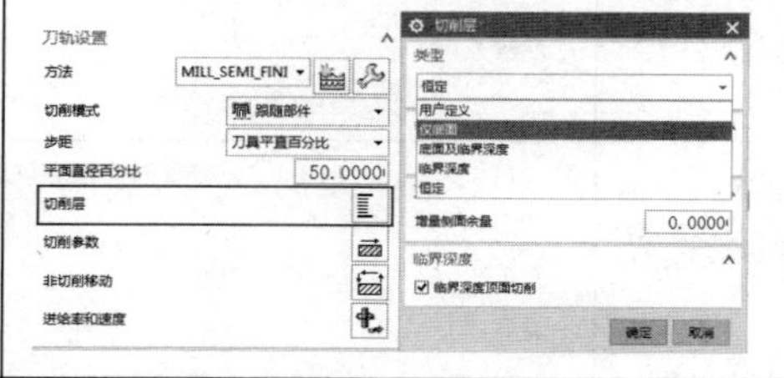
(6) 切削参数。 【余量】选项卡各参数设置。 部件余量：0 最终底面余量：0	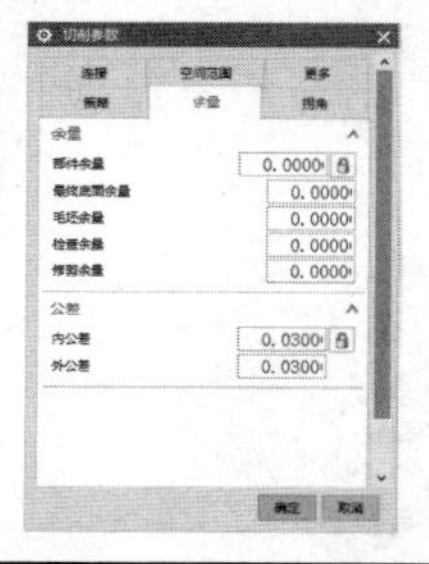

续表

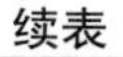

 UG 加工模块	
(7)【进给率和速度】对话框各参数设置。 主轴速度：4500 r/min 进给率：1000 mm/min	
(8) 在【操作】工具条中单击【生成】按钮，即可在零件上生成刀路。	 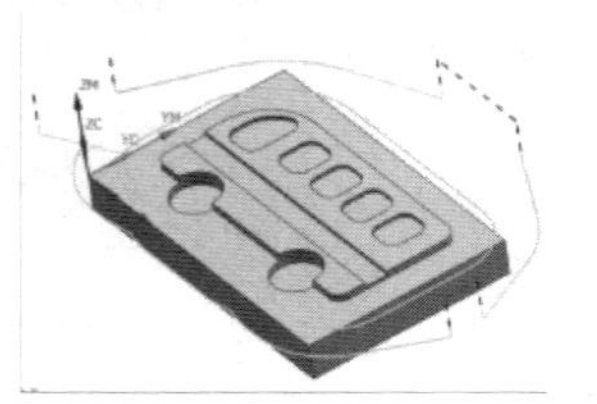
(9) 在【操作】工具条中单击【确认】按钮，在打开的对话框中选择 2D 或 3D，调整动画速度，确定后可查看仿真加工。	 
9. 创建工序(粗铣5个车窗型腔) 工序子类型：平面铣 (程序、刀具、几何体、方法如图示) 名称：PLANAR_MILL_SEMI_WINDOW	

续表

<table>
<tr><th colspan="2"> UG 加工模块</th></tr>
<tr><td>(1) 指定部件边界。
【边界几何体】各参数设置。
模式：曲线/边
【创建边界】对话框各参数设置。
刨：自动
材料侧：外部
注：选择司机车窗轮廓边界，单击【创建下一个边界】，选择第一个乘客车窗边界，完成后再单击【创建下一个边界】，直至 4 个乘客车窗全部选完。</td><td>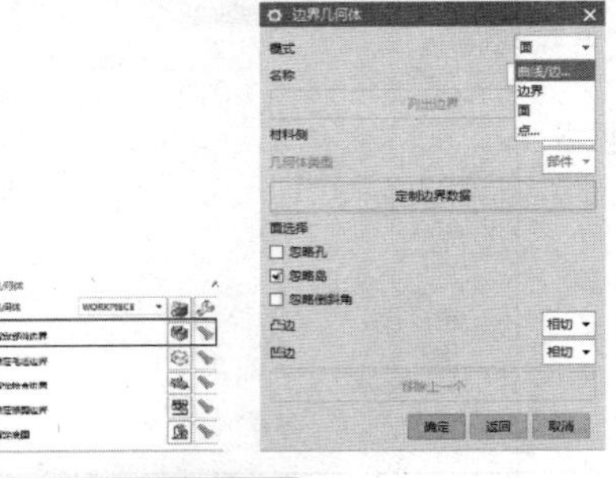
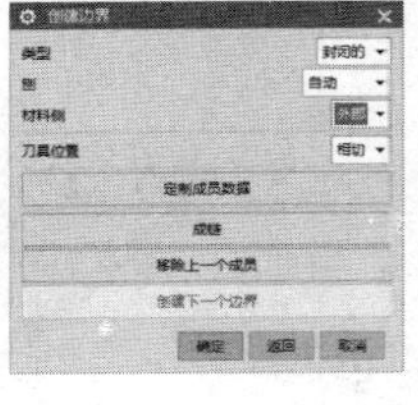
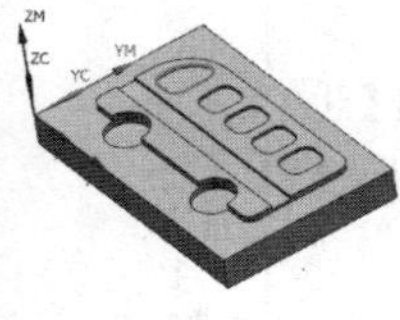
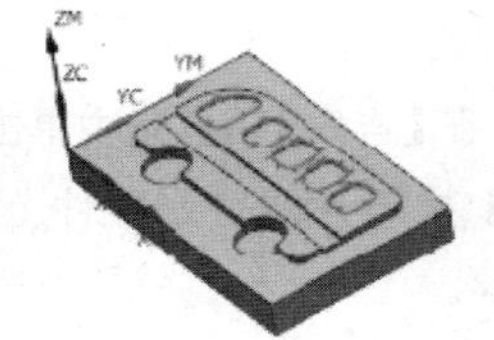</td></tr>
<tr><td>(2) 指定毛坯边界。
无须定义。</td><td>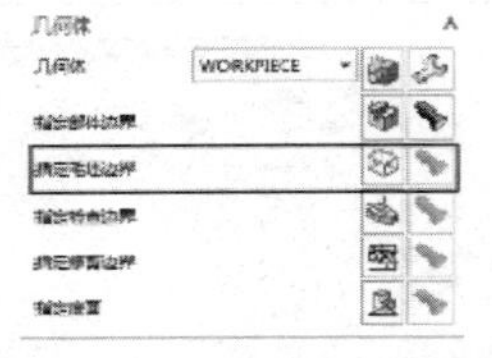</td></tr>
<tr><td>(3) 指定底面。
选择车窗底面。</td><td>
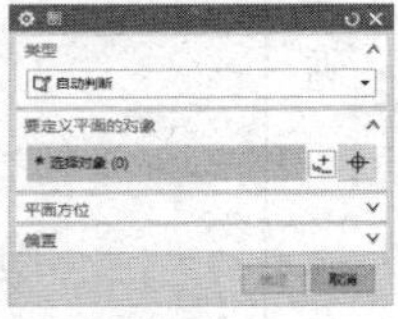
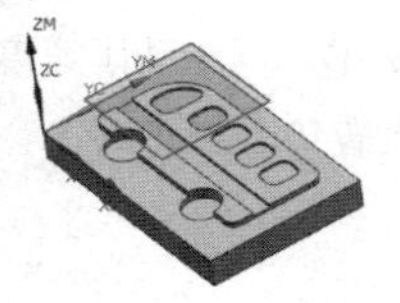</td></tr>
<tr><td>(4) 【刀轨设置】对话框各参数设置。
方法：MILL_SEMI_FINISH
切削模式：跟随部件
步距：刀具平直百分比
平面直径百分比：50</td><td></td></tr>
<tr><td>(5) 【切削层】对话框各参数设置。
类型：恒定
公共：0.5</td><td>
</td></tr>
</table>

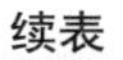

续表

 加工 UG 加工模块	
(6) 切削参数。 【余量】选项卡各参数设置。 部件余量：0.3 最终底面余量：0.5	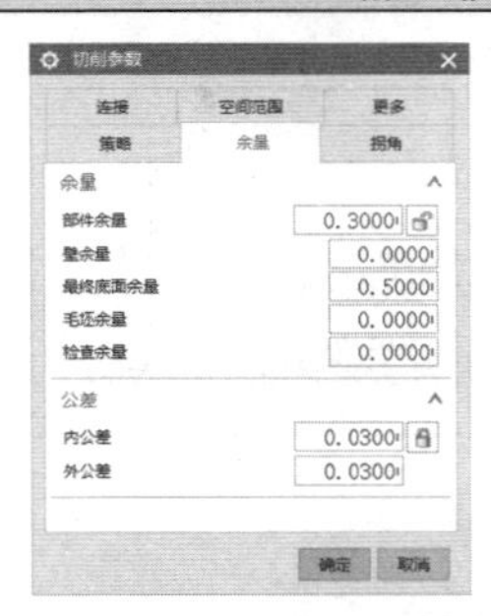
(7) 【进给率和速度】对话框各参数设置。 主轴速度：3000 r/min 进给率：800 mm/min	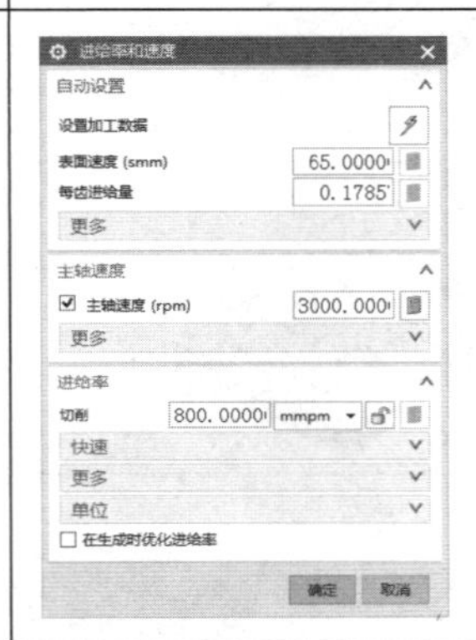
(8) 在【操作】工具条中单击【生成】按钮，即可在零件上生成刀路。	生成 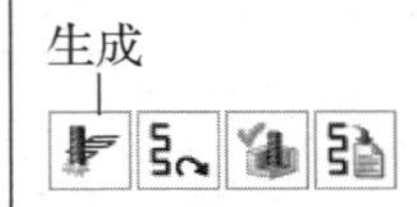 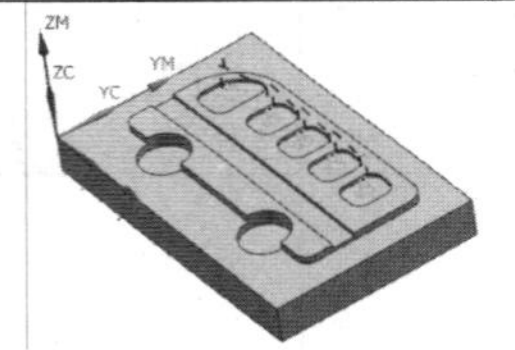
(9) 在【操作】工具条中单击【确认】按钮，在打开的对话框中选择 2D 或 3D，调整动画速度，确定后可查看仿真加工。	确认   

续表

 加工 UG 加工模块	
10. 创建工序(粗铣 2 个车轮) 采用复制车窗加工的方式来快速修改。 重命名为: PLANAR_MILL_SEMI_Wheel	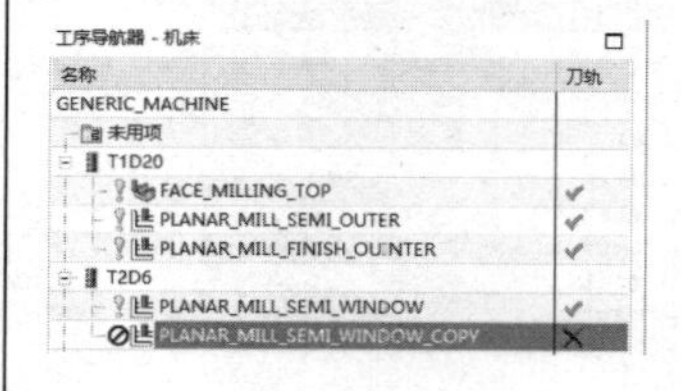 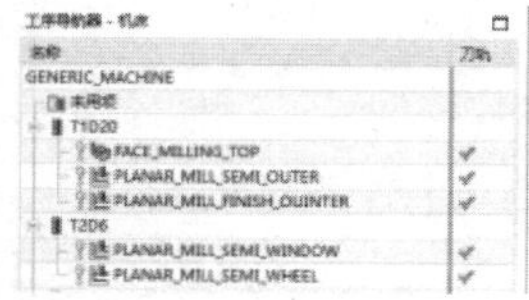
(1) 指定部件边界。 修改为两个车轮的边界，方法同车窗选择。	
(2) 指定底面。 修改为车轮底面；其余参数均不变。	
(3) 在【操作】工具条中单击【生成】按钮，即可在零件上生成刀路。	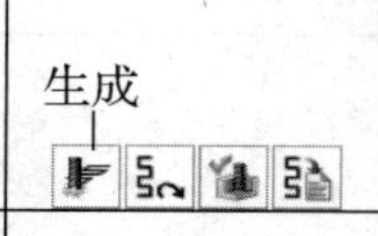 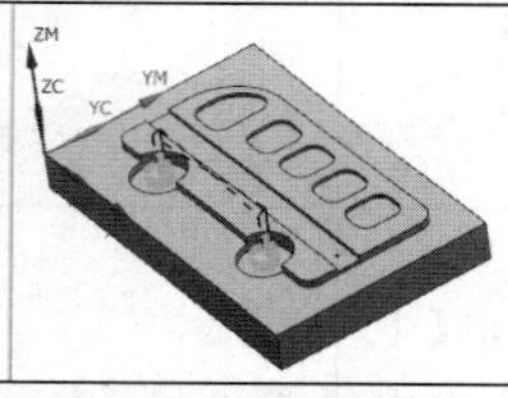
(4) 在【操作】工具条中单击【确认】按钮，在打开的对话框中选择 2D 或 3D，调整动画速度，确定后可查看仿真加工。	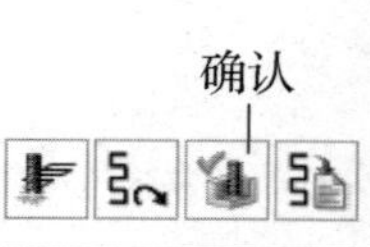 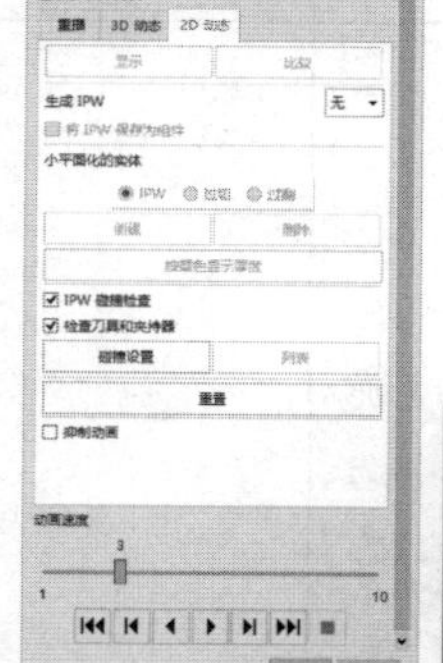 
11. 创建工序(精铣通槽) 采用复制车轮加工的方式来快速修改。 重命名为: PLANAR_MILL_FINISH_GROOVE	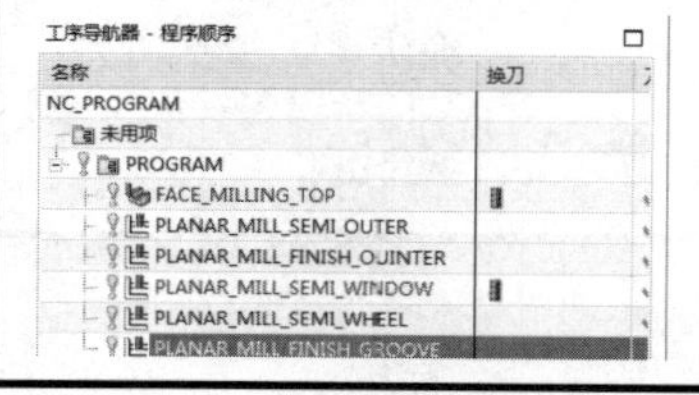

续表

 UG 加工模块	
(1) 【指定部件边界】。 【边界几何体】对话框各参数设置。 模式：曲线/边 【创建边界】对话框各参数设置。 类型：开放的 刨：自动 材料侧：右 刀具位置：相切 注：选择通槽内侧边线后段。	  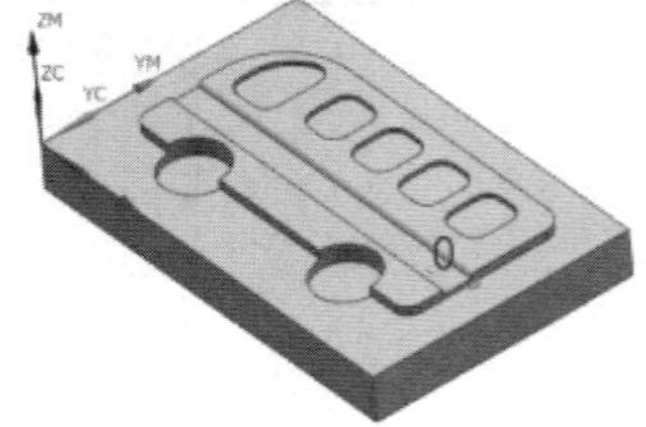
(2) 指定底面。 修改为通槽底面。	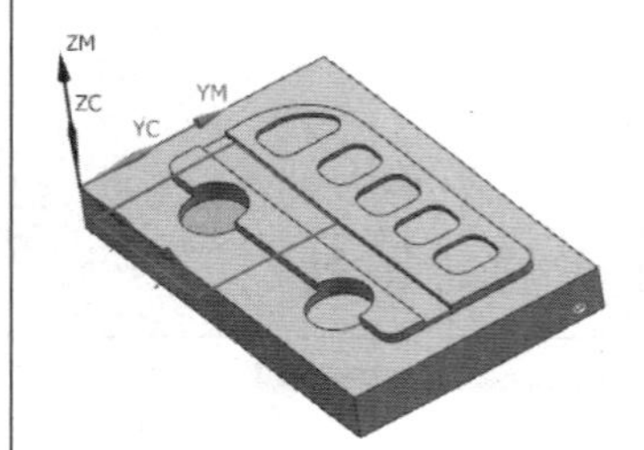
(3) 【刀轨设置】对话框各参数设置。 方法：MILL_FINISH 切削模式：轮廓	
(4) 切削参数。 【余量】选项卡各参数均设置为 0。	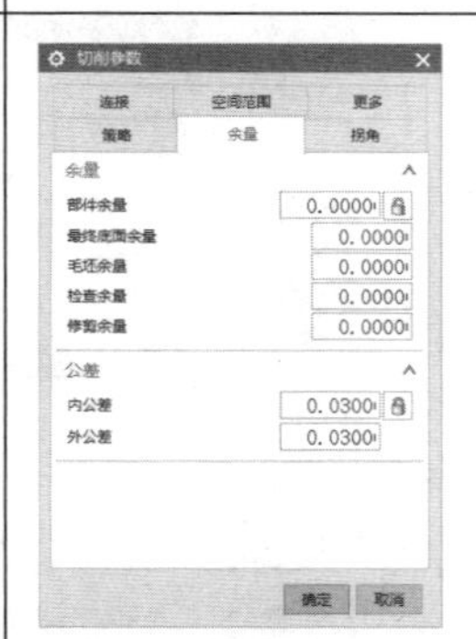

续表

UG 加工模块

(5) 在【操作】工具条中单击【生成】按钮，即可在零件上生成刀路。	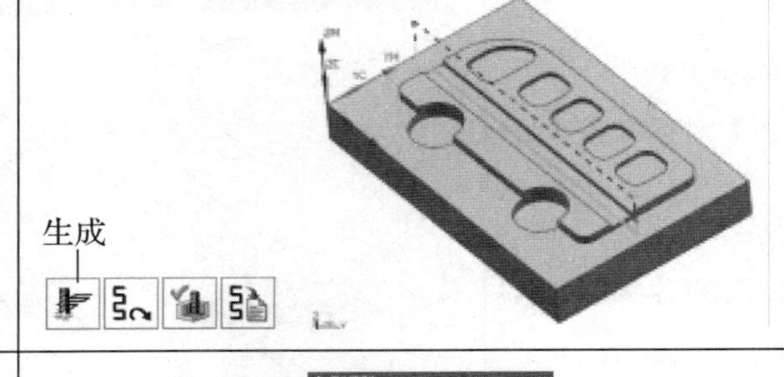
(6) 在【操作】工具条中单击【确认】按钮，在打开的对话框中选择 2D 或 3D，调整动画速度，确定后可查看仿真加工。	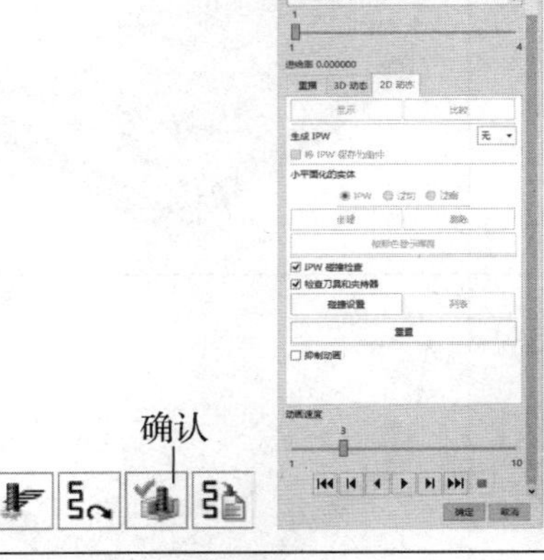 
12. 创建工序(精铣零件各型腔) 工序子类型：面铣 (程序、刀具、几何体、方法如图示) 名称：FACE_MILLING_FINISH_ALL_CAVITY	
(1) 指定面边界。 采用【面】方式选择零件 7 个型腔。	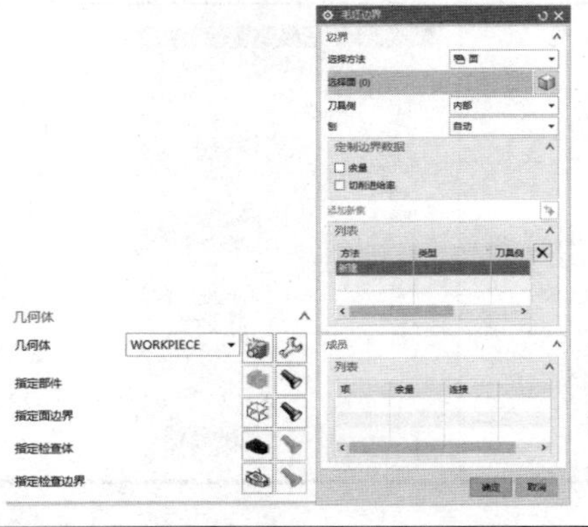 

续表

 加工 UG 加工模块	
(2) 【刀轨设置】对话框各参数设置。 切削模式：跟随周边 平面直径百分比：50 毛坯距离：0.5 mm 每刀切削深度：0.5 其余参数默认。	
(3) 切削参数。 【余量】选项卡各参数均为 0。	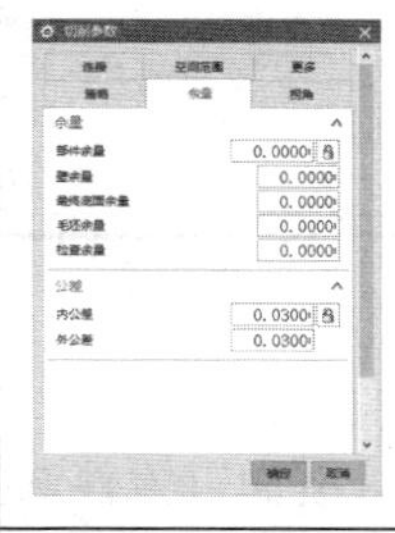
(4) 【进给率和速度】对话框各参数设置。 主轴速度：3000 r/min 进给率：600 mm/min	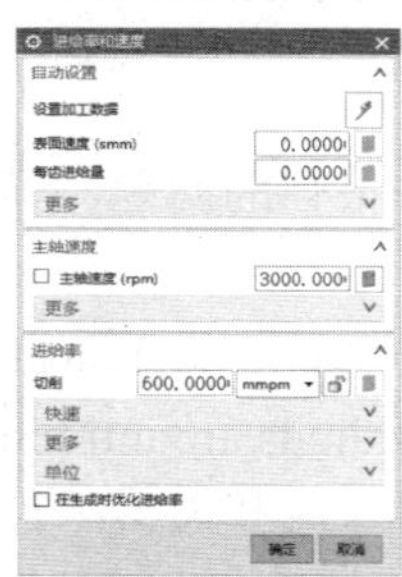
(5) 在【操作】工具条中单击【生成】按钮，即可在零件上生成刀路。	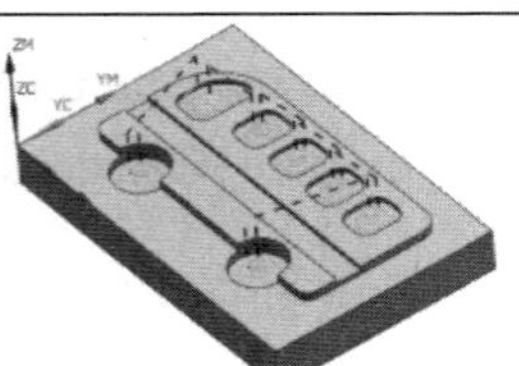 生成 
(6) 在【操作】工具条中单击【确认】按钮，在打开的对话框中选择 2D 或 3D，调整动画速度，确定后可查看仿真加工。	确认  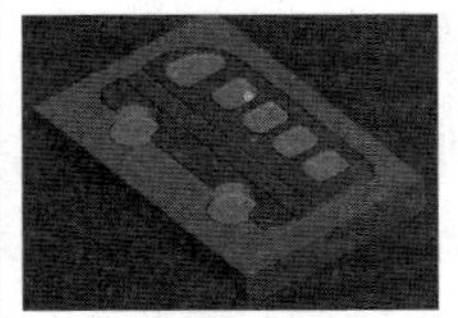

续表

<table>
<tr><td colspan="2"> UG 加工模块</td></tr>
<tr><td>13. 后处理
打开工序导航器(程序视图)，选择单个或多个操作后右击【后处理】按钮，选择适合机床型号的后处理器，输出相应文件后保存。</td><td>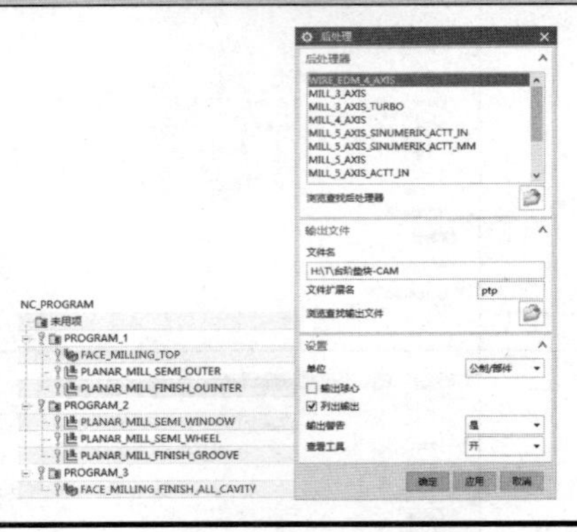</td></tr>
</table>

3.3.6 中英文对照

(1) 计算机辅助工艺设计的主要任务是对被加工零件选择合理的加工方法和加工顺序。

The main task of Computer Aided Process Planning is to choose the reasonable process method and process sequence of parts.

(2) 机械零件检验是检验工作中技术性很强的问题，详细阐述了合理的检验工艺规程，介绍了几种有效的测量方法。

The test of machinery parts has very strong technicality. The reasonable rules of test technology and several effective measuring methods are introduced and discussed.

(3) 介绍了加工中心对刀仪器测量刀具长度和刀具半径补偿数据的原理。对刀仪的结构设计，并提出了改善结构设计的措施。

The principle of the compensate data for tools length and its radius, its structures design and measurement of improving structure were described.

3.3.7 拓展思考

1. 选择题

(1) 数控机床进给系统减少摩擦阻力和动静摩擦之差，是为了提高数控机床进给系统的(　　)。

A．传动精度　　B．运动精度和刚度

C．快速响应性能和运动精度　　D．传动精度和刚度

(2) 数控系统的(　　)端口与外部计算机连接可以发送或接收程序。

A．SR-323　　B．RS-323　　C．SR-232　　D．RS-232

2. 判断题

(1) 在 UG NX CAM 中平面铣用于粗加工操作。　　(　　)

(2) 程序优化是要寻求在一定条件下能达到最优的一组加工参数。　　(　　)

3. 问答题

(1) 在打开一个部件文件，创建操作时，是否每次都需要选择加工环境？

(2) 为什么要在创建操作前先创建程序、刀具、几何体和方法等父节点组？

(3) 平面铣使用何种类型的几何体？

4. 编程题

采用 UG NX CAM 中平面铣加工方式，完成如图 3-43 所示趣味卡车凹模零件。毛坯尺寸：45 钢块 85mm×55mm×15mm。

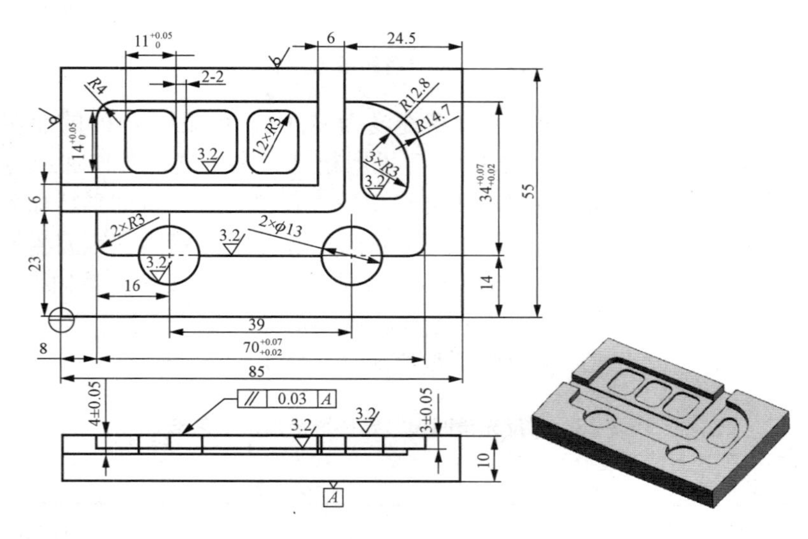

图 3-43　趣味卡车凹模零件

任务 3.4　UG NX 10.0 反光镜凹模零件的自动编程

3.4.1　任务目标

广泛查阅相关资料，掌握 UG NX 10.0 CAM 型腔铣、固定轴曲面铣和清根加工的几何体设置；会设置切削参数和非切削运动参数；能综合采用轮廓铣各方式完成“反光镜凹模”零件的程序编制和仿真加工；培养学生严谨治学、刻苦钻研的学习态度。

反光镜凹模零件，如图 3-44 所示。

图 3-44　反光镜凹模

3.4.2　“反光镜凹模”零件的加工工艺

如图 3-45 所示反光镜凹模(Reflector Die)零件，批量为 4 件，该零件的交货期为 5 个工作日。

根据零件的形体特征和精度要求分析，在数控铣这道工序中，选择尺寸为 85 mm×55 mm×32 mm 的精磨钢料作为加工对象。在保证质量的前提下，结合经济性和生产效率的考虑，采用先粗铣、半精铣，再精铣的加工方案。

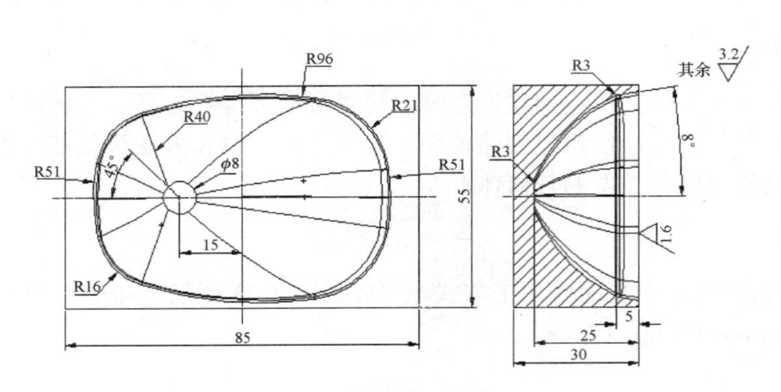

图 3-45　反光镜凹模零件图

“反光镜凹模”零件的分型面处表面粗糙度为 R_a1.6，可采用ϕ50 的面铣刀粗、精加工；零件的其余曲面表面粗糙度为 R_a3.2，可采用粗铣、半精铣、精铣加工方案。粗加工时，受底部ϕ8 圆底平面及凹圆角的影响不能使用较大直接刀具，否则半精加工的余量就会很大，容易出现跳刀、断刀等情况。可首先选用ϕ10 涂层渡刃钨钢立铣刀粗加工，再选用ϕ10 的涂层钨钢球头铣刀半精加工，最后选用ϕ3 的涂层钨钢球头铣刀精加工。

根据车间生产及教学需要，遵循基准先行、先粗后精、先主后次、先面后孔的原则，制定如表 3-28 所示的“反光镜凹模”零件数控加工工艺卡。

表 3-28　“反光镜凹模”零件数控加工工艺卡

单位：××××××××　　编制：×××　　审核：×××

<table>
<tr><td>零件名称</td><td>反光镜凹模</td><td>设备</td><td>加工中心</td><td colspan="2">机床型号</td><td colspan="2">FADAL-3016L</td></tr>
<tr><td>工序号</td><td>1</td><td>毛坯</td><td>85 mm×55 mm×32 mm 钢块</td><td colspan="2">夹具</td><td colspan="2">平口钳</td></tr>
<tr><td colspan="2">刀具表</td><td colspan="2">量具表</td><td colspan="4">工具表</td></tr>
<tr><td>T01</td><td>ϕ50 硬质合金面铣刀</td><td>1</td><td>游标卡尺(0～150 mm)</td><td>1</td><td colspan="3">扳手</td></tr>
<tr><td>T02</td><td>ϕ10 涂层波刃钨钢立铣刀</td><td>2</td><td>千分尺(0～25 mm)</td><td>2</td><td colspan="3">垫块</td></tr>
<tr><td>T03</td><td>ϕ10 涂层钨钢球刀</td><td>3</td><td>千分尺(25～50 mm)</td><td>3</td><td colspan="3">塑胶榔头</td></tr>
<tr><td>T04</td><td>ϕ5 涂层钨钢球刀</td><td>4</td><td>深度游标卡尺</td><td>4</td><td colspan="3"></td></tr>
<tr><td rowspan="2">序号</td><td colspan="3" rowspan="2">工艺内容</td><td colspan="3">切削用量</td><td rowspan="2">备注</td></tr>
<tr><td>S/(r/min)</td><td>F/(mm/r)</td><td>a_p/mm</td></tr>
<tr><td>1</td><td colspan="3">T01 刀精铣零件平面</td><td>3000</td><td>1000</td><td>0.5</td><td></td></tr>
<tr><td>2</td><td colspan="3">T02 刀粗铣零件型腔曲面、锥面(留 1 mm)</td><td>2500</td><td>1000</td><td>1</td><td></td></tr>
<tr><td>3</td><td colspan="3">T03 刀半精铣零件型腔曲面、锥面(留 0.25 mm)</td><td>3000</td><td>1500</td><td>0.3</td><td></td></tr>
<tr><td>4</td><td colspan="3">T03 刀精铣零件曲面、锥面</td><td>3500</td><td>1000</td><td>0.15</td><td></td></tr>
<tr><td>5</td><td colspan="3">T04 刀精铣零件曲面、锥面根部</td><td>3500</td><td>600</td><td>0.15</td><td></td></tr>
</table>

3.4.3　UG NX 10.0 型腔铣简介

1. 型腔铣(Cavity Mill)的特点与应用

型腔铣的加工特点是刀具在同一高度内完成一层切削后，再下降一个高度进行下一层的切削，即一层一层地切削。

型腔铣在数控加工中应用最广泛，可以用于大部分粗加工，以及直壁或者斜度较大的侧壁的精加工；通过限定高度值，型腔铣也可以用于平面的精加工以及清角加工等。

2. 型腔铣的子类型

在【加工创建】工具栏上单击【创建工序】按钮，弹出【创建工序】对话框。在【类型】选项组中选择 mill_contour(轮廓铣)选项，将显示轮廓铣加工的子类型(其中第一行为型腔铣子类型)，如图 3-46 示。常用的型腔铣子类型有两个：为标准型腔铣，可以满足大多数零件的粗加工；为等高轮廓铣，常用于直壁或者斜度较大的侧壁零件的精加工。

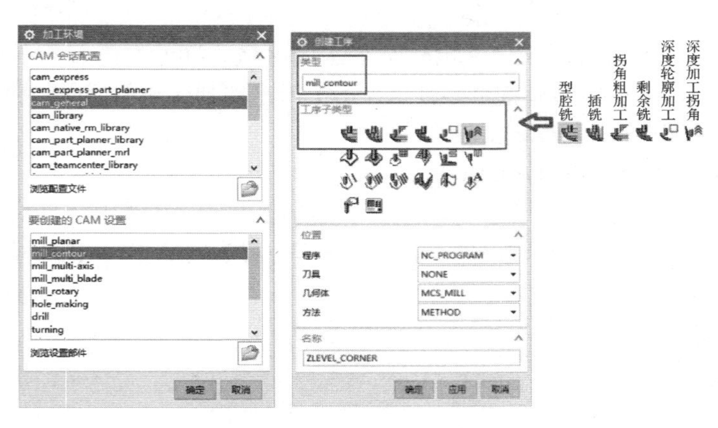

图 3-46　型腔铣子类型

3. 型腔铣的参数设置

选择型腔铣加工子类型，并指定操作所在的程序组、几何体、刀具、加工方法，输入操作名称后，单击【确定】按钮，系统打开“型腔铣”操作对话框。

1) 几何体(Geometry)

【几何体】选项用于选择、新建和编辑操作所用的加工几何体，如图 3-47 所示。

2) 指定部件(Specify Part)

【指定部件】选项用于定义最终加工完成的零件形状。单击【指定部件】后面的按钮，弹出【部件几何体】对话框，可以选择实体、片体、面、表面区域等作为部件几何体。

3) 指定毛坯(Specify Blank)

【指定毛坯】选项用于定义要加工成零件的原材料形状。定义毛坯的方法与定义部件几何体的方法相同。单击【指定毛坯】后面的按钮，弹出【毛坯几何体】对话框，该对话框和【部件几何体】对话框相似。

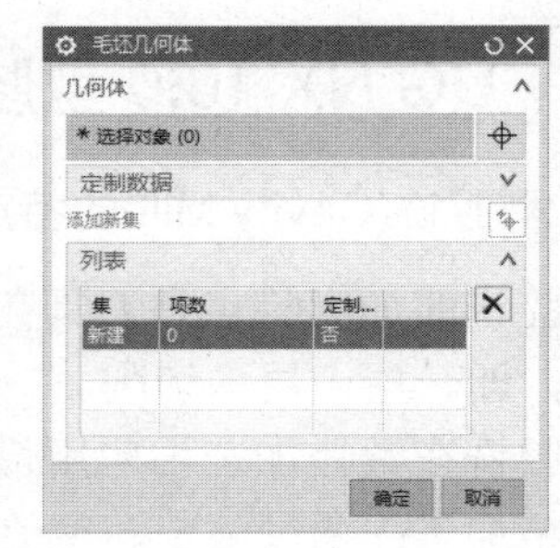

图 3-47　几何体设置

4) 指定检查(Specify Check)

【指定检查】选项用于定义刀具要避开的区域，如夹具和压板等。单击【指定检查】后面的按钮，弹出【检查几何体】对话框，该对话框和【部件几何体】对话框相似，如图 3-48 示。

5) 指定切削区域(Specify Cut Area)

【指定切削区域】选项用于定义零件被加工的区域。通常是选择零件表面的某个面或面域作为切削区域，而不必选择整个零件。单击【指定切削区域】后面的按钮，弹出【切削区域】对话框，如图 3-49 示。

6) 指定修剪边界(Specify Trim Boundaries)

【指定修剪边界】选项用于进一步控制刀具的运动范围，即用边界对刀轨进行裁剪。单击【指定修剪边界】后面的按钮，弹出【修剪边界】对话框，如图 3-50 所示。

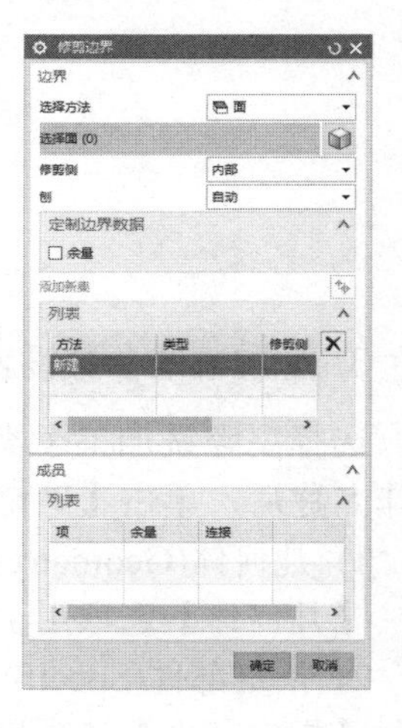

图 3-48　【检查几何体】对话框　　图 3-49　【切削区域】对话框　　图 3-50　【修剪边界】对话框

7) 公共每刀切削深度

公共每刀切削深度有【恒定】和【残余高度】两种表示，最大距离即指定了每个切削层的最大深度。实际的每刀深度将小于或等于公共每刀切削深度值，如图 3-51 所示。

8) 切削层(Cut Levels)

单击【切削层】后的按钮可进行切削层的设定，如图 3-51 所示。为使型腔铣切削后的余量均匀，可以定义多个切削范围，每个范围深度内可设置不同的每刀切削深度。各切削范围每刀深度的确定原则是：越陡峭的面允许越大的局部每刀切削深度，越接近水平的面局部每刀切削深度应越小。

图 3-51　公共每刀切削深度和切削层设置

4. 型腔铣典型应用方式

型腔铣中的子类型主要有：型腔铣(CAVITY_MILL)、插铣(PLUNGE_MILLING)、拐角粗加工(CORNER_ROUGH)、剩余铣(REST_MILLING)、深度轮廓加工(ZLEVEL_PROFILE)和深度加工拐角(ZLEVEL_CORNER)等多种类型，其各自适用场合如表 3-29 所示，用户可根据不同的零件类型和加工阶段选择合适的子类型。

表 3-29　型腔铣子类型应用场合

图标	型腔铣子类型	适用场合
	型腔铣 CAVITY_MILL	型腔铣 通过移除垂直于固定刀轴的平面切削层中的材料对轮廓形状进行粗加工。 必须定义部件和毛坯几何体。 建议用于移除模具型腔与型芯、凹模、铸造件和锻造件上的大量材料。
	插铣 PLUNGE_MILLING	插铣 通过沿连续插削运动中的刀轴切削来粗加工轮廓形状。 部件和毛坯几何体的定义方式与在型腔铣中相同。 建议用于对需要较长刀具和增强刚度的深层区域中的大量材料进行有效的粗加工。

续表

图标	型腔铣子类型	适用场合
	拐角粗加工 CORNER_ROUGH	拐角粗加工 通过型腔铣来对之前刀具处理不到的拐角中的遗留材料进行粗加工。 必须定义部件和毛坯几何体，将在之前粗加工工序中使用的刀具指定为“参考刀具”以确定切削区域。 建议用于粗加工由于之前刀具直径和拐角半径的原因而处理不到的材料。
	剩余铣 REST_MILLING	剩余铣 使用型腔铣来移除之前工序所遗留的材料。 部件和毛坯几何体必须定义于 WORKPIECE 父级对象。切削区域由基于层的 IPW 定义。 建议用于粗加工由于部件余量、刀具大小或切削层而导致之前工序遗留的材料。
	深度轮廓加工 ZLEVEL_PROFILE	深度轮廓加工 使用垂直于刀轴的平面切削对指定层的壁进行轮廓加工，还可以清理各层之间缝隙中遗留的材料。 指定部件几何体。指定切削区域以确定要进行轮廓加工的面。指定切削层来确定轮廓加工刀路之间的距离。 建议用于半精加工和精加工轮廓形状，如注塑模、凹模、铸造和锻造。
	深度加工拐角 ZLEVEL_CORNER	深度加工拐角 使用轮廓切削模式精加工指定层中前一个刀具无法触及的拐角。 必须定义部件几何体和参考刀具。指定切削层以确定轮廓加工刀路之间的距离。指定切削区域来确定要进行轮廓加工的面。 建议用于移除前一个刀具由于其直径和拐角半径的原因而无法触及的材料。

3.4.4 UG NX 10.0 固定轴轮廓铣简介

1. 固定轴轮廓铣的特点与应用

固定轴轮廓铣的加工特点是刀具始终沿复杂曲面轮廓进行切削加工，而且刀轴保持固定矢量方向。创建固定轴轮廓铣刀轨的关键是生成驱动点。驱动点可由曲线、边界、面或曲面等驱动几何体生成，并投影到部件几何体上，以产生刀轨。固定轴轮廓铣主要应用于曲面轮廓的半精加工和精加工，以及清角加工。

2. 固定轴轮廓铣的子类型

在【加工创建】工具栏上单击【创建工序】按钮，弹出【创建工序】对话框。在【类型】选项组中选择 mill_contour(轮廓铣)选项，将显示型腔铣加工的子类型(除第一行外)，如

图 3-52 所示。其中，为基本的固定轴轮廓铣，可以满足大多数的曲面加工。

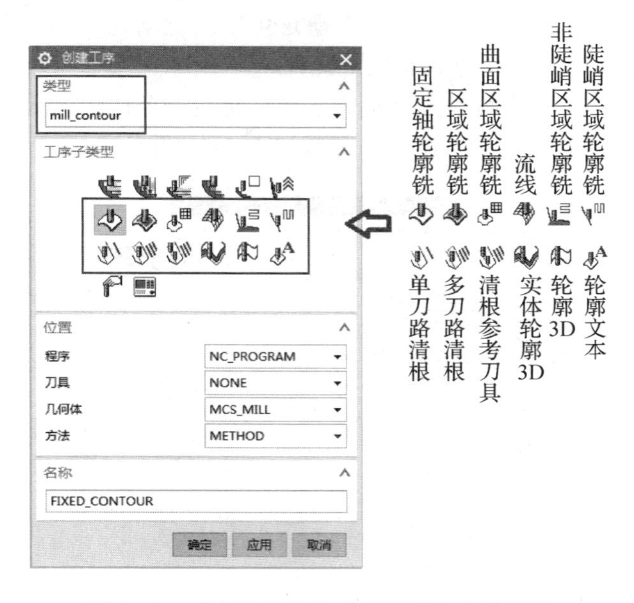

图 3-52　【创建工序】对话框和工序子类型

3. 固定轴轮廓铣的参数设置

选择固定轴轮廓铣加工子类型，并指定操作所在的程序组、几何体、刀具、加工方法，输入操作名称，单击【确定】按钮后，系统打开【固定轮廓铣】对话框，如图 3-53 所示。设置几何体、工具、刀轴、加工方法、切削参数、非切削参数、进给率和速度等参数与型腔铣基本相同，其主要区别在于驱动方法和投影矢量选项的设置。

图 3-53　【固定轮廓铣】对话框

1) 驱动方法

驱动方法定义了创建驱动点的方法，并决定可用的驱动几何体类型，以及投影矢量、刀具轴和切削方法。常用的驱动方式有以下几种。

(1) 区域铣削驱动方法。区域铣削驱动方法允许指定一个切削区域来产生刀位轨迹。【区域铣削驱动方法】对话框如图 3-54 所示，参数如表 3-30 所示。

图 3-54 【区域铣削驱动方法】对话框

表 3-30 【区域铣削驱动方法】对话框的参数及含义

区域铣削	描　述
方法	根据部件表面的陡峭限制切削区域。分以下三种情况。 无：加工整个切削区域。 非陡峭：只加工在部件表面角度小于陡角值的切削区域。 定向陡峭：只加工在部件表面角度大于陡角值的切削区域
切削模式	用于确定刀轨在加工切削区域的运动模式，共有 16 种
步距已应用	用于定义测量步距的位置，有两种方式，如图 3-55 所示。 在平面上：测量垂直于刀轴的平面上的步距，它最适合非陡峭区域。 在部件上：测量沿部件的步距，它最适合陡峭区域

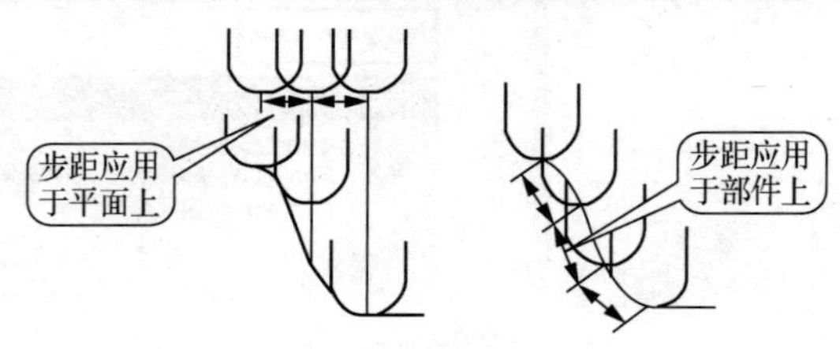

图 3-55 【步距已应用】的两种方式

区域铣削驱动方法在模具加工中应用最广，而且不需要定义驱动几何体。

(2) 清根驱动方法。清根驱动方法将沿着零件面的凹角和凹谷生成驱动点。【清根驱动方法】对话框如图 3-56 所示，参数如表 3-31 所示。

表 3-31　【清根驱动方法】对话框的参数及含义

清根驱动		描　述
驱动几何体	最大凹度	用来指定清根切削刀轨生成的最大凹角。刀轨只在等于或小于最大凹角的区域生成。所输入的凹角值必须小于 179°，并且是正值
	最小切削长度	当刀位轨迹段的长度小于所设置的最小切削长度时，在该处将不生成刀轨
	连接距离	把指定距离内的小的、不连续的切削轨迹连接起来
驱动设置	清根类型	单刀路：沿着凹角与沟槽产生一条单一刀具轨迹。 多个偏置：通过指定偏置数目以及相邻偏置的横向距离，在清根中心的两侧产生多道切削刀具路径。 参考刀具偏置：通过指定一个参考刀具直径来定义加工区域的总宽度，并且指定该加工区中的步距，在以凹槽为中心的任意两边产生多条切削轨迹
	顺序	设置切削刀路被执行的次序

清根驱动方法常用在前面加工中使用了较大直径的刀具而在凹角处留下的残料的加工，也可用于精加工前做半精加工。

(3) 边界驱动方法。边界驱动方法是通过指定边界定义切削区域，功能上类似于区域铣削驱动方法。【边界驱动方法】对话框如图 3-57 所示。边界驱动方法指定驱动几何体的操作类似于平面铣中指定部件边界。

图 3-56　【清根驱动方法】对话框

图 3-57　【边界驱动方法】对话框

(4) 曲线/点驱动方法。曲线/点驱动方法是通过用户指定的点或曲线来定义驱动几何体的。该驱动方法常用于在零件表面雕刻文字或图案，也可进行沟槽的加工。

2) 投影矢量

投影矢量是定义驱动点沿怎样的方向投影到零件面上。一般情况下，固定轴轮廓铣所用的投影矢量为刀轴方向。

4. 固定轴轮廓铣典型应用方式

固定轴轮廓铣子类型主要有：固定轴轮廓铣(FIXED_CONTOUR)、区域轮廓铣(CONTOUR_AREA)、曲面区域轮廓铣(CONTOUR_SURFACE_AREA)等多种类型，其各自适用场合如表 3-32 所示。

表 3-32 固定轴轮廓子类型应用场合

图标	固定轴轮廓铣子类型	适用场合
	固定轴轮廓铣 FIXED_CONTOUR	固定轮廓铣 用于对具有各种驱动方法、空间范围和切削模式的部件或切削区域进行轮廓铣的基础固定轴曲面轮廓铣工序。 根据需要指定部件几何体和切削区域。选择并编辑驱动方法来指定驱动几何体和切削模式。 建议通常用于精加工轮廓形状。
	区域轮廓铣 CONTOUR_AREA	区域轮廓铣 使用区域铣削驱动方法来加工切削区域中面的固定轴曲面轮廓铣工序。 指定部件几何体。选择面以指定切削区域，编辑驱动方法以指定切削模式。 建议用于精加工特定区域。
	曲面区域轮廓铣 CONTOUR_SURFACE _AREA	曲面区域轮廓铣 使用曲面区域驱动方法对选定面定义的驱动几何体进行精加工的固定轴曲面轮廓铣工序。 指定部件几何体。编辑驱动方法以指定切削模式，并在矩形栅格中按行选择面以定义驱动几何体。 建议用于精加工包含顺序整齐的驱动曲面矩形栅格的单个区域。
	流线 STREAMLINE	流线 使用流曲线和交叉曲线来引导切削模式并遵照驱动几何体形状的固定轴曲面轮廓铣工序。 指定部件几何体和切削区域，编辑驱动方法来选择一组流曲线的交叉曲线以引导和包含路径，指定切削模式。 建议用于精加工复杂形状，尤其是要控制光顺切削模式的流和方向。

续表

图标	固定轴轮廓铣子类型	适用场合
	非陡峭区域轮廓铣 CONTOUR_AREA_NON_STEEP	非陡峭区域轮廓铣 使用区域铣削驱动方法来切削陡峭度大于特定陡角的区域的固定轴曲面轮廓铣工序。 指定部件几何体，选择面以指定切削区域。编辑驱动方法以指定陡角和切削模式。 在 ZLEVEL_PROFILE 一起使用，以精加工具有不同策略的陡峭和非陡峭区域。切削区域将基于陡角在两个工序间划分。
	陡峭区域轮廓铣 CONTOUR_AREA_DIR_STEEP	陡峭区域轮廓铣 使用区域铣削驱动方法来切削陡峭度大于特定陡角的区域的固定轴曲面轮廓铣工序。 指定部件几何体，选择面以指定切削区域。编辑驱动方法以指定陡角和切削模式。 在 CONTOUR_AREA 后使用，以通过将陡峭区域中的往复切削进行十字交叉来减少残余高度。

清根子类型主要有：单刀路清根(FLOWCUT_SINGLE)、多刀路清根(FLOWCUT_MULTIPLE)、清根参考刀具(FLOWCUT_REF_TOOL)、实体轮廓 3D(SOLID_PROFILE_3D)、轮廓 3D(PROFILE_3D)和轮廓文本(CONTOUR_TEXT)等多种类型，其各自适用场合如表 3-33 所示。

图 3-33　清根子类型应用场合

图标	清根子类型	适用场合
	单刀路清根 FLOWCUT_SINGLE	单刀路清根 通过清根驱动方法使用单刀路精加工或修整拐角和凹部的固定轴曲面轮廓铣。 指定部件几何体，根据需要指定切削区域。 建议用于移除精加工前拐角处的余料。
	多刀路清根 FLOWCUT_MULTIPLE	多刀路清根 通过清根驱动方法使用多刀路精加工或修整拐角和凹部的固定轴曲面轮廓铣。 指定部件几何体，根据需要指定切削区域和切削模式。 建议用于移除精加工前后拐角处的余料。

续表

图标	清根子类型	适用场合
	清根参考刀具 FLOWCUT_REF_TOOL	清根参考刀具 使用清根驱动方法在指定参考刀具确定的切削区域中创建多刀路。 指定部件几何体，根据需要选项面以指定切削区域，编辑驱动方法以指定切削模式和参考刀具。 建议用于移除由于之前刀具直径和拐角半径的原因而处理不到的拐角中的材料。
	实体轮廓 3D SOLID_PROFILE_3D	实体轮廓 3D 沿着选定竖直壁的轮廓边描绘轮廓。 指定部件和壁几何体。 建议用于精加工需要以下 3D 轮廓边(如在修边模上发现的)的竖直壁。
	轮廓 3D PROFILE_3D	轮廓 3D 使用部件边界描绘 3D 边或曲线的轮廓。 选择 3D 边以指定平面上的部件边界。 建议用于线框模型。
	轮廓文本 CONTOUR_TEXT	轮廓文本 轮廓曲面上的机床文本。 指定部件几何体，选择制图文本作为定义刀路的几何体。编辑文本深度来确定切削深度，文本将投影到沿固定刀轴的部件上。 建议用于加工简单文本，如标识号。

3.4.5 技能训练

反光镜凹模
自动编程

以“反光镜凹模”加工为训练载体，完成程序的创建、刀具的创建、几何体的创建和工序的创建等操作，流程如表 3-34 所示。

表 3-34　“反光镜凹模”零件加工流程

<table>
<tr><td colspan="2"> UG 建模模块</td></tr>
<tr><td>1. 打开“反光镜凹模”模型
2. 调整工作坐标系至反光镜凹模顶面左侧后方角落，保持与加工坐标系一致，以方便实际对刀和数据检验</td><td></td></tr>
<tr><td colspan="2"> UG 加工模块</td></tr>
<tr><td>1. 设置【加工环境】
CAM 会话配置：cam_general
CAM 设置：mill_contour</td><td>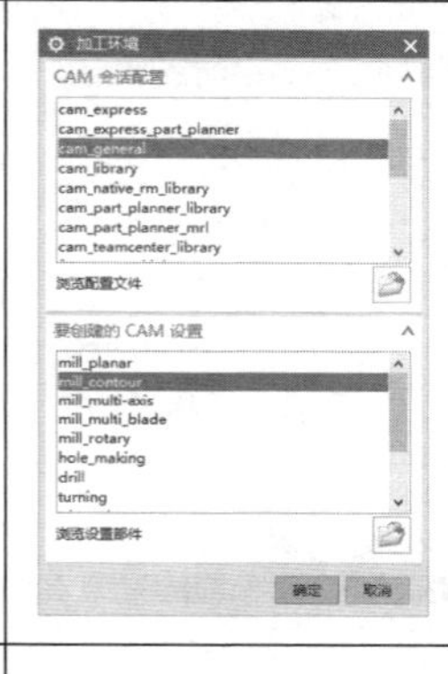</td></tr>
<tr><td>2. 创建程序(程序顺序视图)
类型：mill_planar
程序名：PROGRAM</td><td>若每把刀具操作比较少，可不分程序名，选用默认程序名创建所有操作</td></tr>
<tr><td>3. 创建刀具(机床视图)
类型：mill_planar
刀具子类型：MILL
名称：T1D50
名称：T2D10
名称：T3D10R5
名称：T4D5R2.5</td><td>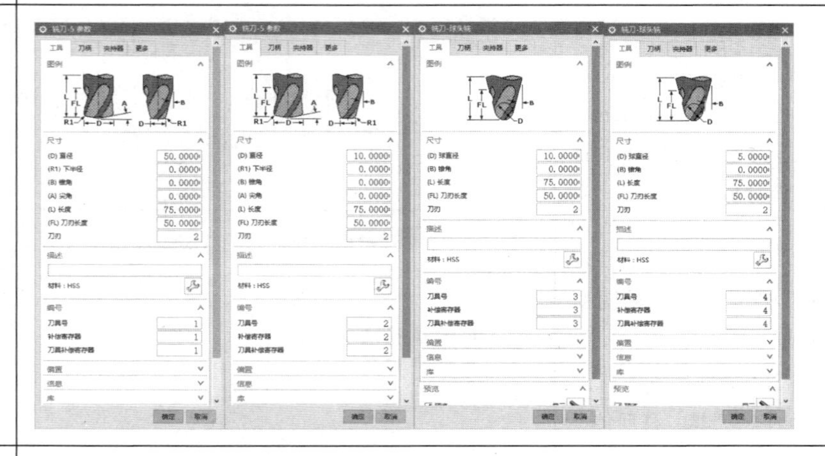</td></tr>
<tr><td>4. 创建几何体(几何视图)
注：工序导航器-几何，有默认的一组 MCS 和 WORKPIECE。</td><td></td></tr>
</table>

续表

加工 UG 加工模块	
(1) 双击MCS_MILL选项，动态设置加工坐标系与建模时工件系一致。	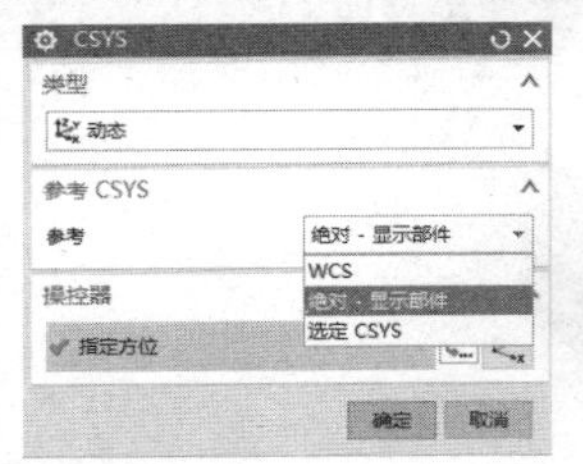 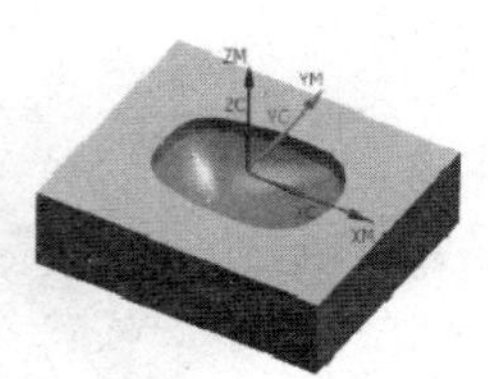
(2) 双击 WORKPIECE 选项，指定部件及毛坯。注：毛坯几何体选择【包容块】。	 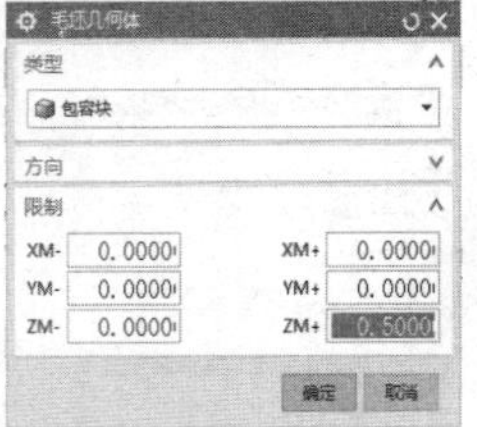 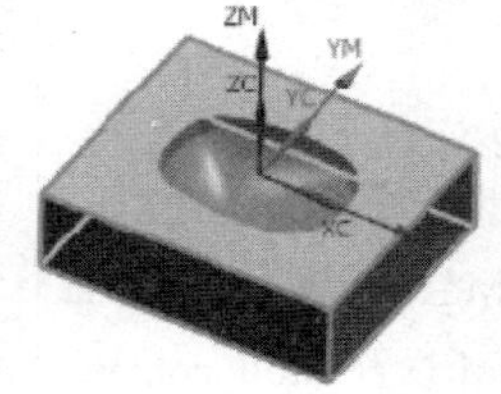
5. 创建方法 ● 粗加工：部件余量 1 mm，内外公差 0.08 mm； ● 半精加工：部件余量 0.3 mm，内外公差 0.03 mm； ● 精加工：部件余量 0，内外公差 0.01 mm。 以上参数可根据加工需要自行拟定。	  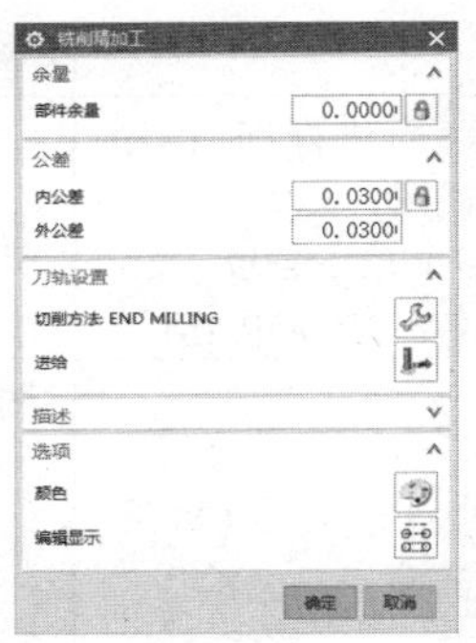
6. 创建工序(精铣零件顶面) 工序子类型：面铣 (程序、刀具、几何体、方法如图示) 名称： FACE_MILLING_TOP	

续表

 UG 加工模块	
(1) 指定面边界。 采用【面】方式选择零件的顶面。	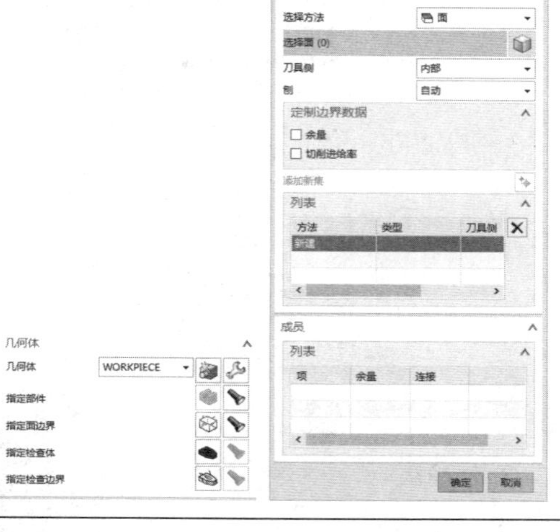 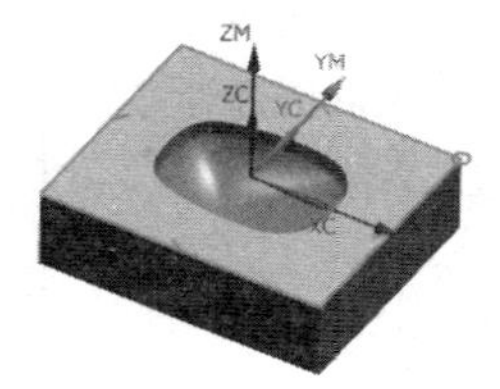
(2) 刀轨设置。 切削模式：单向 毛坯距离：0.5 mm 每刀切削深度：0.5 其余参数默认。	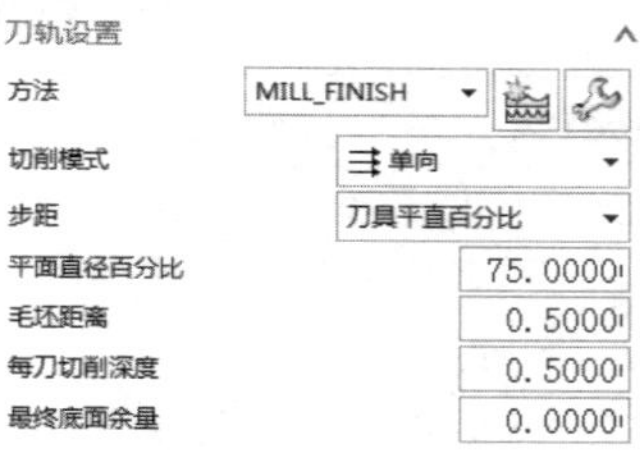
(3) 进给率和速度。 主轴速度：3500 r/min 进给率：1250 mm/min	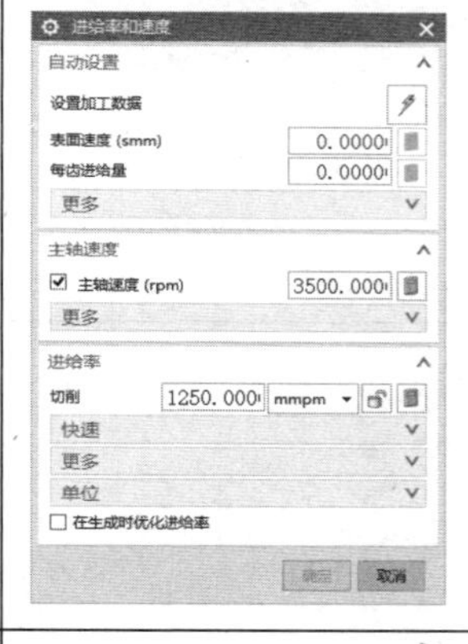
(4) 在【操作】工具条中单击【生成】按钮，即可在零件上生成刀路。	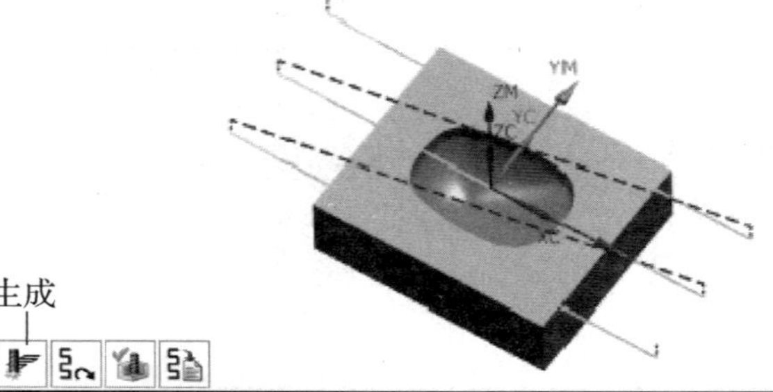

续表

UG 加工模块

<table>
<tr><td>(5) 在【操作】工具条中单击【确认】按钮，在打开的对话框中选择2D或3D，调整动画速度，确定后可查看仿真加工。</td><td>
确认
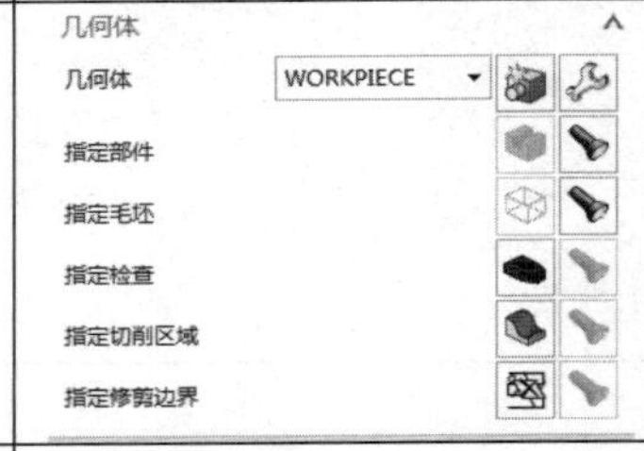</td></tr>
<tr><td>7. 创建工序(粗铣型腔)
工序子类型：型腔铣
(程序、刀具、几何体、方法如图示)
名称：
CAVITY_MILL_ROUGH</td><td></td></tr>
<tr><td>(1) 几何体。
均默认，不设置。</td><td>几何体
几何体 WORKPIECE
指定部件
指定毛坯
指定检查
指定切削区域
指定修剪边界</td></tr>
<tr><td>(2) 刀轨设置。
方法：MILL_ROUGH
切削模式：跟随周边
步距：刀具平直百分比
平面直径百分比：50
最大距离：1</td><td>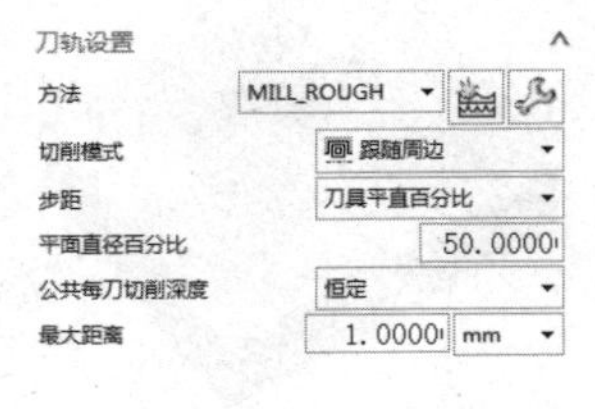</td></tr>
</table>

续表

 加工　UG 加工模块	
(3) 切削层。 参数默认，不设置。 注：在零件结构复杂，需分范围设置切削层每次下刀量时可具体设置右图中的参数。	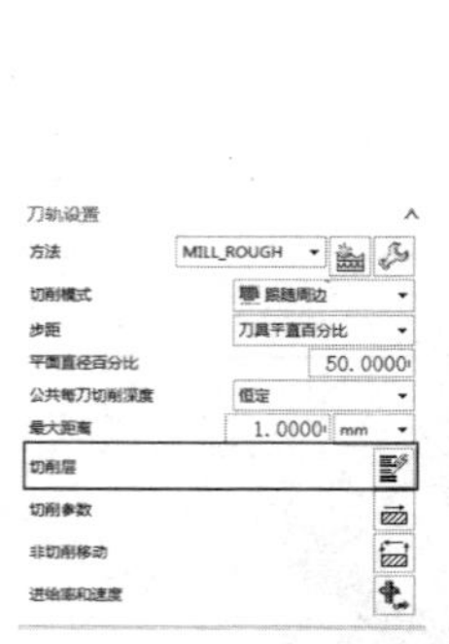 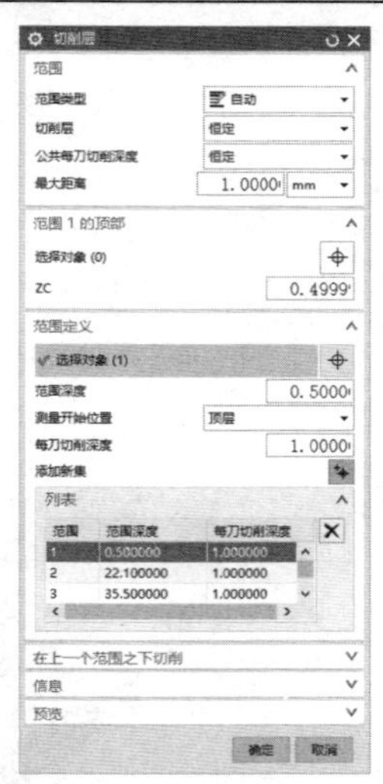
(4) 切削参数。 余量：使底面余量与侧面余量一致。	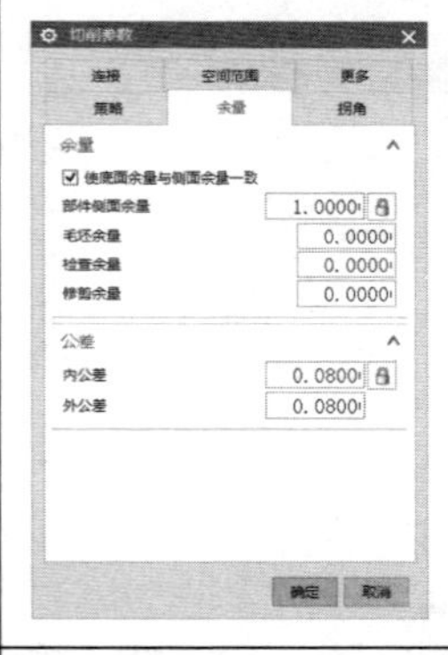
(5) 【非切削移动】对话框中【进刀】选项卡的参数设置。 进刀类型：螺旋 直径：20% 斜坡角：15 高度：3 高度起点：前一层 最小安全距离：0 最小斜面长度：20% 注：其余参数默认。	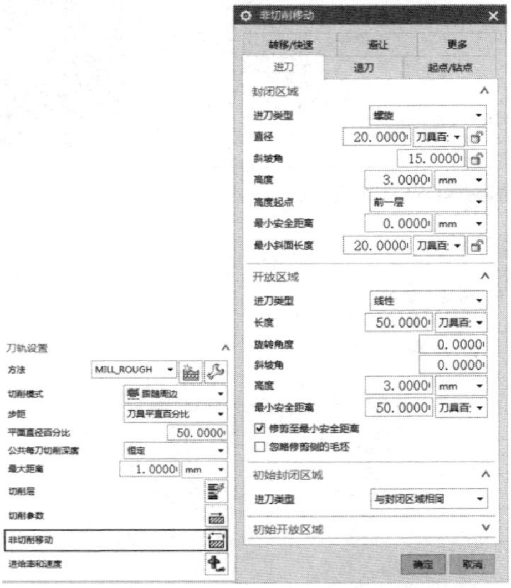

续表

 加工 UG 加工模块	
(6) 【进给率和速度】对话框各参数设置。 主轴速度：3000 r/min 进给率：1000 mm/min	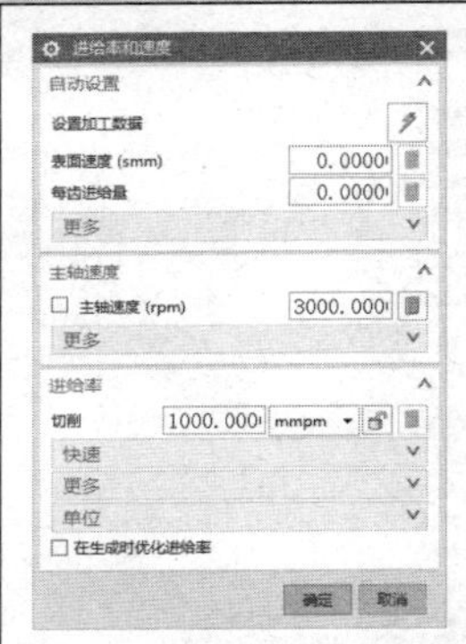
(7) 在【操作】工具条中单击【生成】按钮，即可在零件上生成刀路。	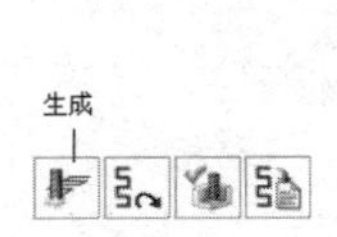 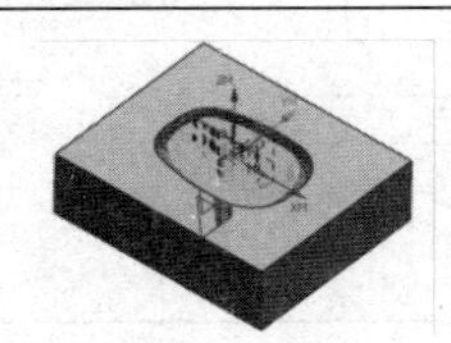
(8) 在【操作】工具条中单击【确认】按钮，在弹出的对话框中选择 2D 或 3D，调整动画速度，确定后可查看仿真加工。	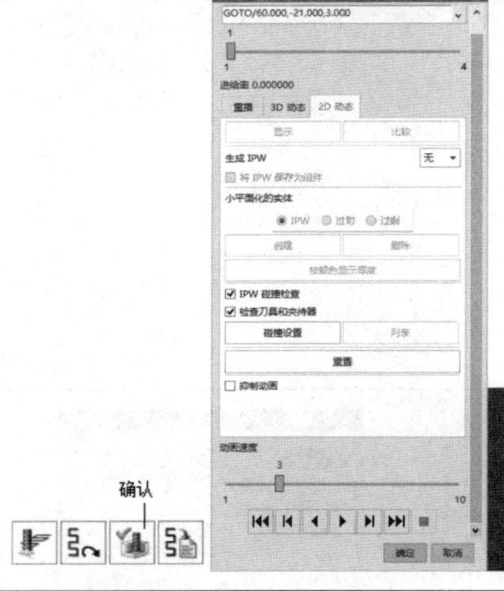 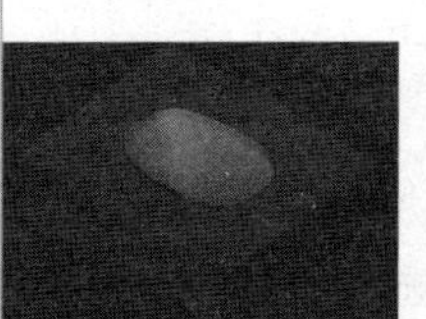
8. 创建工序(半精铣型腔) 工序子类型：区域轮廓铣 (程序、刀具、几何体、方法如图示) 名称： CONTOUR_AREA_SEMI_FINISH	

续表

 加工　UG 加工模块	
(1) 几何体。 指定切削区域：选择型腔各面。	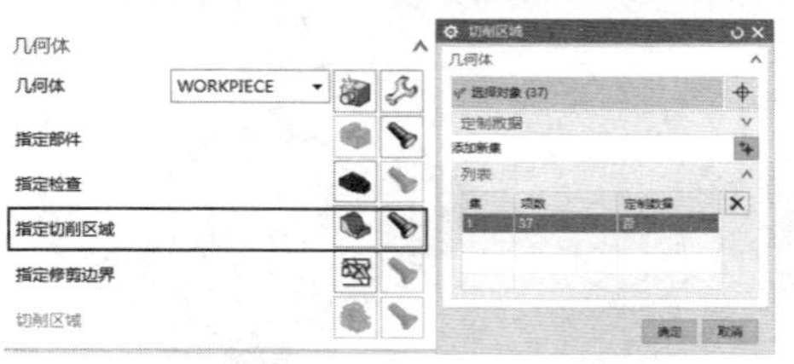 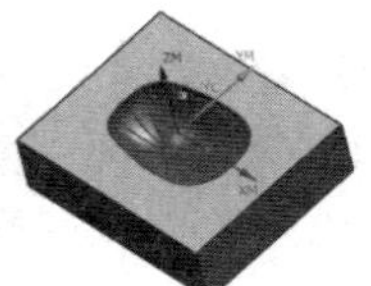
(2) 驱动方法。 方法：区域铣削 【区域铣削驱动方法】对话框各参数设置。 非陡峭切削模式：跟随周边 切削方向：顺铣 步距：恒定 最大距离：0.3 步距已应用：在部件上 剖切角：自动	
(3) 刀轨设置。 方法：SEMI_FINISH	
(4) 切削参数。 【余量】选项卡参数设置。 部件余量：0.25。	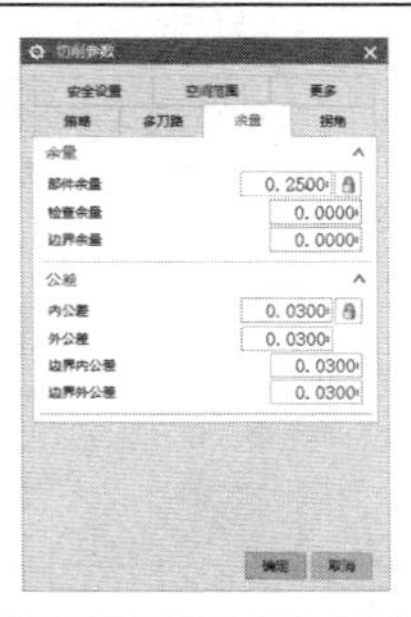
(5) 【进给率和速度】对话框各参数设置。 主轴速度：3000 r/min 进给率：1500 mm/min	

续表

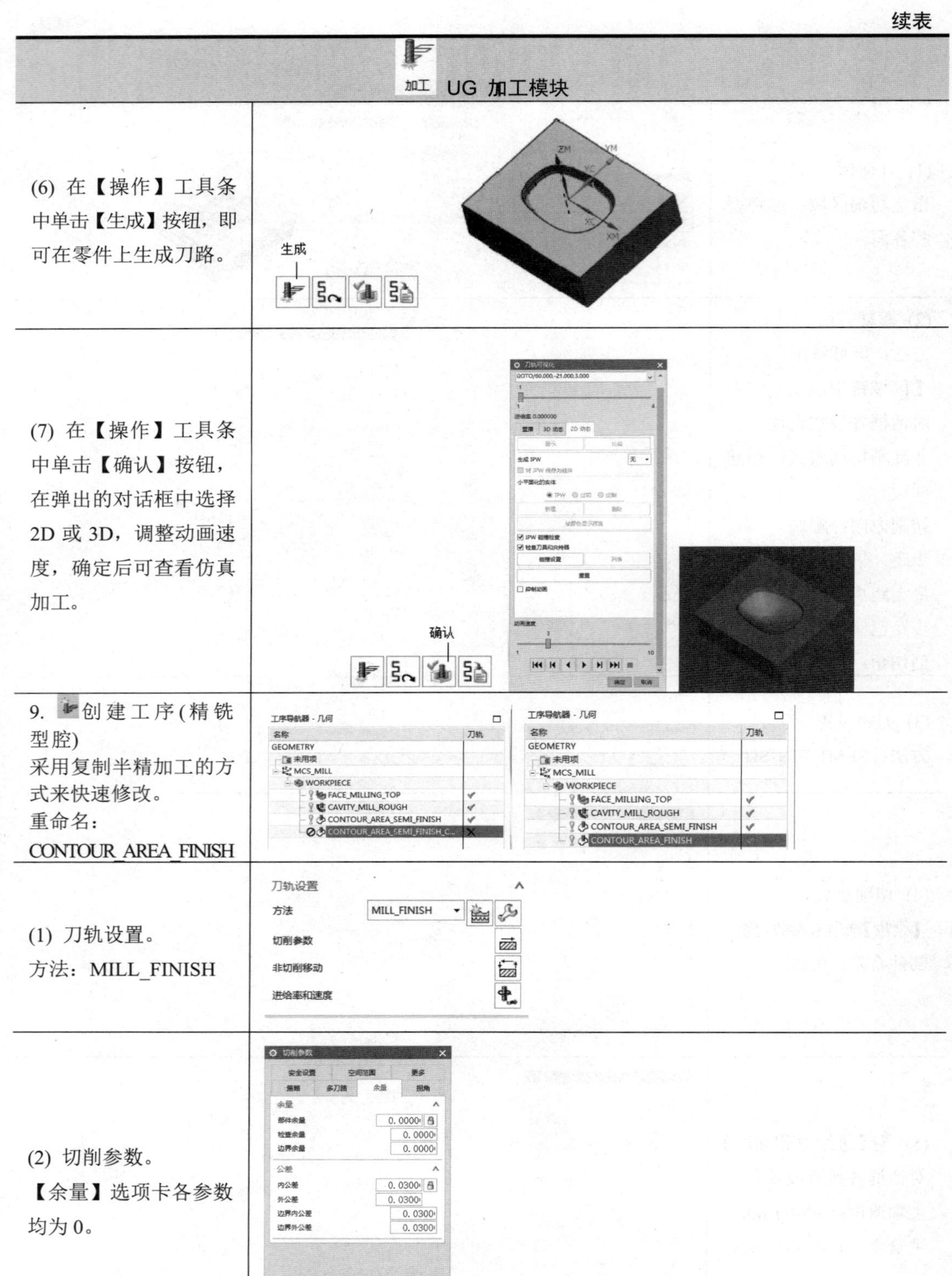

加工 UG 加工模块	
(6) 在【操作】工具条中单击【生成】按钮，即可在零件上生成刀路。	生成
(7) 在【操作】工具条中单击【确认】按钮，在弹出的对话框中选择 2D 或 3D，调整动画速度，确定后可查看仿真加工。	确认
9. 创建工序(精铣型腔) 采用复制半精加工的方式来快速修改。 重命名： CONTOUR_AREA_FINISH	工序导航器 - 几何 名称 刀轨 GEOMETRY 未用项 MCS_MILL WORKPIECE FACE_MILLING_TOP CAVITY_MILL_ROUGH CONTOUR_AREA_SEMI_FINISH CONTOUR_AREA_FINISH
(1) 刀轨设置。 方法：MILL_FINISH	刀轨设置 方法 MILL_FINISH 切削参数 非切削移动 进给率和速度
(2) 切削参数。 【余量】选项卡各参数均为 0。	切削参数 余量 部件余量 0.0000 检查余量 0.0000 边界余量 0.0000 公差 内公差 0.0300 外公差 0.0300 边界内公差 0.0300 边界外公差 0.0300 确定 取消

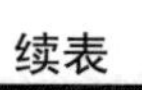

续表

加工 UG 加工模块	
(3) 【进给率和速度】对话框各参数设置。 主轴速度：3500 r/min 进给率：1000 mm/min	
(4) 在【操作】工具条中单击【生成】按钮，即可在零件上生成刀路。	 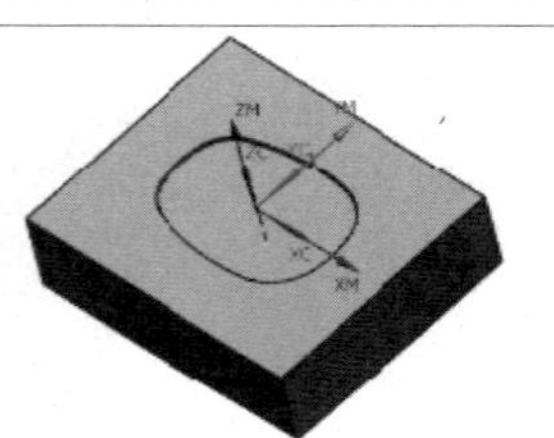
(5) 在【操作】工具条中单击【确认】按钮，在弹出的对话框中选择 2D 或 3D，调整动画速度，确定后可查看仿真加工。	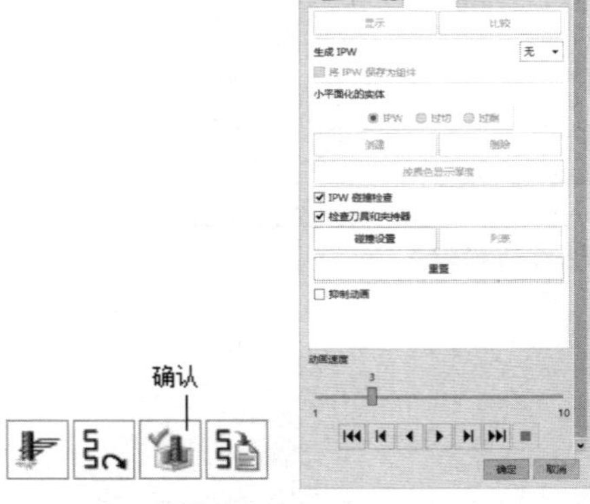 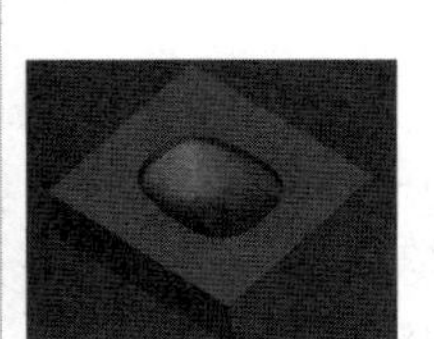
10. 创建工序(型腔清根) 工序子类型：清根参考刀具 (程序、刀具、几何体、方法如图示) 名称： FLOWCUT_REF_TOOL	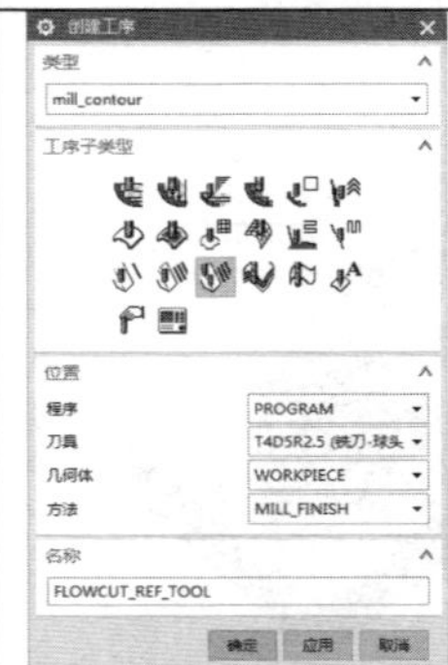

续表

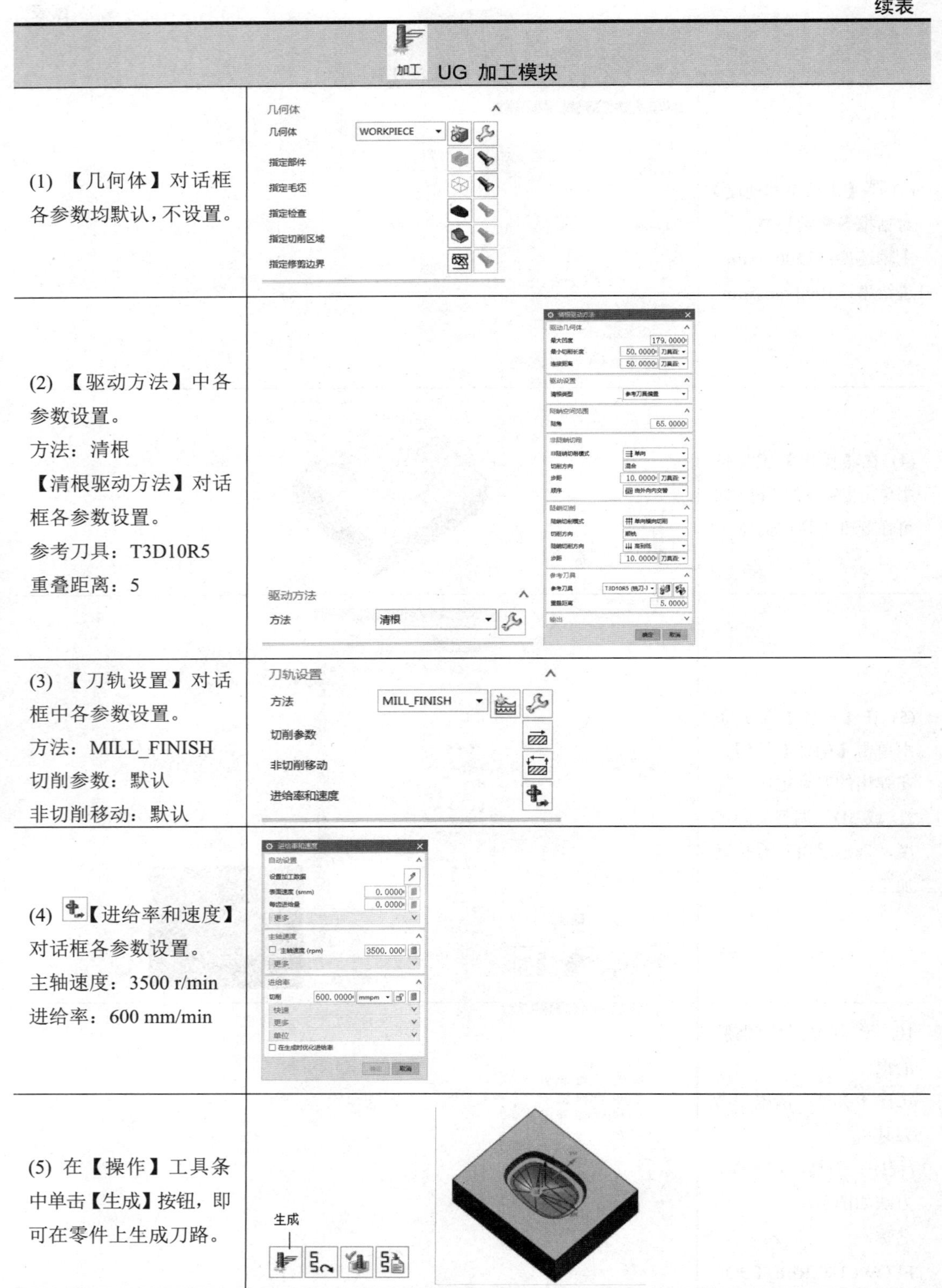

加工 UG 加工模块	
(1) 【几何体】对话框各参数均默认，不设置。	
(2) 【驱动方法】中各参数设置。 方法：清根 【清根驱动方法】对话框各参数设置。 参考刀具：T3D10R5 重叠距离：5	
(3) 【刀轨设置】对话框中各参数设置。 方法：MILL_FINISH 切削参数：默认 非切削移动：默认	
(4) 【进给率和速度】对话框各参数设置。 主轴速度：3500 r/min 进给率：600 mm/min	
(5) 在【操作】工具条中单击【生成】按钮，即可在零件上生成刀路。	

续表

 UG 加工模块	
(6) 在【操作】工具条中单击【确认】按钮，在弹出的对话框中选择 2D 或 3D，调整动画速度，确定后可查看仿真加工。	 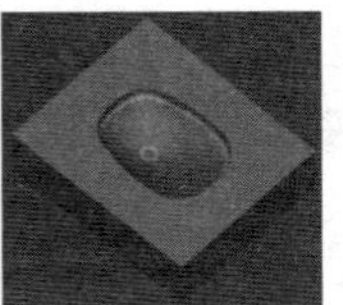
11. 后处理 打开工序导航器(程序视图)，选择单个或多个操作后右击【后处理】按钮，选择适合机床型号的后处理器，输出相应文件后保存。	

3.4.6　中英文对照

(1) 利用计算机进行工艺过程设计、数控编程、作业计划编制和生产调度以及工夹量具的管理，形成一个独立的人-机系统。

In the AMI, by means of computer, the process planning, NC programing, production planning and scheduling as well as tool management are integrated together.

(2) 在整体工步排序过程中，研究了装夹内工步的排序问题。

The ordering of the steps in one stabilizing grip is researched, which is a TSP problem.

(3) 它对走刀路线控制灵活，生成的刀具轨迹均匀，效率高，适合于自由曲面的加工。

It can freely control the cutting-line, and can generate the average tool path. It is suit to the machining of free-form surfaces.

3.4.7 拓展思考

1. 选择题

(1) 球头铣刀的球半径通常(　　)加工曲面的曲率半径。

A. 小于　　B. 大于　　C. 等于　　D. ABC 都可以

(2) 刀具的选择主要取决于工件的结构、工件的材料、加工工序和(　　)。

A. 设备　　B. 加工余量

C. 加工精度　　D. 工件被加工表面的粗糙度

(3) 铣削零件外轮廓时用(　　)方式进行铣削，铣刀的耐用度较高，获得加工面的表面粗糙度值也较小。

A. 对称铣　　B. 逆铣　　C. 顺铣　　D. 立铣

(4) 数控机床使用的刀具必须具有较高强度和耐用度，铣削加工刀具常用的刀具材料是(　　)。

A. 硬质合金　　B. 高速钢　　C. 工具钢　　D. 陶瓷刀片

(5) DNC 技术是：(　　)。

A. 直接数字控制　　B. 直接数字控制或分布数字控制

C. 分布数字控制　　D. 群控

(6) 生产中，铣削曲面时，常采用(　　)。

A. 鼓型铣刀　　B. 球头铣刀　　C. 立铣刀　　D. 玉米铣刀

2. 判断题

(1) UG NX 10.0 中型腔铣一般用于粗加工操作。(　　)

(2) UG NX 10.0 中固定轴曲面轮廓铣用于所有轮廓的半精加工和精加工操作。(　　)

(3) 广义 CAM 通常是指对 NC 程序的编制。(　　)

(4) 成组技术的原理是将结构和工艺相似的零件归纳成组。(　　)

3. 问答题

(1) 当粗加工、精加工曲面类的零件时，一般选择何种操作类型？

(2) 什么是顶部切削层(Top Level)和区间顶部(Range Top)？

(3) 在型腔铣中，生成刀轨时如果出现“Tool Cannot Cut into Any Level”的警告信息，这时应检查哪些设置？

(4) 平面铣和型腔铣中各用什么参数定义切削深度(Cut Depth)？

(5) 选择各种驱动方法的依据是什么？

(6) 非切削运动中的工作状况(Case)是什么意思？

4. 编程题

采用 UG NX CAM 中型腔铣和固定轴曲面铣加工方式，完成图 3-58 所示的反光镜凸模零件。毛坯尺寸：45 钢块料 120 mm×100 mm×15 mm。

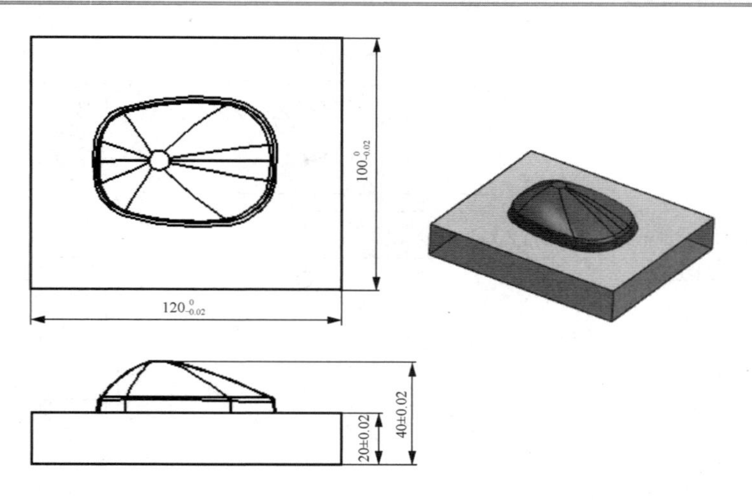

图 3-58 反光镜凸模零件

任务 3.5 UG NX 10.0 适配器板零件的自动编程

3.5.1 任务目标

广泛查阅相关资料，掌握 UG NX CAM 点位加工操作方式；掌握点位加工的参数设置；能采用点位加工方式完成“适配器板”零件的程序编制和仿真加工；培养学生工艺编制能力和理论、实际一体化实践能力。

适配器板零件如图 3-59 所示。

图 3-59 适配器板

3.5.2 “适配器板”零件的加工工艺

如图 3-60 所示适配器板(Adaptor Plate Universal Hopper)零件，材质为 ANSI 1010/1020，相当于国内的 10＃优质碳素钢，单件重量为 5.9 kg，批量为 200 件，该零件的交货期为 10 个工作日。

适配器板零件主要由型腔、通孔和螺纹孔等组成。根据零件的形体特征和精度要求分析，在数控加工这道工序中，选择尺寸为 300mm×165mm×20mm 的精磨钢料作为加工对象。型腔和大孔采用先粗铣再精铣的加工方案，ϕ10H7 光孔采用先钻底孔再铰孔的方案，M5、M10 螺纹孔采用先钻底孔再攻丝的方案。

在刀具选用方面，“适配器板”零件型腔和大孔的粗、精铣选择ϕ20 的涂层钨钢平底立铣刀；采用 A3 高速钢中心钻钻所有中心孔；M5 螺纹孔底孔钻选用ϕ4.2 高速钢麻花钻，M10 螺纹孔底孔钻选用ϕ9.8 高速钢麻花钻，ϕ10 光孔底孔钻选用ϕ9.8 麻花钻；M5 攻丝采用 M5 高速钢丝锥，M10 攻丝采用 M10 高速钢丝锥；ϕ10 光孔精加工采用ϕ10 高速钢铰刀。

根据车间生产及教学需要，遵循基准先行、先粗后精、先主后次、先面后孔的原则，制定如表 3-35 所示的“适配器板”零件数控加工工艺卡。

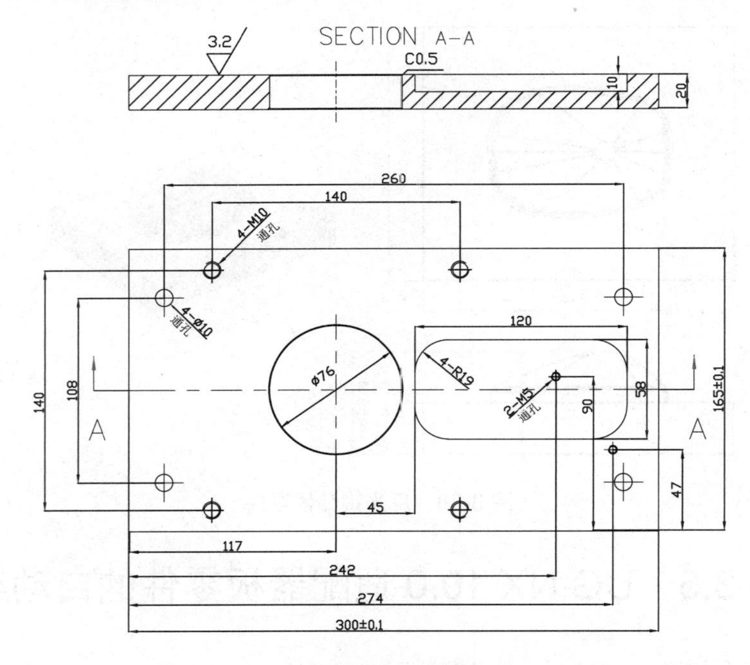

图 3-60 适配器板零件图

表 3-35 “适配器板”零件数控加工工艺卡

单位：×××××××× 编制：××× 审核：×××

零件名称	适配器板	设备	加工中心	机床型号	FADAL-3016L
工序号	1	毛坯	85mm×55mm×35mm 钢块	夹具	平口钳

刀具表		量具表		工具表	
T01	ϕ20 涂层钨钢平底立铣刀	1	游标卡尺(0～150 mm)	1	扳手
T02	A3 高速钢中心钻	2	千分尺(0～25 mm)	2	垫块
T03	ϕ4.2 高速钢麻花钻	3	千分尺(25～50 mm)	3	塑胶榔头
T04	ϕ8.5 高速钢麻花钻	4	深度游标卡尺	4	
T05	ϕ9.8 高速钢麻花钻				
T06	M5 高速钢丝锥				
T07	M10 高速钢丝锥				
T08	ϕ10 高速钢铰刀				

序号	工艺内容	切削用量			备注
		S/(r/min)	F/(mm/r)	a_p/mm	
1	T01 刀粗铣零件型腔和大孔(留 0.25 mm)	2500	1250	1	
2	T01 刀精铣零件型腔和大孔	4000	1250	5	
3	T02 刀点所有中心孔	2000	150	5	
4	T03 刀预钻 M5 螺纹孔底孔ϕ4.2	1500	100		
5	T04 刀预钻 M10 螺纹孔底孔ϕ8.5	1000	100		
6	T05 刀预钻ϕ10H7 底孔ϕ9.8	1000	100		
7	T06 刀攻 M5 螺纹	200	300		
8	T07 刀攻 M10 螺纹	300	450		
9	T08 刀铰ϕ10H7 孔	80	50		

3.5.3　UG NX 10.0 点位加工简介

1. 点位加工(Point Milling)的特点与应用

点位加工可用于钻孔、扩孔、铰孔、镗孔和攻螺纹等操作。点位加工的关键是孔位的选择、加工表面的设置、加工底面的设置、路径的优化以及循环设置等。

2. 点位加工的子类型

在【加工创建】工具栏上单击【创建操作】按钮，弹出【创建工序】对话框。在【类型】下拉列表框中选择 drill(钻)选项，将显示点位加工子类型，如图 3-61 所示。

3. 点位加工的参数设置

选择点位加工子类型，并指定操作所在的位置，输入操作名称，单击【确定】按钮后，系统将打开【锪孔[SPOT-FACING]】对话框，如图 3-62 所示。

图 3-61　点位加工子类型

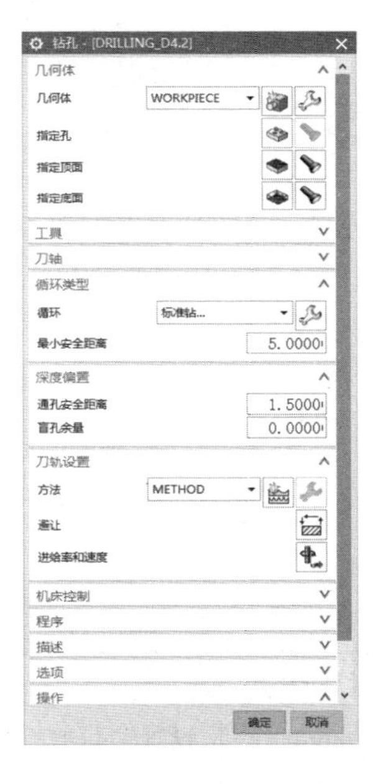

图 3-62　“钻加工”对话框

1) 几何体

点位加工几何体包括几何体、指定孔、指定顶面、指定底面等，如图 3-62 所示。

(1) 指定孔 (Specify Holes)。单击【指定孔】后面的按钮，弹出【点到点几何体】对话框，如图 3-63 所示。单击【选择】按钮，弹出【孔选择】对话框，如图 3-64 所示，该对话框提供了多种选择孔的方法。

(2) 指定部件表面和底面。单击【指定部件表面】后面的按钮或【指定底面】后面的按钮，弹出【指定面的方式】对话框。系统提供了 4 种指定面的方式，分别是【面】、【一般面】、【ZC 平面】和【无】。

2) 循环设置(Cycle Evolution)

单击【循环】右侧的下拉按钮，从中选择相应的循环类型，将弹出【Cycle 数】对话框，如图 3-65 所示，循环参数的含义如表 3-36 所示。

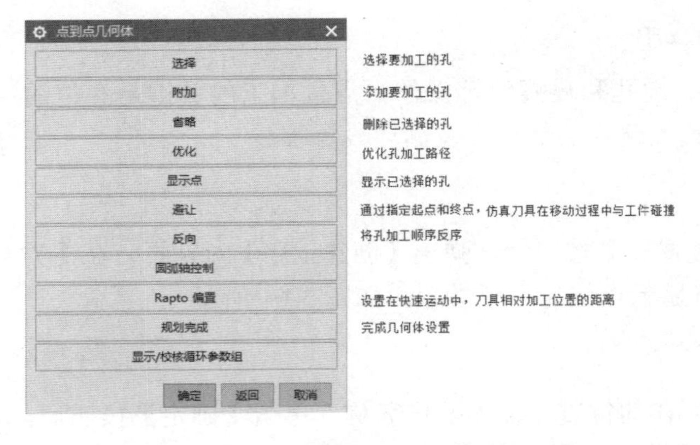

图 3-63 【点到点几何体】对话框

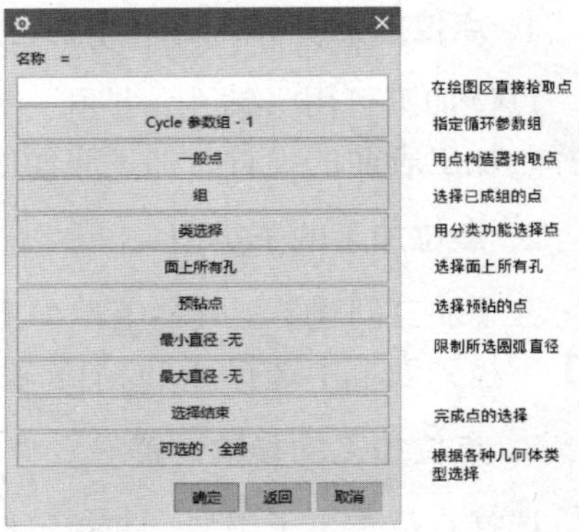

图 3-64 【孔选择】对话框

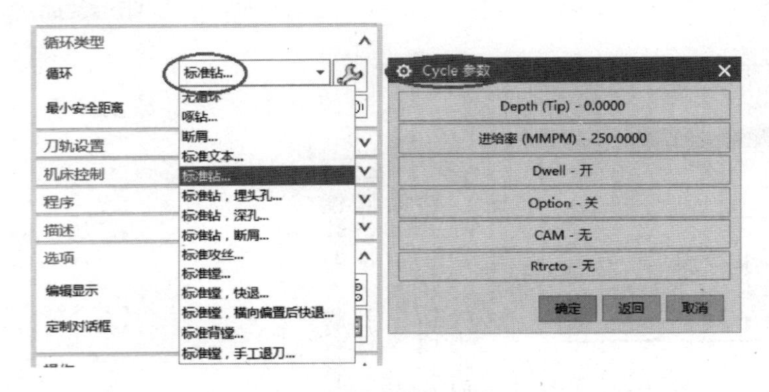

图 3-65 循环设置

表 3-36 循环参数的含义

循环参数	参数描述	循环参数	参数描述
Depth(Tip)	设置钻孔加工的深度	Option	设置是否在循环语句中加入 Option
进给率(MMPM)	设置孔加工的进给率	CAM	设置是否将孔钻移动到 CAM 的停留位置
Dwell	设置刀具在切削深度处的延迟、停留时间	Rtrcto	设置在加工完毕后刀具退出的距离

3) 最小安全距离(Minimum Clearance)

最小安全距离是指 G 指令中的 R 值，即从该位置起刀具将做切削运动，如图 3-66 所示。

4) 深度偏置(Depth Offset)

深度偏置是指钻通孔时穿过加工底面的穿透量，或者是钻盲孔时孔底部的保留量，如图 3-67 所示。

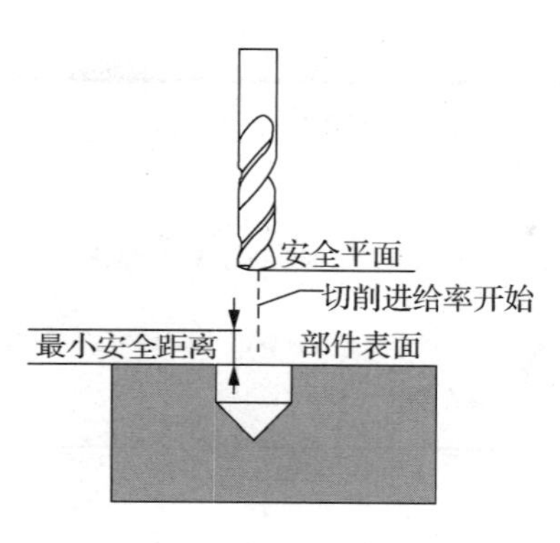

图 3-66　最小安全距离

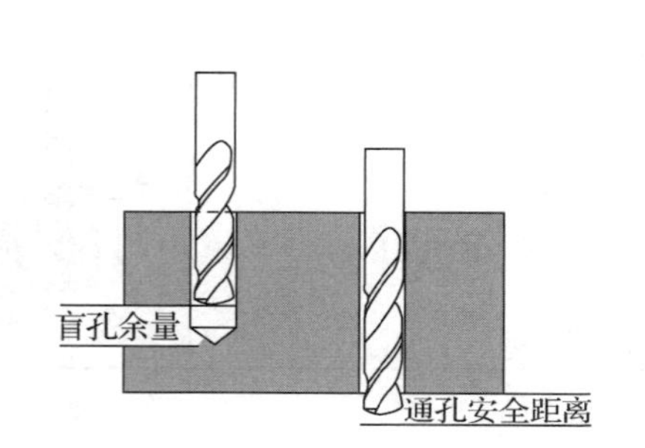

图 3-67　深度偏置

3.5.4　点位加工典型应用方式

点位加工的子类型有：锪孔(SPOT_FACING)、定心钻(SPOT_DRILLING)、钻孔(DRILLING)、啄钻(PECK_DRILLING)、断屑钻(BREAKCHIP_DRILLING)、镗孔(BORING)、铰(REAMING)、沉头孔加工(COUNTERBORING)、钻埋头孔(COUNTERBORING)、攻丝(TAPPING)、铣(HOLE_MILLING)、螺纹铣(THREAD_MILLING)等多种类型，其各自适用场合如表 3-37 所示。

表 3-37　点位加工子类型适用场合

图标	点位加工子类型	适用场合
	锪孔 SPOT_FACING	锪孔 切削别的轮廓曲面上圆形、平整面的点到点钻孔工序。 选择曲线、边或点以定义孔顶部，选择面、平面或指定 ZC 值来定义顶部曲面，选择“用圆弧的轴”沿不平行的中心线切削。 建议用于创建面以安置螺栓头或垫圈，或者配对部件进行平齐安装。
	定心钻 SPOT_DRILLING	定心钻 切削圆锥面以扩大现有孔顶部的点到点钻孔工序。 几何需求和刀具轴规范与基础钻孔的相同。 这是原有工序，其大部分功能现在可在手工钻孔中找到，请尽可能使用“钻孔”中的“定心钻”工序。
	钻孔 DRILLING	钻孔 执行送入至深度并在盲孔和通孔上快速退刀的基础点到点钻孔。 选择曲线、边或点以定义孔顶部，选择面、平面或指定 ZC 值以定义顶部曲面，选择“用圆弧的轴”以沿不平行的中心线进行切削。 这是原有工序，其大部分功能现在可在手工钻孔中找到，请尽可能使用“钻孔”中的“钻孔”工序。

续表

图标	点位加工子类型	适用场合
	啄钻 PECK_DRILLING	啄钻 送入增量深度以进行断屑后从孔完全退刀的点到点钻孔工序。 几何需求和刀轴规范与基础钻孔的相同。 建议用于钻深孔。
	断屑钻 BREAKCHIP_DRILLING	断屑钻 送入增量深度以进行断屑后轻微退刀的点到点钻孔工序。 几何需求和刀轴规范与基础钻孔的相同。 建议用于钻深孔。
	镗孔 BORING	镗孔 执行镗孔循环的点到点钻孔工序，镗孔循环根据编程进刀设置送入到深度，然后从孔退刀。 几何需求和刀轴规范与基础钻孔的相同。 建议用于扩大已预钻的孔。
	铰 REAMING	铰 使用绞刀持续对部件进行进刀退刀的点到点钻孔工序。 几何需求和刀轴规范与基础钻孔的相同。 增加预钻孔大小和精加工的准确度。
	沉头孔加工 COUNTERBORING	沉头孔加工 切削平整面以扩大现有孔顶部的点到点钻孔工序。 几何需求和刀轴规范与基础钻孔的相同。 建议创建面以安置螺栓头或垫圈，或者对配对部件进行平齐安装。
	钻埋头孔 COUNTERBORING	钻埋头孔 切削圆锥面以扩大现有孔顶部的点到点钻孔工序。 几何需求和刀轴规范与基础钻孔的相同。 这是原有工序，其大部分功能现在可在手工钻孔中找到，请尽可能使用“钻孔”中的“钻埋头孔”工序。
	攻丝 TAPPING	攻丝 执行攻丝循环的点到点钻孔工序，攻丝循环会在盲孔和通孔上送入，反转主轴，然后送出。 几何需求和刀轴规范与基础钻孔的相同。 这是原有工序，其大部分功能现在可在手工钻孔中找到，请尽可能使用“钻孔”中的“攻丝”工序。

续表

图标	点位加工子类型	适用场合
	孔铣 HOLE_MILLING	孔铣 使用螺旋式和/或螺旋切削模式来加工盲孔和通孔或凸台。 选择孔几何体或使用已识别的孔特征，处理中特征的体积确定了要移除的材料。 建议在对太大而无法钻孔的凸台或孔进行加工时使用。
	螺纹铣 THREAD_MILLING	螺纹铣 加工孔或凸台的螺纹。 螺纹参数和几何体信息可以从几何体、螺纹特征或刀具派生，也可以明确指定，刀具的成形和螺距必须匹配工序中指定的成形和螺纹，选择孔几何体或使用已识别的孔特征。 建议在对太大而无法攻丝或冲模的螺纹进行切削时使用。

3.5.5 技能训练

以“适配器板”加工为训练载体，完成程序的创建、刀具的创建、几何体的创建和工序的创建等操作，流程如表 3-38 所示。

表 3-38　“适配器板”零件加工流程

建模 UG 建模模块	
1. 打开“适配器板”模型 2. 调整工作坐标系至适配器板顶面左侧后方角落，保持与加工坐标系一致，以方便实际对刀和数据检验	
加工 UG 加工模块	
1. 设置加工环境 CAM 会话配置：cam_general CAM 设置：drill	
2. 创建程序(程序顺序视图) 类型：mill_planar 程序名：PROGRAM	若每把刀具操作比较少，可不分程序名，选用默认程序名创建所有操作。

续表

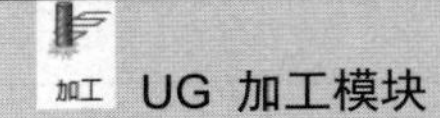 UG 加工模块	
3. 创建刀具(机床视图) 类型：dill 名称：T1D20、T2A2、T3Z4.2、T4Z8.5 、 T5Z9.8 、 T6SZ5 、T7SZ10、T8J10	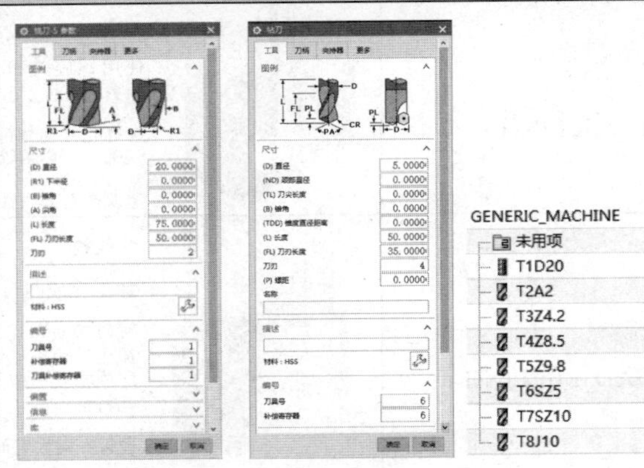
4. 创建几何体(几何视图) 注：工序导航器-几何，有默认的一组 MCS 和 WORKPIECE。	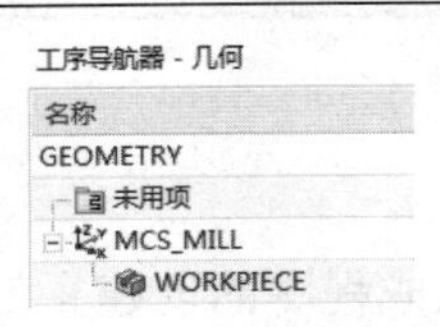
(1) 双击 MCS_MILL 选项，动态设置加工坐标系与建模时工件系一致。	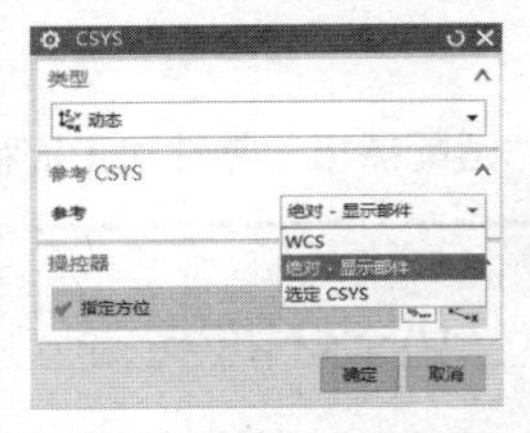 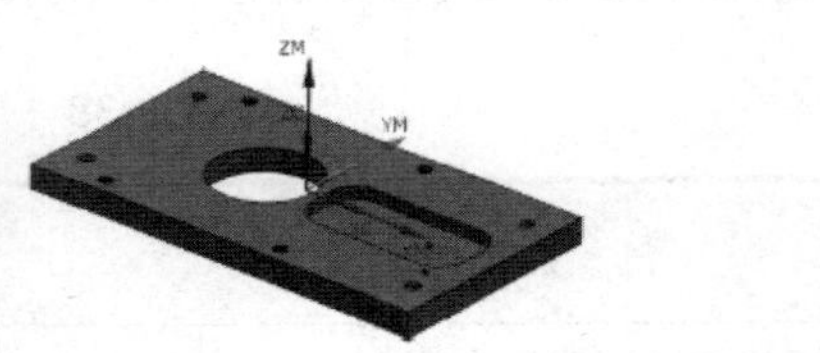
(2) 双击 WORKPIECE 选项，指定部件及毛坯。 注：毛坯几何体选择【包容块】。	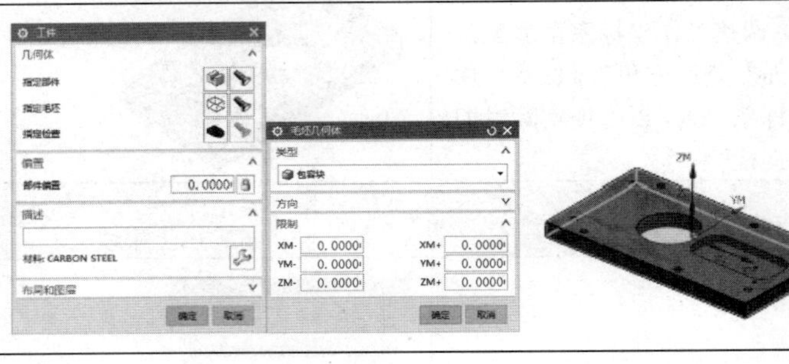
5. 创建方法 ● 粗加工：部件余量 1 mm，内外公差 0.08 mm； ● 半精加工：部件余量 0.3 mm，内外公差 0.03 mm； ● 精加工：部件余量 0，内外公差 0.01mm。 ● 钻加工：参数根据需要给定 以上参数可根据加工需要自行拟定。	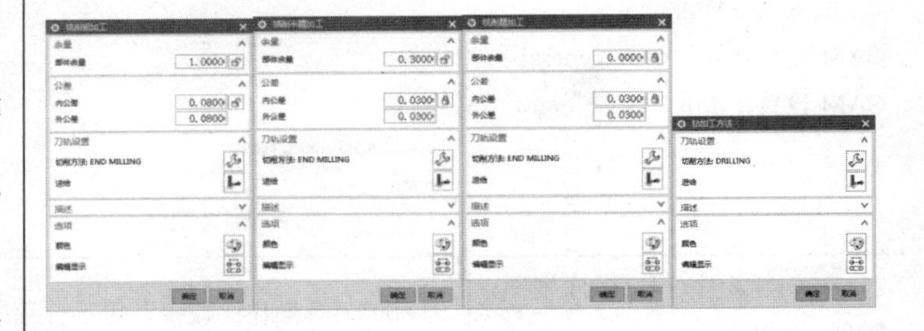

续表

加工 UG 加工模块	
6. 创建工序(粗铣型腔和孔) 工序子类型：型腔铣 (程序、刀具、几何体、方法如图示) 名称： CAVITY_MILL_SEMI_FINISH	
(1) 【刀轨设置】对话框各参数设置。 方法：MILL_SEMI_FINI 切削模式：跟随周边 步距：刀具平直百分比 平面直径百分比：50 公共每刀切削深度：恒定 最大距离：1	
(2) 【切削层】对话框各参数设置。 范围 2：切削深度可增加 1 mm	
(3) 【切削参数】对话框各参数设置。 【余量】 使底面余量与侧面余量一致：0.25	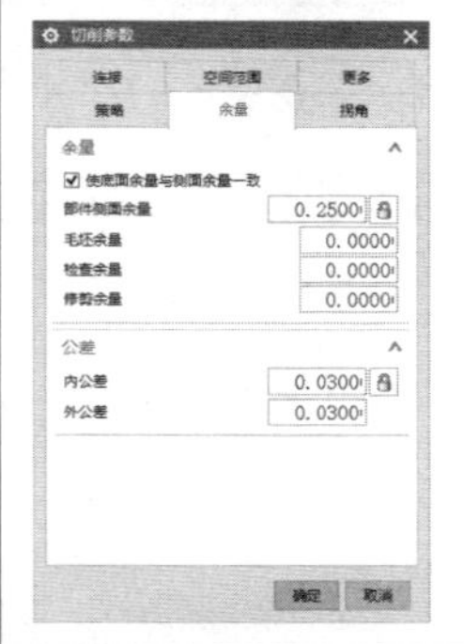

续表

<table>
<tr><th colspan="2">加工 UG 加工模块</th></tr>
<tr><td>(4) 【进给率和速度】对话框各参数设置。
主轴速度：2500 r/min
进给率：1250 mm/min</td><td>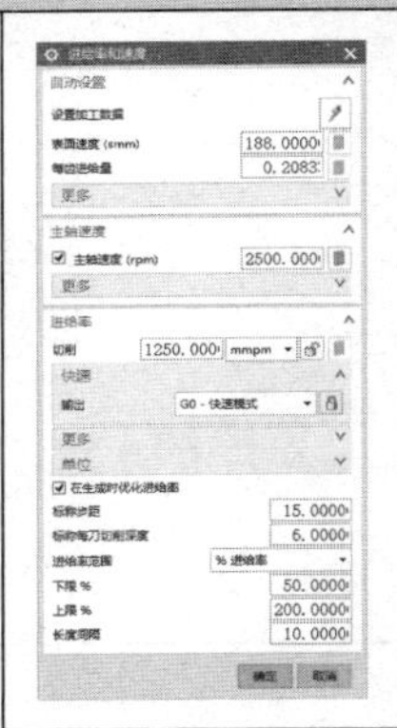</td></tr>
<tr><td>(5) 在【操作】工具条中单击【生成】按钮，即可在零件上生成刀路。</td><td>

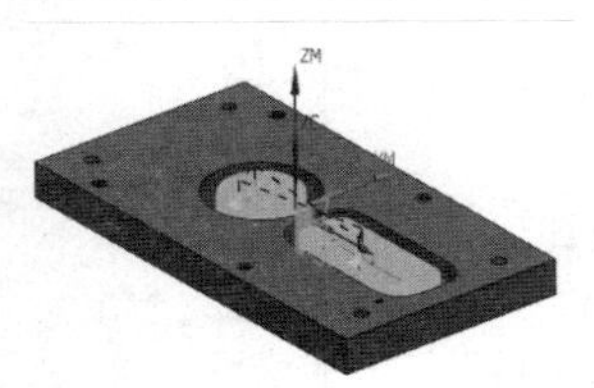</td></tr>
<tr><td>(6) 在【操作】工具条中单击【确认】按钮，从打开的对话框中选择 2D 或 3D，调整动画速度，确定后可查看仿真加工。</td><td>

</td></tr>
<tr><td>7. 创建工序(精铣型腔和孔)
工序子类型：平面铣
(程序、刀具、几何体、方法如图示)
名称：
PLANAR_MILL_FINISH_CAVITY
名称：
PLANAR_MILL_FINISH_HOLE
(孔加工操作可以参考此处的型腔加工，也可采用孔铣的加工法，略)</td><td>

或

</td></tr>
</table>

续表

加工 UG 加工模块	
(1) 指定部件边界。 【边界几何体】 模式：曲线/边 【创建边界】 类型：封闭的 刨：自动 材料侧：外部 刀具位置：相切	 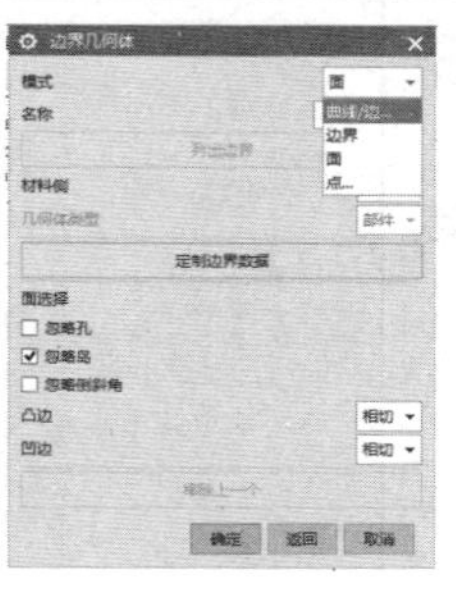 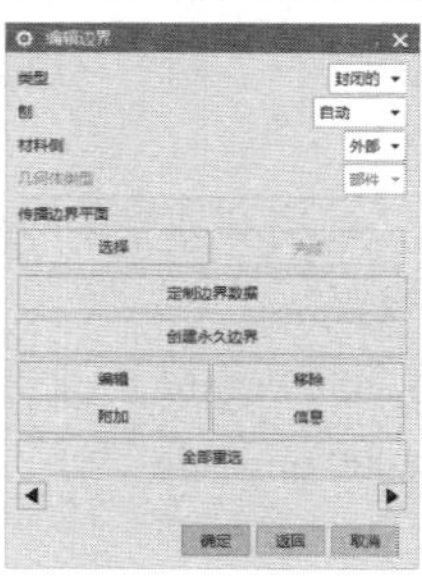 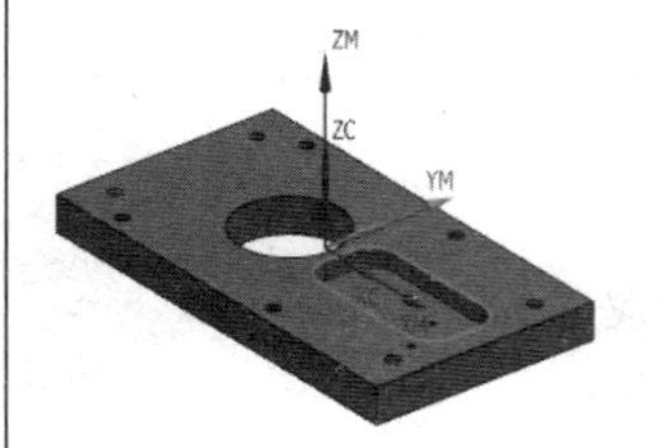
(2) 【指定底面】。 选择型腔底面。	 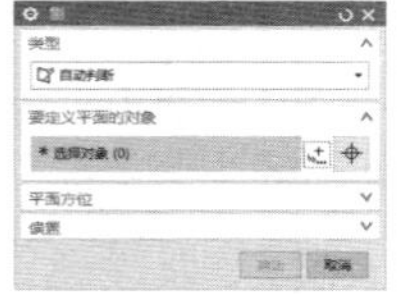 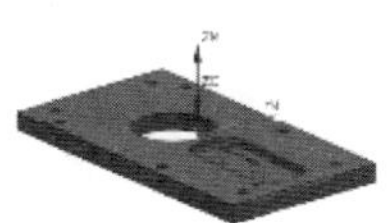
(3) 【刀轨设置】对话框各参数设置。 方法：MILL_FINISH 切削模式：跟随周边 步距：刀具平直百分比 平面直径百分比：50	
(4) 【切削层】参数设置。 类型：仅底面	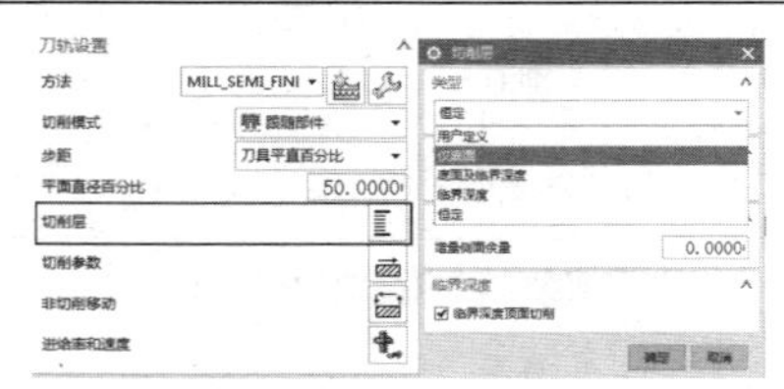
(5) 切削参数。 【余量】选项卡各参数设置。 部件余量：0 最终底面余量：0	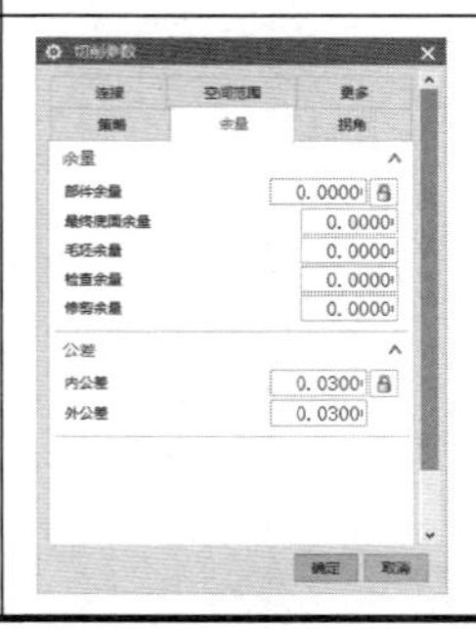

续表

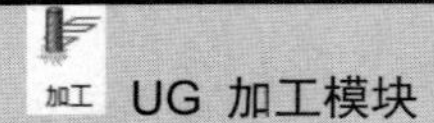 UG 加工模块	
(6) 【进给率和速度】对话框各参数设置。 主轴速度：4500 r/min 进给率：1000 mm/min	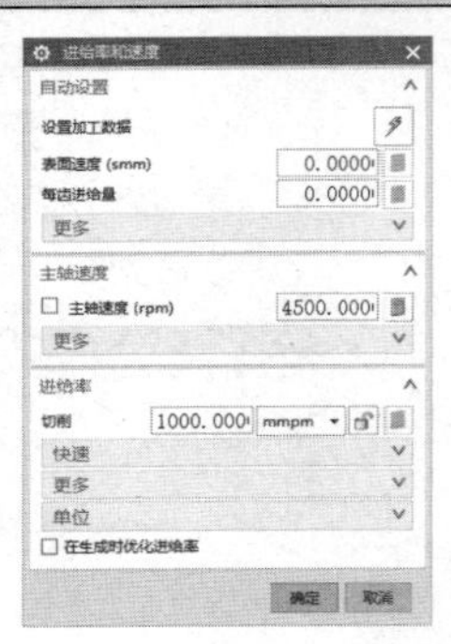
(7) 在【操作】工具条中单击【生成】按钮，即可在零件上生成刀路。	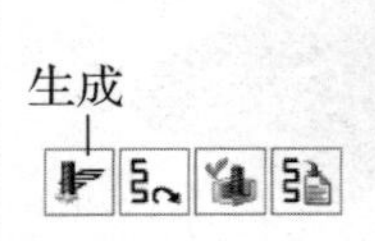 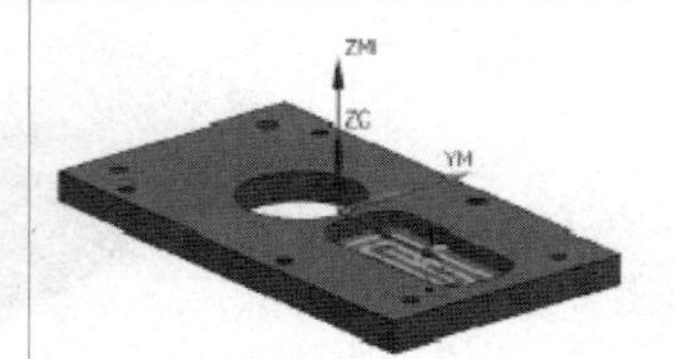
(8) 在【操作】工具条中单击【确认】按钮，从打开的对话框中选择 2D 或 3D，调整动画速度，确定后可查看仿真加工。	 
8. 创建工序(点孔 10 个) 工序子类型：点心钻 (程序、刀具、几何体、方法如图示) 名称：SPOT_DRILLING_A3	

续表

 UG 加工模块	
(1) 【几何体】选项组中各参数设置。 几何体：WORKPIECE 指定孔：选择面上所有孔(可优化) 指定顶面：面(选零件顶面)	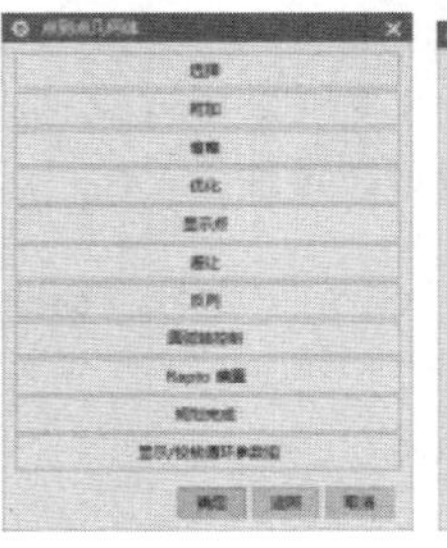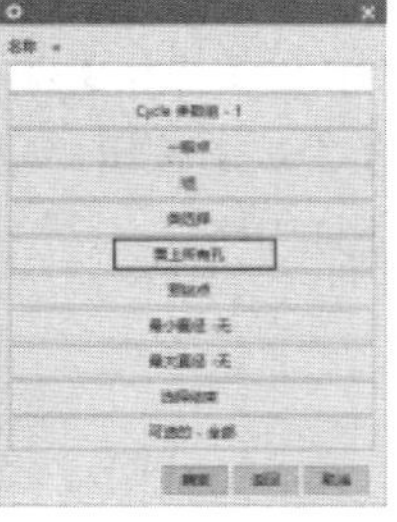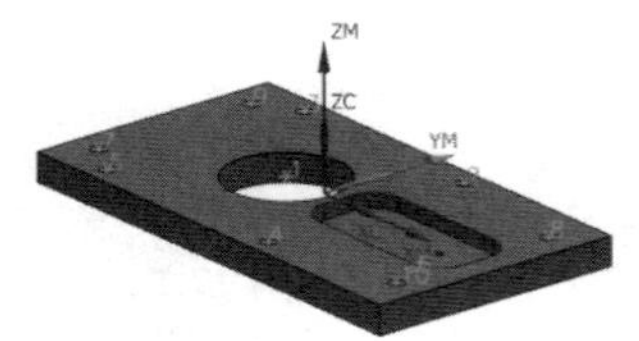
(2) 【循环类型】选项组各参数设置。 循环：标准钻 最小安全距离：5 【指定参数组】：默认 1 【Cycle 参数】对话框各参数设置。 Depth：刀尖深度 5 mm 其余参数默认。	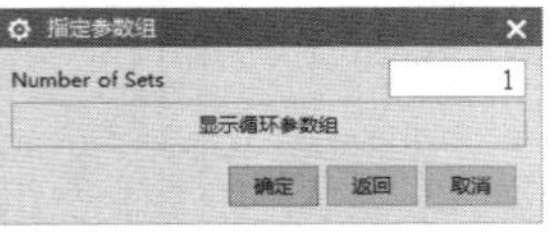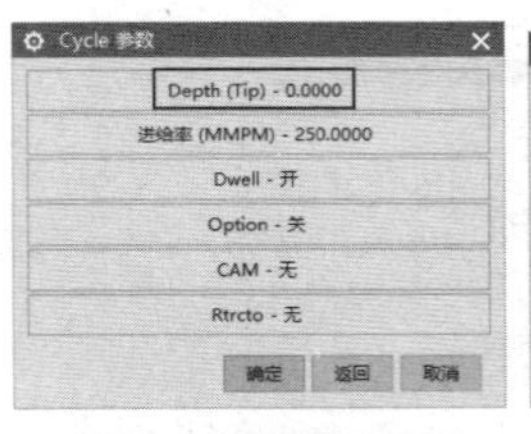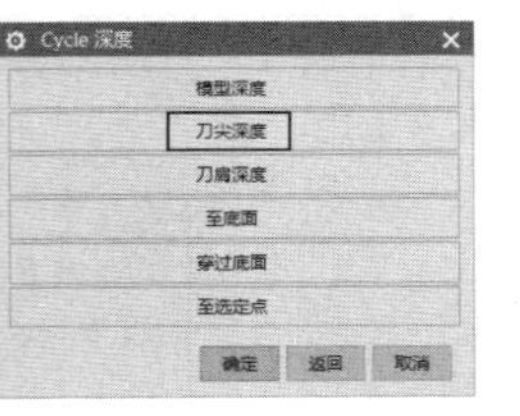
(3) 【刀轨设置】选项组各参数设置。 方法：DILL_METHOD 避让：默认	
(4) 【进给率和速度】对话框各参数设置。 主轴速度：2000 r/min 进给率：150 mm/min	

续表

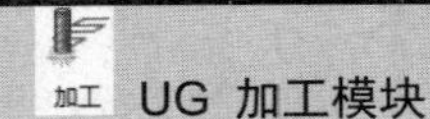 UG 加工模块	
(5) 在【操作】工具条中单击【生成】按钮，即可在零件上生成刀路。	生成 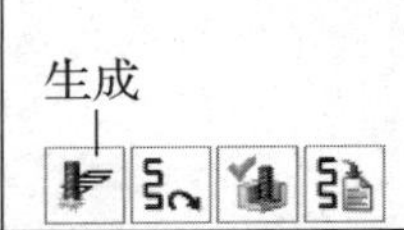 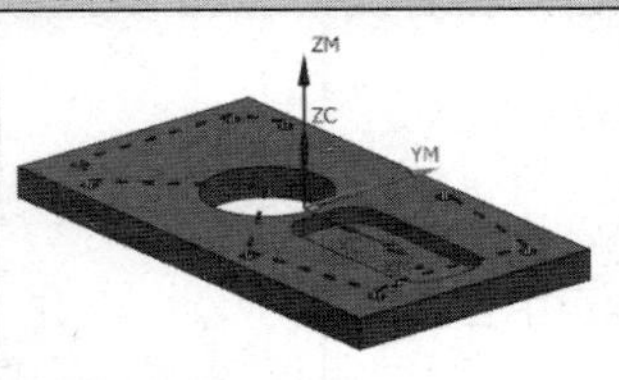
(6) 【操作】工具条中单击【确认】按钮，从打开的对话框中选择 2D 或 3D，调整动画速度，确定后可查看仿真加工。	 确认 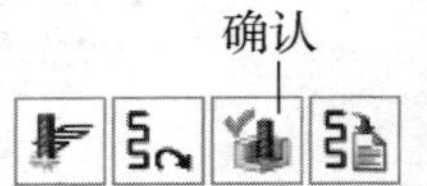 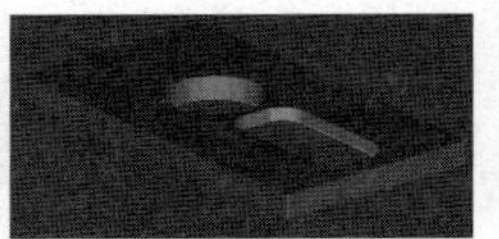
9. 创建工序(钻孔 4.2 孔，即 M5 底孔) 类型：dill 子类型：钻孔 位置：如图示 名称：DRILLING_D4.2	
(1) 【几何体】选项组各参数设置。 几何体：MCS_MILL 指定孔：选择 2 个 M5 螺孔中心 指定顶面：选零件顶面 指定底面：选零件底面	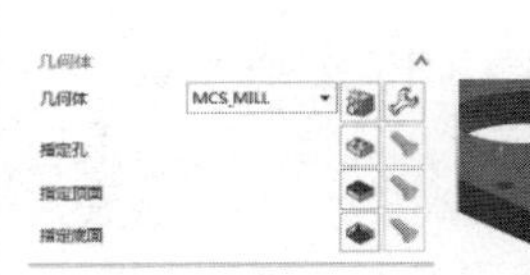  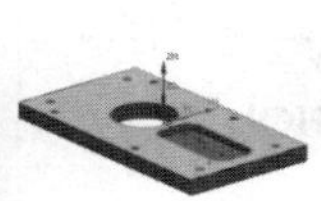 
(2) 【循环类型】选项组各参数设置。 循环：标准钻 最小安全距离：5 【指定参赛组】：默认 1 【Cycle 参数】对话框各参数设置。 Depth：穿过底面 其余参数默认。	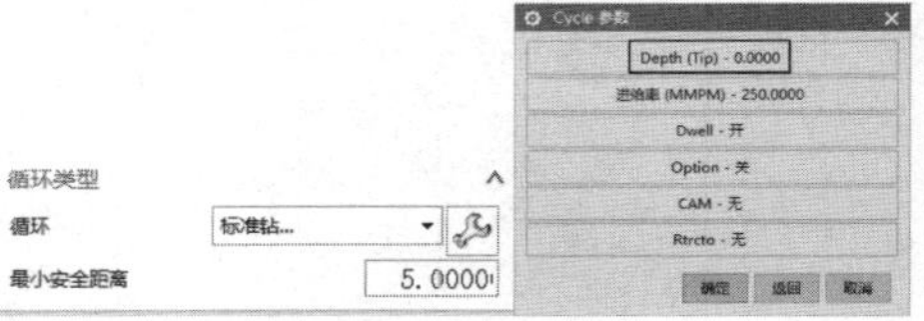 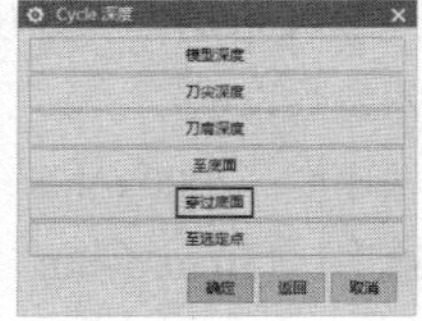

续表

加工 UG 加工模块	
(3) 【深度偏置】选项组各参数设置。 通孔安全距离：1.5 盲孔余量：0	
(4) 【刀轨设置】选项组各参数设置。 方法：DILL_METHOD 避让：默认	
(5) 【进给率和速度】对话框各参数设置。 主轴速度：1500 r/min 进给率：100 mm/min	
(6) 在【操作】工具条中单击【生成】按钮，即可在零件上生成刀路。	
(7) 在【操作】工具条中单击【确认】按钮，从打开的对话框中选择 2D 或 3D，调整动画速度，确定后可查看仿真加工。	
10. 创建工序(钻孔 8.5 孔，即 M10 底孔) 名称：DRILLING_D8.5 注：操作方法与钻 D4.2 孔相似，略。	

续表

 UG 加工模块	
11. 创建工序(钻孔 9.8 孔，即 ϕ10 底孔) 名称：DRILLING_D9.8 注：操作方法与钻 D4.2 孔相似，略。	 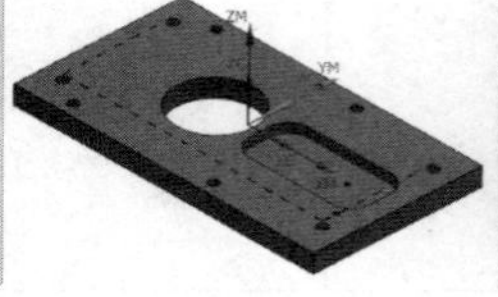 
12. 创建工序(攻 M10 螺纹) 类型：dill 工序子类型：攻丝 位置：如图示 名称：TAPPING_M10	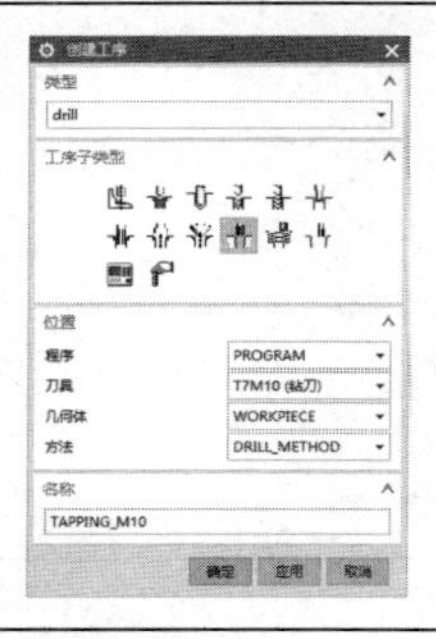
(1) 【几何体】选项组各参数设置。 几何体：WORKPIECE 指定孔：选择 4 个 M10 螺孔中心 指定顶面：选零件顶面 指定底面：选零件底面	
(2) 【循环类型】选项组各参数设置。 循环：标准攻丝 最小安全距离：5 【指定参赛组】：默认 1 【Cycle 参数】对话框各参数设置。 Depth：穿过底面 其余参数默认。	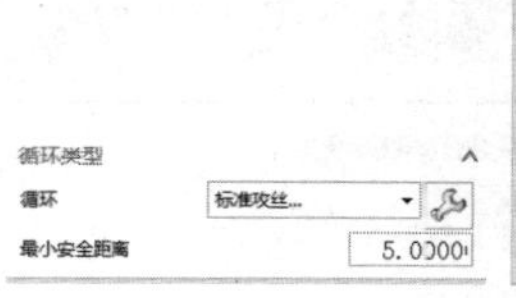
(3) 【深度偏置】选项组各参数设置。 通孔安全距离：2 盲孔余量：1	

续表

加工 UG 加工模块	
(4) 【刀轨设置】选项组各参数设置。 方法：DRILL_METHOD 避让：默认	刀轨设置 方法 DRILL_METHOD 避让 进给率和速度
(5) 【进给率和速度】对话框各参数设置。 主轴速度：300 r/min 进给率：450 mm/min	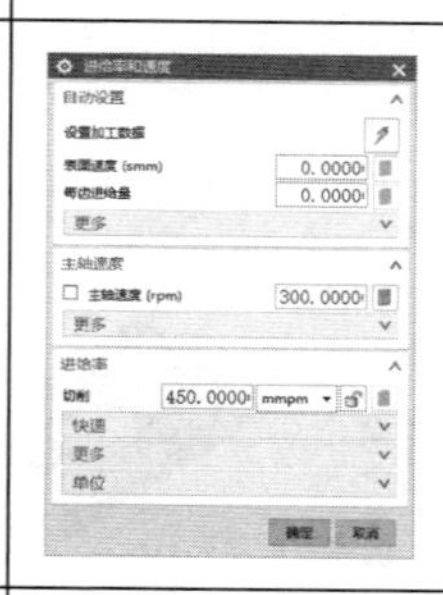
(6) 在【操作】工具条中单击【生成】按钮，即可在零件上生成刀路。	生成 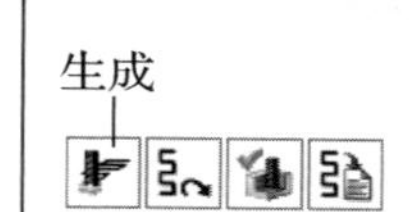 
(7) 在【操作】工具条中单击【确认】按钮，在打开的对话框中选择 2D 或 3D，调整动画速度，确定后可查看仿真加工。	 
13. 创建工序(攻 M5 螺纹) 类型：dill 工序子类型：攻丝 位置：如图示 名称：TAPPING_M5 注：操作方法与攻 M10 螺纹相似，略。	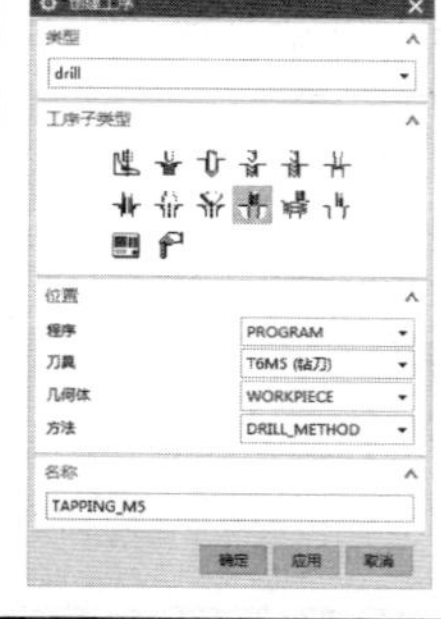  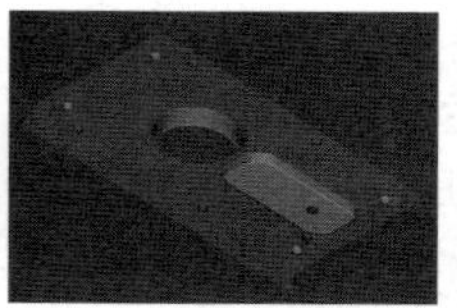

续表

UG 加工模块	
14. 创建工序(攻 M10 螺纹) 类型：dill 工序子类型：铰 位置：如图示 名称：REAMING_D10	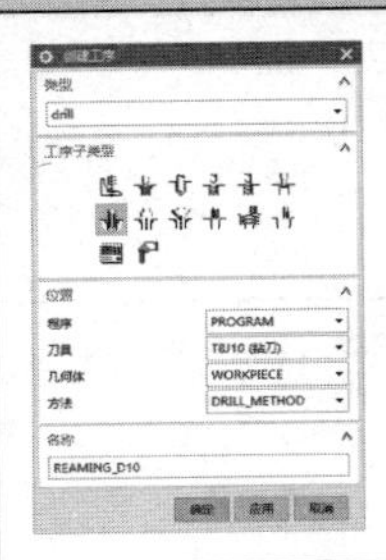
(1) 【几何体】选项组各参数设置。 几何体：WORKPIECE 指定孔：选择 4 个 D10 孔中心 指定顶面：选零件顶面 指定底面：选零件底面	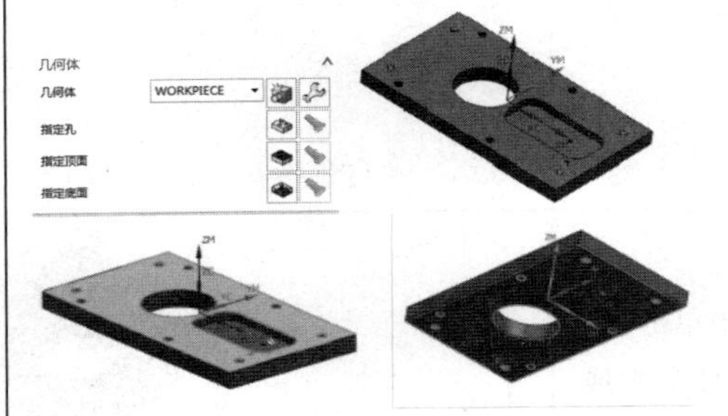
(2) 【循环类型】选项组各参数设置。 循环：标准钻 最小安全距离：5 【指定参赛组】：默认 1 【Cycle 参数】对话框各参数设置。 Depth：穿过底面 其余参数默认。	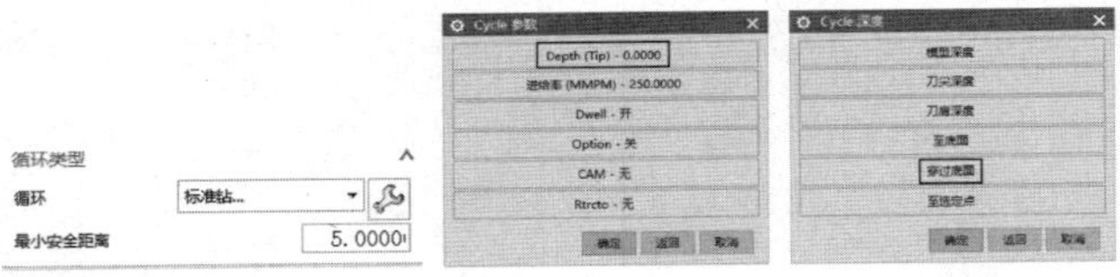 
(3) 【深度偏置】选项组各参数设置。 通孔安全距离：1.5 盲孔余量：3	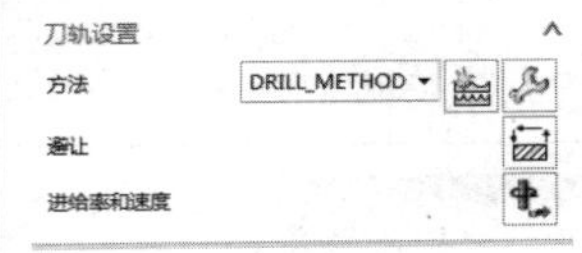
(4) 【刀轨设置】选项组各参数设置。 方法：DRILL_METHOD 避让：默认	
(5) 【进给率和速度】对话框各参数设置。 主轴速度：80 r/min 进给率：50 mm/min	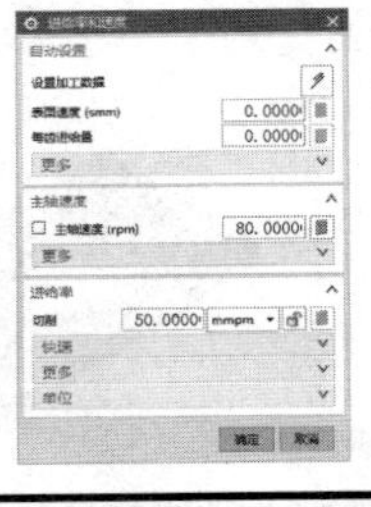

续表

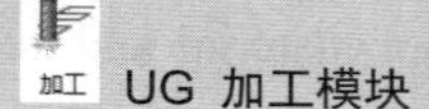 UG 加工模块	
(6) 在【操作】工具条中单击【生成】按钮，即可在零件上生成刀路。	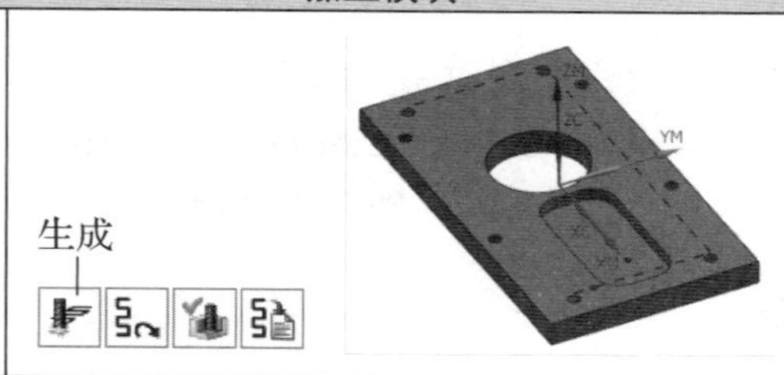
(7) 在【操作】工具条中单击【确认】按钮，从打开的对话框中选择 2D 或 3D，调整动画速度，确定后可查看仿真加工。	 
15. 后处理 打开工序导航器(程序视图)，选择单个或多个操作后右击【后处理】按钮，从打开的对话框中选择适合机床型号的后处理器，输出相应文件后保存。	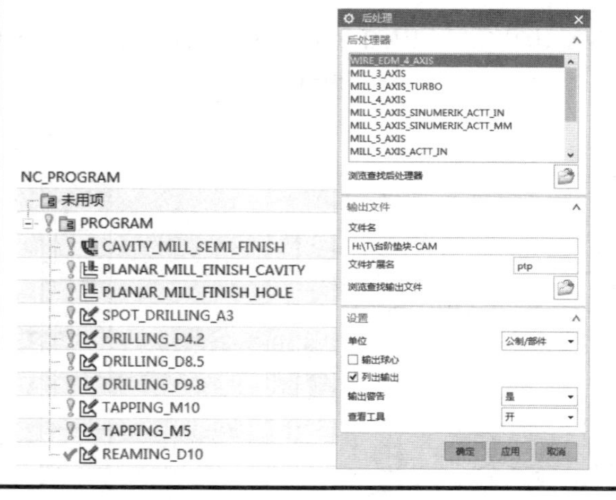

3.5.6　中英文对照

(1) 结合 UG NX CAM 软件，对数控加工中刀具选择的问题从数控用铣刀的特点、刀具的材料、刀具的种类等几个方面进行了研究，给出了刀具选择的一般原则。

It has made some researching in the field of the selecting tools on NC manufacturing milling from the characteristics, material and categories of the milling cutters in UG software plat.

(2) 适宜的刀具材料和刀具几何参数是干切削加工的关键条件之一。

Selection of appropriate cutting tool material and geometric parameters are among the key conditions for dry machining.

(3) 麻花钻切屑槽的螺旋形布局对钻头的刚度和强度有很大的影响。

The spiral composition of the chip flute of the twist drill has great influence on the rigidity and intensity of drill.

3.5.7 拓展思考

1. 填空题

(1) 在点位加工中“避让”的操作步骤是：选择(　　)；选择终点；选择安全平面或(　　)。

(2) 点位加工可以创建(　　)、(　　)、(　　)、(　　)和(　　)等操作的刀轨。

(3) 【安全设置】选项主要包括(　　)和(　　)两个类型，用来设置安全平面及其具体位置。

2. 问答题

(1) 可以用点位加工操作加工的几何体包括哪些？

(2) 在一个点位加工操作中最多可以定义几个循环参数组？

(3) UG NX CAM 系统提供了四种点位加工刀轨优化的方法，它们是？

3. 编程题

采用 UG NX 10.0 CAM 中的点位加工方式，完成如图 3-68 所示型芯固定板零件。毛坯尺寸：45 钢块 150mm×150mm×25mm。

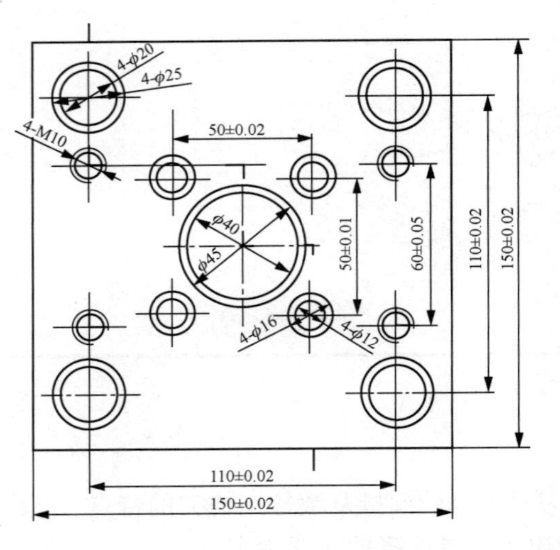

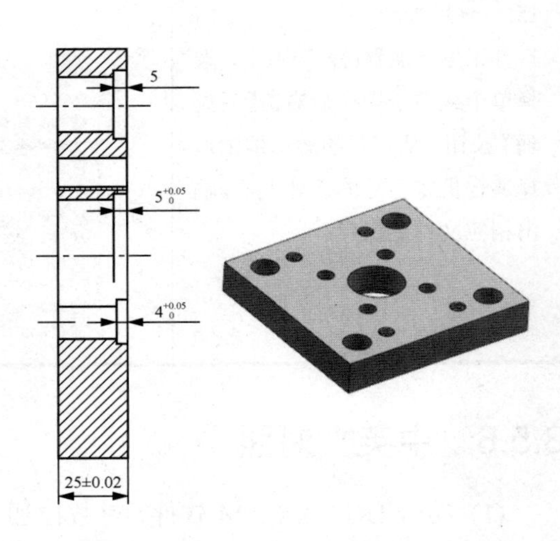

图 3-68　型芯固定板零件

零件加工工艺分析

• 零件图样分析： 1. 结构复杂性分析 2. 切削加工性分析 3. 加工精度分析	1. 零件结构形状复杂程度（复杂　一般　简单）； 2. 零件材质为(　　　)，切削性能（好　不好）； 3. 零件总体加工精度为 IT(　)级，表面粗糙度要求 R_a(　　)；

• 编制零件数控加工工艺卡：

零件名称		设备		机床型号	
工序号		毛坯尺寸及材料		夹具	
刀具表		量具表		工具表	
T01		1		1	
T02		2		2	
T03		3		3	
T04		4		4	
T05					
T06					

序号	工艺内容	切削用量			备注
		S/ (r/min)	F/ mm/r	a_p/ mm	
1					
2					
3					
4					
5					
6					

CAN 编制程序

• CAM 文件命名 • 设置坐标系 • 设置毛坯体	1. CAM 编程软件为(　　　　　　　　　　)。 2. 坐标系位置设置在零件的(　　　　　　　　　　)位置。 3. 毛坯设置为(　　　　　　　　　　)。

CAM 编程参数记录：

序号	加工方式(轨迹名称)	加工部位	刀具名称 刀具参数	余量	切削参数(主轴转速、进给速度、切削深度、步距)	其余重要参数	程序名称
1			刀具名称： (　　) 刃长(　) 总长(　)	底(　) 壁(　)	转速(　)r/min 进给速度(　)mm 切削深度(　)mm 步距　(　)		
2			刀具名称： (　　) 刃长(　) 总长(　)	底(　) 壁(　)	转速(　)r/min 进给速度(　)mm 切削深度(　)mm 步距　(　)		
3			刀具名称： (　　) 刃长(　) 总长(　)	底(　) 壁(　)	转速(　)r/min 进给速度(　)mm 切削深度(　)mm 步距　(　)		
4			刀具名称： (　　) 刃长(　) 总长(　)	底(　) 壁(　)	转速(　)r/min 进给速度(　)mm 切削深度(　)mm 步距　(　)		
5			刀具名称： (　　) 刃长(　) 总长(　)	底(　) 壁(　)	转速(　)r/min 进给速度(　)mm 切削深度(　)mm 步距　(　)		
6			刀具名称： (　　) 刃长(　) 总长(　)	底(　) 壁(　)	转速(　)r/min 进给速度(　)mm 切削深度(　)mm 步距　(　)		
7			刀具名称： (　　) 刃长(　) 总长(　)	底(　) 壁(　)	转速(　)r/min 进给速度(　)mm 切削深度(　)mm 步距　(　)		
8			刀具名称： (　　) 刃长(　) 总长(　)	底(　) 壁(　)	转速(　)r/min 进给速度(　)mm 切削深度(　)mm 步距　(　)		

其他情况说明：

项目完成总结：(软件编程心得、交流沟通、实践能力、创新能力、存在问题与不足)

项 目 小 结

项目 3 主要介绍了 UG NX CAM 软件操作界面，平面铣、型腔铣、固定轴曲面轮廓铣和点位加工等各操作方式和应用特点，通过平行垫块、T 形块、趣味公交车凸模、反光镜凹模和适配器板等一系列零件载体，培养学生软件操作能力，尤其需注意加工方式的合理选择、坐标系的合理设置、走刀路径的合理选择和各切削参数的合理设置等内容，完成各零件的自动编程和仿真加工，以期培养学生团结协作、善于思考、勤于动手的能力，努力成为有理想、敢担当、能吃苦、肯奋斗的时代新人。

第二篇　项 目 演 练

项目 4　汽车配件(扶手支架)模具成型零件的编程与加工

【产品零件】汽车配件——扶手支架(见图 4-1)

图 4-1　扶手支架

【项目载体】电极零件、定模仁型芯零件、定模仁型腔零件、定模座板零件。

【总体要求】

- 会分析各模具零件的结构特征。
- 能根据零件特征制定合理的加工工艺。
- 能根据零件各部位合理选择 CAM 加工方式。
- 能根据零件各加工部位设置合理的加工参数。
- 能针对不同的加工方式进行分析比较，进行程序优化。
- 培养独立思考、积极探索、勤于练习的工作态度。
- 培养爱岗敬业以民族复兴为己任，拥有爱国主义情怀的新时代新人。

任务 4.1　电极零件的编程与加工

4.1.1　任务目标

广泛查阅相关资料，了解电极的基本结构，综合应用 UG NX 10.0 CAM 各种操作方式完成“扶手支架”模具电极零件的程序编制和加工；培养学生工程实践能力和勤奋好学的学习态度。

“扶手支架”模具花形电极零件实物，如图 4-2 所示。

图 4-2　“扶手支架”模具花形电极零件实物

4.1.2 电极概述

电极(Electrode)是人们电火花放电加工时所用的工具，一般用于模具制造中。制造模具时，一般先用 CNC 数控机床对工件毛坯进行切削加工，当模具形状复杂时，有些部位CNC 刀具无法加工到位，或者加工到位很费时费力，效果不好，于是对这些加工不到位的部位，需要设计电极，其形状与模具相反，然后再采用电极对模具进行电火花放电加工(EDM 加工)。此外，有些电子产品外壳的外观要求有火花纹，这也就需要采用电火花来加工模具型腔才能达到要求。依据目前制模水平，对于复杂模具，一般需要设计很多电极进行 EDM 放电加工才能完成，因此，电极制造是制模中非常重要的环节。

电极按照材料可分为：石墨、紫铜、铜钨合金和银钨合金电极等。石墨电极(Graphite Electrode)易加工，但电极损耗比较大，模具精度不易保证，仅用于精度要求不高的锻压类硬质合金型腔模的电火花加工；紫铜、铜钨合金、银钨合金适用于精度要求较高的磁性材料和粉末冶金产品的硬质合金型腔模的电火花加工，铜钨合金、银钨合金价格贵，锻造成型困难，但电极损耗极少，特别适用于高精度、多沟槽类硬质合金型腔模的电火花加工；紫铜电极因其材料损耗适中，机械加工性能良好，是一般硬质合金型腔模理想的电极材料。

根据模腔结构特征，用于 EDM 粗加工的电极称为粗电极，用于精加工的电极称为精电极。电极的设计需根据放电面积和产品形状结构来确定，粗电极放电间隙大，精电极放电间隙小，具体情况需具体分析。

1. 确定需拆电极的区域

模具零件中的哪些部位需要拆电极，归纳如下：

(1) 两面夹角、尖角或圆角太小刀具无法加工到位的部位。

(2) 侧面与底面是弧面所形成的夹角部位。

(3) 工件上有一些由于太窄或太深而无法加工到位的部位。

(4) 底面是弧面的网孔部位。

(5) 工件精度要求高，必须清角的部位。

(6) 客户的要求高，需要镜面放电的部位。

(7) 修断差或现场点焊的部位。

(8) 有符号的位置。

(9) 其他特殊情况需要放电加工的部位。

2. 电极拆分原则

电极的合理拆分能够有效地节约成本和提高效率，遵循如下一些有效的拆分原则可以事半功倍。

(1) 模仁图档中如有几个相同的需放电的成品位时，只需一种电极移动或旋转放电即可。

(2) 如果模仁图档中有两个不同的放电部位，中间和侧边没有其他成品面干涉时，尽可能的拆成一个电极。

(3) 如果两个不同放电部位的高度差大于 10mm 以上，则不宜拆在一个电极上。

(4) 如果模仁上某一位置残料较多时，拆此块电极就不应与附近相邻的肋条电极合在同一块电极上。

(5) 网孔电极，孔的延伸在放电面延伸之后要有一段避空面的延伸，特别是小孔放电面不要延伸过多，否则孔的曲率会变的更小，加大加工的难度。

(6) 比较坚固的电极在不影响电极强度的情况下避空要大于 2mm。

(7) 修断差的电极根据实际情况,为了避免断差的再次出现要导圆角。

3. 修剪放电面

(1) 修剪电极放电面时要保证电极放电面的原曲率不变，延伸电极放电面时也要以曲面的原曲率做延伸。

(2) 修剪电极放电面时要在缩写取得放电面基础上，做延伸修剪，保持撷取的放电面不变。延伸以后的放电面不允许与模仁面相交，如相交会造成工件过切，切削加工无法完成。

(3) 修剪电极放电面时，要保证放电面的原颜色不变，电极避空面的颜色要以浅蓝色位准，目的是在电极加工中容易区分哪些是加工的重点。在修剪延伸 *XY* 方向同时，也可做电极面在 *Z* 轴方向延伸，电极面在 *Z* 轴方向上的延伸一般与在 *XY* 方向的延伸时同步进行的，*Z* 轴延伸的目的是使模仁放电完全，*Z* 轴方向延伸最小距离至少大于 1mm，一般情况延伸到电极基准面为准。

(4) 电极放电面要与模仁已加工到位的成品面相重叠，重叠距离以大于 3mm 以上为准。凹槽整体电极除外，重叠的目的是为了使电极的放电部位能与模仁接顺，使模仁达到精确与美观。

(5) 在修剪电极同时应考虑到现场加工的困难度，如肋条电极很薄加工很容易变形，修剪时就应作出补强，以防止加工变形。

(6) 电极放电面修剪完成后，可模拟检查放电是否与模仁相交或某一个面没有修剪完整，要确定无误。

4. 建立基准

(1) 根据系统内定工具铣削区域找出修剪好的放电面中心坐标 *XY* 值，根据此坐标将电极的放电坐标 *XY* 定为整数。

(2) 测出电极放电面最大范围的尺寸，以单边加大 3mm-5mm 为电极的基准尺寸，电极基准尺寸参考电极基准备料规格表。

(3) 电极的 *Z* 位置数是以电极基准面至工件 *Z* 轴碰数面抬高或降低一段距离为准，此段距离要求为整数。电极基准面要距电极基准范围内之工件最高点 3～5mm，此段距离为电极基准的避空值。

(4) 电极基准的避空是根据实际情况而定的。如肋条电极很薄，电极基准如避空很高，很容易造成加工的变形。

(5) 电极基准的高度为 5mm，基准颜色以紫色为准。

(6) 定出电极的基准角，电极的基准角与工件的基准角相对应，一个工件所有电极基准角方向相同(旋转放电电极除外)，基准角均为 R5。

(7) 根据电极的基准定出电极的放电坐标系，电极放电坐标系的原点要放置在电极基准面上。

(8) 将电极的放电位置值，电极的尺寸数记录下来，方便出电极位置图和备料时作检测和参考。

(9) 电极备料尺寸=电极实际尺寸(含基准)+5mm。

4.1.3 电极零件的加工工艺

如图 4-3 所示“扶手支架”模具花形电极零件工程图，批量为 1 件，该零件的交货期为 1 个工作日。

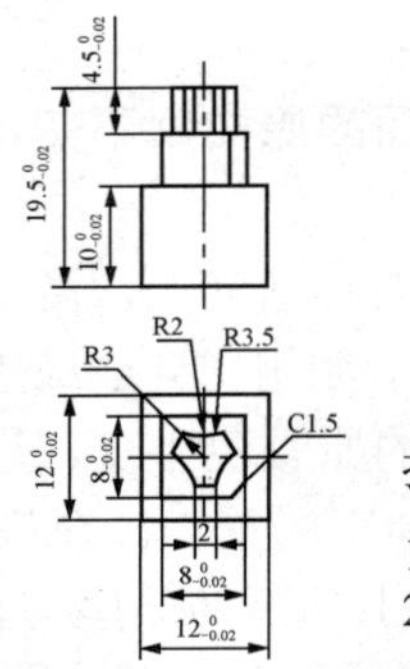

技术要求

1. 未注倒角C1；
2. 去除毛刺飞边。

图 4-3 “扶手支架”模具花形电极零件工程图

电极零件主要由方形底座、方形凸台和花形凸台等组成。根据零件的形体特征和精度要求分析，在加工中心这道工序中，选择尺寸为 15mm×15mm×28mm 的紫铜块料作为加工对象。零件粗加工采用ϕ10 涂层钨钢立铣刀，精加工采用ϕ6 涂层钨钢立铣刀。

根据车间生产及教学需要，遵循基准先行、先粗后精、先主后次、先面后孔的原则，制定如表 4-1 所示的“电极”零件数控加工工艺卡。

表 4-1 “电极”零件数控加工工艺卡

单位：××××××××　　编制：×××　　审核：×××

<table>
<tr><td>零件名称</td><td colspan="2">电极</td><td>设备</td><td>加工中心</td><td colspan="2">机床型号</td><td colspan="2">FADAL-3016L</td></tr>
<tr><td>工序号</td><td colspan="2">1</td><td>毛坯</td><td>15mm×15mm×28mm
紫铜块料</td><td colspan="2">夹具</td><td colspan="2">平口钳</td></tr>
<tr><td colspan="3">刀具表</td><td colspan="2">量具表</td><td colspan="4">工具表</td></tr>
<tr><td>T01</td><td colspan="2">ϕ6 涂层钨钢立铣刀</td><td>1</td><td>游标卡尺(0～150 mm)</td><td>1</td><td colspan="3">扳手</td></tr>
<tr><td>T02</td><td colspan="2">ϕ6 涂层钨钢立铣刀</td><td>2</td><td>千分尺(0～25 mm)</td><td>2</td><td colspan="3">垫块</td></tr>
<tr><td>T03</td><td colspan="2"></td><td>3</td><td>千分尺(25～50 mm)</td><td>3</td><td colspan="3">塑胶榔头</td></tr>
<tr><td>T04</td><td colspan="2"></td><td>4</td><td>深度游标卡尺</td><td>4</td><td colspan="3"></td></tr>
<tr><td>T05</td><td colspan="2"></td><td></td><td></td><td></td><td colspan="3"></td></tr>
<tr><td rowspan="2">序号</td><td rowspan="2" colspan="4">工艺内容</td><td colspan="3">切削用量</td><td rowspan="2">备注</td></tr>
<tr><td>S/(r/min)</td><td>F/(mm/r)</td><td>a_p/mm</td></tr>
<tr><td></td><td colspan="4">第一次装夹</td><td></td><td></td><td></td><td></td></tr>
<tr><td>1</td><td colspan="4">T01 刀粗铣零件各外轮廓(留 0.25 mm)</td><td>3500</td><td>1000</td><td>1.5</td><td></td></tr>
<tr><td>2</td><td colspan="4">T01 刀精铣零件顶面</td><td>4000</td><td>1200</td><td>0.5</td><td></td></tr>
<tr><td>3</td><td colspan="4">T01 刀精铣零件两处方台外轮廓</td><td>4000</td><td>1000</td><td>5</td><td></td></tr>
<tr><td>4</td><td colspan="4">T02 刀精铣零件花形台外轮廓</td><td>4000</td><td>1000</td><td>5</td><td></td></tr>
<tr><td></td><td colspan="4">第二次装夹</td><td></td><td></td><td></td><td></td></tr>
<tr><td>5</td><td colspan="4">T01 刀粗、精铣零件底平面</td><td>4000</td><td>1000</td><td>0.5</td><td></td></tr>
</table>

4.1.4　电极零件的编程与仿真加工

“电极”零件的编程与仿真加工操作过程如表 4-2 所示。

表 4-2　“电极”零件的编程与仿真加工操作过程

加工步骤	刀具	加工方式	参数设置	仿真图
第一次装夹：加工顶部				
粗铣顶部	T1D10	CAVITY_MILL_ROUGH (留 0.25 mm)	● 几何体：MCS_TOP ● 工具：T1D10 ● 刀轴：+*Z* 轴 ● 刀轨设置 方法：MILL_SEMI_FINISH 切削模式：跟随部件 步距：刀具平直百分比 刀具直径百分比：50 公共每刀切削深度：恒定 最大距离：1.5 切削层：台阶耳底面-1mm 切削参数：默认 非切削移动：默认 进给率和速度：n=3500、f=1000	
精铣顶面	T1D10	FACE_MILLING_FINISH	● 几何体：MCS_ TOP 指定部件：默认 指定面边界：选顶面 指定检查体：无 指定检查边界：无 ● 工具：T1D10 ● 刀轴：+*Z* 轴 ● 刀轨设置 方法：MILL_FINISH 切削模式：单向 步距：刀具平直百分比 刀具直径百分比：75 毛坯距离：默认 每刀切削深度：默认 最终底面余量：0 切削参数：默认 非切削移动：默认 进给率和速度：n=4000、f=1200	

续表

加工步骤	刀具	加工方式	参数设置	仿真图
精铣顶部大方台外轮廓	T1D10	PLANAR_MILL_FINISH _1	● 几何体：MCS_TOP 指定部件边界：选方台轮廓线 指定底面：选底面向下偏置 3 ● 工具：T1D10 ● 刀轴：+Z 轴 ● 刀轨设置 方法：MILL_FINISH 切削模式：轮廓 步距：刀具平直百分比 平面直径百分比：50 附加刀路数：0 切削层：恒定 5 切削参数：默认 非切削移动：默认 进给率和速度：n=4000、f=1000	
精铣顶部花形台外轮廓	T2D6	PLANAR_MILLING_FINISH _2	● 几何体：MCS_TOP 指定部件边界：选花形台轮廓线 指定底面：选花形台底面 ● 工具：T2D6 ● 刀轴：+Z 轴 ● 刀轨设置 方法：MILL_FINISH 切削模式：轮廓 步距：刀具平直百分比 平面直径百分比：50 附加刀路数：0 切削层：恒定 5 切削参数：默认 非切削移动：默认 进给率和速度：n=4000、f=1000	

续表

加工步骤	刀具	加工方式	参数设置	仿真图
第二次装夹：加工零件底部				
粗、精铣底部面	T1D10	FACE_MILLING_BOTTOM	● 几何体：MCS_BOTTOM 指定部件：默认 指定面边界：选底面 指定检查体：无 指定检查边界：无 ● 工具：T1D10 ● 刀轴：+*Z* 轴 ● 刀轨设置 方法：MILL_FINISH 切削模式：跟随部件 步距：刀具平直百分比 刀具直径百分比：50 毛坯距离：6 每刀切削深度：0.5 最终底面余量：0 切削参数：默认 非切削移动：默认 进给率和速度：n=4000、f=1000	ZM XM YM

4.1.5　拓展思考

1. 问答题

(1) EDM 加工的中英文含义是什么？

(2) 用ϕ12 的平底铣刀精加工图形上部有效型面外形尺寸为 60 mm×40 mm 的电极时，放电间隙单边-0.055 mm，那么电极的实际外形尺寸是多少？

2. 编程题

完成如图 4-4 所示的“玩具飞机外壳”模具电极零件的程序编制。毛坯尺寸：紫铜块料 48mm×43mm×40mm。

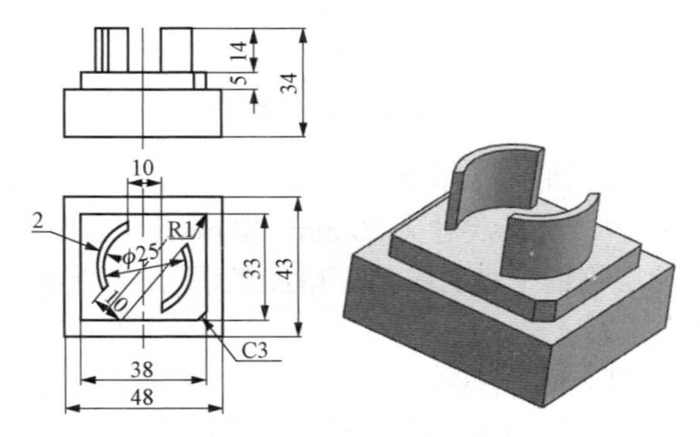

图 4-4　“玩具飞机外壳”模具电极零件

任务 4.2 定模仁型芯零件的编程与加工

4.2.1 任务目标

广泛查阅相关资料，了解定模仁芯零件的基本结构，综合应用 UG NX 10.0 CAM 各种操作方式完成“扶手支架”模具定模仁型芯零件的程序编制和加工；培养学生工程实践能力和勤奋好学的学习态度。

图 4-5 所示为定模仁芯零件实物。

图 4-5 定模仁型芯

4.2.2 定模仁型芯零件的加工工艺

如图 4-6 所示为定模仁型芯零件，批量为 2 件，该零件的交货期为 1 个工作日。

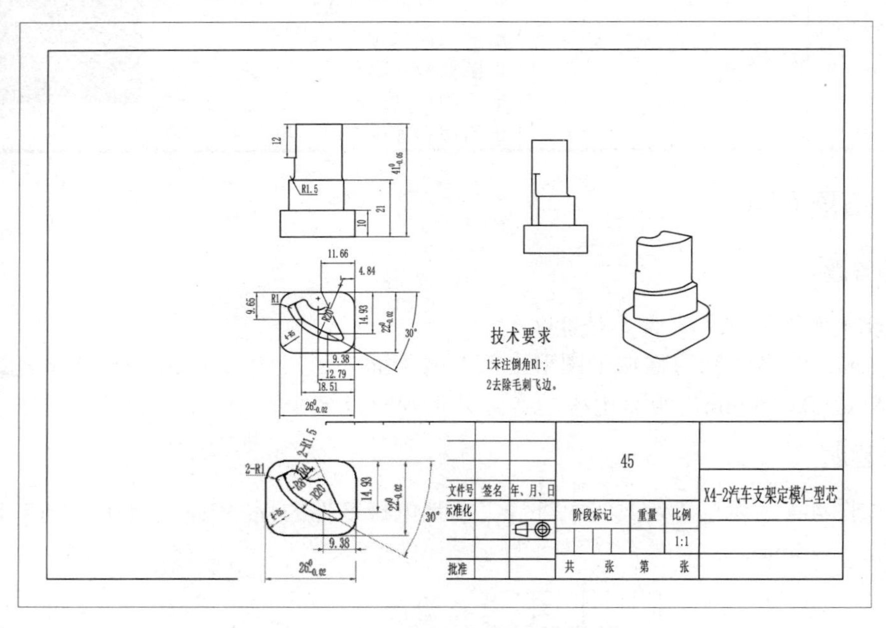

图 4-6 定模仁型芯零件图

定模仁型芯零件主要由方形底座、花形凸台等组成。根据零件的形体特征和精度要求分析，在加工中心这道工序中，选择尺寸为 30 mm×30 mm×50 mm 的 CrWMn 料作为加工对象。零件粗加工采用$\phi 8$ 涂层钨钢平底立铣刀，精加工采用$\phi 6$ 涂层钨钢平底立铣刀，根部圆角采用$\phi 3$ 涂层钨钢球头铣刀。

根据车间生产及教学需要，遵循基准先行、先粗后精、先主后次、先面后孔的原则，制定如表 4-3 所示的“扶手支架”模具定模仁型芯零件数控加工工艺卡。

表 4-3　“定模仁型芯”零件数控加工工艺卡

单位：××××××××　　编制：×××　　审核：×××

零件名称	定模仁型芯	设备	加工中心	机床型号	FADAL-3016L
工序号	1	毛坯	30 mm×30 mm×50 mm GrWMn 块料	夹具	平口钳
刀具表		**量具表**		**工具表**	
T01	ϕ8 涂层钨钢平底立铣刀	1	游标卡尺(0～150 mm)	1	扳手
T02	ϕ6 涂层钨钢平底立铣刀	2	千分尺(0～25 mm)	2	垫块
T03	ϕ3 涂层钨钢球头铣刀	3	千分尺(25～50 mm)	3	塑胶榔头
T04		4	深度游标卡尺	4	
T05					

序号	工艺内容	切削用量 S/(r/min)	切削用量 F/(mm/r)	切削用量 a_p/mm	备注
	第一次装夹				
1	T01 刀粗铣零件各外轮廓(留 0.25 mm)	3500	1000	1.5	
2	T02 刀精铣零件各轮廓	4000	1200		
3	T02 刀精铣零件各台阶平面	4000	1000		
4	T03 刀精铣零件根部圆角	4000	1000	0.2	
	第二次装夹				
5	T01 刀粗、精铣零件底平面	4000	1000	0.5	

4.2.3　定模仁型芯零件的编程与仿真加工

“定模仁型芯”零件的编程与仿真加工操作过程如表 4-4 所示。

表 4-4　“定模仁型芯”零件的编程与仿真加工操作过程

加工步骤	刀具	加工方式	参数设置	仿真图
第一次装夹：加工顶部				
粗铣顶部	T1D8	CAVITY_MILL_ROUGH (留 0.25 mm)	● 几何体：MCS_TOP ● 工具：T1D8 ● 刀轴：+Z 轴 ● 刀轨设置 方法：MILL_SEMI_FINISH 切削模式：跟随部件 步距：刀具平直百分比 刀具直径百分比：50 公共每刀切削深度：恒定 最大距离：1.5 切削层：深度设置为台阶的底面 切削参数：默认 非切削移动：默认 进给率和速度：n=3500、f=1200	

续表

加工步骤	刀具	加工方式	参数设置	仿真图
精铣各台阶轮廓面	T2D6 T2D6 T2D6 T2D6	FACE_MILLING_1 FACE_MILLING_2 FACE_MILLING_3 FACE_MILLING_4	● 几何体：MCS_ TOP 指定部件边界：选各台阶面 指定毛坯边界：无 指定检查边界：无 指定修剪边界：无 指定底面：选各轮廓深度位置 ● 工具：T2D6 ● 刀轴：+*Z* 轴 ● 刀轨设置 方法：MILL_FINISH 切削模式：轮廓 步距：刀具平直百分比 刀具直径百分比：50% 附加刀路：0 切削层：仅底部 切削参数：余量 0 非切削移动：默认 进给率和速度：n=4000、f=1200	
精铣根部圆弧	T3D3R1.5	FLOWCUT_REF_TOOL	● 几何体：MCS_ TOP 指定部件：默认 指定检查：无 指定切削区域：选根部圆角 指定修剪边界：无 ● 驱动方法：清根 10%步距 参考刀具：D5 R2.5 ● 工具：T3D3R1.5 ● 刀轴：+*Z* 轴 ● 刀轨设置 方法：MILL_FINISH 切削参数：策略 在边上延伸打钩；多刀路：0.5 刀路数 2 非切削移动：默认 进给率和速度：n=4000、f=1000	

续表

加工步骤	刀具	加工方式	参数设置	仿真图
精铣各台阶面	T2D6	FACE_MILLING	● 几何体：MCS_ BOTTOM 指定部件：默认 指定面边界：选各底面 指定检查体：无 指定检查边界：无 ● 工具：T2D6 ● 刀轴：+*Z* 轴 ● 刀轨设置 方法：MILL_FINISH 切削模式：往复或单向 步距：刀具平直百分比 刀具直径百分比：50 毛坯距离：默认 每刀切削深度：默认 最终底面余量：0 切削参数：延伸到步距轮廓 非切削移动：默认 进给率和速度：*n*=3500、*f*=1200	
第二次装夹：加工底部				
粗、精铣底部槽	T1D8 T1D8	FACE_MILLING_ROUGH_BOTTOM (留 0.25 mm) FACE_MILLING_FINISH_BOTTOM	● 几何体：MCS_ BOTTOM 指定部件：默认 指定面边界：选底面 指定检查体：无 指定检查边界：无 ● 工具：T1D8 ● 刀轴：+*Z* 轴 ● 刀轨设置 方法：MILL_SEMI_FINISH 切削模式：跟随部件 步距：刀具平直百分比 刀具直径百分比：50 毛坯距离：6 每刀切削深度：1 最终底面余量：0.25 切削参数：默认 非切削移动：默认 进给率和速度：*n*=3500、*f*=1200	

4.2.4 拓展思考

完成如图 4-7 所示的“玩具飞机外壳”模具定模仁型芯零件的程序编制。毛坯尺寸：45 钢精坯块料 350mm×165mm×45mm。

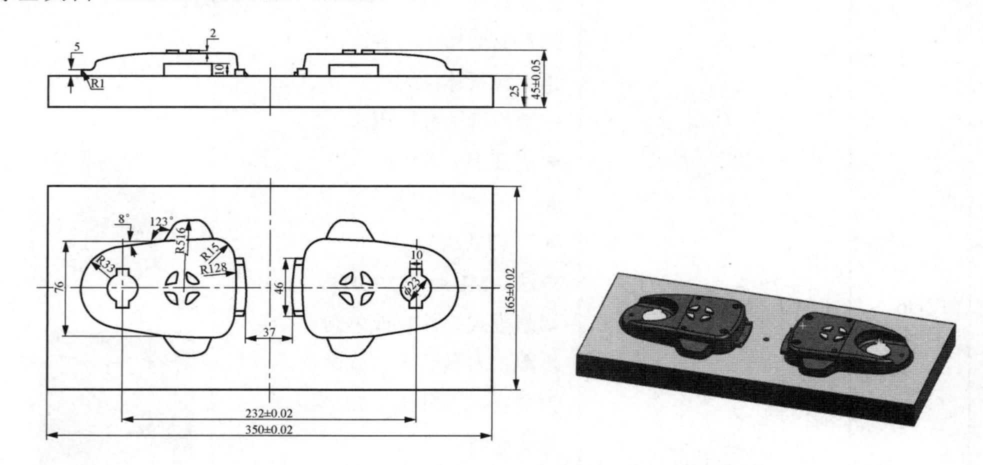

图 4-7 “玩具飞机外壳”模具定模仁型芯零件图

任务 4.3 定模仁型腔零件的编程与加工

4.3.1 任务目标

广泛查阅相关资料，了解定模仁零件的基本结构知识，综合应用 UG10.0CAM 各种操作方式完成“扶手支架”模具定模仁型腔零件的程序编制和加工；培养学生工程实践能力和勤奋好学的学习态度。

图 4-8 所示为定模仁型腔零件实物。

图 4-8 定模仁

4.3.2 定模仁型腔零件的加工工艺

如图 4-9 所示定模仁型腔零件，批量为 2 件，该零件的交货期为 1 个工作日。

定模仁型腔零件主要由孔和各种槽构成，包括方形底槽、支架槽和小花形槽等。根据零件的形体特征和精度要求分析，在加工中心这道工序中，选择尺寸为

110mm×85mm×35mm 的 CrWMn 精坯块料作为加工对象。底部方形槽和孔粗、精加工采用ϕ8 涂层钨钢平底立铣刀；顶部型腔粗加工和开阔区域底面精加工采用ϕ6R0.5 涂层钨钢立铣刀，二次粗铣及各轮廓壁精加工采用ϕ3R0.3 涂层钨钢立铣刀；根部圆角采用ϕ2 涂层钨钢球头铣刀加工；支架窄槽底部精加工采用ϕ1R0.2 涂层钨钢立铣刀。

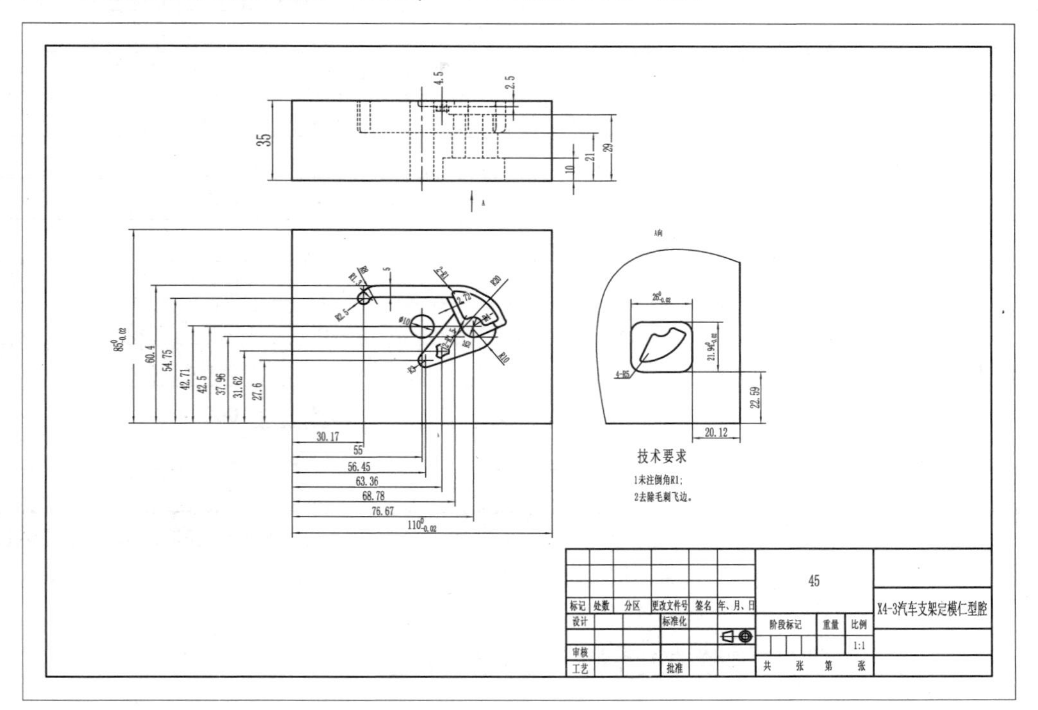

图 4-9　定模仁型腔零件图

根据车间生产及教学需要，遵循基准先行、先粗后精、先主后次、先面后孔的原则，制定如表 4-5 所示的“扶手支架”模具定模仁型腔零件数控加工工艺卡。

表 4-5　定模仁型腔零件数控加工工艺卡

单位：××××××××　　　编制：×××　　　审核：×××

零件名称	定模仁		**设备**	加工中心		**机床型号**	FADAL-3016L
产品名称	汽车配件支架模具		**毛坯**	110mm×85mm×35mm CrWMn 精坯块料		**夹具**	平口钳
刀具表			**量具表**			**工具表**	
T01	ϕ8 涂层钨钢平底立铣刀		1	游标卡尺(0～150 mm)		1	扳手
T02	ϕ6R0.5 涂层钨钢立铣刀		2	千分尺(0～25 mm)		2	垫块
T03	ϕ3R0.3 涂层钨钢立铣刀		3	千分尺(25～50 mm)		3	塑胶榔头
T04	ϕ2R1 涂层钨钢球头铣刀		4	深度游标卡尺		4	
T05	ϕ1R0.2 涂层钨钢立铣刀						

续表

序号	工艺内容	切削用量			备注
		S/ (r/min)	F/ (mm/r)	a_p/ mm	
	第一次装夹				
1	T01 刀粗、精铣零件底部方槽	3500	1000	1	
2	T01 刀粗、精铣零件孔	3500	1000	1	
	第二次装夹				
3	T02 刀粗铣零件顶部型腔(留 0.25 mm)	3500	1000	1.5	
4	T03 刀二次粗铣零件顶部型腔(留 0.25 mm)	6000	600	0.2	
5	T03 刀精铣零件顶部各台阶侧壁	6000	600	0.5	
6	T03 刀粗铣零件顶部小花形型腔	6000	600	0.15	
7	T04 刀精铣零件顶部各根部圆角	7000	1000		
8	T03、T05 刀精铣零件顶部各台阶底面	7000	1000		
9	T05 刀精铣定模仁型芯孔	7000	300		
10	T04 刀精铣局部圆弧清角	6000	600		

注：本例主要陈述 CNC 铣削加工，因刀 T05 刀具太小，加工窄腔和窄槽时难度较高，若实际加工中机床平稳性不够好难以达到精度要求时，可采用放电加工。

4.3.3 定模仁型腔零件的编程与仿真加工

“定模仁型腔”零件的编程与仿真加工操作过程如表 4-6 所示。

表 4-6 “定模仁型腔”零件的编程与仿真加工操作过程

加工步骤	刀具	加工方式	参数设置	仿真图
第一次装夹：加工底部				
粗、精铣底部槽	T1D8	FACE_MILLING_ ROUGH_BOTTOM (留 0.25 mm)	● 几何体：MCS_ BOTTOM 指定部件：默认 指定面边界：选底面 指定检查体：无 指定检查边界：无 ● 工具：T1D8 ● 刀轴：+Z 轴 ● 刀轨设置 方法：MILL_SEMI_FINISH 切削模式：跟随周边 步距：刀具平直百分比	

续表

加工步骤	刀具	加工方式	参数设置	仿真图
粗、精铣底部槽	T1D8	FACE_MILLING_FINISH_BOTTOM	刀具直径百分比：50 毛坯距离：10 每刀切削深度：1 最终底面余量：0.25 切削参数：默认 非切削移动：斜坡角 3° 进给率和速度：n=3500、f=1200	
粗、精铣孔	T1D8 T1D8	PLANAR_MILL_ROUGH_HOLE (留 0.25 mm) PLANAR_MILL_FINISH_HOLE	● 几何体：MCS_ BOTTOM 指定部件边界：选孔轮廓线 指定毛坯边界：无 指定检查边界：无 指定修剪边界：无 指定底面：选零件底面 ● 工具：T1D8 ● 刀轴：+Z 轴 ● 刀轨设置 方法：MILL_FINISH 切削模式：跟随周边 步距：50% 切削层：恒定 1(精：用户定义) 切削参数：默认 非切削移动：斜坡角 1° 斜面长度 10% 进给率和速度：n=4000、f=1000	
第二次装夹：加工顶部				
粗铣顶部	T2D6R0.5 T3D3R0.3	CAVITY_MILL_ROUGH_1 (留 0.25 mm) CAVITY_MILL_ROUGH_2	● 几何体：MCS_TOP ● 工具：T2D6R0.5 ● 刀轴：+Z 轴 ● 刀轨设置 方法：MILL_SEMI_FINISH 切削模式：跟随部件 步距：刀具平直百分比 刀具直径百分比：50 公共每刀切削深度：恒定 最大距离：1 切削层：深度设置为台阶耳底面 切削参数：默认 非切削移动：最小斜面长度 10% 进给率和速度：n=3500、f=1200	T3 刀加工时，切削参数中“参考刀具”T2D6R0.5

续表

加工步骤	刀具	加工方式	参数设置	仿真图
精铣各台阶壁	T3D3R0.3 T3D3R0.3 T3D3R0.3	SOLID_PROFILE_3D_1 SOLID_PROFILE_3D_2 SOLID_PROFILE_3D_3	● 几何体：MCS_ TOP 指定部件：无 指定检查：无 指定壁：选 指定修剪边界：无 指定底面：选圆弧壁 ● 工具：T3D3R0.3 ● 刀轴：+*Z* 轴 ● 刀轨设置 方法：MILL_FINISH 部件余量：0 跟随：壁的底部 *Z* 向深度偏置：0 切削参数：多重深度 2/6/13，步进增量 0.2 非切削移动：默认 进给率和速度：*n*=6000 *f*=600	
粗铣花形	T3D3R0.3	FACE_MILLING_ROUGH	● 几何体：MCS_ TOP 指定部件：默认 指定面边界：选各面 指定检查体：无 指定检查边界：无 ● 工具：T3D3R0.3 ● 刀轴：+*Z* 轴 ● 刀轨设置 方法：MILL_FINISH 切削模式：跟随部件 步距：刀具平直百分比 刀具直径百分比：50 毛坯距离：2 每刀切削深度：0.15 最终底面余量：0.1 切削参数：默认 非切削移动：默认 进给率和速度：*n*=6000、*f*=600	

续表

加工步骤	刀具	加工方式	参数设置	仿真图
精铣根部圆弧	T4D2R1 T4D2R1 T4D2R1	PROFILE_3D_1 PROFILE_3D_2 PROFILE_3D_3	● 几何体：MCS_ TOP 指定部件边界：选根部轮廓线 指定毛坯边界：无 指定检查边界：无 指定修剪边界：无 ● 工具：T4D2R1 ● 刀轴：+Z 轴 ● 刀轨设置 方法：MILL_FINISH 部件余量：0 Z 向深度偏置：0 切削参数：多重深度 0.3，步进增量 0.15 非切削移动：默认 进给率和速度：n=6000、f=600	
精铣各台阶面	T3D3R0.3 T5D1R0.2	FACE_MILLING_1 FACE_MILLING_2	● 几何体：MCS_ TOP 指定部件：默认 指定面边界：选各面 指定检查体：无 指定检查边界：无 ● 工具：T3D3R0.3 ● 刀轴：+Z 轴 ● 刀轨设置 方法：MILL_FINISH 切削模式：跟随部件 步距：刀具平直百分比 刀具直径百分比：30 毛坯距离：默认 每刀切削深度：默认 最终底面余量：0 切削参数：默认 非切削移动：默认 进给率和速度：n=7000、f=500	

4.3.4 拓展思考

完成如图 4-10 所示“玩具飞机外壳”模具定模仁型芯零件。毛坯尺寸：45 钢块 350 mm×165 mm×45 mm。

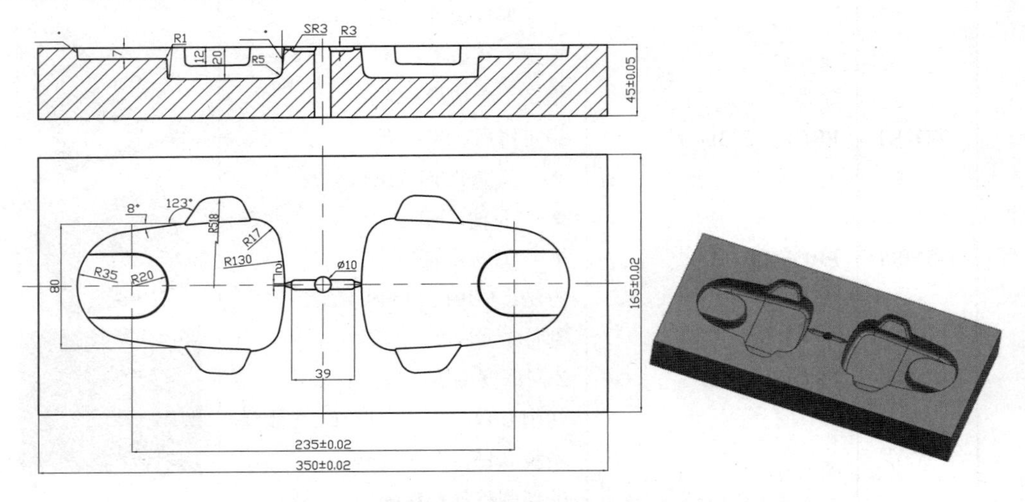

图 4-10 “玩具飞机外壳”模具定模仁型芯零件图

任务 4.4 定模座板零件的编程与加工

4.4.1 任务目标

广泛查阅相关资料，了解定模座板的基本结构，综合应用 UG NX 10.0 CAM 各种操作方式完成“扶手支架”模具的定模座板零件的程序编制和加工；培养学生工程实践能力和勤奋好学的学习态度。

定模座板零件，如图 4-11 所示。

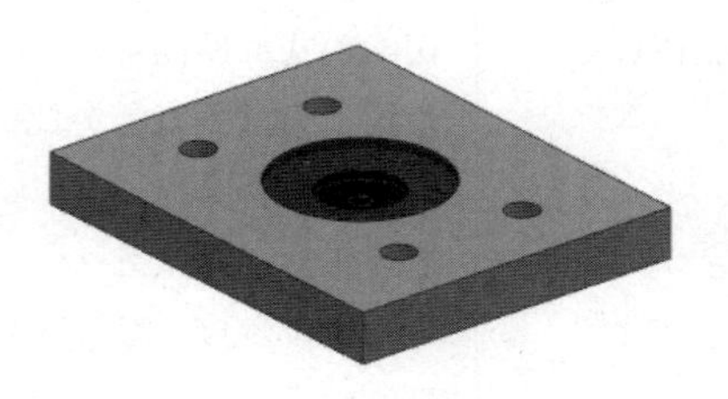

图 4-11 定模座板

4.4.2 定模座板零件的加工工艺

如图 4-12 所示定模座板零件，批量为 1 件，该零件的交货期为 1 个工作日。

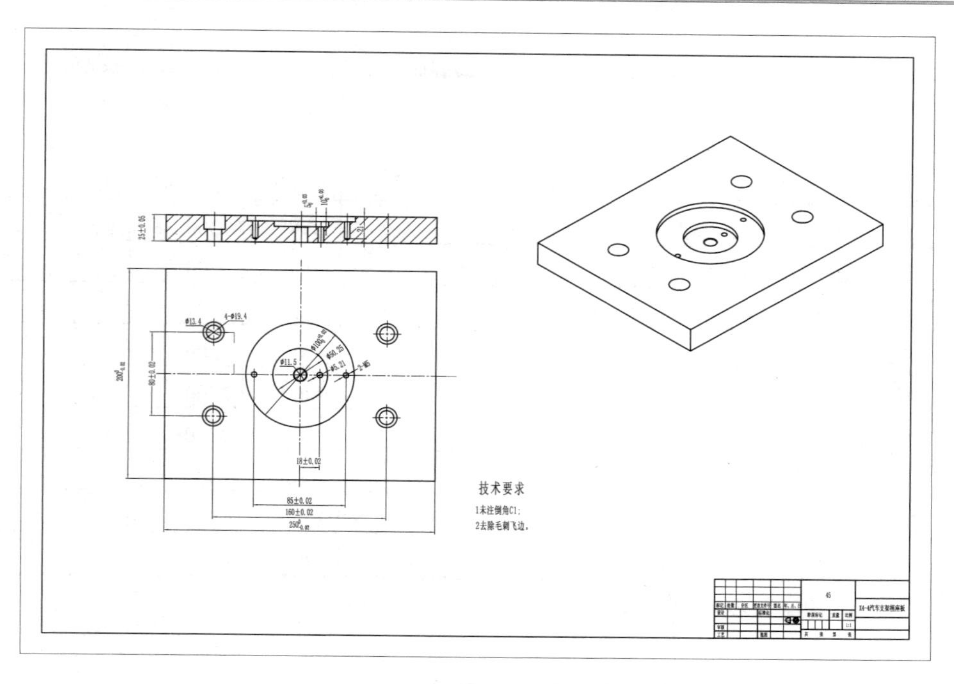

图 4-12　定模座板零件图

定模座板零件为长方形板类零件，主要由用于安装定位圈、导柱、浇口套和用于连接的螺栓、销钉等各种孔组成。根据零件的形体特征和精度要求分析，在加工中心这道工序中，选择尺寸为 260 mm×200 mm×25 mm 的 45 钢精坯板料作为加工对象。定位圈型腔粗、精铣采用ϕ20 涂层钨钢平底立铣刀，导柱孔粗、精加工采用ϕ8 涂层钨钢平底立铣刀，销钉孔加工采用ϕ3 涂层钨钢平底立铣刀，螺纹孔加工采用 A3 中心钻、ϕ4.2 麻花钻和 M5 丝锥。

根据车间生产及教学需要，遵循基准先行、先粗后精、先主后次、先面后孔的原则，制定如表 4-7 所示的闹钟定模座板零件数控加工工艺过程卡。

表 4-7　“定模座板”零件数控加工工艺卡

单位：苏州工业职业技术学院　　编制：Chengli　　审核：YinMing

零件名称	定模座板	设备	加工中心	机床型号		FADAL-3016L
工序号	1	毛坯	260×200×25mm 45 钢精坯	夹具		平口钳
刀具表		量具表		工具表		
T01	ϕ20 涂层钨钢平底立铣刀	1	游标卡尺(0～150 mm)	1	扳手	
T02	ϕ8 涂层钨钢平底立铣刀	2	千分尺(0～25 mm)	2	垫块	
T03	ϕ3 涂层钨钢平底立铣刀	3	千分尺(25～50 mm)	3	塑胶榔头	
T04	A3 中心钻	4	深度游标卡尺	4		
T05	ϕ4.2 麻花钻					
T06	M5 丝锥					

续表

序号	工艺内容	切削用量			备注
		S/(r/min)	F/(mm/r)	a_p/mm	
1	T01 刀粗铣零件定位圈型腔(留 0.25 mm)	3000	1500	1.5	
2	T01 刀精铣零件定位圈型腔	4000	1200	0.5	
3	T02 刀粗铣零件导柱孔	3500	1500	1	
4	T02 刀精铣零件导柱孔	4000	1200	5	
5	T03 刀粗铣零件销钉孔	6000	2500	0.15	
6	T03 刀精铣零件销钉孔	7000	2000	0.3	
7	T04 刀点螺纹孔中心孔	2000	150		
8	T05 刀钻螺纹底孔	2000	150		
9	T06 刀攻 M5 螺纹孔	100	80		

注：本例以自制定模座板为例介绍其铣削加工过程。

4.4.3 定模座板零件的编程与仿真加工

“定模座板”零件的编程与仿真加工操作过程如表 4-8 所示。

表 4-8 “定模座板”零件的编程与仿真加工操作过程

加工步骤	刀 具	加工方式	参数设置	仿真图
粗、精铣定位圈型腔孔	T1D20 T1D20	PLANAR_MILL_ROUGH_1 (留 0.25 mm) PLANAR_MILL_FINISH_1	● 几何体：WORKPIECE 指定部件边界：选孔轮廓边 指定底面：选底面向下偏置 3 ● 工具：T1D20 ● 刀轴：+Z 轴 ● 刀轨设置 方法：MILL_SEMI_FINISH 切削模式：跟随周边 步距：刀具平直百分比 平面直径百分比：50 切削层：恒定 1.5 切削参数：默认 非切削移动：默认 进给率和速度：n=3000、f=1500	

续表

加工步骤	刀　具	加工方式	参数设置	仿真图
粗、精铣导柱孔	T2D8 T2D8	PLANAR_MILL_ROUGH_2 (留 0.25 mm) PLANAR_MILL_FINISH_2	● 几何体：WORKPIECE 指定部件边界：选孔轮廓边 指定底面：选底面向下偏置 3 ● 工具：T2D8 ● 刀轴：+*Z* 轴 ● 刀轨设置 方法：MILL_SEMI_FINISH 切削模式：跟随周边/轮廓 步距：刀具平直百分比 平面直径百分比：50 切削层：恒定 1.5/用户定义 10 切削参数：默认 非切削移动：默认 进给率和速度：*n*=3500、*f*=1500	
粗、精铣销钉孔	T3D3 T3D3	PLANAR_MILL_ROUGH_3 (留 0.25 mm) PLANAR_MILL_FINISH_3	● 几何体：WORKPIECE 指定部件边界：选孔轮廓边 指定底面：选底面向下偏置 3 ● 工具：T3D3 ● 刀轴：+*Z* 轴 ● 刀轨设置 方法：MILL_SEMI_FINISH 切削模式：跟随周边/轮廓 步距：刀具平直百分比 平面直径百分比：50 切削层：恒定 0.3 切削参数：默认 非切削移动：默认 进给率和速度：*n*=6000、*f*=600	
点 2 个中心孔	T4A3	SPOT_DRILLING_A3	● 几何体：MCS_BOTTOM 指定孔：选孔圆心 ● 工具：T4A3 ● 刀轴：+*Z* 轴 ● 循环类型：标准钻 最小安全距离：3 刀尖深度：3 ● 刀轨设置 方法：DILL_METHOD 避让：默认 进给率和速度：*n*=2000、*f*=150	

续表

加工步骤	刀　具	加工方式	参数设置	仿真图
钻M5底孔	T5Z4.2	DILLING_D4.2	● 几何体：MCS_ BOTTOM 指定孔：选ϕ10孔圆心 指定顶面：无 指定底面：选零件底面 ● 工具：T5Z4.2 ● 刀轴：+*Z* 轴 ● 循环类型：标准钻，深孔 最小安全距离：3 mm 编辑参数：穿过底面 ● 深度偏置 通孔安全距离：3 盲孔余量：0 ● 刀轨设置 方法：DILL_METHOD 避让：默认 进给率和速度：n=2000、f=150	
攻丝M5	T6M5	TAPPING_M5	● 几何体：MCS_ BOTTOM 指定孔：选定孔圆心 指定顶面：无 指定底面：无 ● 工具：T6M5 ● 刀轴：+*Z* 轴 ● 循环类型：标准攻丝 最小安全距离：3 mm 编辑参数：穿过底面 ● 刀轨设置 方法：DILL_METHOD 避让：默认 进给率和速度：n=300、f=240	 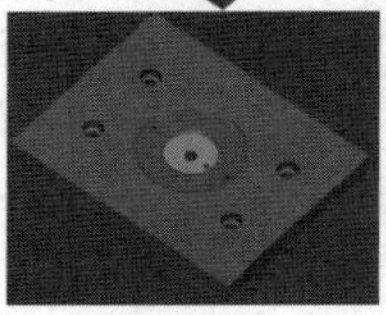

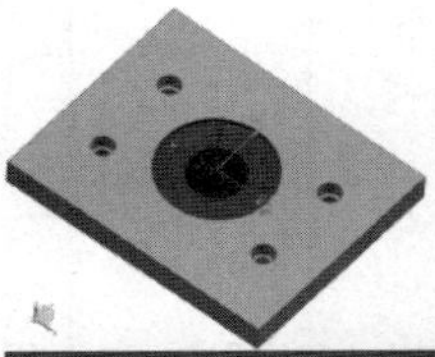

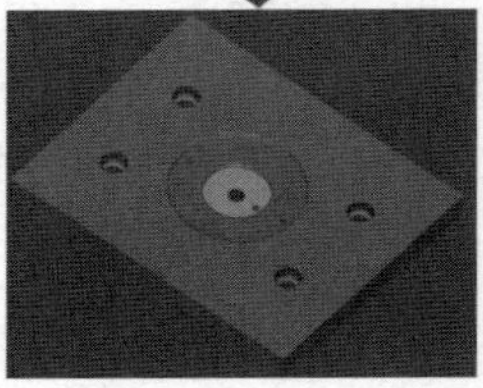

4.4.4 拓展思考

1. 完成如图 4-13 所示“玩具飞机外壳”模具动模座板零件。毛坯尺寸：45 钢块 500 mm×350 mm×30 mm。

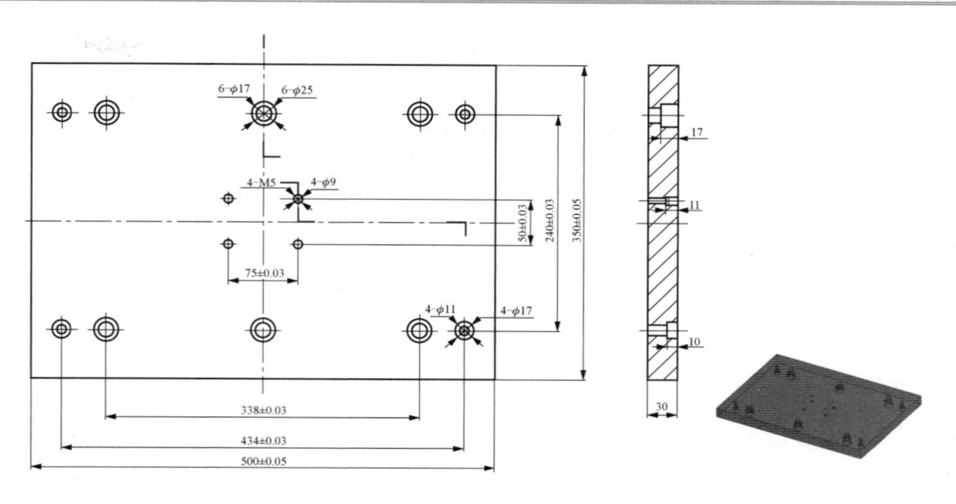

图 4-13　“玩具飞机外壳”模具动模座板零件图

2. 完成图 4-8“扶手支架”模具定模仁型腔零件的电极设计与编程。

拆电极及出图	
• 电极结构分析： (1) 零件哪些部位需要拆电极 (2) 电极类型 (3) 粗、精电极个数	(1) 零件共(　　)处需要拆电极。 (2) 结构 1(　　)需拆电极，属于(清角位　狭窄位　复杂曲面　其他　　　　)类型，(是　否)可用于其他部位。共拆粗电极(　　)个，精电极(　　)个。 (3) 结构 2(　　)需拆电极，属于(清角位　狭窄位　复杂曲面　其他　　　　)类型，(是　否)可用于其他部位。共拆粗电极(　　)个，精电极(　　)个。 (4) 结构 3(　　)需拆电极，属于(清角位　狭窄位　复杂曲面　其他　　　　)类型，(是　否)可用于其他部位。共拆粗电极(　　)个，精电极(　　)个。
• 电极命名： (1) 电极名称 (2) 电极图层 (3) 电极出图	(1) 拆电极软件名称(　　　　　　　)。 (2) 电极图档命名，参考/E：/年份/模具零件名称/电极名称.PRT 电极 1 名称(　　　　　　　　　　)，在第(　　　)图层； 电极 1 出图名称(　　　　　　　　　　　　　　)。 电极 2 名称(　　　　　　　　　　)，在第(　　　)图层； 电极 2 出图名称(　　　　　　　　　　　　　　)。 电极 3 名称(　　　　　　　　　　)，在第(　　　)图层； 电极 3 出图名称(　　　　　　　　　　　　)。 (3) 电极清单名称(　　　　　　　　　　　　)。
(4) 拆电极过程	(1) 拆电极软件名称(　　　　　　　)。 (2) 确立电极坐标系 (　　　)；电极基准偏中坐标(　　　　　　)。 (3) 电极布局(平移　　旋转　　镜像)。 (4) 电极斜度(　　)度。 (5) 电极长度自然延伸(　　)mm，与工件已加工面宽度(是　　否)有重叠，电极(是　　否)做加强。 (6) 电极冲水位高度(　　)mm，基准台尺寸(　　　　　　　)。 (7) 电极基准角情况：粗电极(　　　　　　　　)，精电极(　　　　　　　　)。 (8) 电极火花位设置：粗电极(　　　　)mm，精电极(　　　)mm。 (9) 电极材料(　　　)，电极尺寸(　　　　　　)。

续表

电极编程	
• 编制电极CNC程序： (1) 确定毛坯 (2) 确定加工坐标系 (3) 确定加工方法 (4) 编制或修改工序 (5) 导出工艺单 (6) 导出程序单	(1) 编制电极程序软件名称(　　　　　　　　)。 (2) 加工坐标系位于电极(　　　　　)位置。 (3) 采用(　　　　　　　　　　　　　)加工方法； (4) 重点修改的参数有：(　　　　　　　　　　　　　　　　　　) (　　　　　　　　　　　　　　　　　　　　　　　　　　　　　) (　　　　　　　　　　　　　　　　　　　　　　　　　　　　　) (5) 导出的工艺单名称为(　　　　　　　　　　　　　　　)。 (6) 导出的程序单名称为(　　　　　　　　　　　　　　　)。
项目完成总结：(拆电极心得、UGCAM 编程心得、交流沟通、实践能力、创新能力、存在问题与不足)	

3. 机内对刀与在线测量技术在数控加工中心机床中应用。

1) 激光对刀仪的校准

(1) 将机床充分暖机，三根坐标轴同时运行，主轴以 10000 转的速度运行 20 分钟以上。

(2) 将标准棒装入刀柄，建议使用新刀柄并清洁干净。

(3) 将装有标准棒的刀具装入主轴，检查标准棒跳动，跳动在 0.005mm 以内，如超差，清洗主轴及刀柄。

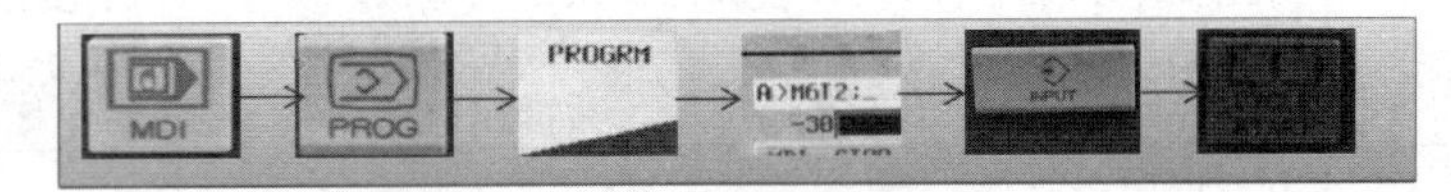

(4) 标准棒装入主轴后移动 *X* 轴和 *Y* 轴，用百分表打表找到标准刀棒的最低点，设置相对坐标为 0；将刀棒取下后打表找到主轴端面，查看相对坐标值，此值即为标准棒的实际长度；此外，在刀棒的刀柄上刻有该刀棒的实际直径值。

(5) 将测出的长度及半径输入以下程序中。

程序路径为： CNC_MEM/MTB1/MeasureExamples/CALI_LASER.MPF

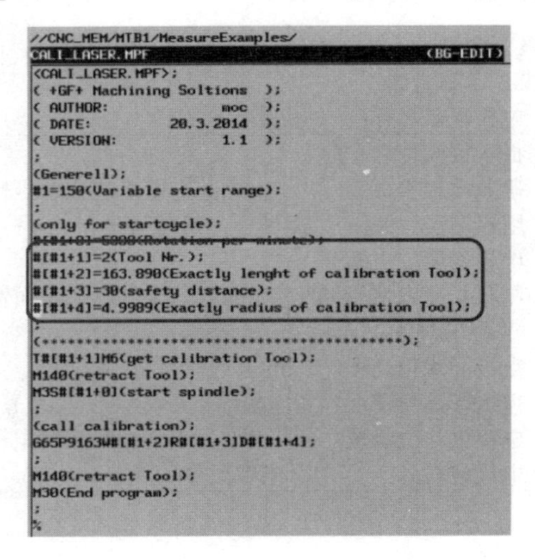

高职高专数控技术应用专业规划教材

#[#1+0]=5000 (主轴转速)

#[#1+1]=2 (刀具号)

#[#1+2]=163.890 (标准刀具长度)

#[#1+3]=30 (safety distance)

#[#1+4]=4.9989 (标准刀具的半径)

6. 将 CALI_LASER.MPF 设为主程序并执行。

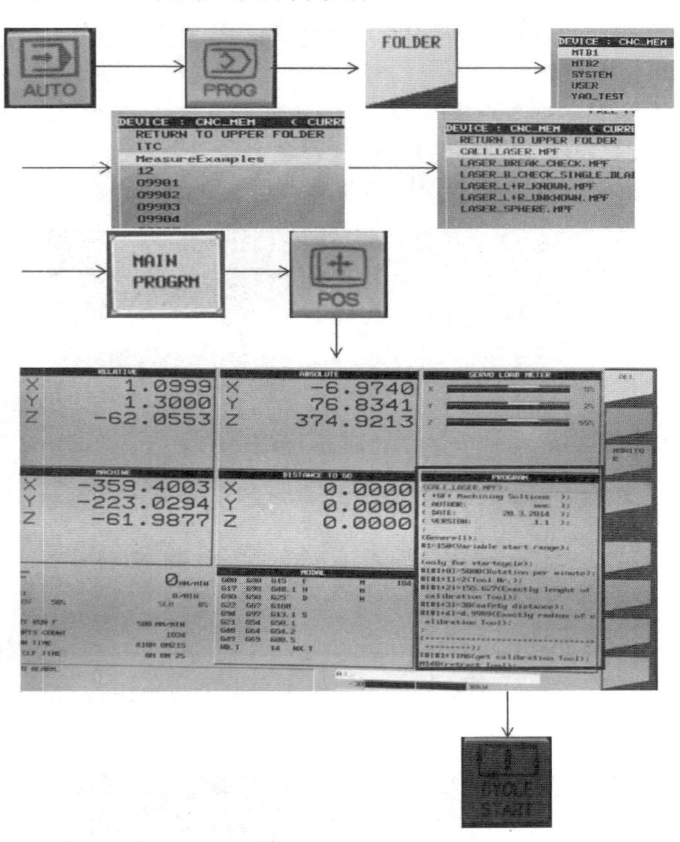

2)　测刀具刀长和半径

测量刀具长度和半径的方法如下：

在 MDI 模式输入 G65P9888T__D__R__S__H__；运行后，参数自动录入至 OFFSET 对应的刀具表中。

机内对刀

EDIT → OFS SET → OFFSET

OFFSET

NO.	(LENGTH) GEOM	(LENGTH) WEAR	(RADIUS) GEOM	(RADIUS) WEAR
001	139.4100	0.0000	0.0000	0.0000
002	163.8900	0.0000	4.9989	0.0000
003	163.8882	0.0000	5.0008	0.0000
004	89.2936	0.0000	0.9481	0.0000

其中 T：刀号

D：直径

R：小 r 角

S：加工时转速

H：测量模式　0 1 2 3

0：L+R(全测) 1：L(测刀长) 2：R(测圆角 r) 3：针对 1M 以下(双边测量)

*检测完后需要再次呼叫刀具数据生效：MDI 输入代码 M6x 启动。

3)　探针的校准

(1)　将探针从刀库装入，装入 1 号刀位。

(2)　在 MDI 模式下输入 T1M6；将探针从刀库中调出。

(3)　将千分表按如下操作，检测探针的跳动，小于 0.003mm。

(4)　在 MDI 模式下，调用一把平底铣刀，用激光对刀仪测出该刀具的长度。如下操作：G65P9888T3D R S;

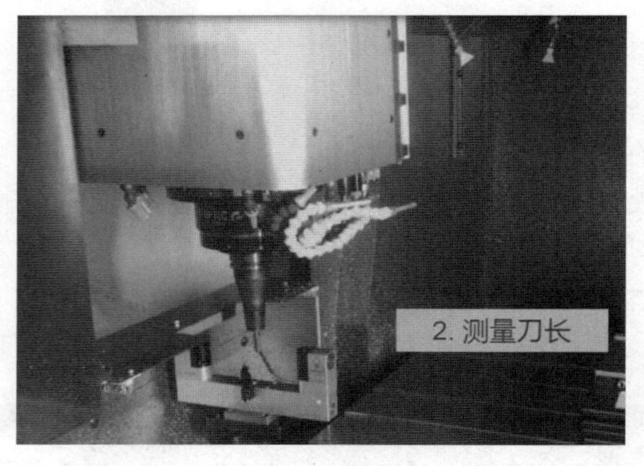

在 MDI 模式下输入 T3M6，或者 G43H3，调用该刀具的长度补偿。

(5)　铣一个基准，并在坐标系管理 G54 坐标系中 Z 轴输入 Z0，并按下测量按钮，如下图：

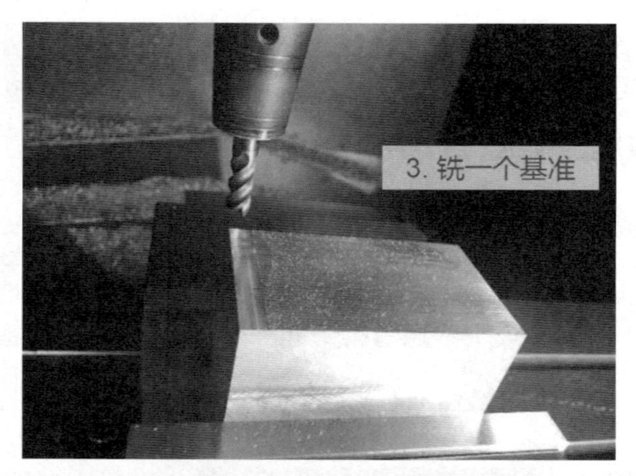

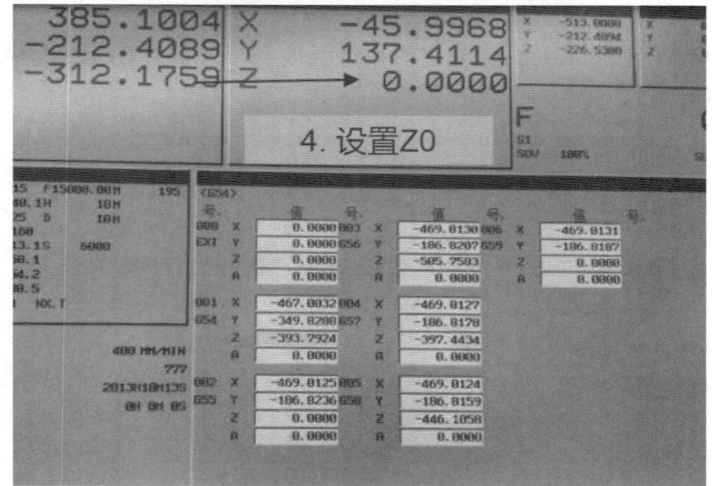

(6)　在 MDI 下执行 T1M6;将探针从刀库中调出，将探针移动到之前铣过的平面上 10mm 处，执行 G421 H142。

校准探头Z- G421

步骤：

1. 如图把探头放在之前铣过的0位正上方10mm左右的位置
2. 在MDI画面输入指令G421；并运行
3. 宏程序将自动完成Z校准

说明：

1. 使用原装探头可以直接使用G421指令校准，因为宏程序里面都有探头长度记录。
2. 若是更换了不同规格的测量头，并用卷尺量出探头长度，比如量出长度为142mm,就可以使用指令G421 H142;来校准探头Z向。
3. 若是探头直径有改变，需要修改长度校准宏程序O8021内的探头直径变量

(7) 将一个已知直径的环规放置在平面上，确认环规内部垂直度小于 0.002mm。将探针放置在环规目测中心。在 MDI 模式下，执行 G420 D40.001。D40.001 为环规的直径。

校准探头X/Y- G420

步骤：

1. 环规固定在工作台稳固的平台上
2. 打表确认环规内部垂直度<2um
3. 探头移动到环规目测中心
4. 在MDI画面输入指令G420D40.001；并运行
5. 宏程序将自动完成X/Y校准

说明：

1. 宏程序会自动测量环规中心，测量过程主轴会定向测量
2. D值若是没有设置，会激活报警提示

(8) 执行完 G420 和 G421 后，测出的探针长度和半径保存在宏变量#820 和#821 处。将#820 和#821 的值输入刀具表中。

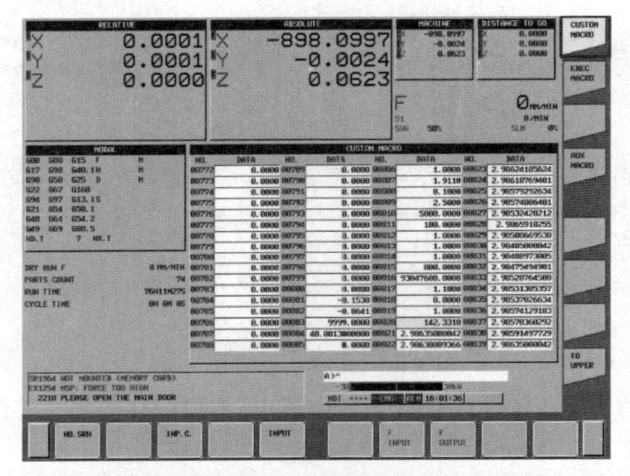

OFFSET

NO	(LENGTH) GEOM	(LENGTH) WEAR	(RADIUS) GEOM	(RADIUS) WEAR
001	142.3318	0.0000	2.9860	0.0000
002	155.6270	0.0000	4.9989	0.0000
003	179.8697	0.0000	9.9301	0.0000
004	0.0000	0.0000	0.0000	0.0000
005	164.0425	0.0000	2.9955	0.0000
006	104.1187	0.0000	3.9762	0.0000
007	97.9834	0.0000	3.0060	0.0000
008	144.4427	0.0000	7.9767	0.0000
009	98.3795	0.0000	1.4930	0.0000
010	163.8970	0.0000	4.9996	0.0000
011	0.0000	0.0000	0.0000	0.0000
012	0.0000	0.0000	0.0000	0.0000
013	0.0000	0.0000	0.0000	0.0000
014	0.0000	0.0000	0.0000	0.0000
015	139.6225	0.0000	4.9889	0.0000
016	0.0000	0.0000	0.0000	0.0000

4) 工件系对刀

(1) 测头单边对刀。

F1—F6 对应 G54-G59

G416F1：(测 Z 存于 G54 中)；

G416X10F1：(向右运动测 X 存于 G54 中)

G416Y10F1：(向前运动测 Y 存于 G54 中)

(2)　测头分中对刀。

①　矩形凹槽四面分中(槽中心埋入，开始测量)

G410X Y F

X、Y 槽尺寸；F1—F6 坐标

②　矩形凸台四面分中(中心表面上方 10mm，开始测量)

G411X Y F

X、Y 毛坯尺寸；F1—F6 坐标

③　内孔圆分中(孔中心内深 10mm 位置开始测量)

G412D(圆孔直径)F_

④　外圆分中(中心表面上方 10mm，开始测量)

G413D(圆台直径)F_

5)　自动检测

(1)　校准探头长度和半径程序，程序名：CALI_PROBE_L+R.MPF。

(2)　自动测量圆孔中心程序，程序名：PROBE_BORE_AUTO.MPF。

格式：G65P9110A0.D40.F1000.X20.Y0.Z-5.R10.S11

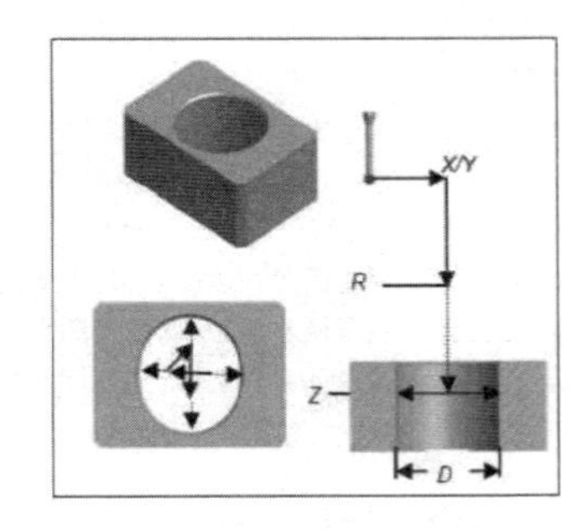

(3)　安全移动程序，程序名：PROBE_GUARDED.MPF。

(4)　自动测量外圆中心程序，程序名：PROBE_S13.MPF。

(5)　自动测量长方形凸台程序，程序名：PROBE_Rectangle_Auto.MPF。

长方形凸台测中心使用 S3 凸台测量方式，分别测量 *X* 和 *Y* 两个方向的中心，从而实现长方形工件的自动测量。

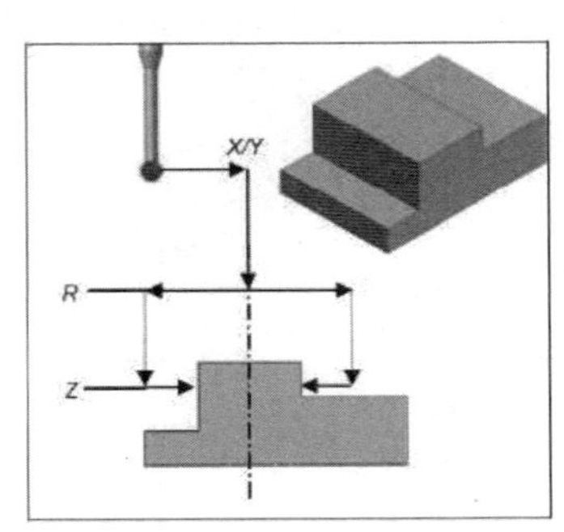

(6) *Z* 向自动设零点程序，程序名：PROBE_Z-.MPF。

(7) 圆凸台中心的测量(PROBE_CORE_AUTO.MPF)。

格式：G65P9110A30.D45.F131X0.Y0.Z-5.R10.S13

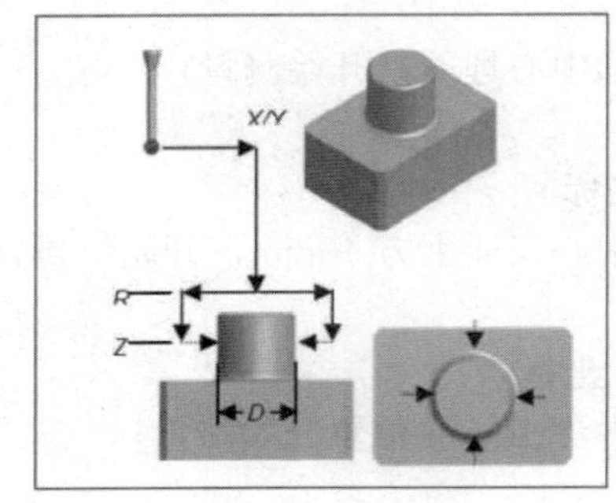

6) 半自动检测工件中心

为了方便操作，下面这些程序可以实现半自动工件中心测量。

序号	程序名称	功能
0	O0099	选择需要零点设定坐标系 G54~G59，后面测量程序根据这个设定来写入相应的坐标系
1	O1112	X 方向分中，并把 X 方向的距离值写入 G05.1P3 的 X 里
2	O1113	Y 方向分中, 并把 Y 方向的距离值写入 G05.1P3 的 Y 里
3	O1114	X 单边，正方向，坐标值写入 O0099 中激活的工件坐标系
4	O1115	X 单边，负方向，坐标值写入 O0099 中激活的工件坐标系
5	O1116	Y 单边，正方向，坐标值写入 O0099 中激活的工件坐标系
6	O1117	Y 单边，负方向，坐标值写入 O0099 中激活的工件坐标系
7	O1118	Z 向设零点，Z 轴零位值写入 O0099 中激活的工件坐标系
8	O1119	4 点测圆心，圆直径大小值写入 G05.1P3 的 A 里面
9	O1120	3 点测圆心，圆直径大小值写入 G05.1P3 的 A 里面
9	O1121	手工测量两点之间的 Z 轴落差，差值写入 G05.1P3 的 Z 里面

项 目 小 结

项目 4 主要以扶手支架产品为例，分别介绍了该模具的电极零件、定模仁型芯零件、定模仁型腔零件和定模座板零件的自动编程过程，综合运用了平面铣、型腔铣、固定轴曲面轮廓铣和点位加工等各种操作方式，以加强学生软件实操能力，培养学生独立思考、积极探索和勤于练习的工作热情，培养德智体美劳全面发展的社会主义建设者和接班人。

项目 5　闹钟外壳模具成型零件的编程与加工

【产品零件】闹钟外壳(见图 5-1)。

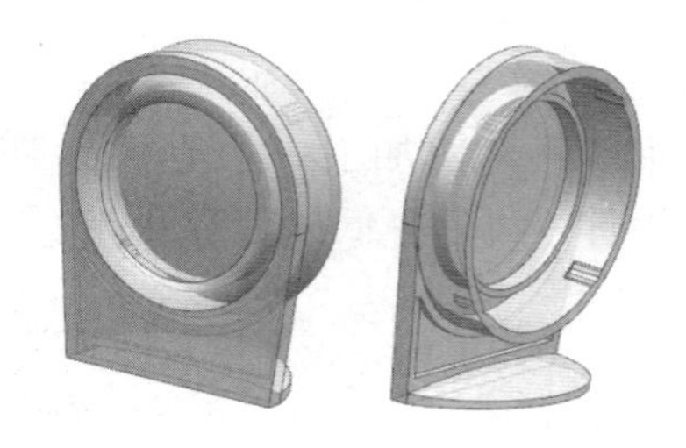

图 5-1　闹钟外壳正反面

【项目载体】镶件零件、滑块零件、定模型腔零件、动模型芯零件。

【总体要求】

- 会分析各模具零件的结构特征。
- 能根据零件特征制定合理的加工工艺。
- 能根据零件各部位合理选择 CAM 加工方式。
- 能根据零件各加工部位设置合理的加工参数。
- 能针对不同的加工方式进行分析比较，进行程序优化。
- 培养独立思考、积极探索、勤于练习的工作态度。
- 培养爱岗敬业以民族复兴为己任，拥有爱国主义情怀的新时代新人。

任务 5.1　镶件零件的编程与加工

5.1.1　任务目标

广泛查阅相关资料，了解镶件的基本结构，综合应用 UG NX 10.0 CAM 中的各种操作方式完成“闹钟外壳”模具镶件零件的程序编制和加工，培养学生的工程实践能力和勤奋好学的学习态度。

5.1.2　镶件概述

镶件(Inserts)是模具，指的是用于镶嵌在模具中的不规则模具配件，起到固定模板和填充模板之间空间的作用。如图 5-2 所示即为闹钟外壳环形凹槽的成型镶件。

正面　　反面

图 5-2　镶件零件

基于模具加工制造的考虑，镶件设计有如下优点。

1. 利于模具修改

产品开发设计师在设计产品时经常会改版，因此需要将经常修改的地方做成镶件，这样在修改时只需修改镶件即可。甚至可以多做几个备用镶件，以提高工作效率。

2. 利于排气

将模具需要排气的位置设计成镶件，可利用镶件间配合的间隙来排气。

3. 利于模具加工

模具中的一些加强筋骨位和深孔，对加工、抛光、塑料的填充及产品脱模都是非常困难的。因此将这些位置设计成镶件，可以降低加工难度。

4. 利于降低成本

将不便于加工的骨位、槽等特征做成镶件，可以避免使用电极加工，从而降低生产成本。

5. 利于增加模具寿命

在一般情况下，模具需要设计镶件的地方，往往是容易损坏的地方，一旦镶件损坏，只要替换便可继续使用模具，从而达到了延长模具寿命的目的。

镶件可以设计成方形、圆形、片型等形状，按种类可分为镶针、镶件、镶块、镶圈等。模具镶件材料应具有较高的硬度、耐磨性、强度和韧性、耐腐蚀性等性能。镶件的材质一般比型芯、型腔的材质强度和硬度要高，如GrWMn、9Mn2V、Cr12、Gr4W2MoV、20GrMnMo、20GrMnTi 等，硬度为 54～58 HRC。镶件的固定方法主要采用挂台和用螺钉连接，一般镶件较小时采用挂台，镶件较大时最好采用螺钉，也有采用销钉固定的，这种方式比较少。

镶件的标准精度为±0.01 mm，和所有的模具配件一样，对精密度的要求非常高，一般没有成品，需按照模具的需要进行定做。对于较小的镶件，可以用线切割加工，用挂台定位。对于较大的镶件(如 60 mm×60 mm 以上)，可以采取盲镶的形式，采用 CNC、磨削等加工，用螺钉挂住。

5.1.3　镶件零件的加工工艺

如图 5-3 所示为“闹钟外壳”模具的镶件，批量为 4 件，该零件的交货期为 1 个工作日。

镶件零件主要由圆柱面、通孔和螺纹孔等组成。根据零件的形体特征和精度要求分析，在加工中心这道工序中，选择尺寸为ϕ80 mm×25 mm 的 Cr12 圆柱棒料作为加工对象。外轮廓和大孔采用粗铣、精铣的加工方案，M5 螺纹孔采用钻底孔再攻丝的方案。

在刀具选用方面，“镶件”零件外轮廓和大孔的粗、精铣选择ϕ20 的涂层钨钢平底立铣刀，外轮廓台阶耳拐角采用ϕ3 加长涂层钨钢平底铣刀；采用 A3 高速钢中心钻钻所有中心孔；M5 螺纹孔选用ϕ4.2 高速钢麻花钻钻底孔和 M5 高速钢丝锥攻丝；ϕ5 光孔选用ϕ4.8 高速钢麻花钻钻底孔和ϕ5 高速钢铰刀铰孔。

根据车间生产及教学需要，遵循基准先行、先粗后精、先主后次、先面后孔的原则，制定如表 5-1 所示的镶件零件机械加工工艺过程卡。

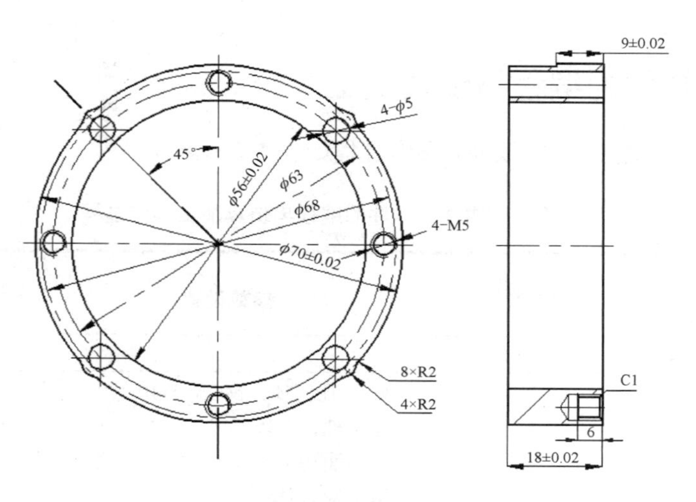

图 5-3　镶件零件

表 5-1　“镶件”零件数控加工工艺卡

单位：××××××××　　编制：×××　　审核：×××

零件名称	镶件	设备	加工中心	机床型号	FADAL-3016L
工序号	1	毛坯	ϕ80 mm×25 mm Cr12 棒料	夹具	平口钳

刀具表		量具表		工具表	
T01	ϕ20 涂层钨钢平底立铣刀	1	游标卡尺(0～150 mm)	1	扳手
T02	A3 高速钢中心钻	2	千分尺(0～25 mm)	2	垫块
T03	ϕ4.2 高速钢麻花钻	3	千分尺(25～50 mm)	3	塑胶榔头
T04	ϕ4.8 高速钢麻花钻	4	深度游标卡尺	4	
T05	M5 高速钢丝锥				
T06	ϕ5 高速钢铰刀				
T07	ϕ3 涂层钨钢立铣刀				

序号	工艺内容	切削用量			备注
		S/ (r/min)	*F*/ (mm/r)	a_p/ mm	
	第一次装夹				
1	T01 刀精铣零件上平面	4000	1000	0.5	
2	T01 刀粗铣零件上部外轮廓和大孔(留 0.25 mm)	3500	1200	1.5	
3	T01 刀精铣零件上部外轮廓和大孔	4000	1000	5	
	第二次装夹				
4	T01 刀精铣零件底平面	4000	1000	0.5	
5	T02 刀点所有孔中心孔	2000	150	3	
6	T03 刀预钻 M5 螺纹孔底孔ϕ4.2	1500	100		
7	T04 刀预钻ϕ5 孔底孔ϕ4.8	1500	100		
8	T05 刀攻 M5 螺纹	300	240		
9	T06 刀铰ϕ5 光孔	100	80		
10	T07 刀精铣台阶耳拐角	5000	300	0.5	

5.1.4 镶件零件的编程与仿真加工

“镶件”零件的编程与仿真加工操作过程如表 5-2 所示。

表 5-2 “镶件”零件的编程与仿真加工操作过程

加工步骤	刀 具	加工方式	参数设置	仿真图
第一次装夹：加工顶部				
精铣顶面	T1D20	FACE_MILLING_TOP	● 几何体：MCS_TOP 指定部件：默认 指定面边界：选顶面 指定检查体：无 指定检查边界：无 ● 工具：T1D20 ● 刀轴：+*Z* 轴 ● 刀轨设置 方法：MILL_FINISH 切削模式：单向 步距：刀具平直百分比 刀具直径百分比：50 毛坯距离：0.5 每刀切削深度：0.5 最终底面余量：0 切削参数：默认 非切削移动：默认 进给率和速度：n=4000、f=1000	
粗铣上部外圆	T1D20	PLANAR_PROFILE_ ROUGH_OUTER (留 0.25 mm)	● 几何体：MCS_TOP 指定部件边界：选外圆顶部轮廓线 指定底面：选外圆台阶耳上表面 ● 工具：T1D20 ● 刀轴：+*Z* 轴 ● 刀轨设置 方法：MILL_SEMI_FINISH 部件余量：0.25 切削进给：1200 切削深度：恒定 公共：1.5 切削参数：默认 非切削移动：默认 进给率和速度：n=3500、f=1200	

续表

加工步骤	刀　具	加工方式	参数设置	仿真图
粗铣顶部内孔	T1D20	PLANAR_MILL_ROUGH_INSIDE(留 0.25 mm)	● 几何体：MCS_TOP 指定部件边界：选内圆顶部轮廓线 指定底面：选底部面向下偏置做穿 ● 工具：T1D20 ● 刀轴：+Z 轴 ● 刀轨设置 方法：MILL_SEMI_FINISH 切削模式：跟随周边 步距：刀具平直百分比 平面直径百分比：50 切削层：恒定 1.5 切削参数：默认 非切削移动：默认 进给率和速度：n=3500、f=1200	
精铣上部外圆	T1D20	PLANAR_PROFILE_FINISH _OUTER	● 几何体：MCS_TOP 指定部件边界：选外圆顶部轮廓线 指定底面：选外圆台阶耳上表面 ● 工具：T1D20 ● 刀轴：+Z 轴 ● 刀轨设置 方法：MILL_FINISH 部件余量：0 切削进给：1200 切削深度：恒定 公共：用户定义 10 切削参数：默认 非切削移动：默认 进给率和速度：n =4000、f=1000	
精铣顶部内孔	T1D20	PLANAR_MILL_FINISH_INSIDE	● 几何体：MCS_TOP 指定部件边界：选内圆顶部轮廓线 指定底面：选底部面向下偏置做穿 ● 工具：T1D20 ● 刀轴：+Z 轴 ● 刀轨设置 方法：MILL_FINISH 切削模式：轮廓 步距：刀具平直百分比 平面直径百分比：50 切削层：恒定 5 或仅底部 切削参数：默认 非切削移动：默认 进给率和速度：n =4000、f=1000	

续表

加工步骤	刀 具	加工方式	参数设置	仿真图
第二次装夹：加工零件底部				
粗、精铣底部面	T1D20	FACE_MILLING_BOTTOM	● 几何体：MCS_ BOTTOM 指定部件：默认 指定面边界：选底面 指定检查体：无 指定检查边界：无 ● 工具：T1D20 ● 刀轴：+Z 轴 ● 刀轨设置 方法：MILL_FINISH 切削模式：单向或往复 步距：刀具平直百分比 刀具直径百分比：50 毛坯距离：6 每刀切削深度：0.5 最终底面余量：0 切削参数：默认 非切削移动：默认 进给率和速度：n =4000、f=1000	
粗、精铣底部外轮廓	T1D20	CAVITY_MILL_ROUGH (留 0.25 mm) CAVITY_MILL_FINISH	● 几何体：MCS_BOTTOM ● 工具：T1D20 ● 刀轴：+Z 轴 ● 刀轨设置 方法：MILL_SEMI_FINISH 切削模式：跟随部件 步距：刀具平直百分比 刀具直径百分比：50 公共每刀切削深度：恒定 最大距离：1 切削层：深度设置为台阶耳底面 切削参数：默认 非切削移动：默认 进给率和速度：n =3500、f=1200	
点所有中心孔	T2A3	SPOT_DRILLING_A3	● 几何体：MCS_BOTTOM 指定孔：选择所有孔圆心 ● 工具：T2A3 ● 刀轴：+Z 轴 ● 循环类型：标准钻 最小安全距离：3 mm 刀尖深度：3 ● 刀轨设置 方法：DILL_METHOD 避让：默认 进给率和速度：n =2000、f=150	

续表

加工步骤	刀　具	加工方式	参数设置	仿真图
钻 M5 底孔	T3Z4.2	DILLING_D4.2	● 几何体：MCS_BOTTOM 指定孔：选定 M5 四孔圆心 指定顶面：无 指定底面：无 ● 工具：T3Z4.2 ● 刀轴：+*Z* 轴 ● 循环类型：标准钻 最小安全距离：3mm 刀尖深度：5 或模型深度 ● 深度偏置 通孔安全距离：3 盲孔余量：0 ● 刀轨设置 方法：DILL_METHOD 避让：默认 进给率和速度：n=1200、f=150	
钻 ϕ5 底孔	T4Z4.8	DILLING_D4.8	● 几何体：MCS_BOTTOM 指定孔：选定ϕ5 四孔圆心 指定顶面：无 指定底面：指定零件底面 ● 工具：T4Z4.8 ● 刀轴：+*Z* 轴 ● 循环类型：标准钻 最小安全距离：3 mm 穿过底面 ● 深度偏置 通孔安全距离：3 盲孔余量：0 ● 刀轨设置 方法：DILL_METHOD 避让：默认 进给率和速度：n=1200、f=150	
攻 M5 螺纹	T5M5	TAPPING_M5	● 几何体：MCS_BOTTOM 指定孔：选定 M5 四孔圆心 指定顶面：无 指定底面：孔底部面 ● 工具：T5M5 ● 刀轴：+*Z* 轴 ● 循环类型：标准攻丝 最小安全距离：3 mm 刀尖深度：7mm ● 深度偏置 通孔安全距离：2 mm 盲孔余量：1 ● 刀轨设置 方法：DILL_METHOD 避让：默认 进给率和速度：n=300、f=240	

续表

加工步骤	刀具	加工方式	参数设置	仿真图
铰 ϕ5 光孔	T6J5	DILLING_D5	● 几何体：MCS_BOTTOM 指定孔：选定ϕ5 四孔圆心 指定顶面：无 指定底面：选底面 ● 工具：T6J5 ● 刀轴：+*Z* 轴 ● 循环类型：无循环 最小安全距离：3 mm 穿过底面 ● 深度偏置 通孔安全距离：3 mm 盲孔余量：0 ● 刀轨设置 方法：DILL_METHOD 避让：默认 进给率和速度：n=100、f=80	
清理底部外轮廓拐角	T7D3	ZLEVEL_CORNER	● 几何体：MCS_BOTTOM 指定切削区域：选台阶耳拐角曲面 ● 工具：T7D3 ● 刀轴：+*Z* 轴 ● 参考刀具：T1D20 ● 刀轨设置 方法：MILL_ FINISH 陡峭空间范围：仅陡峭 角度：65° 合并距离：3 mm 最小切削长度：1 公共每刀切削深度：恒定 最大距离：0.5 mm 切削层：默认 切削参数：默认 非切削移动：默认 进给率和速度：n=5000、f=500	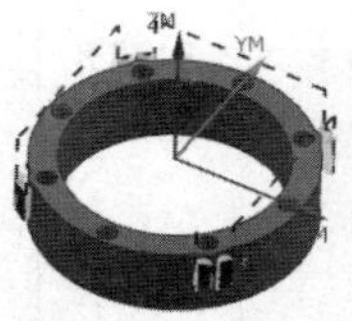 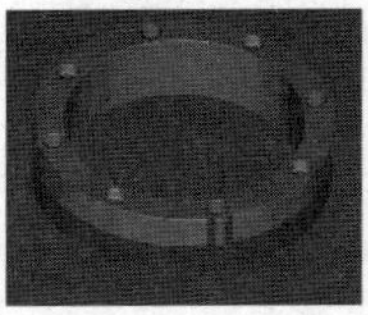

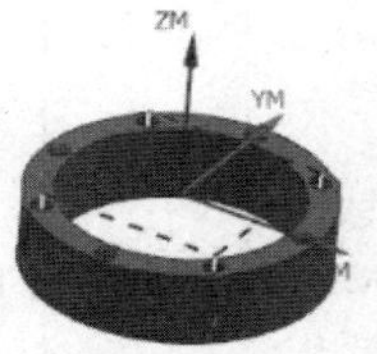

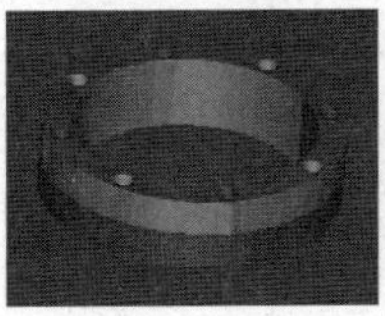

5.1.5 拓展思考

完成如图 5-4 所示的“车载迷你音响底座”模具镶件零件的程序编制。毛坯尺寸：45 钢棒料ϕ80×150 mm。

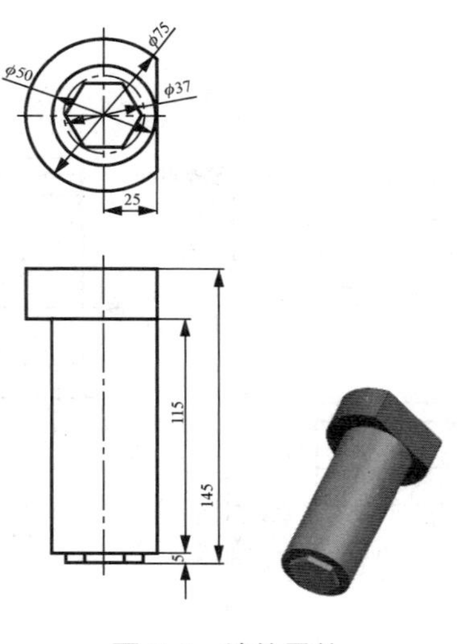

图 5-4　镶件零件

任务 5.2　滑块零件的编程与加工

5.2.1　任务目标

广泛查阅相关资料，了解滑块的作用、基本结构等知识，综合应用 UG NX 10.0 CAM 中的各种操作方式完成“闹钟外壳”模具滑块零件的程序编制和加工，培养学生的工程实践能力和勤奋好学的学习态度。图 5-5 所示为滑块零件。

图 5-5　滑块零件

5.2.2　滑块概述

滑块(Slider)是在模具的开模动作中能够按垂直于开合模方向或与开合模方向成一定角度滑动的模具组件。当产品上具有与开模方向不同的内侧凹或侧孔等结构阻碍模具脱模时，必须将成型侧孔或侧凹零件做成活动型芯滑块或型腔滑块。开模时，先使模具侧面分型将滑块抽出，待完全开模后再从模具中取出产品。

滑块可以是方形、圆台等各种形状，一般没有成品，需根据产品特征自行设计和加工，工作时采用侧向抽芯机构带动其运动，实现产品的局部成型。滑块材料应具有较高的硬度、耐磨性、强度/韧性和耐腐蚀性等性能。一般要求滑块的材质与模具型芯零件和型腔零件的材质为同一级别。

5.2.3　滑块零件的加工工艺

如图 5-6 所示为“闹钟外壳”模具的滑块，批量为 1 件，该零件的交货期为 1 个工作日。

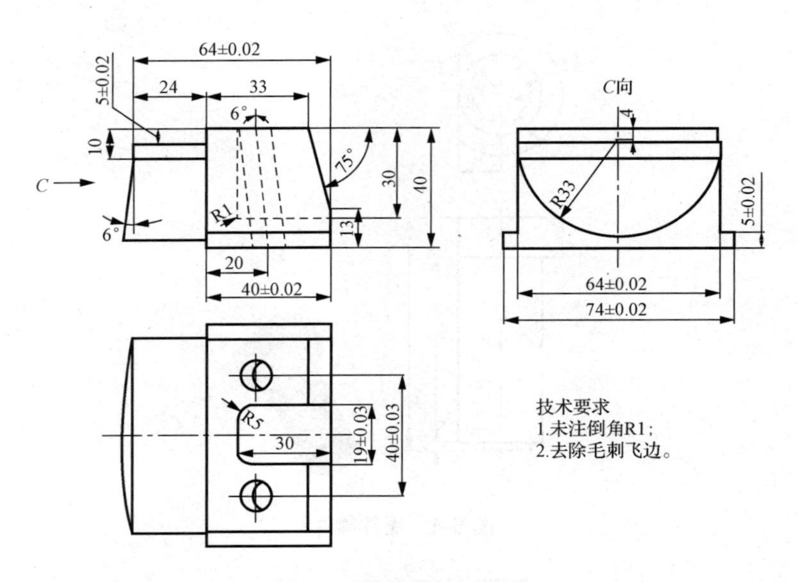

图 5-6　滑块零件三视图

滑块零件主要由台阶、槽、锥面和斜孔等构成。根据零件的形体特征和精度要求分析，在加工中心这道工序中，选择尺寸为 80 mm×80 mm×50 mm 的 Cr12 块料毛坯作为加工对象。根据零件的结构特征和加工精度要求，零件需四次装夹，第一次装夹加工零件顶部结构，第二次装夹加工零件底部平面，第三次装夹加工零件侧面半圆台，第四次装夹加工零件斜孔。零件的具体加工方案如下。

1. 第一次装夹：加工顶部

(1) 粗铣零件顶部外轮廓。
(2) 粗铣零件顶部侧槽。
(3) 精铣零件侧槽。
(4) 侧槽清根加工。
(5) 精铣斜面。
(6) 精铣顶部外轮廓。
(7) 精铣零件顶面。

加工顶部刀具分别为：①粗、精铣顶部外轮廓和槽选择ϕ20 和ϕ8 R1 涂层钨钢立铣刀；②精铣顶部斜锥面采用ϕ10 涂层钨钢球头铣刀。

2. 第二次装夹：加工底面

加工底面采用ϕ20 涂层钨钢平底立铣刀。

3. 第三次装夹：加工侧面

(1) 粗铣零件侧面半圆台轮廓。
(2) 精铣零件侧面半圆台轮廓。

粗、精铣零件侧面半圆台采用ϕ20 涂层钨钢平底立铣刀加工。

4. 第四次装夹：加工斜孔(需采用角度合适的斜垫块垫起工件)

(1) 点中心孔。

(2) 钻底孔。

(3) 铰ϕ10 光孔。

ϕ10 斜孔采用 A3 高速钢中心钻点孔，ϕ9.8 高速钢麻花钻钻底孔，ϕ10 铰刀铰孔。

根据车间生产及教学需要，遵循基准先行、先粗后精、先主后次、先面后孔的原则，制定如表 5-3 所示的闹钟滑块零件数控加工工艺卡。

表 5-3　“滑块”零件数控加工工艺卡

单位：××××××××　　编制：×××　　审核：×××

<table>
<tr><td>零件名称</td><td>滑块</td><td>设备</td><td>加工中心</td><td>机床型号</td><td>FADAL-3016L</td></tr>
<tr><td>工序号</td><td>1</td><td>毛坯</td><td>80mm×80mm×50mm
Cr12 块料</td><td>夹具</td><td>平口钳</td></tr>
<tr><td colspan="2">刀具表</td><td colspan="2">量具表</td><td colspan="2">工具表</td></tr>
<tr><td>T01</td><td>ϕ20 涂层钨钢立铣刀</td><td>1</td><td>游标卡尺(0～150 mm)</td><td>1</td><td>扳手</td></tr>
<tr><td>T02</td><td>ϕ8R1 涂层钨钢立铣刀</td><td>2</td><td>千分尺(0～25 mm)</td><td>2</td><td>垫块</td></tr>
<tr><td>T03</td><td>ϕ10 涂层钨钢球头铣刀</td><td>3</td><td>千分尺(25～50 mm)</td><td>3</td><td>塑胶榔头</td></tr>
<tr><td>T04</td><td>A3 高速钢中心钻</td><td>4</td><td>深度游标卡尺</td><td>4</td><td>斜楔垫块</td></tr>
<tr><td>T05</td><td>ϕ9.8 高速钢麻花钻</td><td></td><td></td><td></td><td></td></tr>
<tr><td>T06</td><td>ϕ10 铰刀</td><td></td><td></td><td></td><td></td></tr>
<tr><td rowspan="2">序号</td><td rowspan="2">工艺内容</td><td colspan="3">切削用量</td><td rowspan="2">备注</td></tr>
<tr><td>S/(r/min)</td><td>F/(mm/r)</td><td>a_p/mm</td></tr>
<tr><td></td><td>第一次装夹</td><td></td><td></td><td></td><td></td></tr>
<tr><td>1</td><td>T01 刀粗铣零件顶部外轮廓(留 0.25 mm)</td><td>3500</td><td>1200</td><td>1.5</td><td></td></tr>
<tr><td>2</td><td>T02 刀粗铣零件顶部侧槽(留 0.25 mm)</td><td>3500</td><td>1200</td><td>1</td><td></td></tr>
<tr><td>3</td><td>T02 刀精铣零件侧槽</td><td>4000</td><td>1000</td><td>5</td><td></td></tr>
<tr><td>4</td><td>T02 刀精侧槽清根加工</td><td>4000</td><td>1000</td><td>0.2</td><td></td></tr>
<tr><td>5</td><td>T03 刀精铣斜面</td><td>4000</td><td>1000</td><td>0.2</td><td></td></tr>
<tr><td>6</td><td>T01 刀精铣顶部外轮廓</td><td>4000</td><td>1000</td><td>5</td><td></td></tr>
<tr><td>7</td><td>T01 刀精铣零件顶面</td><td>4000</td><td>1000</td><td>0.5</td><td></td></tr>
<tr><td></td><td>第二次装夹</td><td></td><td></td><td></td><td></td></tr>
<tr><td>8</td><td>T01 刀精铣零件底面</td><td>4000</td><td>1000</td><td>0.5</td><td></td></tr>
<tr><td></td><td>第三次装夹</td><td></td><td></td><td></td><td></td></tr>
<tr><td>9</td><td>T01 粗铣零件侧面半圆台轮廓</td><td>3500</td><td>1200</td><td>1.5</td><td></td></tr>
<tr><td>10</td><td>T01 精铣零件侧面半圆台轮廓</td><td>4000</td><td>1000</td><td>5</td><td></td></tr>
<tr><td></td><td>第四次装夹</td><td></td><td></td><td></td><td></td></tr>
<tr><td>11</td><td>T04 刀点两个中心孔</td><td>2000</td><td>150</td><td>5</td><td></td></tr>
<tr><td>12</td><td>T05 刀预钻底孔ϕ9.8</td><td>1000</td><td>100</td><td></td><td></td></tr>
<tr><td>13</td><td>T06 刀铰ϕ10 孔</td><td>100</td><td>80</td><td></td><td></td></tr>
</table>

5.2.4 滑块零件的编程与仿真加工

“滑块”零件的编程与仿真加工操作过程如表 5-4 所示。

表 5-4 “滑块”零件的编程与仿真加工操作过程

加工步骤	刀具	加工方式	参数设置	仿真图
第一次装夹：加工顶部(坐标系位于顶面中心)				
粗铣顶部轮廓	T1D20	CAVITY_MILL_ROUGH_TOP_1(留 0.25 mm)	● 几何体：MCS_TOP ● 工具：T1D20 ● 刀轴：+Z 轴 ● 刀轨设置 方法：MILL_SEMI_FINISH 切削模式：跟随部件 步距：刀具平直百分比 刀具直径百分比：50 公共每刀切削深度：恒定 最大距离：1.5 mm 切削层：默认 切削参数：默认 非切削移动：默认 进给率和速度：n=3500、f=1200	
粗、精铣顶部的侧槽	T2D8R1	CAVITY_MILL_ROUGH_GROOVE(留 0.25 mm) CAVITY_MILL_FINISH_GROOVE	● 几何体：MCS_TOP 指定切削区域：选顶部侧槽 ● 工具：T2D8R1 ● 刀轴：+Z 轴 ● 刀轨设置 方法：MILL_SEMI_FINISH 切削模式：跟随周边 步距：刀具平直百分比 刀具直径百分比：50 公共每刀切削深度：恒定 最大距离：1 mm 切削层：默认 切削参数：默认 非切削移动：直接 进给率和速度：n=3500、f=1200	

续表

加工步骤	刀具	加工方式	参数设置	仿真图
顶部侧槽清根	T2D8R1	FLOWCUT_REF_TOOL	● 几何体：MCS_TOP 指定切削区域：选侧槽根部 ● 驱动方法：清根 步距 0.2 参考刀具：T0D14R2 ● 工具：T2D8R1 ● 刀轴：+*Z* 轴 ● 刀轨设置 方法：MILL_ FINISH 切削参数：默认 非切削移动：默认 进给率和速度：*n*=4000、*f*=1000	
精铣两斜锥面	T3D10R5	ZLEVEL_PROFILE_FINISH	● 几何体：MCS_TOP 指定切削区域：选各锥面 ● 工具：T3D10R5 ● 刀轴：+*Z* 轴 ● 刀轨设置 方法：MILL_ FINISH 陡峭空间范围：无 合并距离：3 mm 公共每刀切削深度：恒定 最大距离：0.2 mm 切削层：默认 切削参数：默认 非切削移动：默认 进给率和速度：*n*=4000、*f*=1000	
精铣顶部外轮廓面	T1D20	PROFILE_3D	● 几何体：MCS_TOP 指定部件边界：开放边线 指定毛坯边界：无 指定检查边界：无 指定修剪边界：无 ● 工具：T1D20 ● 刀轴：+*Z* 轴 ● 刀轨设置 方法：MILL_FINISH 部件余量：0 Z 向深度偏置：0 切削参数：多重深度 35 增量 10 非切削移动：默认 进给率和速度：*n*=4000、*f*=1000	

续表

加工步骤	刀具	加工方式	参数设置	仿真图
精铣顶面	T1D20	FACE_MILLING_BOTTOM	● 几何体：MCS_TOP 指定部件：默认 指定面边界：选底面 指定检查体：无 指定检查边界：无 ● 工具：T1D20 ● 刀轴：+Z 轴 ● 刀轨设置 方法：MILL_FINISH 切削模式：单向 步距：刀具平直百分比 刀具直径百分比：50 毛坯距离：0.5 mm 每刀切削深度：0.5 mm 最终底面余量：0 切削参数：默认 非切削移动：默认 进给率和速度：n=4000、f=1000	
第二次装夹：加工底面(坐标系位于底面中心)				
精铣底面	T1D20	FACE_MILLING_BOTTOM	● 几何体：MCS_BOTTOM 指定部件：默认 指定面边界：选底部面 指定检查体：无 指定检查边界：无 ● 工具：T1D20 ● 刀轴：+Z 轴 ● 刀轨设置 方法：MILL_FINISH 切削模式：单向 步距：刀具平直百分比 刀具直径百分比：50 毛坯距离：9mm 每刀切削深度：0.5 mm 最终底面余量：0 切削参数：延伸到部件轮廓 非切削移动：默认 进给率和速度：n=4000、f=1000	

续表

加工步骤	刀具	加工方式	参数设置	仿真图
第三次装夹：加工侧面(坐标系位于毛坯块侧面中心)				
粗、精铣侧面半圆台	T1D20	PLANAR_PROFILE_ROUGH_SIDE (留 0.25 mm) PLANAR_PROFILE_FINISH_SIDE	● 几何体：MCS_SIDE 指定部件边界：选外圆顶部轮廓线 指定底面：选择外圆台阶耳上表面 ● 工具：T1D20 ● 刀轴：+*Z* 轴 ● 刀轨设置 方法：MILL_SEMI_FINISH 部件余量：0.25 切削进给：1200 切削深度：恒定 公共：1 切削参数：默认 非切削移动：直接 进给率和速度：n=3500、f=1200	
第四次装夹：加工斜孔(坐标系位于顶面滑块头根部中心，坐标系旋转 6°)				
点 2 个中心孔	T4A3	SPOT_DRILLING_A3	● 几何体：MCS_INCLINED_HOLE 指定孔：选ϕ10 孔圆心 ● 工具：T4A3 ● 刀轴：+*Z* 轴 ● 循环类型：标准钻 最小安全距离：3 mm 刀尖深度：3 mm ● 刀轨设置 方法：DILL_METHOD 避让：默认 进给率和速度：n=2000、f=150	
钻 M10 底孔	T5Z9.8	DILLING_D4.2	● 几何体：MCS_INCLINED_HOLE 指定孔：选ϕ10 孔圆心 指定顶面：无 指定底面：选零件底面 ● 工具：T5Z9.8 ● 刀轴：+*Z* 轴 ● 循环类型：标准钻 深孔 最小安全距离：3 mm 编辑参数：穿过底面 ● 深度偏置 通孔安全距离：3 盲孔余量：0 ● 刀轨设置 方法：DILL_METHOD 避让：默认 进给率和速度：n=1200、f=150	

续表

加工步骤	刀具	加工方式	参数设置	仿真图
铰 ϕ10 孔	T6J10	TAPPING_M5	● 几何体：MCS_INCLINED_HOLE 指定孔：选 ϕ10 孔圆心 指定顶面：无 指定底面：孔底部面 ● 工具：T6J10 ● 刀轴：+*Z* 轴 ● 循环类型：无循环 最小安全距离：3 mm 编辑参数：穿过底面 ● 刀轨设置 方法：DILL_METHOD 避让：默认 进给率和速度：*n*=100、*f*=80	

5.2.5 拓展思考

完成如图 5-7 所示的“车载迷你音响底座”模具滑块零件的程序编制。毛坯尺寸：45 钢块料 180 mm×120 mm×100 mm。

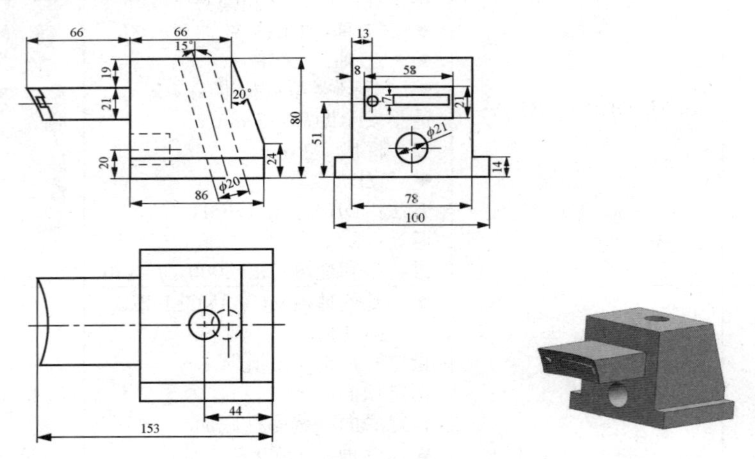

图 5-7 “车载迷你音响底座”模具滑块零件

任务 5.3 定模型腔零件的编程与加工

5.3.1 任务目标

广泛查阅相关资料，了解定模型腔的基本结构和知识，综合应用 UG NX 10.0 CAM 中的各种操作方式完成“闹钟外壳” 模具定模型腔零件的程序编制和加工，培养学生的工程实践能力和勤奋好学的学习态度。

图 5-8 所示为定模型腔零件。

图 5-8　定模型腔零件

5.3.2　定模型腔零件的加工工艺

如图 5-9 所示为“闹钟外壳” 模具定模型腔零件，批量为 4 件，交货期为 1 个工作日。

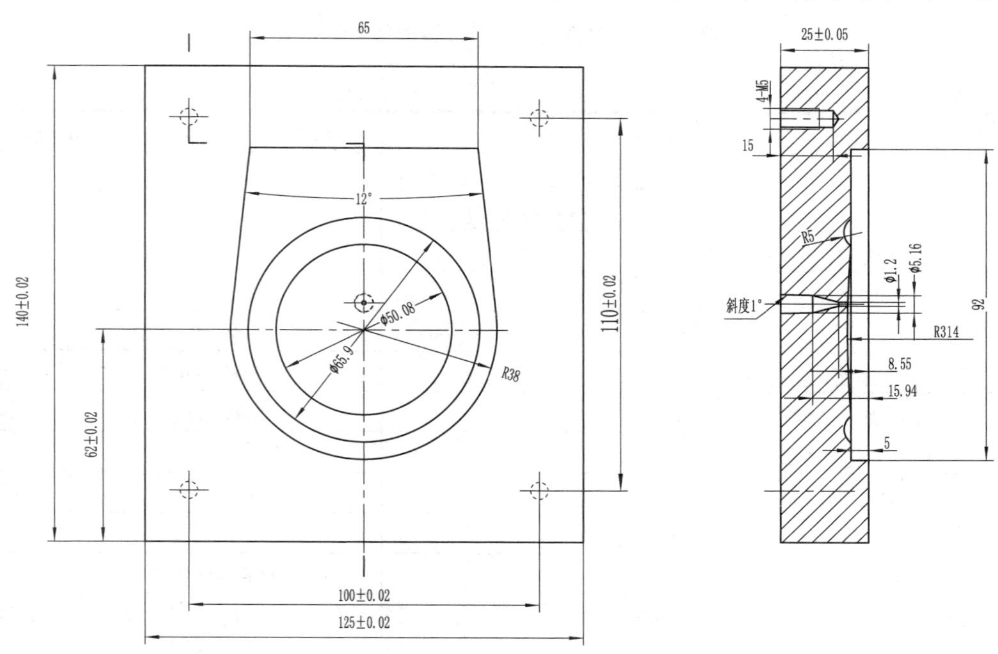

图 5-9　定模型腔零件视图

定模型腔零件主要由型腔、锥孔和螺纹孔等组成。根据零件的形体特征和精度要求分析，在加工中心这道工序中，选择尺寸为 140 mm×125 mm×25 mm 的 CrWMn 精坯块料作为加工对象。根据零件的结构特征和加工精度要求，零件需两次装夹，第一次装夹加工零件的顶部结构，第二次装夹加工零件的底部平面。零件的具体加工方案如下。

1. 第一次装夹：加工顶部

(1) 粗铣零件顶部型腔。

(2) 精铣零件顶部型腔。

(3) 精铣零件型腔拐角。

(4) 精铣型腔弧面。

加工顶部刀具分别为：①粗、精铣顶部型腔选择ϕ20和ϕ8涂层钨钢立铣刀；②精铣顶部型腔拐角采用ϕ4涂层钨钢平底立铣刀；③精铣型腔弧面采用ϕ8R4涂层钨钢球头铣刀。

2. 二次装夹：加工底部

(1) 点中心孔；

(2) 钻底孔；

(3) 攻M5螺纹孔；

M5螺纹孔采用A3高速钢中心钻点孔，ϕ4.2高速钢麻花钻钻底孔，M5丝锥攻丝。中间锥孔较小采用放电加工。

根据车间生产及教学需要，遵循基准先行、先粗后精、先主后次、先面后孔的原则，制定如表5-5所示的“闹钟外壳”模具定模型腔零件机械加工工艺过程卡。

表5-5 “定模型腔”零件数控加工工艺卡

单位：×××××××× 编制：××× 审核：×××

<table>
<tr><td>零件名称</td><td>定模型腔</td><td>设备</td><td>加工中心</td><td>机床型号</td><td colspan="3">FADAL-3016L</td></tr>
<tr><td>工序号</td><td>1</td><td>毛坯</td><td>140mm×125mm×25mm
CrWMn 精坯块料</td><td>夹具</td><td colspan="3">平口钳</td></tr>
<tr><td colspan="2">刀具表</td><td colspan="2">量具表</td><td colspan="4">工具表</td></tr>
<tr><td>T01</td><td>ϕ12 涂层钨钢立铣刀</td><td>1</td><td>游标卡尺(0～150 mm)</td><td>1</td><td colspan="3">扳手</td></tr>
<tr><td>T02</td><td>ϕ8R1 涂层钨钢立铣刀</td><td>2</td><td>千分尺(0～25 mm)</td><td>2</td><td colspan="3">垫块</td></tr>
<tr><td>T03</td><td>ϕ6 涂层钨钢平底立铣刀</td><td>3</td><td>千分尺(25～50 mm)</td><td>3</td><td colspan="3">塑胶榔头</td></tr>
<tr><td>T04</td><td>ϕ8 R4 涂层钨钢球头铣刀</td><td>4</td><td>深度游标卡尺</td><td>4</td><td colspan="3">斜楔垫块</td></tr>
<tr><td>T05</td><td>A3 高速钢中心钻</td><td></td><td></td><td></td><td colspan="3"></td></tr>
<tr><td>T06</td><td>ϕ4.2 高速钢麻花钻</td><td></td><td></td><td></td><td colspan="3"></td></tr>
<tr><td>T07</td><td>M5 丝锥</td><td></td><td></td><td></td><td colspan="3"></td></tr>
<tr><td rowspan="2">序号</td><td colspan="3" rowspan="2">工艺内容</td><td colspan="3">切削用量</td><td rowspan="2">备注</td></tr>
<tr><td>S/(r/min)</td><td>F/(mm/r)</td><td>a_p/mm</td></tr>
<tr><td></td><td colspan="3">第一次装夹</td><td></td><td></td><td></td><td></td></tr>
<tr><td>1</td><td colspan="3">T01 刀粗铣零件顶部型腔(留 0.25 mm)</td><td>3500</td><td>1200</td><td>1.5</td><td></td></tr>
<tr><td>2</td><td colspan="3">T03 刀精铣零件顶部型腔</td><td>3500</td><td>1200</td><td>1</td><td></td></tr>
<tr><td>3</td><td colspan="3">T02 刀精铣零件顶部型腔拐角</td><td>4000</td><td>1000</td><td>0.5</td><td></td></tr>
<tr><td>4</td><td colspan="3">T04 刀精铣零件顶部型腔弧面</td><td>4000</td><td>1000</td><td>0.2</td><td></td></tr>
<tr><td></td><td colspan="3">第二次装夹</td><td></td><td></td><td></td><td></td></tr>
<tr><td>5</td><td colspan="3">T05 刀点四个中心孔</td><td>2000</td><td>150</td><td>5</td><td></td></tr>
<tr><td>6</td><td colspan="3">T06 刀预钻底孔ϕ4.2</td><td>2000</td><td>100</td><td></td><td></td></tr>
<tr><td>7</td><td colspan="3">T07 刀攻 M5 螺纹孔</td><td>300</td><td>240</td><td></td><td></td></tr>
</table>

5.3.3　定模型腔零件的编程与仿真加工

“定模型腔”零件的编程与仿真加工操作过程如表 5-6 所示。

表 5-6　“定模型腔”零件的编程与仿真加工操作过程

加工步骤	刀具	加工方式	参数设置	仿真图
第一次装夹：加工顶部				
粗铣顶部型腔	T1D12	CAVITY_MILL_ROUGH (留 0.25 mm)	● 几何体：MCS_TOP ● 工具：T1D20 ● 刀轴：+*Z* 轴 ● 刀轨设置 方法：MILL_SEMI_FINISH 切削模式：跟随周边 步距：刀具平直百分比 刀具直径百分比：50 公共每刀切削深度：恒定 最大距离：1.5 mm 切削层：默认 切削参数：默认 非切削移动：默认 进给率和速度：n=3500、f=1200	
精铣顶部型腔	T3D6	REST_MILLING_FINISH	● 几何体：MCS_TOP 指定切削区域：选顶部型腔 ● 工具：T3D6 ● 刀轴：+*Z* 轴 ● 刀轨设置 方法：MILL_FINISH 步距：刀具平直百分比 切削模式：跟随周边 刀具直径百分比：50 公共每刀切削深度：恒定 最大距离：6 mm 切削层：默认 切削参数：默认 非切削移动：螺旋 20%、最小斜面长度 20% 进给率和速度：n=4000、f=1200	

续表

加工步骤	刀具	加工方式	参数设置	仿真图
精铣顶部型腔拐角	T2D8R1	ZLEVER_PROFILE_FINISH	● 几何体：MCS_TOP 指定切削区域：选型腔 ● 工具：T2D8R1 ● 刀轴：+Z 轴 ● 刀轨设置 方法：MILL_ FINISH 陡峭空间范围：无 公共每刀深度：0.15 切削层：默认 切削参数：默认 非切削移动：默认 进给率和速度：n=4000、f=1000	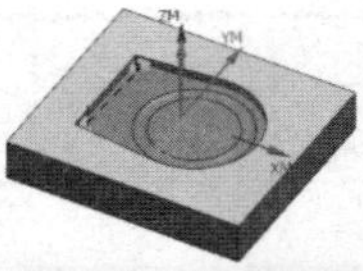 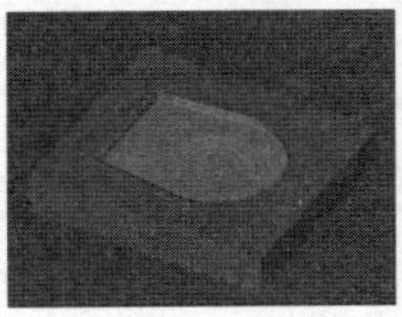
精铣顶部型腔弧面	T4D8R4	CONTOUR_AREA	● 几何体：MCS_TOP 指定切削区域：选弧面 ● 驱动方法：同心、向外、顺序、残余高度 0.02 mm ● 工具：T4D8R4 ● 刀轴：+Z 轴 ● 刀轨设置 方法：MILL_ FINISH 切削参数：边上延伸 多重 0.3 增量 0.15 非切削移动：默认 进给率和速度：n=4000、f=1000	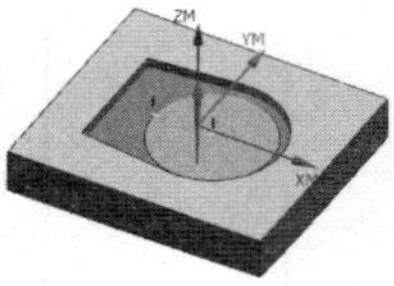 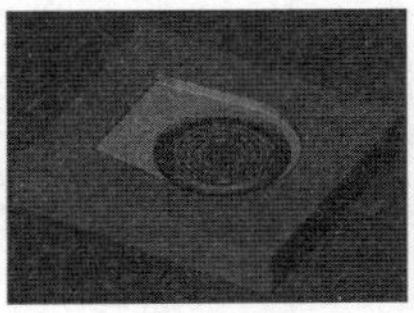
第二次装夹：加工底部				
点 4 个中心孔	T5A3	SPOT_DRILLING_A3	● 几何体：MCS_BOTTOM 指定孔：选孔圆心 ● 工具：T5A3 ● 刀轴：+Z 轴 ● 循环类型：标准钻 最小安全距离：3 mm 刀尖深度：3 mm ● 刀轨设置 方法：DILL_METHOD 避让：默认 进给率和速度：n=2000、f=150	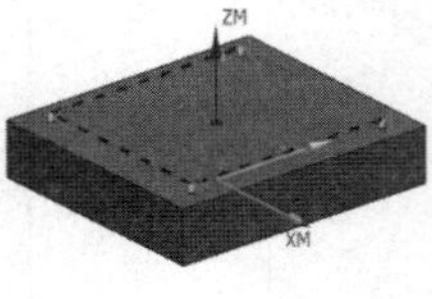 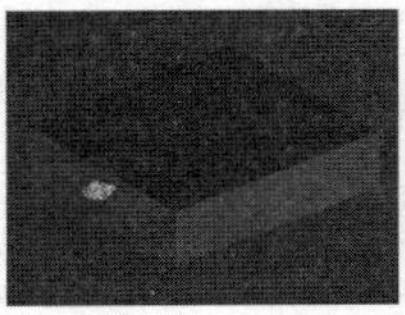

续表

加工步骤	刀具	加工方式	参数设置	仿真图
钻M5底孔	T6Z4.2	DILLING_D4.2	● 几何体：MCS_ BOTTOM 指定孔：选ϕ10 孔圆心 指定顶面：无 指定底面：选零件底面 ● 工具：T6Z4.2 ● 刀轴：+Z轴 ● 循环类型：标准钻 深孔 最小安全距离：3 mm 编辑参数：穿过底面 ● 深度偏置 通孔安全距离：3 mm 盲孔余量：0 ● 刀轨设置 方法：DILL_METHOD 避让：默认 进给率和速度：n=1200、f=150	
攻丝M5	T7M5	TAPPING_M5	● 几何体：MCS_ BOTTOM 指定孔：选定孔圆心 指定顶面：无 指定底面：无 ● 工具：T7M5 ● 刀轴：+Z轴 ● 循环类型：标准攻丝 最小安全距离：3 mm 编辑参数：模型深度 ● 刀轨设置 方法：DILL_METHOD 避让：默认 进给率和速度：n=300、f=240	

5.3.4　拓展思考

完成如图 5-10 所示的“车载迷你音响底座”模具定模型腔零件的程序编制。毛坯尺寸：45 钢精坯块料 240 mm×130 mm×42 mm。

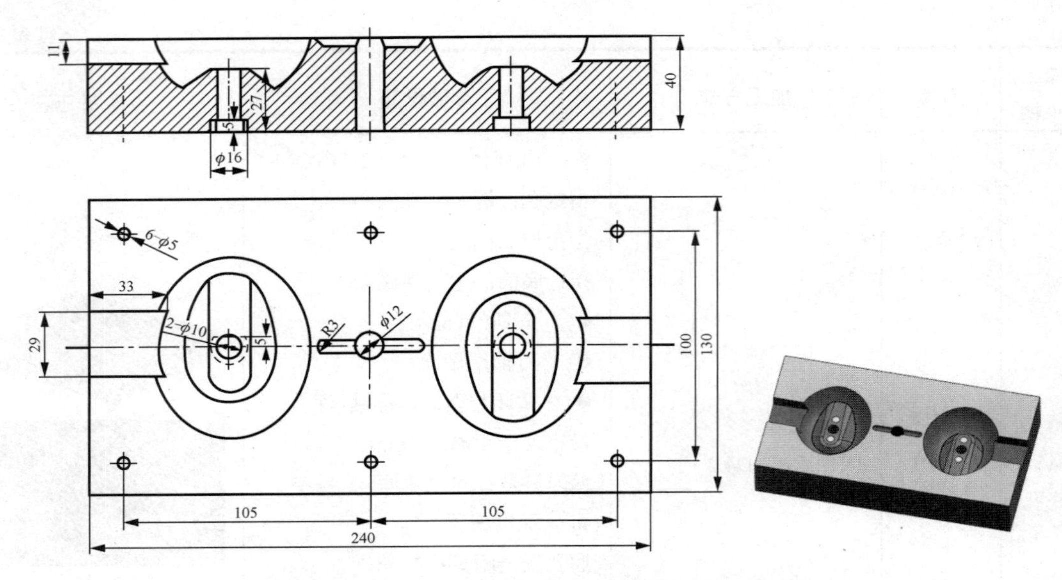

图 5-10 “车载迷你音响底座”模具定模型腔零件图

任务 5.4 闹钟外壳模具动模型芯零件的编程与加工

5.4.1 任务目标

广泛查阅相关资料，了解动模型芯的基本结构和知识，综合应用 UG 10.0 CAM 中的各种操作方式完成“闹钟外壳”模具动模型芯零件的程序编制和加工；培养学生工程实践能力和勤奋好学的学习态度。

图 5-11 所示为动模型芯零件。

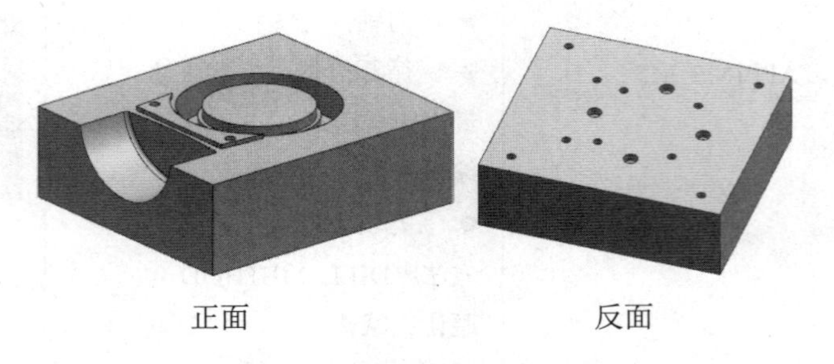

图 5-11 动模型芯零件

5.4.2 动模型芯零件的加工工艺

如图 5-12 所示为“闹钟外壳”模具动模型芯零件，批量为 4 件，交货期为 1 个工作日。

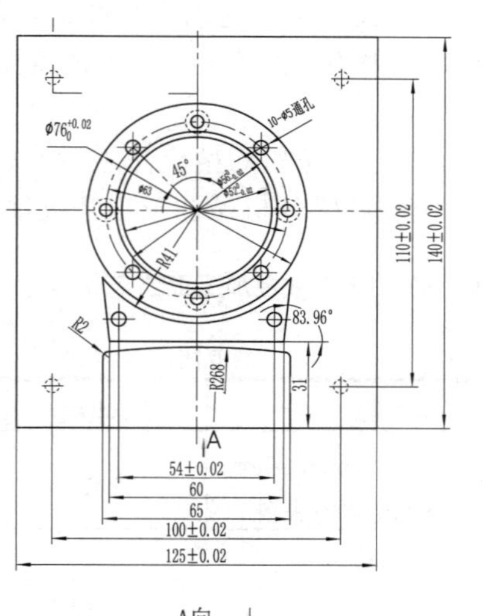

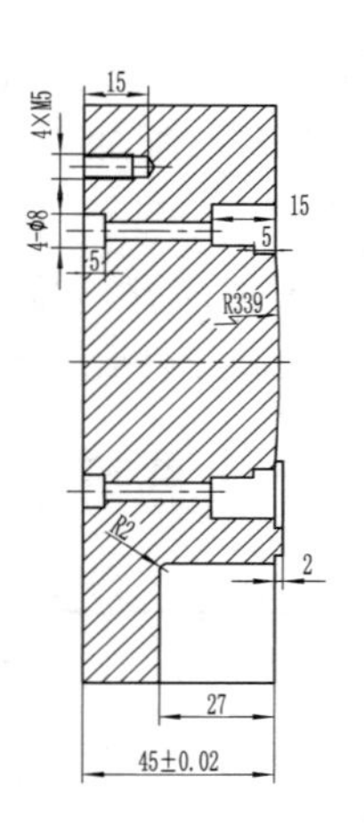

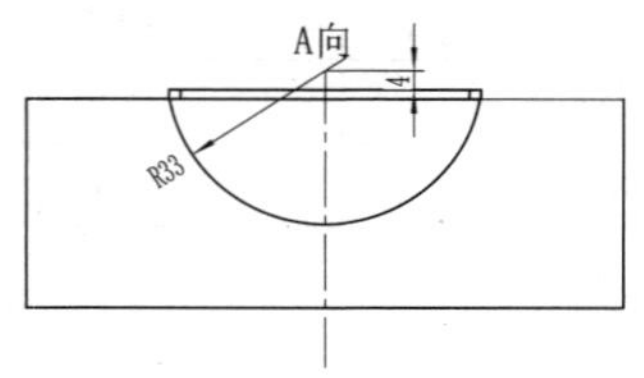

图 5-12　动模型芯零件图

动模型芯零件主要由型腔、岛屿、圆柱面和螺纹孔等组成。根据零件的形体特征和精度要求分析，在加工中心这道工序中，选择尺寸为 140 mm×125 mm×47 mm 的 CrWMn 精坯块料作为加工对象。根据零件的结构特征和加工精度要求，零件需两次装夹，第一次装夹加工零件顶部结构，第二次装夹加工零件底部平面。零件的具体加工方案如下。

1. 第一次装夹：加工顶部

(1) 粗铣零件顶部型腔及半圆柱槽。

(2) 粗铣零件顶部型腔各环形槽。

(3) 精铣零件顶部型腔弧面。

(4) 精铣零件顶部半圆柱槽及其根部。

(5) 精铣零件顶部各平面。

加工顶部刀具分别为：①粗、精铣顶部型腔选择ϕ20 和ϕ8 涂层钨钢立铣刀；②精铣型腔弧面、半圆柱槽弧面采用ϕ8R4 涂层钨钢球头铣刀；③精铣顶部半圆弧槽根部采用ϕ3R1.5 球刀。

2. 第二次装夹：加工底部

(1) 点各中心孔。

(2) 钻各底孔。

(3) 铣沉头孔。

(4) 攻 M5 螺纹孔。

(5) 铰ϕ5 光孔。

M5 螺纹孔采用 A3 高速钢中心钻点孔，ϕ4.2 高速钢麻花钻钻底孔，M5 丝锥攻丝；ϕ8.2 沉头孔采用ϕ4 铣刀铣削加工；ϕ5 光孔采用 A3 高速钢中心钻点孔，ϕ4.8 高速钢麻花钻钻底孔，ϕ5 铰刀铰孔。

根据车间生产及教学需要，遵循基准先行、先粗后精、先主后次、先面后孔的原则，制定如表 5-7 所示的“闹钟外壳”模具动模型芯零件机械加工工艺过程卡。

表 5-7　“动模型芯”零件数控加工工艺卡

单位：××××××××　　编制：×××　　审核：×××

零件名称	动模型芯	设备	加工中心	机床型号	FADAL-3016L
工序号	1	毛坯	140mm×125mm×47mm CrWMn 精坯块料	夹具	平口钳

刀具表		量具表		工具表	
T01	ϕ20 涂层钨钢立铣刀	1	游标卡尺(0～150 mm)	1	扳手
T02	ϕ8 涂层钨钢立铣刀	2	千分尺(0～25 mm)	2	垫块
T03	ϕ8R4 涂层钨钢球头铣刀	3	千分尺(25～50 mm)	3	塑胶榔头
T04	ϕ3R1.5 涂层钨钢球头铣刀	4	深度游标卡尺	4	
T05	A3 高速钢中心钻				
T06	ϕ4.8 高速钢麻花钻				
T07	ϕ4.2 高速钢麻花钻				
T08	ϕ4 涂层钨钢立铣刀				
T09	M5 丝锥				
T10	ϕ5 铰刀				

序号	工艺内容	切削用量			备注
		S/(r/min)	*F*/(mm/r)	a_p/mm	
	第一次装夹				
1	T01 刀粗铣零件顶部(留 0.25 mm)	3500	1200	1.5	
2	T02 刀二次粗铣零件顶	3500	1200	1	
3	T03 刀精铣零件顶部中间弧面	5000	1000	0.2	
4	T04 刀精铣零件顶部半圆柱槽及其根部	6000	600	0.2	
5	T02 刀精铣零件顶部各面	4000	1000		
	第二次装夹				
6	T05 刀点中心孔	2000	150	5	
7	T06、T07 刀预钻底孔ϕ4.8、ϕ4.2	2000	100		
8	T08 铣沉头孔ϕ8.2	4000	1000	0.5	
9	T09 刀攻 M5 螺纹孔	100	80		
10	T10 铰ϕ5 光孔	100	80		

5.4.3　动模型芯零件的编程与仿真加工

“动模型芯”零件的编程与仿真加工操作过程如表 5-8 所示。

表 5-8　“动模型芯”零件的编程与仿真加工操作过程

加工步骤	刀具	加工方式	参数设置	仿真图
第一次装夹：加工顶部				
粗铣顶部型腔	T1D20	CAVITY_MILL_ROUGH (留 0.25 mm)	● 几何体：MCS_TOP ● 工具：T1D20 ● 刀轴：+Z 轴 ● 刀轨设置 方法：MILL_SEMI_FINISH 切削模式：跟随部件 步距：刀具平直百分比 刀具直径百分比：50 公共每刀切削深度：恒定 最大距离：1.5 mm 切削层：默认 切削参数：默认 非切削移动：默认 进给率和速度：n=3500、f=1200	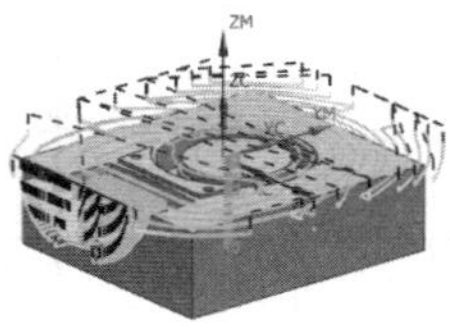 
粗铣顶部型腔各槽	T2D8	FACE_MILLING_ROUGH _CAVITY_1 (留 0.25 mm) FACE_MILLING_ROUGH _CAVITY_2 (留 0.25 mm)	● 几何体：MCS_TOP 指定部件：默认 指定面边界：选底座表面 指定检查体：无 指定检查边界：无 ● 工具：T2D8 ● 刀轴：+Z 轴 ● 刀轨设置 方法：MILL_FINISH 切削模式：跟随周边 步距：刀具平直百分比 刀具直径百分比：75 毛坯距离：15 mm 每刀切削深度：1 最终底面余量：0 切削参数：默认 非切削移动：默认 进给率和速度：n=4000、f=1500	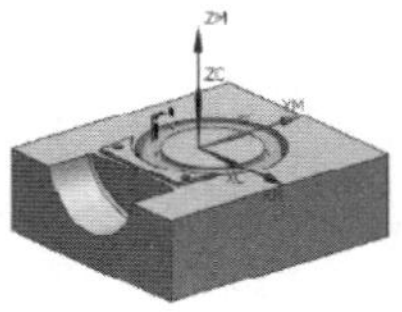 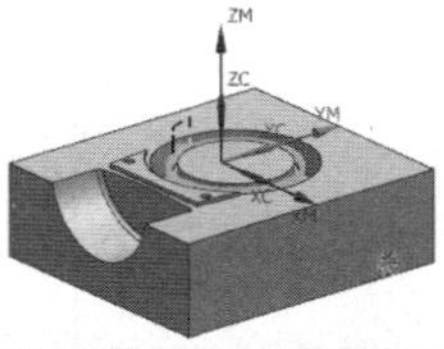 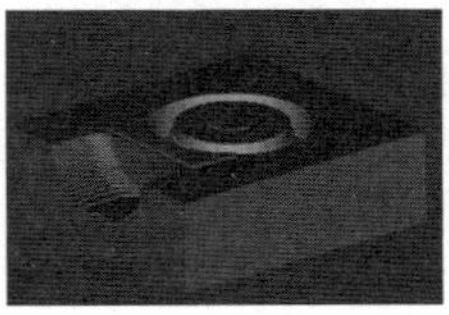

续表

加工步骤	刀具	加工方式	参数设置	仿真图
精铣顶部型腔弧面	T3D8R4	CONTOUR_AREA	● 几何体：MCS_TOP 指定切削区域：选弧面 ● 驱动方法：同心、向内、顺序、残余高度 0.02 ● 工具：T3D8R4 ● 刀轴：+Z 轴 ● 刀轨设置 方法：MILL_ FINISH 切削参数：默认 非切削移动：默认 进给率和速度：n=5000、f=1000	
精铣顶部半圆柱槽	T3D8R4	STREAMLINE	● 几何体：MCS_TOP 指定切削区域：选弧面 ● 驱动方法：流线、对中、往复、恒定 0.2 ● 工具：T3D8R4 ● 刀轴：+Z 轴 ● 刀轨设置 方法：MILL_ FINISH 切削参数：默认 非切削移动：默认 进给率和速度：n=5000、f=1000	
精铣顶部半圆弧槽侧壁	T4D3R1.5	ZLEVEL_PROFILE	● 几何体：MCS_TOP 指定切削区域：选择倒圆部分 ● 工具：T4D3R1.5 ● 刀轴：+Z 轴 ● 刀轨设置 方法：MILL__FINISH 陡峭空间范围：无 合并距离：3 mm 最小切削长度：1 mm 公共每刀切削深度：恒定 最大距离：0.1 mm 切削层：默认 切削参数：默认 非切削移动：默认 进给率和速度：n=6000、f=1200	

续表

加工步骤	刀具	加工方式	参数设置	仿真图
精铣顶部半圆弧槽根部	T4D3R1.5	FLOWCUT_REF_TOOL	● 几何体：MCS_TOP 指定切削区域：选择倒圆部分 ● 工具：T4D3R1.5 ● 刀轴：+*Z* 轴 ● 驱动方法：清根 陡峭角 89、参考刀具 T3D8R4，重叠距离 8 mm ● 刀轨设置 方法：MILL_FINISH 切削参数：默认 非切削移动：默认 进给率和速度：n=6000、f=1200	
精铣顶部各面	T2D8	FACE_MILLING_FINISH_CAVITY	● 几何体：MCS_TOP 指定部件：默认 指定面边界：选底座表面 指定检查体：无 指定检查边界：无 ● 工具：T2D8 ● 刀轴：+*Z* 轴 ● 刀轨设置 方法：MILL_FINISH 切削模式：跟随周边 步距：刀具平直百分比 刀具直径百分比：75 毛坯距离：默认 每刀切削深度：默认 最终底面余量：默认 切削参数：默认 非切削移动：默认 进给率和速度：n=4000、f=1500	
第二次装夹：加工底部				
点中心孔	T5A3	SPOT_DRILLING_A3	● 几何体：MCS_BOTTOM 指定孔：选孔圆心 ● 工具：T5A3 ● 刀轴：+*Z* 轴 ● 循环类型：标准钻 最小安全距离：3 mm 刀尖深度：3 mm ● 刀轨设置 方法：DILL_METHOD 避让：默认 进给率和速度：n=2000、f=150	

续表

加工步骤	刀具	加工方式	参数设置	仿真图
钻各底孔	T6Z4.8 T7Z4.2	PECK_DRILLING_D4.8 PECK_DRILLING_D4.2	● 几何体：MCS_BOTTOM 指定孔：选ϕ10 孔圆心 指定顶面：无 指定底面：选零件底面 ● 工具：T6Z4.8 ● 刀轴：+*Z* 轴 ● 循环类型：标准钻 深孔 最小安全距离：3 mm 编辑参数：穿过底面 ● 深度偏置 通孔安全距离：3 mm 盲孔余量：0 ● 刀轨设置 方法：DILL_METHOD 避让：默认 进给率和速度：n=1200、f=150	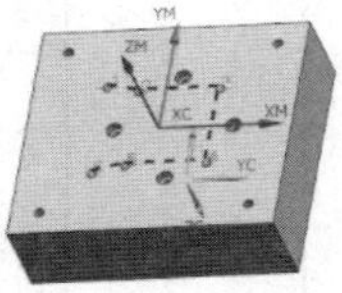 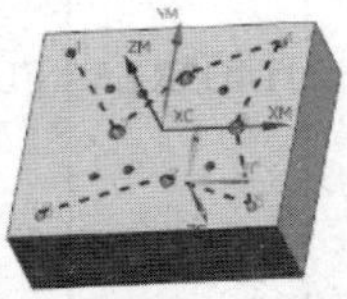 
铣沉头孔	T8D5	FACE_MILLING_D8.2	● 几何体：MCS_BOTTOM 指定部件：默认 指定面边界：选沉孔底面 指定检查体：无 指定检查边界：无 ● 工具：T8D5 ● 刀轴：+*Z* 轴 ● 刀轨设置 方法：MILL_FINISH 切削模式：跟随周边 步距：刀具平直百分比 刀具直径百分比：75 毛坯距离：5 mm 每刀切削深度：0.5 mm 最终底面余量：0 切削参数：默认 非切削移动：插铣 进给率和速度：n=4000、f=1500	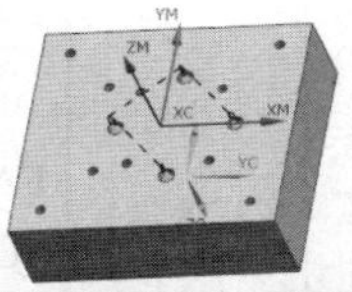 
攻丝 M5	T9M5	TAPPING_M5	● 几何体：MCS_BOTTOM 指定孔：选定孔圆心 指定顶面：无 指定底面：无 ● 工具：T9M5 ● 刀轴：+*Z* 轴 ● 循环类型：标准攻丝 最小安全距离：3 mm 编辑参数：模型深度 ● 刀轨设置 方法：DILL_METHOD 避让：默认 进给率和速度：n=100、f=80	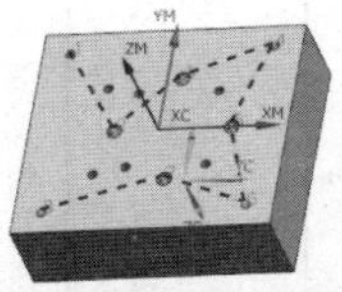 

续表

加工步骤	刀具	加工方式	参数设置	仿真图
铰孔 D5	T10J5	REAMING_D5	● 几何体：MCS_BOTTOM 指定孔：选定两孔圆心 指定顶面：无 指定底面：孔穿通的底面 ● 工具：T10J5 ● 刀轴：+*Z* 轴 ● 循环类型：无循环 最小安全距离：3 mm 编辑参数：穿过底面 ● 深度偏置 通孔安全距离：3 mm 盲孔余量：0 ● 刀轨设置 方法：DILL_METHOD 避让：默认 进给率和速度：n=100、f=80	

5.4.4　拓展思考

完成如图 5-13 所示的“车载迷你音响底座” 模具定模型芯零件的程序编制。毛坯尺寸：45 钢精坯块料 240 mm×130 mm×42 mm。

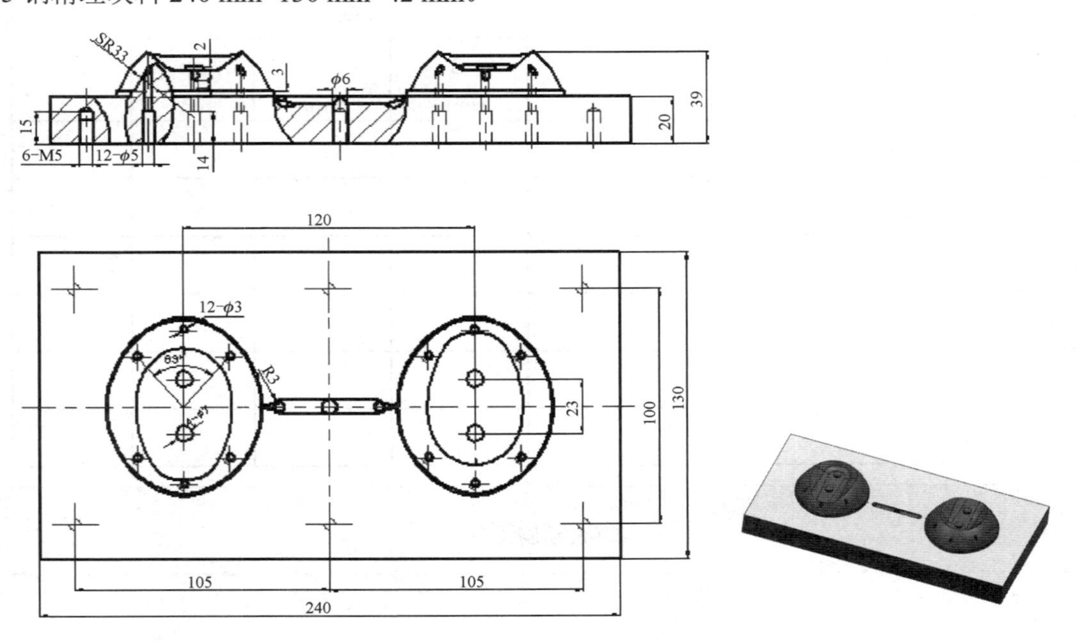

图 5-13　“车载迷你音响底座”模具定模型芯零件

加工前准备	
• 零件图样分析： 1. 结构复杂性分析 2. 切削加工性分析 3. 加工精度分析	1. 零件结构形状复杂程度（复杂　一般　简单）； 2. 零件材质为（　　　），切削性能（好　不好）； 3. 零件总体加工精度为 IT（　）级，表面粗糙度要求 Ra（　　）；

• 编制零件数控加工工艺卡：

零件名称		设备		机床型号	
工序号		毛坯尺寸及材料		夹具	

刀具表		量具表		工具表	
T01		1		1	
T02		2		2	
T03		3		3	
T04		4		4	
T05					
T06					

序号	工艺内容	切削用量			备注
		S r/min	F mm/r	ap mm	
1					
2					
3					
4					
5					
6					

CAN 编制程序	
• CAM 文件命名 • 设置坐标系 • 设置毛坯体	1. CAM 编程软件为（　　　　　　　　）。 2. 坐标系位置设置在零件的（　　　　　　　　）位置。 3. 毛坯设置为（　　　　　　　　）。

续表

CAM 编程参数记录：

序号	加工方式(轨迹名称)	加工部位	刀具名称 刀具参数	余量	切削参数(主轴转速、进给速度、切削深度、步距)	其余重要参数	程序名称
1			刀具名称： (　　　) 刃长(　) 总长(　)	底(　　) 壁(　　)	转速(　　　)r/min 进给速度(　　)mm 切削深度(　　)mm 步距　(　　　)		
2			刀具名称： (　　　) 刃长(　) 总长(　)	底(　　) 壁(　　)	转速(　　　)r/min 进给速度(　　)mm 切削深度(　　)mm 步距　(　　　)		
3			刀具名称： (　　　) 刃长(　) 总长(　)	底(　　) 壁(　　)	转速(　　　)r/min 进给速度(　　)mm 切削深度(　　)mm 步距　(　　　)		
4			刀具名称： (　　　) 刃长(　) 总长(　)	底(　　) 壁(　　)	转速(　　　)r/min 进给速度(　　)mm 切削深度(　　)mm 步距　(　　　)		
5			刀具名称： (　　　) 刃长(　) 总长(　)	底(　　) 壁(　　)	转速(　　　)r/min 进给速度(　　)mm 切削深度(　　)mm 步距　(　　　)		
6			刀具名称： (　　　) 刃长(　) 总长(　)	底(　　) 壁(　　)	转速(　　　)r/min 进给速度(　　)mm 切削深度(　　)mm 步距　(　　　)		
7			刀具名称： (　　　) 刃长(　) 总长(　)	底(　　) 壁(　　)	转速(　　　)r/min 进给速度(　　)mm 切削深度(　　)mm 步距　(　　　)		
8			刀具名称： (　　　) 刃长(　) 总长(　)	底(　　) 壁(　　)	转速(　　　)r/min 进给速度(　　)mm 切削深度(　　)mm 步距　(　　　)		
9			刀具名称： (　　　) 刃长(　) 总长(　)	底(　　) 壁(　　)	转速(　　　)r/min 进给速度(　　)mm 切削深度(　　)mm 步距　(　　　)		
10			刀具名称： (　　　) 刃长(　) 总长(　)	底(　　) 壁(　　)	转速(　　　)r/min 进给速度(　　)mm 切削深度(　　)mm 步距　(　　　)		

其他情况说明：

续表

<table>
<tr><th colspan="2">加工过程</th></tr>
<tr><td>• 开机操作：
1. 开机点检；
2. 主轴热机；</td><td>4. 开机点检；水(正常　异常记录　　　　　　　　　　)
电(正常　异常记录　　　　　　　　　　)
气(正常　异常记录　　　　　　　　　　)
油(正常　异常记录　　　　　　　　　　)
机床回零、热机；(正常　异常记录　　　　　　　　　　)</td></tr>
<tr><td>• 零件加工：
1. 装夹工件
2. 装夹刀具
3. 对刀设立工件系
4. 加工零件</td><td>1. 工件以(　　　　)定位装夹，探出高度(　　　　mm)；
2. 对刀方法(试切法　　　机内对刀　　　机外对刀　　)
3. 对刀数据记录
<table>
<tr><td>刀具号：T　　D</td><td colspan="2">Z_1=　　　　H(　)D(　)</td></tr>
<tr><td>刀具号：T　　D</td><td colspan="2">Z_2=　　　　H(　)D(　)</td></tr>
<tr><td>刀具号：T　　D</td><td colspan="2">Z_3=　　　　H(　)D(　)</td></tr>
<tr><td>刀具号：T　　D</td><td colspan="2">Z_4=　　　　H(　)D(　)</td></tr>
<tr><td>刀具号：T　　D</td><td colspan="2">Z_5=　　　　H(　)D(　)</td></tr>
<tr><td>刀具号：T　　D</td><td colspan="2">Z_6=　　　　H(　)D(　)</td></tr>
<tr><td>刀具号：T　　D</td><td colspan="2">Z_7=　　　　H(　)D(　)</td></tr>
<tr><td>刀具号：T　　D</td><td colspan="2">Z_8=　　　　H(　)D(　)</td></tr>
<tr><td colspan="3">第一次对刀数据</td></tr>
<tr><td>X_1=</td><td>X_2=</td><td>$X_{原点}$=</td></tr>
<tr><td>Y_1=</td><td>Y_2=</td><td>$Y_{原点}$=</td></tr>
<tr><td colspan="3">第二次对刀数据</td></tr>
<tr><td>X_1=</td><td>X_2=</td><td>$X_{原点}$=</td></tr>
<tr><td>Y_1=</td><td>Y_2=</td><td>$Y_{原点}$=</td></tr>
</table>
4. 零件加工情况记录：
步骤 1 情况记录：
步骤 2 情况记录：
步骤 3 情况记录：
步骤 4 情况记录：
步骤 5 情况记录：
步骤 6 情况记录：
步骤 7 情况记录：
步骤 8 情况记录：
步骤 9 情况记录：
步骤 10 情况记录：</td></tr>
</table>

续表

<table>
<tr><td>• 零件检测：</td><td>

考核项目	考核内容及其要求	配分	评分标准	检测结果	扣分
1	编程、调试熟练程度	5	程序思路清晰，可读性强，模拟调试纠错能力强。		
2	操作熟练程度	5	试切对刀、建立工件坐标系操作熟练		
3	50±0.05	5	超差不得分		
4	75±0.05	5	超差不得分		
5	35±0.03	5	超差不得分		
6	60±0.03	5	超差不得分		
7	40±0.05	3	超差不得分		
8	60±0.03	5	超差不得分		
9	R7.5±0.03(8 处)	16	超差不得分		
10	2±0.05	5	超差不得分		
11	2±0.05	5	超差不得分		
12	4-Φ8 ±0.05 孔	8	超差不得分		
13	R75±0.03(2 处)	6	超差不得分		
14	4-Φ4 孔	4	超差不得分		
15	Ra1.6	12	大于 R_a1.6 每处扣 1 分		
16	其他	6	超差 1 处扣 1 分		
17	超时扣分		超过 5 分扣 3 分 超过 10 分停止考试		
得分					

</td></tr>
</table>

项 目 小 结

项目 5 主要以闹钟外壳产品为例，分别介绍了该模具的镶件零件、滑块零件、定模型腔零件、动模型芯零件的自动编程过程，综合运用了平面铣、型腔铣、固定轴曲面轮廓铣和点位加工等各种操作方式，以加强学生的软件实操能力，培养学生独立思考、积极探索和勤于练习的工作热情，培养德智体美劳全面发展的社会主义建设者和接班人。

第三篇　考 工 实 战

项目6　考工零件的编程与加工

【项目载体】中级工零件、高级工零件。

【总体要求】

- 应具备加工中心操作相关岗位职业道德修养。
- 应具备加工中心操作工理论基础知识。
- 应具备加工中心软件编程能力。
- 应具备加工中心操作工实践动手能力。
- 应具备安全文明生产、质量控制、设备维护等能力。
- 弘扬劳动精神、奋斗精神、奉献精神，成为新时代制造业的“鲁班”。

任务6.1　熟悉加工中心操作工职业标准

加工中心国家中、高级操作工职业标准具体内容如下。

6.1.1　职业概况

(1) 职业名称：加工中心操作工。

(2) 职业定义：从事编制数控加工程序并操作加工中心机床进行零件多工序组合切削加工的人员。

(3) 职业等级：本职业共设四个等级，分别为中级(国家职业资格四级)、高级(国家职业资格三级)、技师(国家职业资格二级)、高级技师(国家职业资格一级)。

(4) 职业环境：室内、常温。

(5) 职业能力特征：具有较强的计算能力和空间感，形体知觉及色觉正常，手指、手臂灵活，动作协调。

(6) 基本文化程度：高中毕业(或同等学力)。

(7) 鉴定方式：分为理论知识考试和技能操作考核。理论知识考试采用闭卷方式，技能操作(含软件应用)考核采用现场实际操作和计算机软件操作方式。理论知识考试和技能操作(含软件应用)考核均实行百分制，成绩皆达60分及以上者为合格。技师和高级技师还需进行综合评审。

6.1.2 基本要求

加工中心操作工主要应具备以下基本要求。

(1) 职业道德基本知识：爱岗敬业、诚实守信、办事公道、服务群众、奉献社会。

(2) 职业守则：遵守国家法律、法规和有关规定；具有高度的责任心，爱岗敬业、团结合作；严格执行相关标准、工作程序与规范、工艺文件和安全操作规程；学习新知识和新技能、勇于开拓和创新；爱护设备、系统及工具、夹具、量具；着装整洁，符合规定；保持工作环境清洁有序，文明生产。

(3) 基础理论知识，主要包括：机械制图、工程材料及金属热处理知识、机电控制知识、计算机基础知识、专业英语基础、机械加工基础知识、机械原理、常用设备知识(分类、用途、基本结构及维护保养方法)、常用金属切削刀具知识、典型零件加工工艺、设备润滑和冷却液的使用方法以及工具、夹具、量具的使用与维护知识等。

(4) 安全文明生产与环境保护知识，主要包括：安全操作与劳动保护知识、文明生产知识、环境保护知识等。

(5) 质量管理知识，主要包括：企业的质量方针、岗位质量要求、岗位质量保证措施与责任等。

(6) 相关法律、法规知识，主要包括：劳动法的相关知识、环境保护法的相关知识、知识产权保护法的相关知识等。

6.1.3 工作要求

国家标准对中级、高级、技师和高级技师的技能要求依次递进，高级别涵盖低级别的要求。其中，加工中心操作中级工工作要求如表 6-1 所示，加工中心操作高级工工作要求如表 6-2 所示。

表 6-1 加工中心操作工(中级)工作要求

职业功能	工作内容	技能要求	相关知识
加工准备	读图与绘图	能读懂中等复杂程度(如凸轮、箱体、多面体)的零件图。 能绘制有沟槽、台阶、斜面的简单零件图。 能读懂分度头尾架、弹簧夹头套筒、可转位铣刀结构等简单机构装配图	复杂零件的表达方法 简单零件图的画法 零件三视图、局部视图和剖视图的画法
	制定加工工艺	能读懂复杂零件的数控加工工艺文件。 能编制直线、圆弧面、孔系等简单零件的数控加工工艺文件	数控加工工艺文件的制定方法 数控加工工艺知识
	零件定位与装夹	能使用加工中心常用夹具(如压板、虎钳、平口钳等)装夹零件。 能够选择定位基准，并找正零件	加工中心常用夹具的使用方法 定位、装夹的原理和方法 零件找正的方法

续表

职业功能	工作内容	技能要求	相关知识
加工准备	刀具准备	能根据数控加工工艺卡选择、安装和调整加工中心常用刀具。 能根据加工中心特性、零件材料、加工精度和工作效率等选择刀具和刀具几何参数，并确定数控加工需要的切削参数和切削用量。 能使用刀具预调仪或者机内测量工具测量工件尺寸半径及长度。 能够选择、安装、使用刀柄。 能够刃磨常用刀具	金属切削与刀具磨损知识 加工中心常用刀具的种类、结构和特点 加工中心、零件材料、加工精度和工作效率对刀具的要求 刀具预调仪的使用方法 刀具长度补偿、半径补偿与刀具参数的设置知识 刀柄的分类和使用方法 刀具刃磨的方法
数控编程	手工编程	能够编制钻、扩、铰、镗等孔类加工程序。 能够编制平面铣削程序。 能够编制含直线插补、圆弧插补二维轮廓的加工程序	数控编程知识 直线插补和圆弧插补的原理 坐标点的计算方法 刀具补偿的作用和计算方法
	计算机辅助编程	能够利用 CAD/CAM 软件完成简单平面轮廓的铣削程序	CAD/CAM 软件的使用方法 平面轮廓的绘图与加工代码生成方法
加工中心操作	操作面板	能够按照操作规程启动及停止机床。 能使用操作面板上的常用功能键(如回零、手动、MDI、修调等)	加工中心操作说明书 加工中心操作面板的使用方法
	程序输入与编辑	能够通过各种途径(如 DNC、网络)输入加工程序。 能够通过操作面板输入和编辑加工程序	数控加工程序的输入方法 数控加工程序的编辑方法
	对刀	能进行对刀并确定相关坐标系。 能设置刀具参数	对刀的方法 坐标系的知识 建立刀具参数表或文件的方法
	程序调试与运行	能够进行程序检验、单步执行、空运行并完成零件试切。 能够使用交换工作台	程序调试的方法 工作台交换的方法
	刀具管理	能够使用自动换刀装置。 能够在刀库中设置和选择刀具。 能够通过操作面板输入有关参数	刀库的知识 刀库的使用方法 刀具信息的设置方法与刀具选择 数控系统中加工参数的输入方法

续表

职业功能	工作内容	技能要求	相关知识
零件加工	平面加工	能够运用数控加工程序进行平面、垂直面、斜面、阶梯面等铣削加工，并达到如下要求。 ● 尺寸公差等级达 IT7 级 ● 形位公差等级达 IT8 级 ● 表面粗糙度 R_a 达 3.2 μm	平面铣削的基本知识 刀具端刃的切削特点
	型腔加工	能够运用数控加工程序进行直线、圆弧组成的平面轮廓零件铣削加工，并达到如下要求。 ● 尺寸公差等级达 IT8 级 ● 形位公差等级达 IT8 级 ● 表面粗糙度 R_a 达 3.2 μm 能够运用数控加工程序进行复杂零件的型腔加工，并达到如下要求。 ● 尺寸公差等级达 IT8 级 ● 形位公差等级达 IT8 级 ● 表面粗糙度 R_a 达 3.2 μm	平面轮廓铣削的基本知识 刀具侧刃的切削特点
	曲面加工	能够运用数控加工程序铣削圆锥面、圆柱面等简单曲面，并达到如下要求。 ● 尺寸公差等级达 IT8 级 ● 形位公差等级达 IT8 级 ● 表面粗糙度 R_a 达 3.2μm	曲面铣削的基本知识 球头刀具的切削特点
	孔系加工	能够运用数控加工程序进行孔系加工，并达到如下要求。 ● 尺寸公差等级达 IT7 级 ● 形位公差等级达 IT8 级 ● 表面粗糙度 R_a 达 3.2 μm	麻花钻、扩孔钻、丝锥、镗刀及铰刀的加工方法
	槽类加工	能够运用数控加工程序进行槽、键槽的加工，并达到如下要求。 ● 尺寸公差等级达 IT8 级 ● 形位公差等级达 IT8 级 ● 表面粗糙度 R_a 达 3.2 μm	槽、键槽的加工方法
	精度检验	能够使用常用量具进行零件的精度检验	常用量具的使用方法 零件精度检验及测量方法
维护与故障诊断	加工中心日常维护	能够根据说明书完成加工中心的定期及不定期维护保养，包括：机械、电、气、液压、数控系统检查和日常保养等	加工中心说明书 加工中心日常保养方法 加工中心操作规程 数控系统(进口、国产数控系统)说明书
	加工中心故障诊断	能读懂数控系统的报警信息。 能发现加工中心的一般故障	数控系统的报警信息 机床的故障诊断方法
	机床精度检查	能进行机床水平的检查	水平仪的使用方法 机床垫铁的调整方法

表 6-2　加工中心操作工(高级)工作要求

职业功能	工作内容	技能要求	相关知识
加工准备	读图与绘图	● 能够读懂装配图。 ● 能够绘制零件图、轴侧图及草图。 ● 能够读懂零件的展开图、局部视图、旋转视图	● 装配图的画法。 ● 零件图、轴侧图的画法。 ● 零件展开图、局部视图等视图的画法
	制定加工工艺	能够制定加工中心的加工工艺。 能够填写加工中心程序卡	加工中心工艺的制定方法。 影响机械加工精度的有关因素。 加工余量的确定
	零件定位与装夹	能够合理选择组合夹具和专用夹具。 能够正确安装调整夹具	组合夹具、专用夹具的特点及应用。 夹具在交换工作台上的正确安装
	刀具准备	能够依据加工需要选用适当种类、形状、材料的刀具	各种刀具的几何角度、功用及刀具材料的切削性能
数控编程	编制二维半程序	能够编制较复杂的二维轮廓铣削程序。 能够根据加工要求手工编制二维半铣削程序	较复杂二维节点的计算。 球、锥、台等几何体外轮廓节点的计算
	使用用户宏程序	能够利用已有宏程序编制加工程序。	用户宏程序的使用方法
零件加工	孔系加工	能够对孔系进行钻、扩、镗、铰等切削加工，尺寸精度公差达 IT8，表面粗糙度 R_a 达 3.2 μm	镗刀的种类及其应用。 切削液的合理使用
	攻丝加工	能够用丝锥加工螺纹孔	丝锥夹头的构造及使用
	平面及轮廓铣削	能够有效利用刀具补偿进行铣削加工。 能够铣削较复杂的平面轮廓，尺寸公差等级达 IT8，表面粗糙度 R_a 达 3.2 μm	影响加工精度的因素及提高加工精度的措施
	运行给定程序	能够读懂、检查并运行给定三维以上加工程序	三维以上坐标的概念
维护与故障诊断	常规维护	能够根据说明书的内容完成机床定期及不定期维护保养	机床维护知识。 液压油、润滑油的使用知识。 液压、气动元件的结构及其工作原理
	故障排除	能够阅读各类报警信息，排除诸如编程错误、超程、欠压、缺油、急停等一般故障	各类报警号提示内容及其解除方法
精度检验	精度检验及分析	能够根据测量结果分析产生加工误差的原因。 能够通过修正刀具补偿值和修正程序来减少加工误差	工件精度检验项目及测量方法。 产生加工误差的各种因素

任务 6.2　中级工考工零件的编程与加工

6.2.1　任务目标

能正确分析中级工考工零件的加工要求，合理制定其数控加工工艺；能综合应用 UG NX 10.0 CAM 各种操作方式完成中级工考工零件的程序编制和加工；培养学生动手实践能力和精益求精的质量意识。图 6-1 所示为中级考工零件实物。

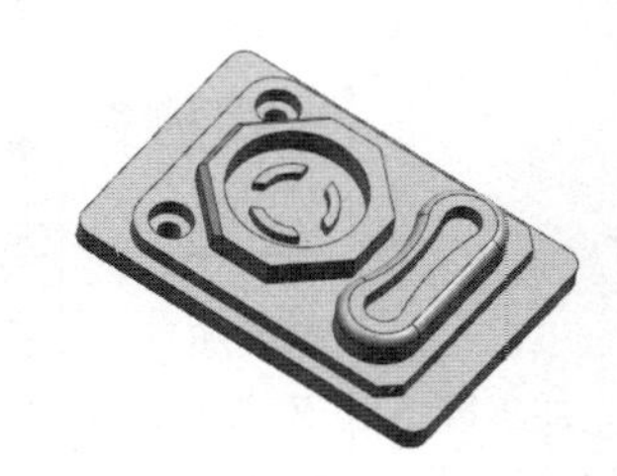

图 6-1　中级考工零件

6.2.2　“中级工”零件的加工工艺

如图 6-2 所示的零件为加工中级工考工零件图，考件完成时间为 180 分钟。

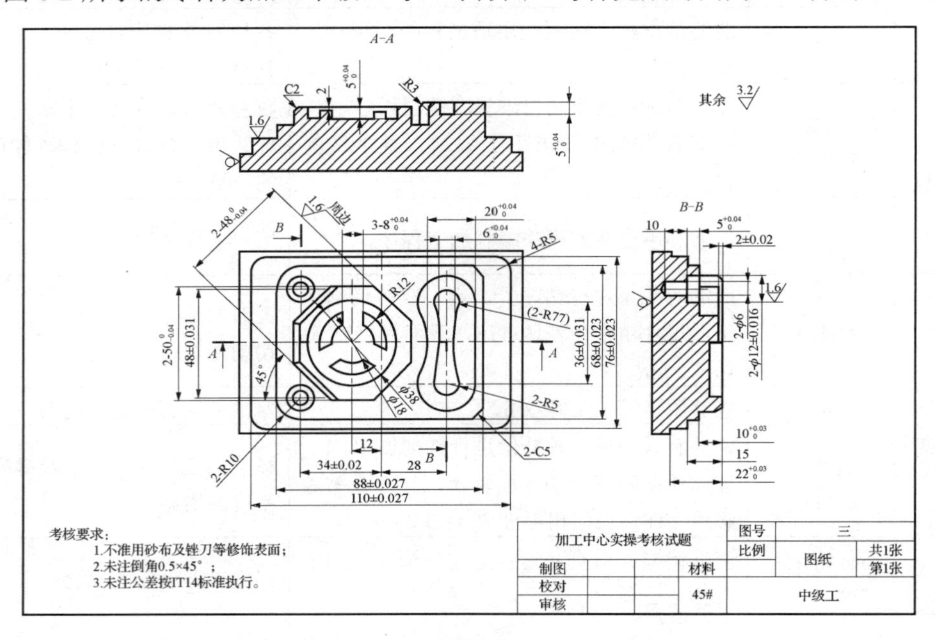

图 6-2　加工中心中级工考工零件图

中级工零件主要由凸台、型腔、通孔和沉头孔等组成。根据零件的形体特征和精度要求分析，选择尺寸为 120 mm×80 mm×35 mm 的铝块作为毛坯。底平面铣平后翻转装夹加工零件，具体加工方案为：首先选用稍大直径刀具进行整体粗铣，再选用尺寸合适的刀具进行二次粗铣，选择孔加工刀具对ϕ6 孔进行钻削加工，再选用合适的精加工刀具对零件各侧壁和底面进行精铣。

在刀具选用方面，粗、精铣铣刀选择ϕ10 和ϕ6 铝用平底铣刀；采用 A3 高速钢中心钻钻中心孔，采用ϕ6 高速钢麻花钻钻ϕ6 孔；采用ϕ6 铝用球头铣刀加工圆弧倒角和圆锥倒角面。根据车间生产及考工需要，遵循基准先行、先粗后精、先主后次、先面后孔的原则，制定如表 6-3 所示的“中级工”零件数控加工工艺卡。

表 6-3　“中级工”零件数控加工工艺卡

单位：××××××××　　编制：×××　　审核：×××

零件名称	中级工零件	设备	加工中心	机床型号	FADAL-3016L
工序号	1	毛坯	120mm×80mm×35mm铝块	夹具	平口钳

刀具表		量具表		工具表	
T01	ϕ10 铝用立铣刀	1	游标卡尺(0～150 mm)	1	扳手
T02	ϕ6 铝用立铣刀	2	千分尺(0～25 mm)	2	垫块
T03	A3 高速钢中心钻	3	千分尺(25～50 mm)	3	塑胶榔头
T04	ϕ6 高速钢麻花钻	4	深度游标卡尺	4	
T05	ϕ6 铝用球头铣刀				

序号	工艺内容	切削用量			备注
		S/(r/min)	F/(mm/r)	a_p/mm	
1	T01 刀粗铣零件(留 0.25 mm)	3500	1200	1	
2	T02 刀半精铣零件(留 0.25 mm)	3000	800	5	
3	T03 刀点两中心孔	2000	150	5	
4	T04 刀预钻ϕ6 孔	1500	150		
5	T01 刀粗铣 D12 孔(留 0.25 mm)	3500	1200	1	
6	T01 刀精铣各台阶侧壁、底面和 D12 孔(除六棱柱所在面)	4000	1000	5	
7	T02 刀精铣六棱柱所在台阶侧壁及底面	4000	800	5	
8	T05 精铣圆弧面倒角和圆锥面倒角	4500	1200	0.15	

6.2.3　“中级工”零件的编程与仿真加工

“中级工”零件的编程与仿真加工操作过程如表 6-4 所示。

表 6-4　“中级工”零件的编程与仿真加工操作过程

加工步骤	刀具	加工方式	参数设置	仿真图
粗铣	T1D10	CAVITY_MILL_ROUGH (留 0.25 mm)	● 几何体：WORKPIECE ● 工具：T1D10 ● 刀轴：+Z 轴 ● 刀轨设置 方法：MILL_SEMI_FINISH 切削模式：跟随部件 步距：刀具平直百分比 刀具直径百分比：50 公共每刀切削深度：恒定 最大距离：1.5 mm 切削层：底层范围深度(略大于零件深) 切削参数：默认 非切削移动：进刀(螺旋、直径 10%、最小倾斜长度 10%) 进给率和速度：n=3500、f=1200	

续表

加工步骤	刀具	加工方式	参数设置	仿真图
二次粗铣	T2D6	CAVITY_SEMI_FINISH (留 0.25 mm)	● 几何体：WORKPIECE ● 工具：T2D6 ● 刀轴：+*Z* 轴 ● 刀轨设置 方法：MILL_SEMI_FINISH 切削模式：跟随部件 步距：刀具平直百分比 刀具直径百分比：50 公共每刀切削深度：恒定 最大距离：1.5 mm 切削层：底层范围深度(略大于零件深) 切削参数：深度优先、参考刀具 T1D10 非切削移动：默认 进给率和速度：n=3000、f=800	
钻中心孔	T3A3	SPOT_DRILLING	● 几何体：WORKPIECE 指定孔：选定两孔圆心(避让：距离 15 mm)； 指定顶面：两孔起始面 ● 工具：T3A3 ● 刀轴：+*Z* 轴 ● 循环类型：标准钻 最小安全距离：3 mm 编辑参数：刀尖深度 5 mm ● 刀轨设置 方法：DILL_METHOD 避让：默认 进给率和速度：n=2000、f=150	
钻底孔	T4Z6	DILLING	● 几何体：WORKPIECE 指定孔：选定两孔圆心 指定顶面：中间多边形凸台顶面 指定底面：无 ● 工具：T4Z6 ● 刀轴：+*Z* 轴 ● 循环类型：标准钻 最小安全距离：3 mm 编辑参数：模型深度 ● 深度偏置 通孔安全距离：默认 盲孔余量：0 ● 刀轨设置 方法：DILL_METHOD 避让：默认 进给率和速度：n=1500、f=150	

续表

加工步骤	刀具	加工方式	参数设置	仿真图
粗铣 D12 孔	T1D10	FACE_MILLING_SEMI_D12	● 几何体：WORKPIECE 指定部件：默认 指定面边界：选 D12 孔底面 指定检查体：无 指定检查边界：无 ● 工具：T1D10 ● 刀轴：+*Z* 轴 ● 刀轨设置 方法：MILL_SEMI_FINISH 切削模式：跟随周边 步距：刀具平直百分比 刀具直径百分比：50 毛坯距离：5 mm 每刀切削深度：0.5 mm 最终底面余量：0.25 mm 切削参数：默认 非切削移动：沿形状斜进刀(最小斜面长度：10%) 进给率和速度：n=3500、f=1200	
精铣各台阶侧壁、底面及 D12 孔	T1D10	FACE_FINISH_1 (六棱台所在底面及相关侧壁除外)	● 几何体：WORKPIECE 指定部件：默认 指定面边界：选各台阶面 指定检查体：无 指定检查边界：无 ● 工具：T1D10 ● 刀轴：+*Z* 轴 ● 刀轨设置 方法：MILL_FINISH 切削模式：跟随部件 步距：刀具平直百分比 刀具直径百分比：75 毛坯距离：0.25 mm 每刀切削深度：0.25 mm 最终底面余量：0 切削参数：默认 非切削移动：沿形状斜进刀(最小斜面长度：10%) 进给率和速度：n=4000、f=1000	
精铣六棱台所在底面及侧壁	T2D6	FACE_FINISH_2	复制 FACE_FINISH_1 修改不同处 名称：FACE_FINISH_2 指定面边界：选六棱柱所在台阶面 工具：T2D6 进给率和速度：n=4000、f=800	

续表

加工步骤	刀具	加工方式	参数设置	仿真图
精铣锥弧	T5D6R3	ZLEVEL_PROFILE_FINISH	● 几何体：WORKPIECE 指定部件：默认 指定检查：默认 指定切削区域：选择倒角圆弧面和斜面 指定修剪边界：默认 ● 工具：T5D6R3 ● 刀轴：+*Z* 轴 ● 刀轨设置 方法：MILL_ FINISH 陡峭空间范围：无 合并距离：3 mm 最小切削长度：0.05 mm 公共每刀切削深度：恒定 最大距离：0.15 切削层：默认 切削参数：默认 非切削移动：默认 进给率和速度：n=4500、f=1000	

6.2.4 技能训练

根据实训现场提供的设备及工量刃具，根据零件图纸要求完成“中级工”零件的加工，并选择合适的量具对其进行检测，并做好记录(见表 6-5)。

表 6-5 加工中心操作工中级操作技能考核评分记录表

考件编号：________姓名：__________准考证号：_____________单位：__________________

工种	加工中心		图号		零件名称	考试件	总得分	
定额时间	180 min		考核日期		技术等级	中级工		
序号	考核项目	考核内容及要求	配分	评分标准	检测结果	扣分	得分	备注
1	长度	110±0.027	5	超差 0.01 扣 2 分				
2		76±0.023	5	超差 0.01 扣 2 分				
3		68±0.023	4	超差 0.01 扣 2 分				
4		88±0.027	4	超差 0.01 扣 2 分				
5		48±0.031	4	超差 0.01 扣 2 分				
6		36±0.031	4	超差 0.01 扣 2 分				
7		$6_{0}^{+0.04}$	4	超差 0.01 扣 2 分				
8		$20_{0}^{+0.04}$	4	超差 0.01 扣 2 分				
9		$3-8_{0}^{+0.04}$	6	超差 0.01 扣 1 分				
10		$2-50_{-0.04}^{0}$	6	超差 0.01 扣 1 分				
11		$2-48_{-0.04}^{0}$	6	超差 0.01 扣 1 分				

续表

序号	考核项目	考核内容及要求	配分	评分标准	检测结果	扣分	得分	备注
12	高度	$22_{0}^{+0.03}$	4	超差 0.01 扣 2 分				
13		$10_{0}^{+0.03}$	4	超差 0.01 扣 2 分				
14		$3-5_{0}^{+0.04}$	9	超差 0.01 扣 1 分				
15		2±0.02	3	超差 0.01 扣 2 分				
16	圆与圆弧	2-ϕ12 ±0.018	6	超差 0.01 扣 1 分				
17		R5	3	超差 0.01 扣 0.5 分				
18		C5	1	超差 0.01 扣 0.5 分				
19		2-R10	2	超差 0.01 扣 0.5 分				
20		R3	3	超差 0.01 扣 2 分				
21	曲面	C2	3	超差 0.01 扣 2 分				
22	粗糙度	加工面 R_a1.6	5	降级扣 1 分/处				
23		各加工面 R_a3.2	5	降级扣 1 分/处				
24	文明生产	按有关规定每违反一项从总分中扣 3 分			扣分<10 分			
		发生重大事故的取消考试资格			总分 0 分			
25	其他项目	参照 GB1804-M 一般公差、未注公差要求。工件必须完整，考件局部无缺陷(夹伤等)			扣分<10 分			
26								
27	程序编制	程序中有严重违反工艺的取消考试资格，出现小问题<25 分						
记录员		监考员		检验员		考评员		

6.2.5　拓展思考

完成如图 6-3 所示的中级工 ZJ002 零件的加工。毛坯尺寸：铝块 120 mm×80 mm×35 mm。

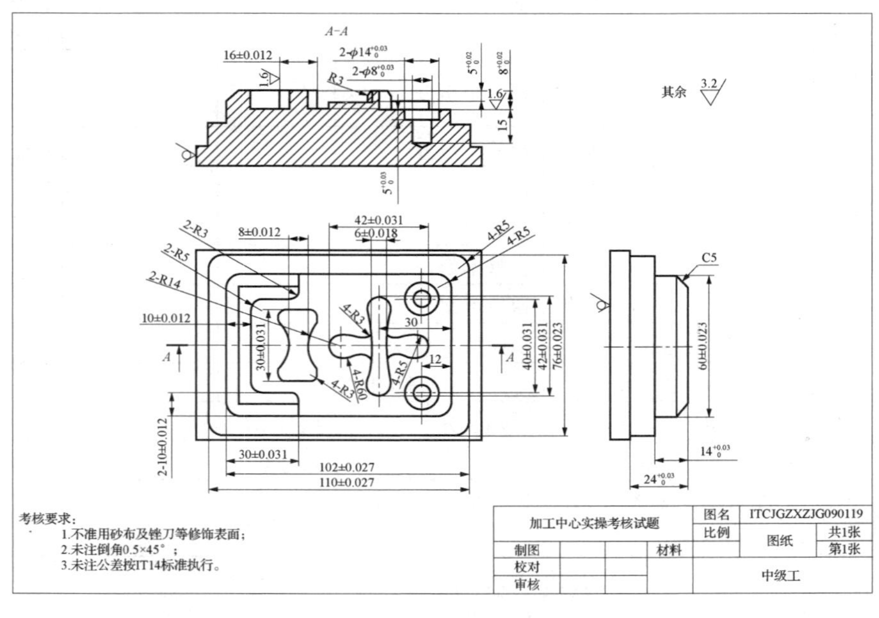

图 6-3　ZJ002 中级工零件

加工中心操作工中级操作技能考核评分记录表如表 6-6 所示。

表 6-6　加工中心操作工中级操作技能考核评分记录表

零件编号：__ZJ002__ 姓名：__________ 准考证号：______________ 单位：____________________

工种	加工中心	图号		零件名称	考试件	总得分		
定额时间	180 min	考核日期		技术等级	中级工			
序号	考核项目	考核内容及要求	配分	评分标准	检测结果	扣分	得分	备注
1	长度	110±0.027	4	超差 0.01 扣 2 分				
2		102±0.027	4	超差 0.01 扣 2 分				
3		76±0.023	4	超差 0.01 扣 2 分				
4		30±0.031	4	超差 0.01 扣 2 分				2 处
5		60±0.023	4	超差 0.01 扣 2 分				
6		16±0.012	4	超差 0.01 扣 2 分				
7		40±0.023	4	超差 0.01 扣 2 分				
8		2-42±0.023	6	超差 0.01 扣 1 分				2 处
9		3-10±0.012	6	超差 0.01 扣 1 分				3 处
10		8±0.012	4	超差 0.01 扣 2 分				
11		6±0.018	4	超差 0.01 扣 2 分				
12	高度	$24_{0}^{+0.03}$	3	超差 0.01 扣 2 分				
13		$14_{0}^{+0.03}$	3	超差 0.01 扣 2 分				
14		$8_{0}^{+0.02}$	3	超差 0.01 扣 2 分				
15		$5_{0}^{+0.02}$	3	超差 0.01 扣 1 分				
16		$5_{0}^{+0.03}$	3	超差 0.01 扣 2 分				
17	圆与圆弧	$2-14_{0}^{+0.03}$	6	超差 0.01 扣 1 分				2 处
18		$2-8_{0}^{+0.03}$	6	超差 0.01 扣 1 分				2 处
19		14-R5	3	超差不得分				14 处
20		10-R3	3	超差不得分				6 处
21		2-R14	2	超差不得分				2 处
22		4-R60	2	超差不得分				4 处
23	倒角	R3	3	超差不得分				
24		C5	3	超差不得分				
25	粗糙度	加工面 R_a 为 1.6 μm	5	降级扣 1 分/处				
26		各加工面 R_a 为 3.2 μm	4	降级扣 0.5 分/处				
27	文明生产	按有关规定每违反一项从总分中扣 3 分			扣分<10 分			
		发生重大事故的取消考试资格			总分 0 分			
28	其他项目	按照 GB1804-M 条款。工件必须完整，考件局部无缺陷(夹伤等)			扣分<10 分			
29	程序编制	程序中有严重违反工艺的取消考试资格，出现小问题<25 分						
记录员		监考员		检验员		考评员		

任务 6.3　高级工考工零件的编程与加工

6.3.1　任务目标

能正确分析高级工考工零件的加工要求，合理制定其数控加工工艺；能综合应用 UG NX 10.0 CAM 各种操作方式完成高级工零件的程序编制和加工；培养学生动手实践能力和精益求精的质量意识。

图 6-4 所示为高级考工零件实物。

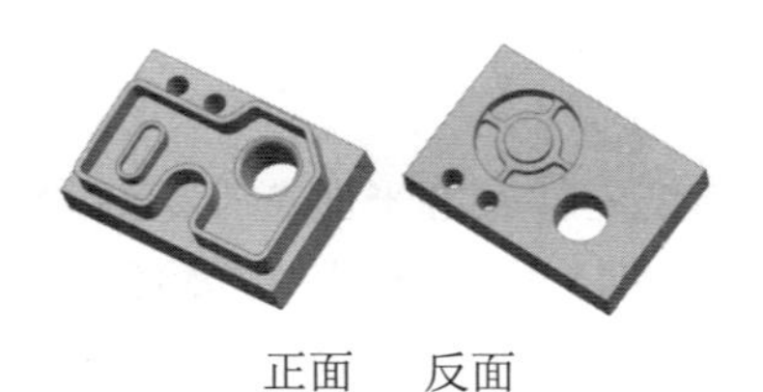

图 6-4　高级考工零件

6.3.2　“高级工”零件的加工工艺

如图 6-5 所示的零件为加工中心高级工考工零件，考件完成时间为 210 分钟。

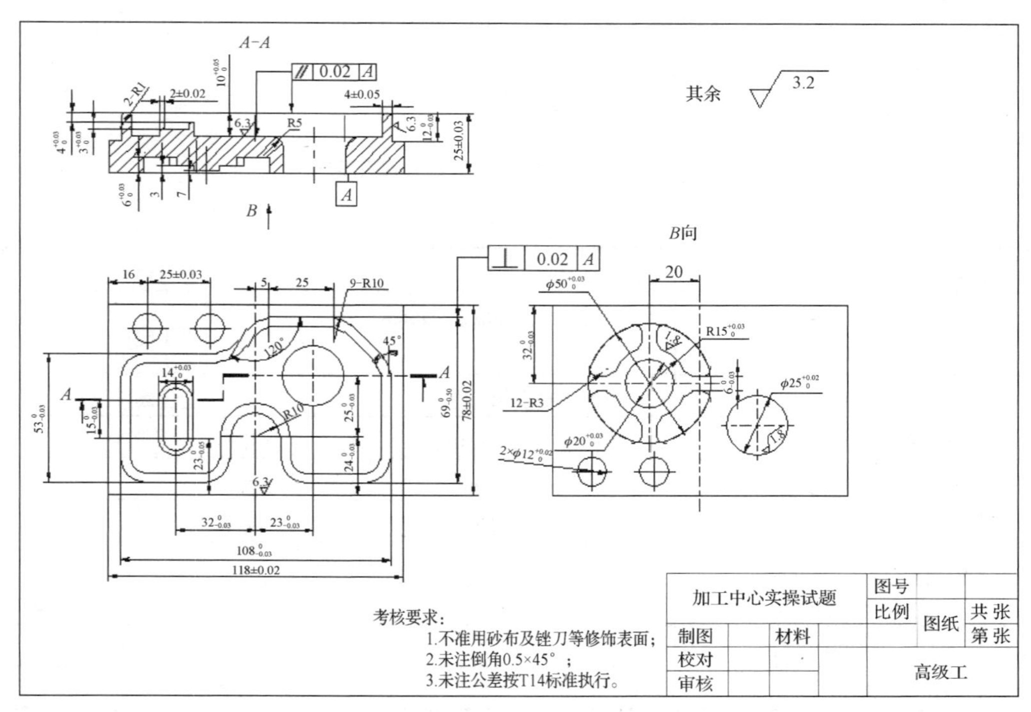

图 6-5　高级工考工零件图

高级工零件整体为长方体，上下两面都有结构特征，主要由薄壁凸台、型腔、岛屿和孔组成。依据零件的外形尺寸，选择 120 mm×80 mm×30 mm 的 45 钢块料作为毛坯。根据零件的结构特征和加工精度要求，零件需两次装夹，第一次装夹加工零件底部结构，第二次装夹加工零件上部结构。零件的具体加工方案如下。

1. 第一次装夹：加工底部

(1) 精铣零件底部平面。

(2) 粗铣零件底部外轮廓。

(3) 粗铣、半精铣零件底部型腔和孔。

(4) 点中心孔。

(5) 钻底孔。

(6) 铰ϕ10 光孔；

加工底部刀具分别为：①精铣零件底部平面选择ϕ50 硬质合金面铣刀；②粗、精铣底部内外轮廓选择ϕ12、ϕ8 和ϕ6 钨钢平底立铣刀；③ϕ10 光孔选择 A3 高速钢中心钻、ϕ9.8 高速钢麻花钻和ϕ10 高速钢铰刀。

2. 第二次装夹：加工上部

(1) 精铣零件上部顶面。

(2) 粗铣零件上部内、外轮廓。

(3) 精铣零件内外轮廓侧壁及底面。

加工上部刀具分别为：①精铣零件底部平面选择ϕ50 硬质合金面铣刀；②粗、精铣零件上部内、外轮廓选择ϕ8 钨钢平底立铣刀。

制定如表 6-7 所示的“高级工”零件数控加工工艺卡。

表 6-7 “高级工”零件数控加工工艺卡

单位：苏州工业职业技术学院　　编制：Chengli　　审核：YinMing

零件名称	高级工零件	设备	加工中心	机床型号	FADAL-3016L
工序号	1	毛坯	120mm×80mm×30mm 铝块	夹具	平口钳
刀具表		量具表		工具表	
T01	ϕ50 硬质金面铣刀	1	游标卡尺(0～150mm)	1	扳手
T02	ϕ12 钨钢平底立铣刀	2	千分尺(0～25mm)	2	垫块
T03	ϕ8 钨钢平底立铣刀	3	千分尺(25～50mm)	3	塑胶榔头
T04	ϕ6 钨钢平底立铣刀	4	深度游标卡尺	4	
T05	A3 高速钢中心钻				
T06	ϕ9.8 高速钢麻花钻				
T07	ϕ10 高速钢铰刀				

续表

序号	工艺内容	切削用量			备注
		S/(r/min)	F/(mm/r)	a_p/mm	
	第一次装夹：加工零件底部				
1	T01 刀精铣零件底部平面	4000	1500	0.5	
2	T02 刀粗铣零件底部外轮廓(留 0.25 mm)	3500	1200	1	
3	T02、T03 刀粗铣零件底部型腔和孔(留 0.25 mm)	3000	800	1	
4	T05 刀点两个中心孔	2000	150	5	
5	T06 刀预钻ϕ10 孔 D9.8	1500	150		
6	T02 刀精铣零件底部外轮廓	4000	1000	1	
7	T03、T04 刀精铣底部型腔和孔	4000	1000	5	
8	T07 刀铰 D10 孔	100	80		
	第二次装夹：加工零件上部				
9	T01 刀精铣零件上部顶面	4000	1500	0.5	
10	T03 刀粗铣零件上部内、外轮廓(留 0.25 mm)	3000	800	1	
11	T03 刀精铣零件上部内、外轮廓	3500	800		

6.3.3　“高级工”零件的编程与仿真加工

“高级工”零件的编程与仿真加工操作过程如表 6-8 所示。

表 6-8　“高级工”零件的编程与仿真加工操作过程

加工步骤	刀具	加工方式	参数设置	仿真图
第一次装夹：加工底部				
精铣底座平面	T1D50	FACE_MILLING_BOTTOM	● 几何体：MCS_BOTTOM 指定部件：默认 指定面边界：选底座表面 指定检查体：无 指定检查边界：无 ● 工具：T1D50 ● 刀轴：+*Z* 轴 ● 刀轨设置 方法：MILL_FINISH 切削模式：单向 步距：刀具平直百分比 刀具直径百分比：75 毛坯距离：默认 每刀切削深度：默认 最终底面余量：0 切削参数：默认 非切削移动：默认 进给率和速度：*n*=4000、*f*=1500	

续表

加工步骤	刀具	加工方式	参数设置	仿真图
粗铣底座外轮廓面	T2D12	PLANAR_PROFILE_ROUGH_BOTTOM (留 0.25 mm)	● 几何体：MCS_BOTTOM 指定部件边界：选择底座外轮廓线 指定底面：选择底座底面可略深 ● 工具：T2D12 ● 刀轴：+*Z* 轴 ● 刀轨设置 方法：MILL_SEMI_FINISH 部件余量：0.25 切削进给：1200 切削深度：恒定 公共：1 切削参数：默认 非切削移动：默认 进给率和速度：n=3500、f=1200	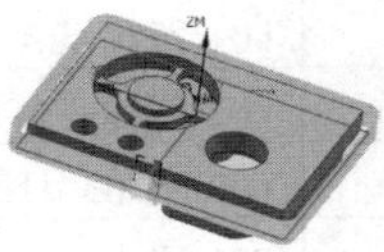 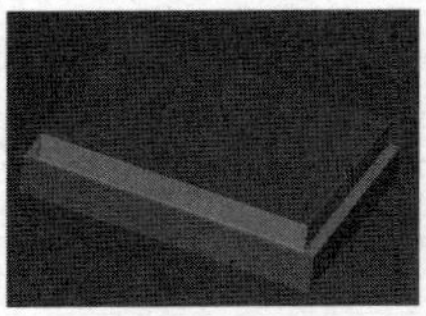
粗铣底座型腔和孔	T2D12	CAVITY_MILL_ROUGH_BOTTOM (留 0.25 mm)	● 几何体：MCS_BOTTOM 指定切削区域：选择型腔和孔 ● 工具：T2D12 ● 刀轴：+*Z* 轴 ● 刀轨设置 方法：MILL_SEMI_FINISH 切削模式：跟随周边 步距：刀具平直百分比 刀具直径百分比：50 公共每刀切削深度：恒定 最大距离：1 切削层：孔做通 切削参数：默认 非切削移动：默认 进给率和速度：n=3500、f=1200	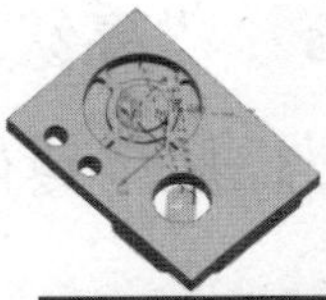 
二次粗铣底部型腔	T3D8	CAVITY_SEMI_FINISH (留 0.25 mm)	● 几何体：MCS_BOTTOM ● 工具：T3D8 ● 刀轴：+*Z* 轴 ● 刀轨设置 方法：MILL_SEMI_FINISH 切削模式：跟随部件 步距：刀具平直百分比 刀具直径百分比：50 公共每刀切削深度：恒定 最大距离：1mm 切削层：默认 切削参数：参考刀具 T2D12 非切削移动：默认 进给率和速度：n=3000、f=800	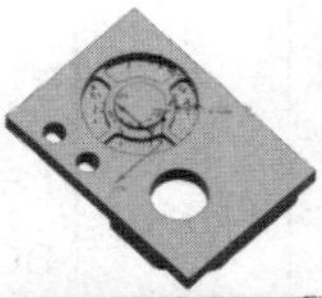 

续表

加工步骤	刀具	加工方式	参数设置	仿真图
钻中心孔	T5A3	SPOT_DRILLING	● 几何体：MCS_BOTTOM 指定孔：选定两孔圆心 ● 工具：T5A3 ● 刀轴：+*Z* 轴 ● 循环类型：标准钻 最小安全距离：3 mm 编辑参数：刀尖深度 5 mm ● 刀轨设置 方法：DILL_METHOD 避让：默认 进给率和速度：n=2000、f=150	
钻底孔	T6Z9.8	DILLING	● 几何体：MCS_BOTTOM 指定孔：选定两孔圆心 指定顶面：无 指定底面：孔穿通的底面 ● 工具：T6Z9.8 ● 刀轴：+*Z* 轴 ● 循环类型：标准钻 最小安全距离：3 mm 编辑参数：穿过底面 ● 深度偏置 通孔安全距离：3 盲孔余量：0 ● 刀轨设置 方法：DILL_METHOD 避让：默认 进给率和速度：n=1500、f=150	
精铣底座外轮廓和大孔	T2D12	PLANAR_PROFILE_FINISH_BOTTOM_1 (外轮廓) PLANAR_PROFILE_FINISH_BOTTOM_2 (大孔)	● 几何体：MCS_BOTTOM 指定部件边界：选择底座外轮廓线 指定底面:选择底座外轮廓底面可略深 ● 工具：T2D12 ● 刀轴：+*Z* 轴 ● 刀轨设置 方法：MIL_FINISH 部件余量：0 切削进给：1000 切削深度：恒定 公共：5 切削参数：默认 非切削移动：默认 进给率和速度：n=4000、f=1200	

续表

加工步骤	刀具	加工方式	参数设置	仿真图
精铣底座型腔	T4D6	REST_MILLING_BOTTOM	● 几何体：MCS_BOTTOM 指定切削区域：选择型腔 ● 工具：T4D6 ● 刀轴：+*Z* 轴 ● 刀轨设置 方法：MILL__FINISH 切削模式：跟随周边 步距：刀具平直百分比 刀具直径百分比：50 公共每刀切削深度：恒定 最大距离：3 mm 切削层：默认 切削参数：默认 非切削移动：默认 进给率和速度：n=4000、f=800	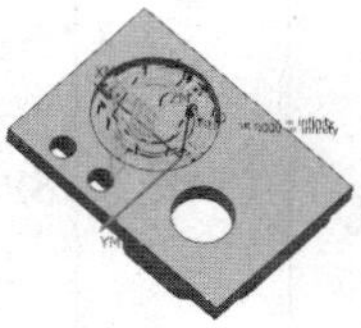 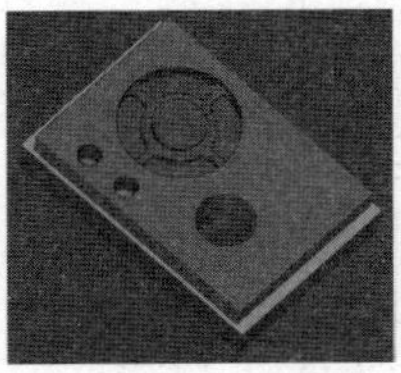
铰 D10 孔	T7J10	REAMING	● 几何体：MCS_BOTTOM 指定孔：选定两孔圆心 指定顶面：无 指定底面：孔穿通的底面 ● 工具：T7J10 ● 刀轴：+*Z* 轴 ● 循环类型：无循环 最小安全距离：3 mm 编辑参数：穿过底面 ● 深度偏置 通孔安全距离：3 mm 盲孔余量：0 ● 刀轨设置 方法：DILL_METHOD 避让：默认 进给率和速度：n=100、f=80	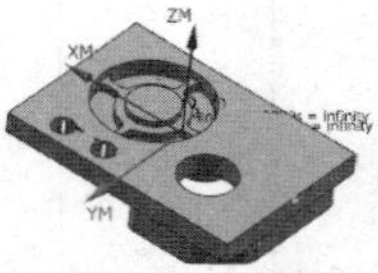 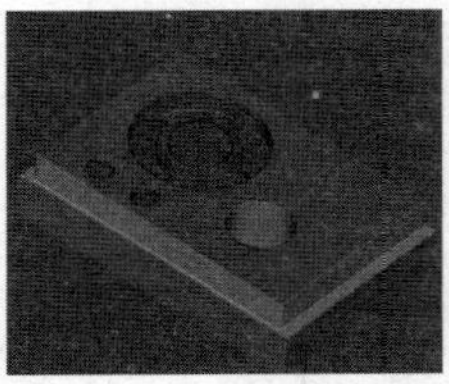

续表

加工步骤	刀具	加工方式	参数设置	仿真图
第二次装夹：加工上部				
精铣零件顶面	T1D50	FACE_MILLING_TOP	● 几何体：MCS_TOP 指定部件：默认 指定面边界：选零件顶面 指定检查体：无 指定检查边界：无 ● 工具：T1D50 ● 刀轴：+*Z* 轴 ● 刀轨设置 方法：MILL_FINISH 切削模式：单向 步距：刀具平直百分比 刀具直径百分比：75 毛坯距离：4.5 mm 每刀切削深度：0.5 mm 最终底面余量：0 切削参数：默认 非切削移动：默认 进给率和速度：*n*=4000、*f*=1500	
粗铣上部	T3D8	CAVITY_MILL_ROUGH_TOP (留 0.25 mm)	● 几何体：MCS_TOP ● 工具：T3D8 ● 刀轴：+*Z* 轴 ● 刀轨设置 方法：MILL_SEMI_FINISH 切削模式：跟随部件 步距：刀具平直百分比 刀具直径百分比：50 公共每刀切削深度：恒定 最大距离：1 切削层：默认 切削参数：余量 0.25 mm 非切削移动：默认 进给率和速度：*n*=3000、*f*=800	

续表

加工步骤	刀具	加工方式	参数设置	仿真图
精铣上部	T3D8	FACE_MILLING_FINISH_TOP_1 FACE_MILLING_FINISH_TOP_2	● 几何体：MCS_TOP 指定部件：默认 指定面边界：选底座表面 指定检查体：无 指定检查边界：无 ● 工具：T3D8 ● 刀轴：+Z 轴 ● 刀轨设置 方法：MILL_FINISH 切削模式：跟随部件 步距：刀具平直百分比 刀具直径百分比：75 毛坯距离：默认 每刀切削深度：默认 最终底面余量：0 切削参数：默认 非切削移动：默认 进给率和速度：n=4000、f=1500	
孔口倒圆	T8D8R4	ZLEVEL_PROFILE	● 几何体：MCS_TOP 指定切削区域：选择倒圆部分 ● 工具：T8D8R4 ● 刀轴：+Z 轴 ● 刀轨设置 方法：MILL-FINISH 陡峭空间范围：无 合并距离：3 mm 最小切削长度：1 mm 公共每刀切削深度：恒定 最大距离：0.1 mm 切削层：默认 切削参数：默认 非切削移动：默认 进给率和速度：n=4000、f=800	

6.3.4 技能训练

根据实训现场提供的设备及工量刃具，根据零件图纸要求完成“高级工”零件的加工，并选择合适的量具对其进行检测，并做好记录(见表 6-9)。

表 6-9　加工中心操作工高级操作技能考核评分记录表

考件编号：＿＿＿＿＿姓名：＿＿＿＿＿＿准考证号：＿＿＿＿＿＿＿单位：＿＿＿＿＿＿＿＿＿＿＿

工种	加工中心	图号		零件名称	考试件	总得分	
定额时间	210 min	考核日期		技术等级	高级工		

序号	考核项目	考核内容及要求	配分	评分标准	检测结果	扣分	得分	备注
1	长度	118±0.02	4	超差 0.01 扣 2 分				
2		$108_{-0.03}^{0}$	4	超差 0.01 扣 2 分				
3		78±0.02	4	超差 0.01 扣 2 分				
4		$68_{0}^{+0.03}$	4	超差 0.01 扣 2 分				
5		$53_{-0.03}^{0}$	4	超差 0.01 扣 2 分				
6		$14_{0}^{+0.03}$	4	超差 0.01 扣 2 分				
7		2±0.02	4	超差 0.01 扣 2 分				
8		4±0.03	4	超差 0.01 扣 2 分				
9		4-6±0.02	6	超差 0.01 扣 1 分				
10	高度	25±0.03	3	超差 0.01 扣 2 分				
11		$10_{0}^{+0.03}$	3	超差 0.01 扣 2 分				
12		$12_{-0.03}^{0}$	3	超差 0.01 扣 2 分				
13		$3_{0}^{+0.03}$	3	超差 0.01 扣 2 分				
14		$4_{0}^{+0.03}$	3	超差 0.01 扣 2 分				
15		$6_{0}^{+0.03}$	3	超差 0.01 扣 2 分				
16	圆弧	$50_{0}^{+0.03}$	4	超差 0.01 扣 2 分				
17		$25_{0}^{+0.02}$	4	超差 0.01 扣 2 分				
18		$2-12_{0}^{+0.02}$	8	超差 0.01 扣 2 分				
19		10-R10	5					
20	曲面	2-R1 周边	6					
21		R5 边	3					
22	形位公差	// 0.02	A	超差 0.01 扣 2 分				
23		⊥ 0.02	A	超差 0.01 扣 2 分				
24	粗糙度	加工面 R_a 为 1.6 μm	3	降级扣 1 分/处				
25		各加工面 R_a 为 3.2 μm	3	降级扣 1 分/处				
26	文明生产	按有关规定每违反一项从总分中扣 3 分			扣分<10 分			
		发生重大事故的取消考试资格			总分 0 分			
27 28	其他项目	按照 GB1804-M 一般公差，未注公差要求。工件必须完整，考件局部无缺陷(夹伤等)			扣分<10 分			
29	程序编制	程序中有严重违反工艺的取消考试资格，出现小问题<25 分						
记录员		监考员		检验员		考评员		

6.3.5 拓展思考

完成如图 6-6、图 6-7 所示的高级工 GJ002 零件的加工。毛坯尺寸：45 钢块 120 mm×80 mm×35 mm。

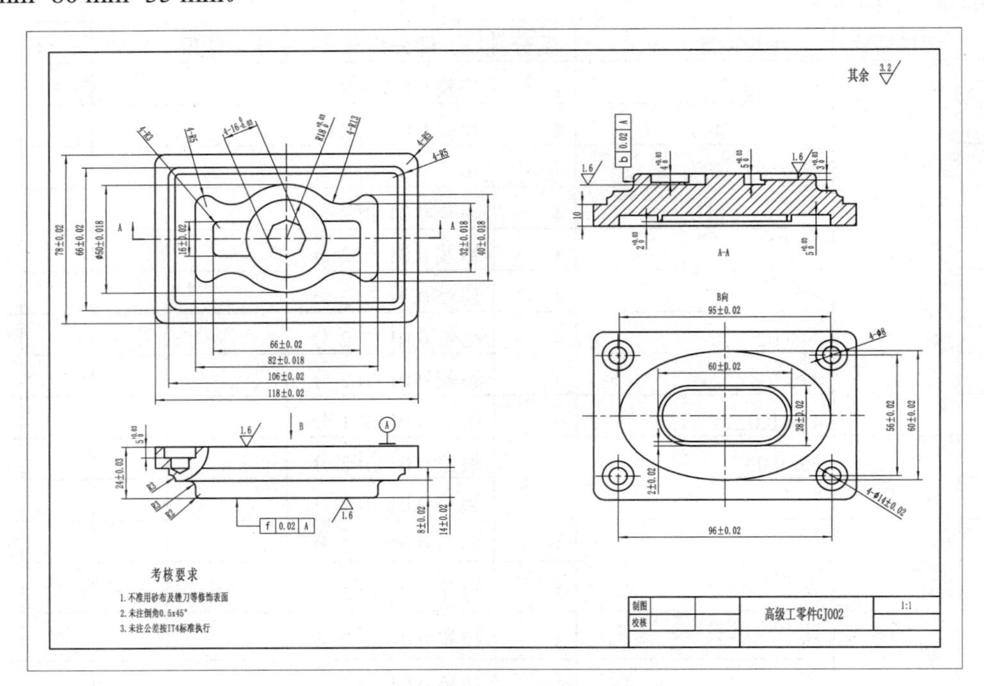

图 6-6 GJ002 高级工零件

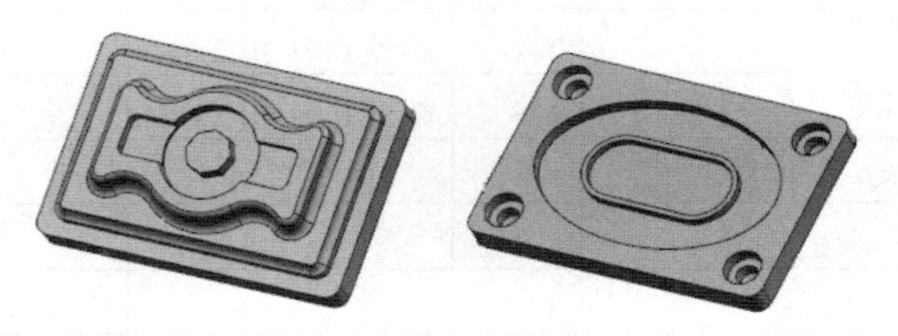

图 6-7 GJ002 高级工零件正、反面结构三维图

加工中心操作工高级操作技能考核评分标准，如表 6-10 所示。

表 6-10 加工中心操作工高级操作技能考核评分记录表

考件编号：__________ 姓名：__________ 准考证号：__________ 单位：__________

工种	加工中心		图号		零件名称	考试件	总得分		
定额时间	210 min		考核日期		技术等级	高级工			
序号	考核项目		考核内容及要求	配分	评分标准	检测结果	扣分	得分	备注
1	长度		118±0.02	3	超差 0.01 扣 2 分				
2			106±0.02	3	超差 0.01 扣 2 分				

续表

序号	考核项目	考核内容及要求	配分	评分标准	检测结果	扣分	得分	备注
3		82±0.018	3	超差 0.01 扣 2 分				
4		66±0.02	3	超差 0.01 扣 2 分				
5		78±0.02	3	超差 0.01 扣 2 分				
6		66±0.02	3	超差 0.01 扣 2 分				
7		50±0.018	3	超差 0.01 扣 2 分				
8		40±0.018	3	超差 0.01 扣 2 分				
9		32±0.018	3	超差 0.01 扣 2 分				
10		16±0.02	3	超差 0.01 扣 2 分				
11		4-160 -0.03	3	超差 0.01 扣 2 分				
12		95±0.02	3	超差 0.01 扣 2 分				
13		96±0.02	3	超差 0.01 扣 2 分				
14		2-60±0.02	3	超差 0.01 扣 2 分				
15		56±0.02	3	超差 0.01 扣 2 分				
16		28±0.02	3	超差 0.01 扣 2 分				
17	高度	24±0.03	2	超差 0.01 扣 1 分				
18		14±0.02	2	超差 0.01 扣 1 分				
19		8±0.02	2	超差 0.01 扣 1 分				
20		2-5+0.03 0	2	超差 0.01 扣 1 分				
21		4+0.03 0	2	超差 0.01 扣 1 分				
22		3+0.03 0	2	超差 0.01 扣 1 分				
23		2+0.03 0	2	超差 0.01 扣 1 分				
24		5+0.03 0	2	超差 0.01 扣 1 分				
25	圆弧	4-ϕ14±0.02	8	超差 0.01 扣 2 分				
26		4-ϕ8	4	超差 0.01 扣 1 分				
27		R18+0.03 0	2	超差 0.01 扣 1 分				
28		8-R5、4-R3、4-R13	8					
29		10-R10	2					
30	曲面	R2 周边	2					
31		2-R3 周边	2					
32	形位公差	// 0.02 A	2					
33		⊥ 0.02 A	2					
34	粗糙度	加工面 R_a1.6 μm	2	降级扣 1 分/处				
35		各加工面 R_a3.2 μm	2	降级扣 1 分/处				
36	文明生产	按有关规定每违反一项从总分中扣 3 分			扣分<10 分			
		发生重大事故的取消考试资格			总分 0 分			
37 38	其他项目	按照 GB/T 1804-M。一般公差，未注公差要求。工件必须完整，考件局部无缺陷(夹伤等)			扣分<10 分			
39	程序编制	程序中有严重违反工艺的取消考试资格，出现小问题<25 分						
记录员		监考员		检验员		考评员		

1+X 数控车铣加工职业技能等级证书(中级)
考核大纲

1. 考核方式

考核分为理论知识考试和技能操作考核。理论知识考试采用闭卷考试方式，职业素养与技能操作同步考核，采用现场实际操作方式。理论知识考试与技能操作考核均实行 100 分制，两项成绩皆合格者取得证书。

考核时间：理论知识考试时间为 60 分钟，技能操作考核时间为 270 分钟。

表 6-11　数控车铣加工中级考核项目

工作领域	工作任务	职业技能要求	考核方式			
			理论	占比%	实操	占比%
1.CAM 软件编程	1.1 车铣配合件加工工艺文件编制	1.1.1 能根据车铣配合件加工工作任务要求和机械加工过程卡，分析车铣配合件加工工艺，并能对车铣配合件加工工艺进行优化调整。	√	22	√	12
		1.1.2 能根据机械加工工艺规范及车铣配合件机械加工过程卡，根据现场提供的数控机床及工艺设备，完成车铣配合件数控加工工序卡的编制。	√		√	
		1.1.3 能根据机械加工工艺规范及车铣配合件机械加工过程卡，根据现场提供的数控机床及工艺设备，完成车铣配合件刀具卡的编制。	√		√	
		1.1.4 能根据车铣配合件 CAM 编程及数控机床调整情况，填写数控加工程序卡。	√		√	
	1.2 车削件 CAM 软件编程	1.2.1 能根据车削件零件图，使用计算机和 CAD/CAM 软件，完成车削件的三维造型。	√	9	√	7
		1.2.2 能根据工作任务要求和数控编程手册，使用计算机和 CAD/CAM 软件，完成车削件 CAM 软件编程。	√		√	
		1.2.3 能根据工作任务要求和数控编程手册，使用计算机和 CAD/CAM 软件，完成车削件加工仿真验证。	√		√	
		1.2.4 能根据数控车系统说明书，选用后置处理器，生成数控加工程序。	√		√	

续表

工作领域	工作任务	职业技能要求	考核方式			
			理论	占比%	实操	占比%
1.CAM 软件编程	1.3 铣削件 CAM 软件编程	1.3.1 能根据零件图，使用计算机和 CAD/CAM 软件，完成铣削件的实体和曲面造型。	√	10	√	8
		1.3.2 能根据工作任务要求和数控编程手册，使用计算机和 CAD/CAM 软件，进行编程参数设置，生成曲线、平面轮廓、曲面轮廓、平面区域、曲面区域、三维曲面等刀具轨迹，完成铣削件 CAM 软件编程。	√		√	
		1.3.3 能根据工作任务要求和数控编程手册，使用计算机和 CAD/CAM 软件，完成铣削件加工仿真验证，能进行程序代码检查、干涉检测、工时估算。	√		√	
		1.3.4 能根据数控铣系统说明书，选用后置处理器，生成数控加工程序。	√		√	
2.数控加工	2.1 车铣配合件加工准备	2.1.1 能根据机械制图国家标准及车铣配合件的零件图和装配图，完成车铣配合件装配工艺的分析。	√	14	√	10
		2.1.2 能根据加工工艺文件要求，完成刀具、量具和夹具的选用。	√		√	
		2.1.3 能根据数控机床安全操作规程、车铣配合件的加工工艺要求，使用通用或专用夹具，完成工件的安装与夹紧。	√		√	
		2.1.4 能根据数控机床操作手册，遵循数控机床安全操作规范，使用刀具安装工具，完成刀具的安装与调整。	√		√	
	2.2 车铣配合件加工	2.2.1 能根据生产管理制度及班组管理要求，执行机械加工的生产计划和工艺流程，协同合作完成生产任务，形成团队合作意识。	√	15	√	55
		2.2.2 能根据车铣配合件的加工工艺文件和数控机床操作手册，完成数控机床工件坐标系的建立。	√		√	
		2.2.3 能根据数控机床操作手册和加工工艺文件要求，使用计算机通信传输程序的方法，完成数控加工程序的输入与编辑。	√		√	

续表

工作领域	工作任务	职业技能要求	考核方式			
			理论	占比%	实操	占比%
2.数控加工	2.2 车铣配合件加工	2.2.4 能根据车铣配合件的加工工艺文件及加工现场情况，完成刀具偏置参数、刀具补偿参数及刀具磨损参数设置。	√		√	
		2.2.5 能根据车铣配合件加工要求，使用数控机床完成零件的车铣配合加工，加工精度达到如下要求： 1.轴、套、盘类零件的数控加工： (1)尺寸公差等级：IT7 (2)形位公差等级：IT7 (3)表面粗糙度：Ra1.6μm 2.普通三角螺纹的数控加工： (1)尺寸公差等级：IT7 (2)表面粗糙度：R_a1.6μm 3.内径槽、外径槽和端面槽零件的数控加工： (1)尺寸公差等级：IT7 (2)形位公差等级：IT7 (3)表面粗糙度：R_a3.2μm 4.平面、垂直面、斜面、阶梯面等零件的数控加工： (1)尺寸公差等级：IT7 (2)形位公差等级：IT7 (3)表面粗糙度：R_a3.2μm 5.平面轮廓加工： (1)尺寸公差等级：IT7 (2)形位公差等级：IT7 (3)表面粗糙度：R_a1.6μm 6.曲面加工： (1)尺寸公差等级：IT9 (2)形位公差等级：IT9 (3)表面粗糙度：R_a3.2μm 7.孔系加工： (1)尺寸公差等级：IT7 (2)形位公差等级：IT7 (3)表面粗糙度：R_a3.2μm	√		√	

续表

工作领域	工作任务	职业技能要求	考核方式			
			理论	占比%	实操	占比%
2.数控加工	2.2 车铣配合件加工	2.2.6 能根据车铣配合件加工工艺文件要求，运用配合件关键尺寸精度控制方法，完成关键尺寸精度的加工控制。	√		√	
	2.3 零件加工精度检测与装配	2.3.1 能对游标卡尺、千分尺、百分表、千分表、万能角度尺等量具进行校正。	√	7	√	5
		2.3.2 能根据零件图、机械加工工艺文件要求，使用相应量具或量仪，完成车铣配合件加工精度的检测。	√		√	
		2.3.3 能遵循机械零部件检验规范，完成机械加工零件自检表的填写，能正确分类存放和标识合格品和不合格品。	√		√	
		2.3.4 能根据车铣配合件装配工艺要求，使用常用装配工具，完成车铣配合件的装配与调整。	√		√	
3.数控机床维护	3.1 数控车床一级保养	3.1.1 能根据数控车床维护手册，使用相应的工具和方法，完成数控车床主轴、刀架、卡盘和尾座等机械部件的定期与不定期维护保养。	√	4	√	1
		3.1.2 能根据数控车床维护手册，使用相应的工具和方法，完成数控车床电气部件的定期与不定期维护保养。	√		×	
		3.1.3 能根据数控车床维护手册，使用相应的工具和方法，完成数控车床液压气动系统的定期与不定期维护保养。	√		×	
		3.1.4 能根据数控车床维护手册，使用相应的工具和方法，完成数控车床润滑系统的定期与不定期维护保养。	√		√	
		3.1.5 能根据数控车床维护手册，使用相应的工具和方法，完成数控车床冷却系统的定期与不定期维护保养。	√		×	
	3.2 数控铣床一级保养	3.2.1 能根据数控铣床维护手册，使用相应的工具和方法，完成数控铣床主轴、工作台等机械部件的定期与不定期维护保养。	√	4	√	1
		3.2.2 能根据数控铣床维护手册，使用相应的工具和方法，完成数控铣床电气部件的定期与不定期维护保养。	√		×	

续表

<table>
<tr><th rowspan="2">工作
领域</th><th rowspan="2">工作
任务</th><th rowspan="2">职业技能要求</th><th colspan="4">考核方式</th></tr>
<tr><th>理论</th><th>占比
%</th><th>实操</th><th>占比
%</th></tr>
<tr><td rowspan="8">3.数控机床维护</td><td rowspan="3">3.2 数控铣床一级保养</td><td>3.2.3 能根据数控铣床维护手册，使用相应的工具和方法，完成数控铣床液压气动系统的定期与不定期维护保养。</td><td>√</td><td rowspan="8">5</td><td>×</td><td rowspan="8">1</td></tr>
<tr><td>3.2.4 能根据数控铣床维护手册，使用相应的工具和方法，完成数控铣床润滑系统的润滑油泵、分油器、油管等的定期与不定期维护保养。</td><td>√</td><td>√</td></tr>
<tr><td>3.2.5 能根据数控铣床维护手册，使用相应的工具和方法，完成数控铣床冷却系统中冷却泵、出水管、回水管及喷嘴等的定期与不定期维护保养。</td><td>√</td><td>×</td></tr>
<tr><td rowspan="5">3.3 数控机床故障处理</td><td>3.3.1 能根据数控机床故障诊断理论，运用数控机床故障分析的基本方法，通过观察、监视机床实际动作现象，发现数控机床润滑方面的故障，完成润滑故障处理。</td><td>√</td><td>√</td></tr>
<tr><td>3.3.2 能根据数控机床故障诊断理论，运用数控机床故障分析的基本方法，通过观察、监视机床实际动作，发现数控机床冷却方面的故障，完成冷却故障处理。</td><td>√</td><td>×</td></tr>
<tr><td>3.3.3 能根据数控机床故障诊断理论，运用数控机床故障分析的基本方法，通过观察、监视机床实际动作，发现数控机床排屑方面的故障，完成切屑故障处理。</td><td>√</td><td>×</td></tr>
<tr><td>3.3.4 能根据数控系统的提示，使用相应的工具和方法，完成数控车床润滑油过低、远限位超程、电柜门未关、刀架电机过载等一般故障处理。</td><td>√</td><td>×</td></tr>
<tr><td>3.3.5 能根据数控系统的提示，使用相应的工具和方法，完成数控铣床的气压不足、G54 零点未设置、刀库清零、刀库电机过载、冷却电机过载等一般故障处理。</td><td>√</td><td>×</td></tr>
<tr><td rowspan="4">4.新技术应用</td><td rowspan="4">4.1 数控机床误差补偿</td><td>4.1.1 能根据数控系统使用说明书，使用自适应补偿功能，完成机床的热误差自适应补偿。</td><td>√</td><td rowspan="4">3</td><td>×</td><td rowspan="4">0</td></tr>
<tr><td>4.1.2 能根据数控系统使用说明书，运用检测工具，完成热误差补偿之后的数控机床检测。</td><td>√</td><td>×</td></tr>
<tr><td>4.1.3 能根据数控系统使用说明书，运用误差分析及补偿工具，完成机床直线度误差补偿。</td><td>√</td><td>×</td></tr>
<tr><td>4.1.4 能根据数控系统使用说明书，运用误差分析及补偿工具，完成机床俯仰误差补偿。</td><td>√</td><td>×</td></tr>
</table>

续表

工作领域	工作任务	职业技能要求	考核方式			
			理论	占比%	实操	占比%
4.新技术应用	4.2 数控机床远程运维服务	4.2.1 能根据数控机床远程运维操作手册，完成数控机床远程运维平台的连接。	√	3	×	0
		4.2.2 能根据数控机床远程运维操作手册，使用远程运维平台，完成数控机床设备工作状态、生产情况的远程监控。	√		×	
		4.2.3 能根据数控机床远程运维操作手册，使用远程运维平台，完成数控机床工作效率的统计。	√		×	
		4.2.4 能根据数控机床远程运维操作手册，使用远程运维平台，及时发现和处理报警信息。	√		×	
	4.3 智能制造工程实施	4.3.1 能根据企业智能制造工程实施具体案例，辨识离散型智能制造模式与流程型智能制造模式。	√	4	×	0
		4.3.2 能根据企业网络协同制造模式实施具体案例，能指出网络协同制造模式的 2～3 个特点。	√		×	
		4.3.3 能根据企业大规模个性化定制模式实施具体案例，能分析大规模个性化定制模式实施的 2～3 个要素条件。	√		×	
		4.3.4 能根据企业远程运维服务模式实施具体案例，能分析远程运维服务模式实施的 2～3 个要素条件。	√		X	
合计	100		100			

2. 理论知识考试方案

1)　组卷

本大纲规定了理论知识考试的题型、题量、分值和配分等参数，理论知识试卷从题库中选题组卷，题型包括：单选题、多选题和判断题。

2)　考试方式

理论采用闭卷模式，计算机机考，从题库抽题组卷，自动评判。

总配分为 100 分，考核时间 60 分钟。

3)　理论知识组卷方案

表 2　理论知识组卷方案

题型 \ 题量 \ 题型	考试方式	鉴定题量	分值/(分/题)	配分/分
判断题	闭卷	20	0.5	10
单选题		70	1	70
多选题		10	2	20
小计	—	100	—	100

3. 实操考核方案

1)　组卷

实操技能组卷从题库中选题，考核内容包括：职业素养、工艺编制、零件加工、零件自检等。

2)　考试方式及时间

零件加工在考核机床上进行，共计 210 分钟，工艺编制与编程在带计算机的工艺编制室进行，60 分钟考核时间共计 270 分钟。

总配分为 100 分。

3)　考试材料

考核用材料为 45 钢或 2A12 铝，数量 1～3 件。

4)　加工要素

车削考核加工要素包括台阶、外轮廓、外槽、外螺纹、内孔、内轮廓、内槽、内螺纹、端面槽等。

铣削考核加工要素包括平面(平面、垂直面、斜面、阶梯面)铣削加工，轮廓(直线、圆弧组成的型腔、凸台平面轮廓)铣削加工，曲面(倒角面、圆角面、圆柱面、球面等简单曲面)铣削加工、孔类(钻孔、扩孔、铰孔、铣孔等)钻铣削加工，槽类(直槽、键槽、T 型槽等)铣削加工内容。

表 2　命题中的加工要素表配分比例

序　号	加工要素		考　件	比　例
1	车削件	台阶、外轮廓	必要	28%
		外槽、内槽	必要	
		外螺纹、内螺纹	必要	
		端面槽	可选	
		内孔、内轮廓	必要	
2	铣削件	平面	必要	27%
		轮廓	必要	

续表

序　号	加工要素		考　件	比　例
2	铣削件	曲面	可选	
		槽类	可选	
		孔类	必要	
3	零件装配		必要	5%
4	表面粗糙度要求		必要	11%
5	形位公差要求		必要	4%
共计				75%

5)　工作任务评分标准

表 3　工作任务评分表

序　号	一级指标	比　例	二级指标	分　值
1	职业素养与操作安全	8%	6s 及职业规范	8
			安全文明生产(扣分制)	−5
2	工艺编制	12%	机械加工工序卡	6
			数控加工刀具卡	3
			数控加工程序单	3
3	零件编程及加工	80%	零件的加工	70
			装配	5
			零件部分尺寸自检	5

6)　考核设备

(1)　每个考点建议配置数控车床、数控铣床(加工中心)各 10 台；

(2)　现场每工位配置一台数控车床和一台数控铣床及相应的机床附件，并配一台装有 CAD/CAM 软件的高性能计算机。

(3)　刀量具考生自带，清单由考试管理中心提前 3 个月公布。

(4)　考点建议使用三坐标检测设备测量工件。

(5)　考点应配备摄像及加工设备现场数据采集装置，使考试中心可以实时监控考点并留下历史记录。

7)　考核人员配置

考核人员与考生的比例不小于 1∶3。

8)　场地要求

(1)　采光

应符合 GB/T 50033 的有关规定。

(2)　照明

应符合 GB 50034 的有关规定。

(3)　通风

应符合 GB 50016 和工业企业通风的有关要求。

(4) 防火

应符合 GB 50016 有关厂房、仓库防火的规定。

(5) 安全与卫生

应符合 GBZ1 和 GB/T12801 的有关要求。安全标志应符合 GB2893 和 GB2894 的有关要求。

4. 其他考核

根据各试点院校及企业的需要，可以答辩、研发成果、项目课题等替代相关考核成绩，从而获取职业技能等级证书。具体的形式和内容，由相关单位与培训评价组织武汉华中数控股份有限公司共同制定方案。

5. 参考样题

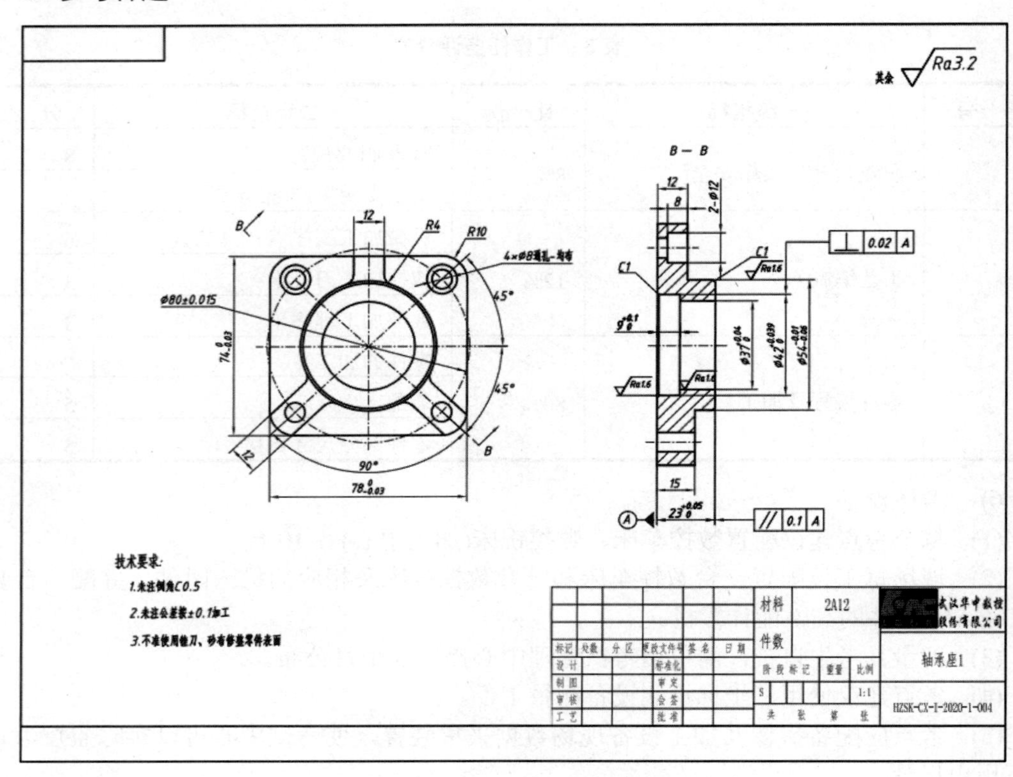

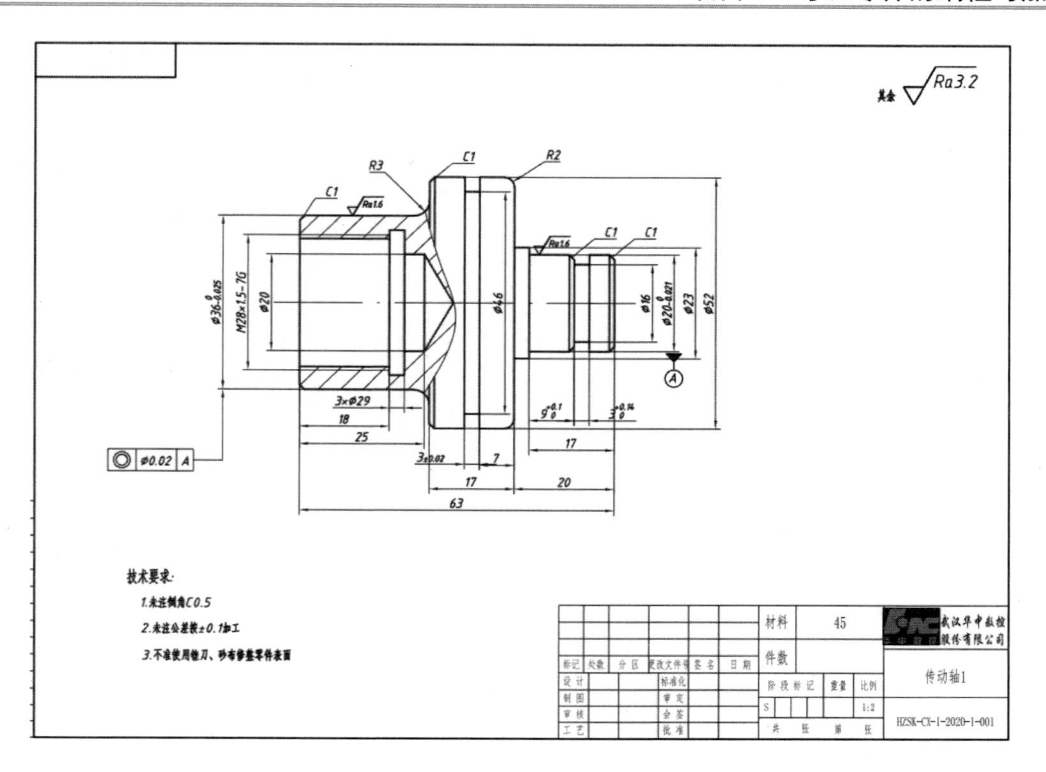

6. 任务书及评分标准

参见辅助资料。

项 目 小 结

项目 6 主要针对加工中心操作该职业工种，介绍了考工应具备的理论知识、基本要求和相关职业标准。以中级工零件和高级工零件为例，综合运用 UG NX 10.0 CAM 加工模块完成零件的程序编制，并通过加工中心机床在规定时间内完成精度合格的零件，全面培养学生的综合实践能力。不断弘扬劳动精神、奋斗精神、奉献精神，为建设现代化强国做出最大的贡献。

第四篇　大 赛 拓 展

项目 7　数控铣削技能大赛零件的编程与加工

【项目载体】数控铣削技能大赛零件。

【赛场要求】

- 参赛选手不得自带软件、工具和量具等。
- 有序进入竞赛场地，避免发生意外事故。
- 严格遵守赛场纪律，接受裁判员的监督和警示。
- 比赛结束，按照要求提交比赛结果。

【总体目标】

- 全面提升学生理论和实践综合应用能力。
- 全面提升学生团结协作、奋力拼搏的精神。
- 全面考核学生竞赛心理素质和创新应用能力。
- 全面培养学生奋斗精神、创造精神，努力成为大国工匠。
- 全面培养学生以民族复兴为己任，爱国、爱党、爱人民。

任务 7.1　读懂竞赛规程

7.1.1　竞赛任务说明

(1) 竞赛项目类型：数控铣削加工项目。

(2) 竞赛加工内容：6061 铝合金和 45 钢两种不同材质的配合件。

(3) 竞赛时长：4 小时。

(4) 竞赛设备：加工中心(三轴)。

(5) 数控系统：FANUC、Siemens、Mitsubish、KND、HASS 等。

(6) 传输介质：CF 卡、U 盘或数据线传输。

7.1.2 竞赛要求

(1) 根据图纸，准备所需数控程序。

(2) 图纸上未显示交点时，使用计算机、计算器、机床控制系统等进行计算。

(3) 选择大赛允许使用的工具和量具独立进行安装、配置和测量。

(4) 加工完成的零部件要进行测量，并能运用各种分析和校正方法完成预期任务。

(5) 遵守机床说明书的安全操作指南及国家相应的安全条例及比赛规则。确定工具补偿数据并输入机床。不提供额外刀具设置设备，必须使用所提供的控制系统对所有零部件进行编程。

(6) 选手使用 CAM 系统生成的程序数据通过 CF 卡、U 盘或数据线传输到机床。

(7) 操作过程中注重安全文明操作，整理并清洁好机床及附件等用品。

(8) 竞赛结束应立即停止操作，最后将数控程序原文件以选手代号命名存入 U 盘，连同两个考件一并上交，由现场裁判在选手工件上打标进行封存。

7.1.3 竞赛图纸说明

本次竞赛图样主要有：装配图如图 7-1 所示，装配件件 1 如图 7-3 所示，装配件件 2 如图 7-7 所示。

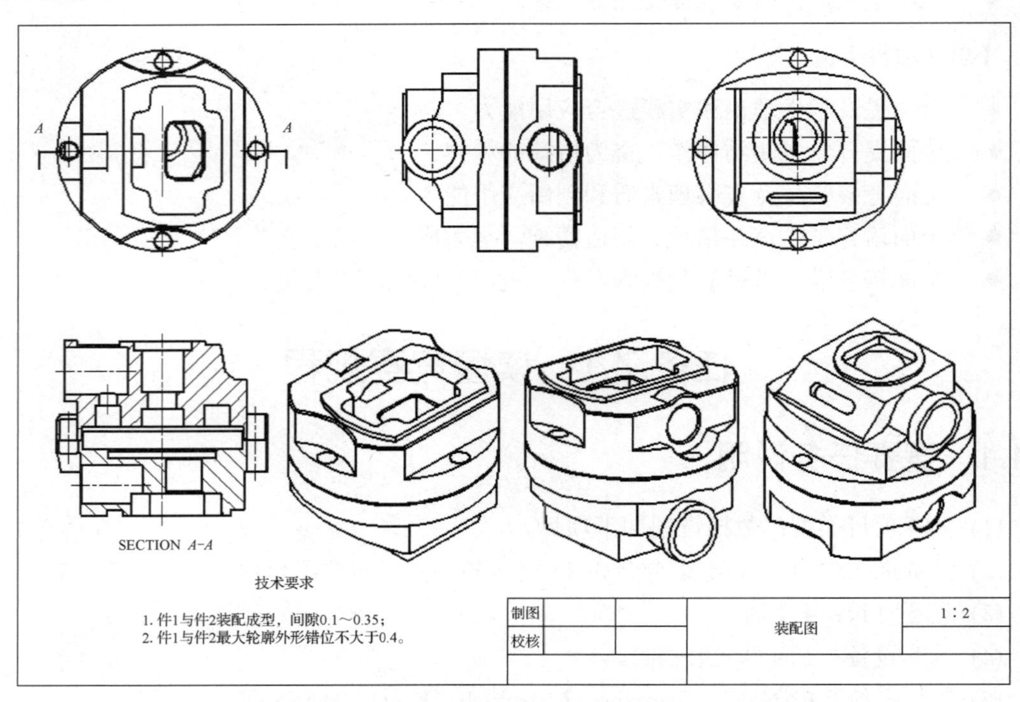

图 7-1 数控铣大赛装配图

任务 7.2　数控铣大赛零件的编程

7.2.1　任务目标

能正确分析数控铣大赛零件的加工要求，合理制定其数控加工工艺；能综合应用 UG NX 10.0 CAM 各种操作方式完成数控铣大赛零件的程序编制和仿真加工；能熟练操作完成零件的加工；培养学生动手实践能力和参加大赛的竞争意识。

图 7-27 所示为数控铣大赛装配件(件 1)零件正反面。

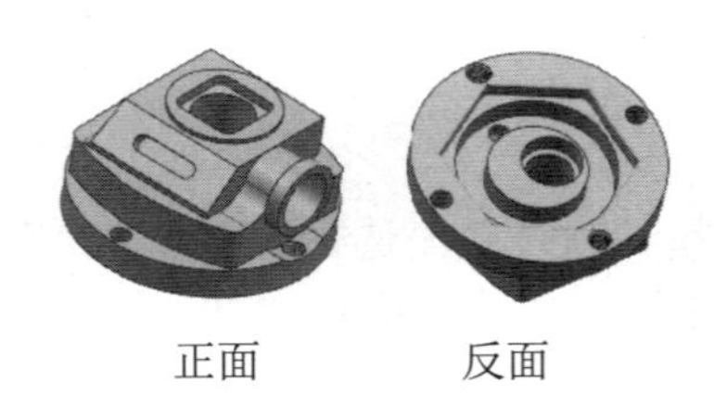

正面　　　反面

图 7-2　数控铣大赛装配件(件 1)

7.2.2　“数控铣大赛”零件的加工工艺

如图 7-3 所示为某数控铣大赛装配件件 1 零件图，考件完成时间为 120 分钟。

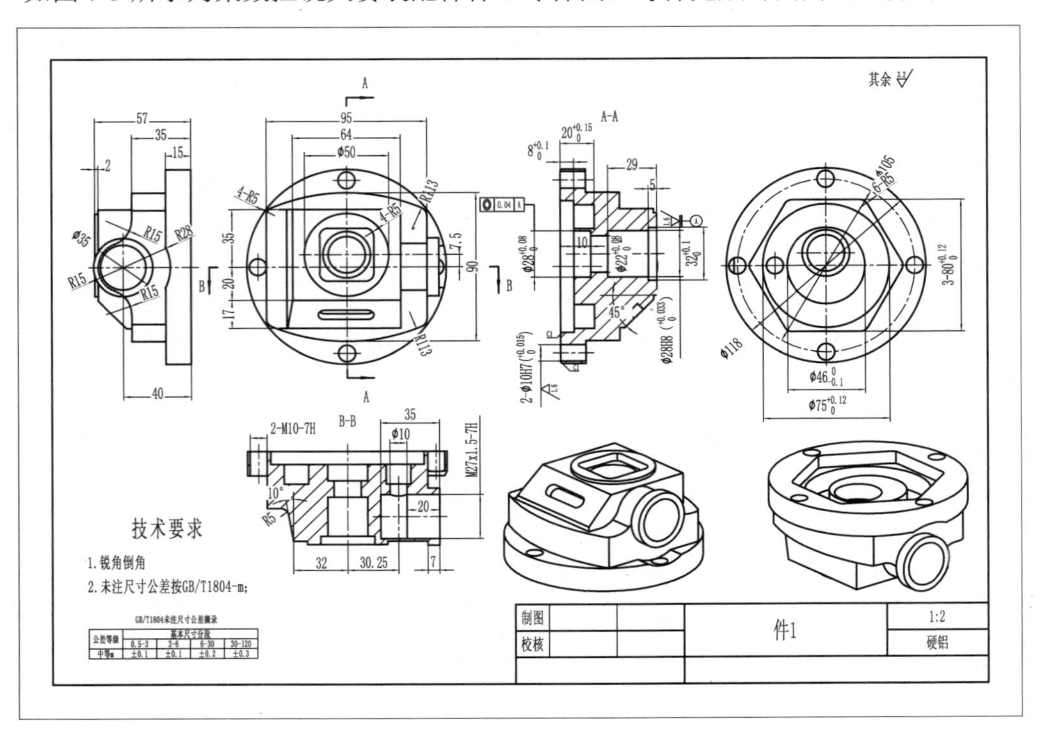

图 7-3　数控铣大赛装配件件 1 零件图

数控铣大赛零件整体造型类似阀体零件，主要由底座、锥台、型腔、键槽和侧孔等组成。零件上下两面及侧面均有些结构特征，根据外形特征，选择尺寸为ϕ130 mm×60 mm的圆柱形硬铝棒料作为毛坯。

根据零件的形体特征和精度要求分析，在三轴加工中心机床上完成该零件的加工需多次装夹，分别加工底座结构、顶部结构、侧面结构和键槽结构。零件的具体加工方案如下。

1. 第一次装夹：加工底座

(1) 粗铣零件底座。

(2) 精铣零件底座。

(3) 加工 M10 螺纹孔。

(4) 加工ϕ10 光孔。

加工底座刀具分别为：①粗、精铣底座选择ϕ12 和ϕ8 钨钢平底立铣刀；②ϕ10 光孔选择 A3 高速钢中心钻、ϕ9.8 高速钢麻花钻和ϕ10 铰刀；③M10 光孔选择 A3 高速钢中心钻、ϕ8.5 高速钢麻花钻和 M10 丝锥。

2. 第二次装夹：加工顶部

(1) 粗铣零件顶部。

(2) 精铣零件斜锥面。

(3) 精铣内外直壁轮廓及底面。

加工顶部刀具分别为：①粗铣顶部结构选择ϕ12 钨钢平底立铣刀；②精铣顶部斜锥面选择ϕ8 钨钢球头铣刀；③精铣顶部内外直壁轮廓及底面采用ϕ8 钨钢平底立铣刀。

3. 第三次装夹：加工侧面

(1) 粗铣零件侧面结构。

(2) 粗铣零件侧面槽。

(3) 精铣零件侧面槽。

(4) 精铣零件侧面结构各台阶面及其侧壁。

加工侧面刀具分别为：①粗铣侧面结构选择ϕ8 钨钢平底立铣刀；②精铣侧面槽选择ϕ16 钨钢 T 形槽铣刀；③精铣侧面结构采用ϕ8 钨钢平底立铣刀。

4. 第四次装夹：加工键槽

(1) 粗铣零件键槽。

(2) 精铣零件键槽。

粗、精铣键槽选择ϕ6 钨钢平底立铣刀加工。

根据车间生产及考工需要，遵循基准先行、先粗后精、先主后次、先面后孔的原则，制定如表 7-1 所示的“数控铣大赛”零件件 1 数控加工工艺卡。

表 7-1　“数控铣大赛”零件件 1 数控加工工艺卡

单位：××××××××　　编制：×××　　审核：×××

零件名称	数控铣大赛零件	设备	加工中心	机床型号	FADAL-3016L
工序号	1	毛坯	ϕ130 mm×60 mm 硬铝棒料	夹具	平口钳

刀具表		量具表		工具表	
T01	ϕ12 钨钢平底立铣刀	1	游标卡尺(0～150 mm)	1	扳手
T02	ϕ8 钨钢平底立铣刀	2	千分尺(0～25 mm)	2	垫块
T03	A3 高速钢中心钻	3	千分尺(25～50 mm)	3	塑胶榔头
T04	ϕ8.5 高速钢麻花钻	4	深度游标卡尺	4	V 形块
T05	ϕ9.8 高速钢麻花钻			5	自制工装
T06	M10 丝锥				
T07	ϕ10 铰刀				
T08	ϕ8 钨钢球头铣刀				
T09	ϕ16 钨钢 T 形槽铣刀				
T10	ϕ6 钨钢平底立铣刀				

序号	工艺内容	切削用量			备注
		S/(r/min)	F/(mm/r)	a_p/mm	
	第一次装夹：加工底座				
1	T01 刀粗铣零件底座(留 0.25 mm)	3500	1200	1	
2	T01、T02 刀精铣零件底座	4000	1000	5	
3	T03 刀点 5 个中心孔	2000	150	5	
4	T04 刀预钻 M10 底孔ϕ8.5	1200	150		
5	T05 刀预钻ϕ10 底孔ϕ9.8	1200	150		
6	T06 刀攻 M10 螺纹	400	600		
7	T07 刀铰ϕ10 光孔	100	80		
	第二次装夹：加工顶部				
8	T01 刀粗铣零件顶部(留 0.25 mm)	3500	1200	1	
9	T08 刀精铣零件斜锥面	4500	1200	0.15	
10	T02 刀精铣内外直壁轮廓及底面	4000	1000	0.8	
	第三次装夹：加工侧面				
11	T02 刀粗铣零件侧面结构	3000	1000	0.8	
12	T09 刀粗铣零件侧面槽	3000	800	2	
13	T09 刀精铣零件侧面槽	3500	800	3	
14	T02 刀精铣零件侧面结构各台阶面及其侧壁	4000	1000	5	
	第四次装夹：加工键槽				
15	T10 刀粗铣零件键槽结构	3000	800	0.5	
16	T10 刀粗铣零件键槽结构	4000	800	3	

7.2.3 “数控铣大赛”零件的编程与仿真加工

“数控铣大赛”零件的编程与仿真加工操作过程如表 7-2 所示。

表 7-2 “数控铣大赛”零件的编程与仿真加工操作过程

加工步骤	刀具	加工方式	参数设置	仿真图
第一次装夹：加工底座 PROGRAM_BOTTOM CAVITY_MILL_ROUGH PLANAR_PROFILE_ROUGH PLANAR_PROFILE_FINISH FACE_MILLING_FINISH_1 FACE_MILLING_FINISH_2 FACE_MILLING_FINISH_3 SPOT_DRILLING_A3 DRILLING_D8.5 DRILLING_D9.8_1 DRILLING_D9.8_2 TAPPING_M10 REAMING_D10_1 REAMING_D10_2				
粗铣底座型腔	T1D12	CAVITY_MILL_ROUGH (留 0.25 mm)	● 几何体：MCS_BOTTOM ● 工具：T1D12 ● 刀轴：+*Z* 轴 ● 刀轨设置 方法：MILL_SEMI_FINISH 切削模式：跟随周边 步距：刀具平直百分比 刀具直径百分比：50 公共每刀切削深度：恒定 最大距离：1.5 mm 切削层：D22 孔加工深度大于零件总深 切削参数：默认 非切削移动：默认 进给率和速度：n=3500、f=1200	
粗铣底座外圆	T1D12	PLANAR_PROFILE_ROUGH (留 0.25 mm)	● 几何体：MCS_BOTTOM 指定部件边界：选择外圆顶部轮廓线 指定底面：选择外圆面底平面(可略深) ● 工具：T1D12 ● 刀轴：+*Z* 轴 ● 刀轨设置 方法：MILL_SEMI_FINISH 部件余量：0.25 切削进给：1200 切削深度：恒定 公共：1.5 切削参数：默认 非切削移动：默认 进给率和速度：n=3500、f=1200	

续表

加工步骤	刀具	加工方式	参数设置	仿真图
精铣底座外圆	T1D12	PLANAR_PROFILE_FINISH	复制 PLANAR_PROFILE_ROUGH 修改不同处： 名称：PLANAR_PROFILE_FINISH 方法：MILL_FINISH 切削深度：仅底面 进给率和速度：n=4000、f=1000	
精铣底座型腔	T1D12 T1D12 T2D8	FACE_MILLING_FINISH_1 (顶面) FACE_MILLING_FINISH_2 (各圆腔侧壁及底面) FACE_MILLING_FINISH_3 (六角型腔侧壁及底面)	● 几何体：MCS_BOTTOM 指定部件：默认 指定面边界：选相应面 指定检查体：无 指定检查边界：无 ● 工具：T1D12(T2D8) ● 刀轴：+Z 轴 ● 刀轨设置 方法：MILL_FINISH 切削模式：跟随周边 步距：刀具平直百分比 刀具直径百分比：50 毛坯距离：5 mm 每刀切削深度：5 最终底面余量：0.25 切削参数：默认 非切削移动：沿形状斜进刀(最小斜面长度：10%) 进给率和速度：n=4000、f=1000	
点 5 个中心孔	T3A3	SPOT_DRILLING_A3	● 几何体：MCS_BOTTOM 指定孔：选择 5 个孔 ● 工具：T3A3 ● 刀轴：+Z 轴 ● 循环类型：标准钻 最小安全距离：3 刀尖深度：5 ● 刀轨设置 方法：DILL_METHOD 避让：默认 进给率和速度：n=2000、f=150	

续表

加工步骤	刀具	加工方式	参数设置	仿真图
钻M10底孔	T4Z8.5	DILLING_D8.5	● 几何体：WORKPIECE 指定孔：选定 M10 两孔圆心 指定顶面：无 指定底面：外圆台底部面 ● 工具：T4Z8.5 ● 刀轴：+*Z* 轴 ● 循环类型：标准钻 最小安全距离：3 mm 编辑参数：穿过模型 ● 深度偏置 通孔安全距离：3 mm 盲孔余量：0 ● 刀轨设置 方法：DILL_METHOD 避让：默认 进给率和速度：n=1200、f=150	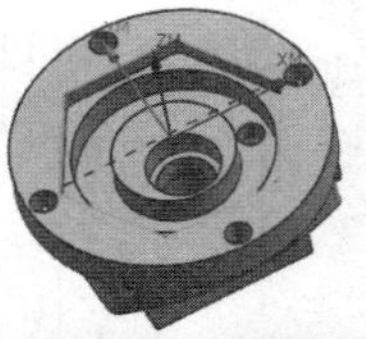 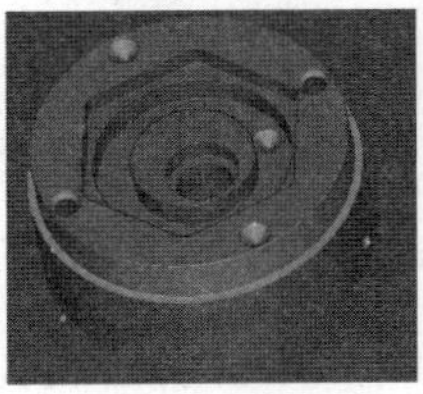
钻 ϕ10 底孔	T5Z9.8	DILLING_D9.8_1 (底座上两孔) DILLING_D9.8_2 (型腔内 ϕ 10 孔)	复制 DILLING_D8.5 修改不同处 名称：DILLING_D9.8 指定孔：选定 ϕ 10 孔圆心 工具：T5Z9.8	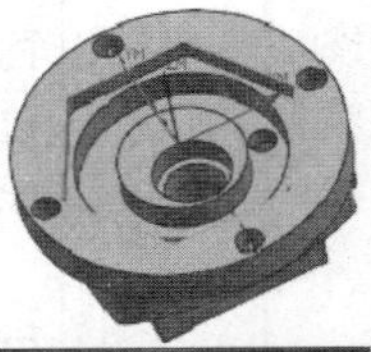 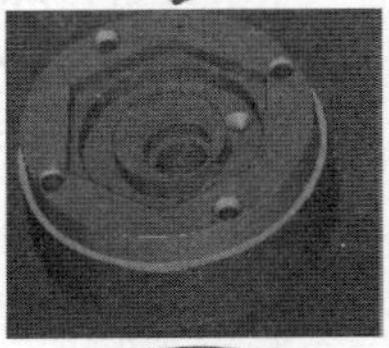 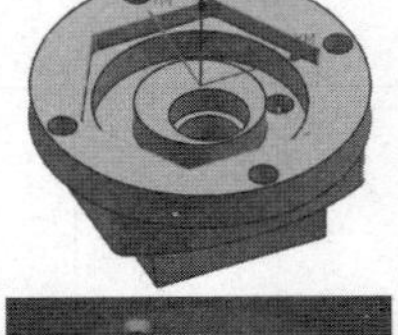 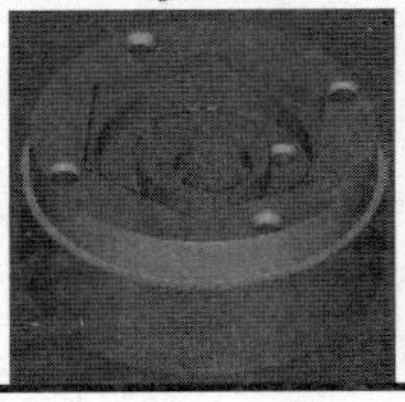

续表

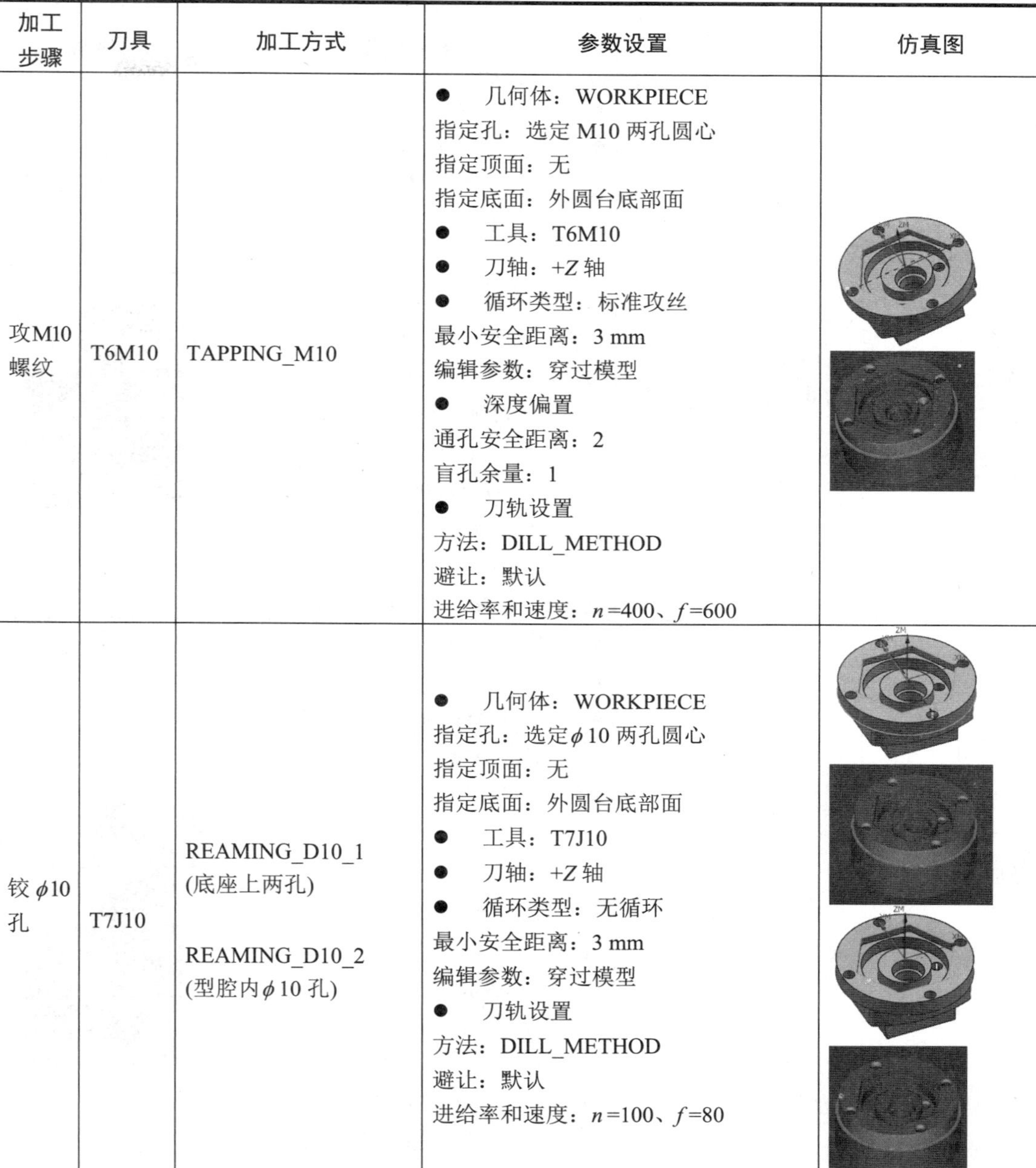

加工步骤	刀具	加工方式	参数设置	仿真图
攻M10螺纹	T6M10	TAPPING_M10	● 几何体：WORKPIECE 指定孔：选定 M10 两孔圆心 指定顶面：无 指定底面：外圆台底部面 ● 工具：T6M10 ● 刀轴：+*Z* 轴 ● 循环类型：标准攻丝 最小安全距离：3 mm 编辑参数：穿过模型 ● 深度偏置 通孔安全距离：2 盲孔余量：1 ● 刀轨设置 方法：DILL_METHOD 避让：默认 进给率和速度：n=400、f=600	
铰 ϕ10 孔	T7J10	REAMING_D10_1 (底座上两孔) REAMING_D10_2 (型腔内 ϕ10 孔)	● 几何体：WORKPIECE 指定孔：选定 ϕ10 两孔圆心 指定顶面：无 指定底面：外圆台底部面 ● 工具：T7J10 ● 刀轴：+*Z* 轴 ● 循环类型：无循环 最小安全距离：3 mm 编辑参数：穿过模型 ● 刀轨设置 方法：DILL_METHOD 避让：默认 进给率和速度：n=100、f=80	

第二次装夹：加工顶部

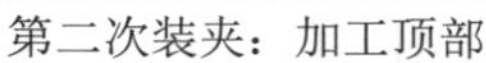

- PROGRAM_TOP
  - CAVITY_MILL_ROUGH_TOP
  - ZLEVEL_PROFILE_CONICAL
  - CONTOUR_AREA_NON_STEEP
  - FACE_MILLING_FINISH_TOP_1
  - FACE_MILLING_FINISH_TOP_2
  - FACE_MILLING_FINISH_TOP_3
  - FACE_MILLING_FINISH_TOP_4

续表

加工步骤	刀具	加工方式	参数设置	仿真图
粗铣顶部	T1D12	CAVITY_MILL_ROUGH_TOP (留 0.25 mm)	● 几何体：MCS_TOP ● 工具：T1D12 ● 刀轴：+Z 轴 ● 刀轨设置 方法：MILL_SEMI_FINISH 切削模式：跟随部件 步距：刀具平直百分比 刀具直径百分比：50 公共每刀切削深度：恒定 最大距离：1 mm 切削层：深度设置为圆盘底座顶面 切削参数：默认 非切削移动：默认 进给率和速度：n=3500、f=1200	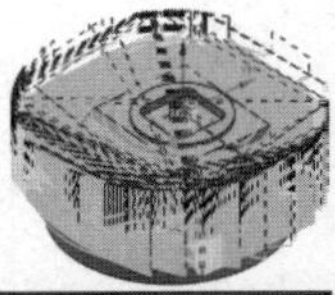 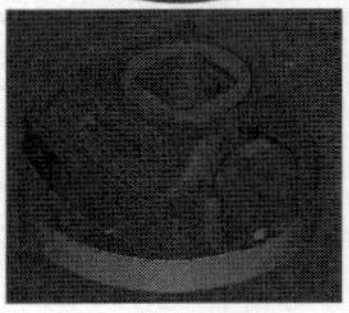
精加工顶部外锥面	T8D8R4	ZLEVEL_PROFILE_CONICAL	● 几何体：MCS_TOP 指定切削区域：选三个斜锥面 ● 工具：T8D8R4 ● 刀轴：+Z 轴 ● 刀轨设置 方法：MILL_ FINISH 陡峭空间范围：无 合并距离：50 mm 最小切削长度：1 公共每刀切削深度：恒定 最大距离：0.2 mm 切削层：默认 切削参数："余量"0.15；"策略"在边上延伸；"连接"层之间切削残余高度 0.01； 非切削移动：默认 进给率和速度：n=4500、f=1200	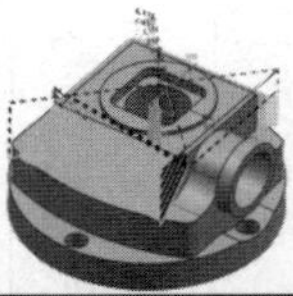 

续表

加工步骤	刀具	加工方式	参数设置	仿真图
精加工顶部的根部弧面	T8D8R4	CONTOUR_AREA_NON_STEEP	● 几何体：MCS_TOP 指定切削区域：选根部圆弧面 ● 驱动方法：区域铣削 非陡峭切削模式：往复 切削方向：顺铣 步距：恒定 最大距离：0.1 部件已应用：在部件上 剖切角：指定 与 *XC* 的夹角：90° ● 工具：T8D8R4 ● 刀轴：+*Z* 轴 ● 刀轨设置 方法：MILL_ FINISH 切削参数：默认 非切削移动：默认 进给率和速度：*n*=4500、*f*=1200	
精铣顶部侧壁及其底面	T1D12 T1D12 T2D8 T2D8	FACE_MILLING_FINISH_TOP_1(顶面) FACE_MILLING_FINISH_TOP_2(圆台和 D28 孔侧壁及底面) FACE_MILLING_FINISH_TOP_4(方形带圆角型腔侧壁及底面) PROFILE_TOP_3D(外部两处台阶侧壁及底面)(开放路径)	● 几何体：MCS_TOP 指定部件：默认 指定面边界：选相应面 指定检查体：无 指定检查边界：无 ● 工具：T1D12(T2D8) ● 刀轴：+*Z* 轴 ● 刀轨设置 方法：MILL_FINISH 切削模式：单向(轮廓) 步距：刀具平直百分比 刀具直径百分比：75 毛坯距离：根据深度自拟定 每刀切削深度：自拟定 最终底面余量：0 切削参数：默认 非切削移动：默认 进给率和速度：*n*=4000、*f*=1000	

续表

加工步骤	刀具	加工方式	参数设置	仿真图
第三次装夹：加工侧面 PROGRAM_SIDE CAVITY_MILL_ROUGH_SIDE PROFILE_3D_ROUGH_SIDE PROFILE_3D_FINISH_SIDE FACE_MILLING_FINISH_SIDE_1 FACE_MILLING_FINISH_SIDE_2 FACE_MILLING_FINISH_SIDE_3 PLANAR_PROFILE_FINISH_SIDE				
粗铣侧面结构	T2D8	CAVITY_MILL_ROUGH_SIDE(留 0.25 mm)	● 几何体：MCS_SIDE 修剪边界：选择修剪边界线框 ● 工具：T2D8 ● 刀轴：+Z 轴 ● 刀轨设置 方法：MILL_SEMI_FINISH 切削模式：跟随部件 步距：刀具平直百分比 刀具直径百分比：50 公共每刀切削深度：恒定 最大距离：1 切削层：深度设置为圆柱台底面处 切削参数：默认 非切削移动：默认 进给率和速度：n=3000、f=1000	
粗、精铣侧面槽	T9C16	PROFILE_3D_ROUGH_SIDE(粗铣)(留 0.25 mm) PROFILE_3D_FINISH_SIDE(精铣)	● 几何体：MCS_SIDE 指定部件边界：选槽开放轮廓线 指定毛坯边界：无 指定检查边界：无 指定修剪边界：无 ● 工具：T9C16 ● 刀轴：+Z 轴 ● 刀轨设置 方法：MILL_FINISH 部件余量：0.25 Z 向偏置：0 切削参数：多刀路 非切削移动：默认 进给率和速度：n=3000、f=800	

续表

加工步骤	刀具	加工方式	参数设置	仿真图
精铣侧面顶面、D27 孔	T2D8	FACE_MILLING_FINISH_SIDE_1(顶面) FACE_MILLING_FINISH_SIDE_2(D27 孔侧壁及底面)	● 几何体：MCS_SIDE 指定部件：默认 指定面边界：选相应面 指定检查体：无 指定检查边界：无 ● 工具：T2D8 ● 刀轴：+*Z* 轴 ● 刀轨设置 方法：MILL_FINISH 切削模式：单向(轮廓) 步距：刀具平直百分比 刀具直径百分比：75 毛坯距离：根据深度自拟定 每刀切削深度：自拟定 最终底面余量：0 切削参数：默认 非切削移动：默认 进给率和速度：n=4000、f=1000	
精铣侧面圆台右侧台阶轮廓	T2D8	FACE_MILLING_FINISH_SIDE_3	● 几何体：MCS_SIDE 指定部件：默认 指定面边界：选相应面 指定检查体：无 指定检查边界：无 ● 工具：T2D8 ● 刀轴：+*Z* 轴 ● 刀轨设置 方法：MILL_FINISH 切削模式：跟随部件 步距：刀具平直百分比 刀具直径百分比：75 毛坯距离：默认 每刀切削深度：默认 最终底面余量：0 切削参数：默认 非切削移动：默认 进给率和速度：n=4000、f=1000	

续表

加工步骤	刀具	加工方式	参数设置	仿真图
精铣侧面圆台轮廓	T2D8	PLANAR_PROFILE_FINISH_SIDE	● 几何体：MCS_SIDE 指定部件边界：选择外圆顶部轮廓线 指定底面：选择外圆台底面 ● 工具：T2D8 ● 刀轴：+*Z* 轴 ● 刀轨设置 方法：MILL_FINISH 部件余量：0 切削进给：1200 切削深度：仅底面 切削参数：默认 非切削移动：默认 进给率和速度：*n*=4000、*f*=1000	

第四次装夹：加工键槽

MCS_CONICAL
FACE_MILLING_ROUGH_CONICAL
FACE_MILLING_FINISH_CONICAL

加工步骤	刀具	加工方式	参数设置	仿真图
粗、精铣斜锥面键槽	T10D6	FACE_MILLING_ROUGH_CONICAL FACE_MILLING_FINISH_CONICAL	● 几何体：MCS_SIDE 指定部件：默认 指定面边界：选相应面 指定检查体：无 指定检查边界：无 ● 工具：T10D6 ● 刀轴：+*Z* 轴 ● 刀轨设置 方法：MILL_SEMI_FINISH 切削模式：跟随周边 步距：刀具平直百分比 刀具直径百分比：50 毛坯距离：5 mm(精加工默认) 每刀切削深度：0.5(精加工默认) 最终底面余量：0.25(精加工默认) 切削参数：默认 非切削移动：默认 进给率和速度：*n*=3000、*f*=800	

7.2.4　技能训练

根据实训现场提供的设备及工量刃具，根据零件图纸要求完成“数控铣大赛”零件件 1 的加工，并选择合适的量具对其进行检测，并做好记录，评分表见项目 7-2 中的评分表。

7.2.5　拓展思考

完成如图 7-4 和图 7-5 所示的数控铣大赛装配件 skxtest01。毛坯尺寸：45 钢块 100 mm×120 mm×50 mm。

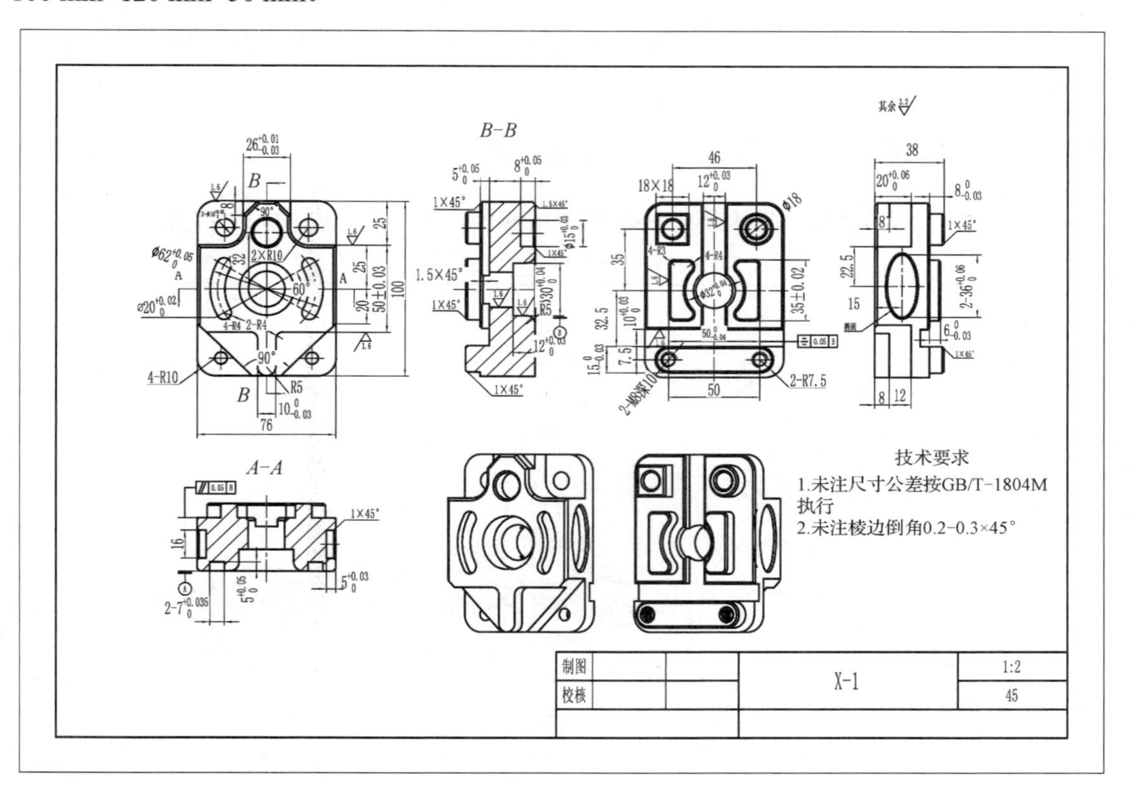

图 7-4　数控铣大赛装配件 skxtest01 零件图

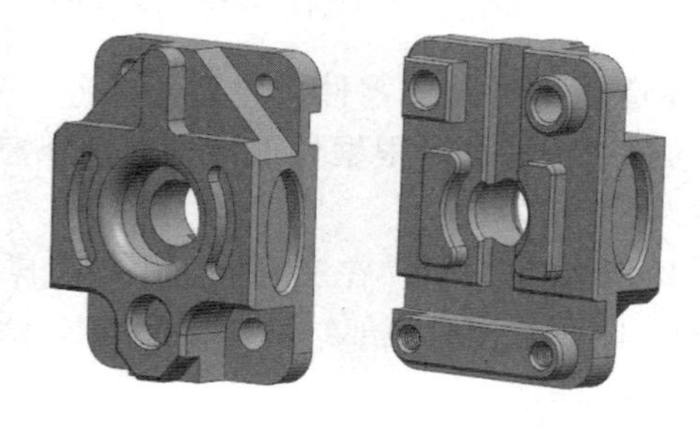

图 7-5　数控铣大赛装配件 skxtest01 正反面三维图

任务 7.3　数控铣大赛零件的加工

7.3.1　任务目标

能正确分析数控铣大赛零件的加工要求，合理制定其数控加工工艺；能综合应用 UG NX 10.0 CAM 各种操作方式完成数控铣大赛零件的程序编制；能熟练操作完成零件的加工；培养学生动手实践能力和参加大赛的竞争意识。

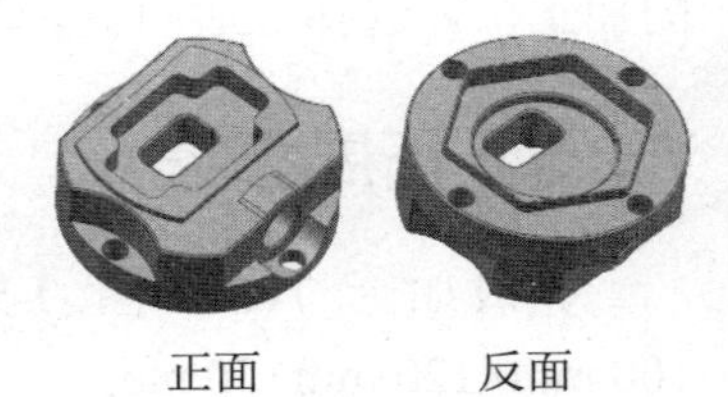

图 7-6　数控铣大赛装配件(件 2)

图 7-6 所示为数控铣大赛装配件(件 2)零件正、反面的实物图。

7.3.2　“数控铣大赛”零件(件 2)的加工工艺

如图 7-7 所示为某数控铣大赛装配件件 2 零件图，考件完成时间为 120 分钟。

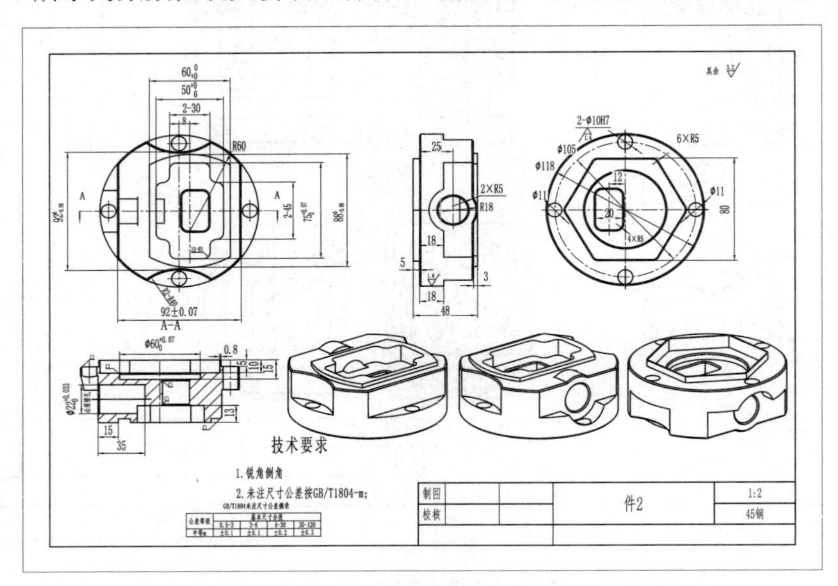

图 7-7　数控铣大赛装配件(件 2)零件图

数控铣大赛零件的整体造型类似阀体零件，主要由底座、型腔、半圆柱槽和孔等组成。零件上下两面及侧面均有结构特征，根据外形特征，选择尺寸为ϕ130 mm×60 mm 的圆柱形 45 钢棒料作为毛坯。

根据零件的形体特征和精度要求分析，在三轴加工中心机床上完成该零件的加工需多次装夹，分别加工顶部结构、侧面结构和底部结构。零件的具体加工方案如下。

1. 第一次装夹：加工顶部结构

(1) 粗铣零件顶部。

(2) 精铣零件顶部外轮廓圆柱面。

(3) 精铣零件顶部上平面。

(4) 精铣零件顶部两层型腔侧壁和底面。

(5) 精铣零件顶部外轮廓四处凹圆弧侧壁和底面。

加工顶部刀具分别为：①粗、精铣底座选择ϕ12 钨钢平底立铣刀；②精铣底座选择ϕ8 钨钢平底立铣刀。

2. 第二次装夹：加工侧面结构

(1) 粗铣零件侧面孔及上部半圆柱轮廓。

(2) 半精铣零件侧面下部半圆柱轮廓。

(3) 精铣零件侧面圆柱孔。

(4) 精铣零件侧面下部半圆柱轮廓。

(5) 精铣零件侧面上部半圆柱轮廓。

3. 第三次装夹：加工底部结构

(1) 粗铣零件底部及型腔。

(2) 精铣零件底部面及各型腔底面。

(3) 点底部四个中心孔。

(4) 钻底部四个孔。

(5) 精铣底部四个孔。

加工底部结构的刀具分别为：①粗、精铣底部轮廓选择ϕ8 钨钢平底立铣刀；②底部各孔选择 A3 高速钢中心钻、ϕ9.8 高速钢麻花钻钻削加工；③选用ϕ8 钨钢平底立铣刀精铣四个孔。

根据车间生产及考工需要，遵循基准先行、先粗后精、先主后次、先面后孔的原则，制定如表 7-3 所示的“数控铣大赛”零件(件 2)数控加工工艺卡。

表 7-3　“数控铣大赛”零件(件 2)数控加工工艺卡

单位：××××××××　　编制：×××　　审核：×××

零件名称	数控铣大赛零件	设备	加工中心	机床型号	FADAL-3016L
工序号	1	毛坯	ϕ130 mm×60 mm 45 钢棒料	夹具	平口钳

刀具表		量具表		工具表	
T01	ϕ12 钨钢平底立铣刀	1	游标卡尺(0～150 mm)	1	扳手
T02	ϕ8 钨钢平底立铣刀	2	千分尺(0～25 mm)	2	垫块
T03	A3 高速钢中心钻	3	千分尺(25～50 mm)	3	塑胶榔头
T05	ϕ9.8 高速钢麻花钻			5	自制工装

序号	工艺内容	切削用量			备注
		S/(r/min)	F/(mm/r)	a_p/mm	
	第一次装夹：加工顶部				
1	T01 刀粗铣零件顶部(留 0.25 mm)	2200	2000	0.3	
2	T01 刀精铣零件顶部外轮廓圆柱面	4000	1000	5	

续表

序号	工艺内容	切削用量			备注
		S/(r/min)	F/(mm/r)	a_p/mm	
3	T02 刀精铣零件顶部上平面	4000	1000		
4	T02 刀精铣零件顶部两层型腔侧壁和底面	4000	1000		
5	T02 刀精铣零件顶部外轮廓四处凹圆弧侧壁和底面	4000	1000		
	第二次装夹：加工侧面				
6	T02 刀粗铣零件侧面孔及上部半圆柱轮廓(留 0.25 mm)	2200	2000	0.3	
7	T02 刀半精铣零件侧面下部半圆柱轮廓	2200	2000	0.3	
8	T01 刀精铣零件侧面圆柱孔	4000	1000	5	
9	T01 刀精铣零件侧面下部半圆柱轮廓	4000	1000	5	
10	T01 刀精铣零件侧面上部半圆柱轮廓	4000	1000	5	
	第三次装夹：加工底部				
11	T01 刀粗铣零件底部及型腔	2200	2000	0.3	
12	T02 刀精铣零件底部面及各型腔底面	4000	1000		
13	T03 刀点底部四个中心孔	2500	150		
14	T05 刀钻底部四个孔	800	150	5	
15	T02 刀精铣底部四个孔	3500	1200	0.15	

7.3.3 “数控铣大赛”零件(件 2)的编程与仿真加工

“数控铣大赛”零件(件 2)的编程与仿真加工操作过程如表 7-4 所示。

表 7-4 “数控铣大赛”零件(件 2)的编程与仿真加工操作过程

加工步骤	刀具	加工方式	参数设置	仿真图
第一次装夹：加工顶部				
1	T1D12	CAVITY_MILL_TOP_ROUGH(留 0.25 mm)		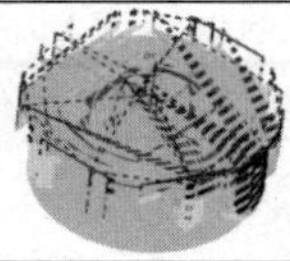
2	T1D12	PROFILE_3D_FINISH FACE_MILLING_FINISH_TOP01		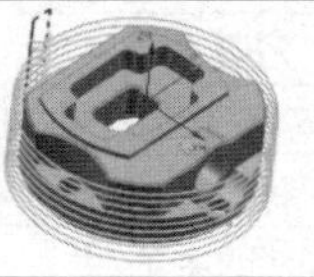
3	T2D8	FACE_MILLING_FINISH_TOP01		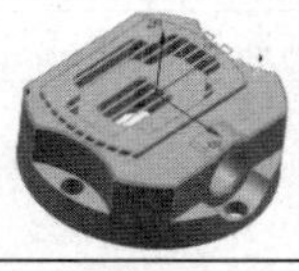
4	T2D8	FACE_MILLING_FINISH_TOP02		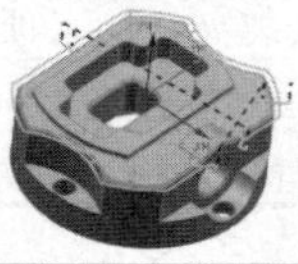

续表

加工步骤	刀具	加工方式	参数设置	仿真图
5	T2D8	PROFILE_3D_FINISH_CAVITY01_WALL		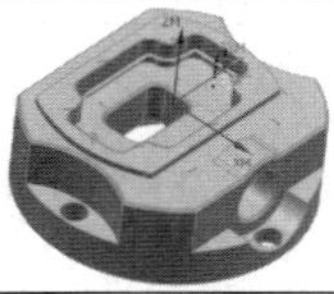
6	T2D8	FACE_MILLING_FINISH_CAVITY01_FLOOR		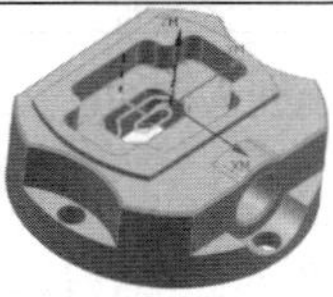
7	T2D8	PROFILE_3D_INISH_CAVITY02_WALL		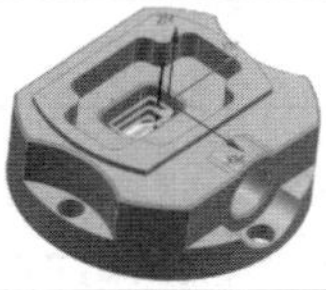
8	T2D8	PROFILE_3D_FINISH_WALL01		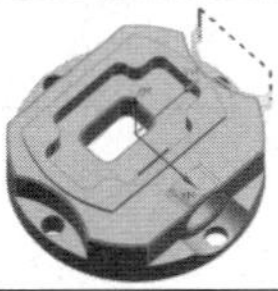
9	T2D8	FACE_MILLING_FINISH_FLOOR01		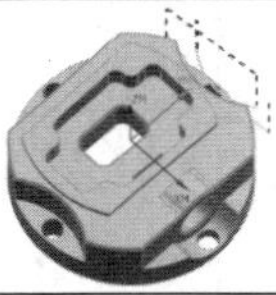
10	T2D8	PROFILE_3D_FINISH_WALL02		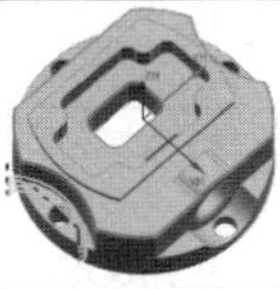
11	T2D8	FACE_MILLING_FINISH_FLOORL02		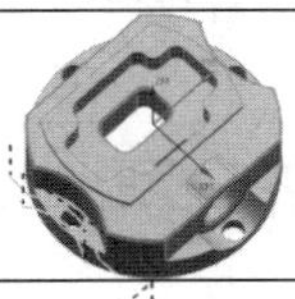
12	T2D8	PROFILE_3D_FINISH_WALL03		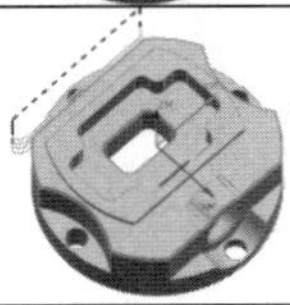
13	T2D8	FACE_MILLING_FINISH_FLOOR03		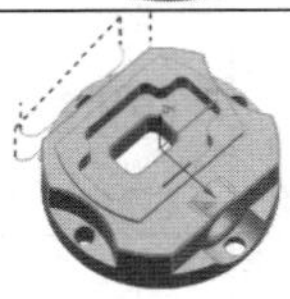
14	T2D8	PROFILE_3D_FINISH_WALL04		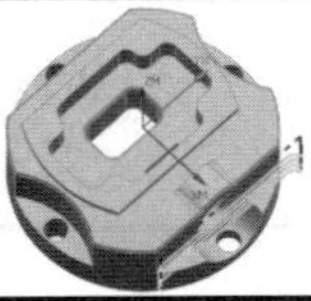

续表

加工步骤	刀具	加工方式	参数设置	仿真图
15	T2D8	FACE_MILLING_FINISH_DLOOR04		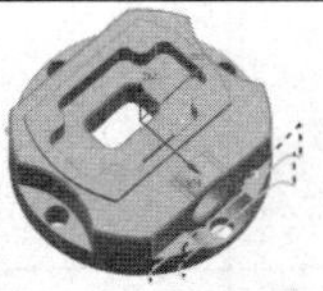
第二次装夹：加工侧面				
1	T2D8	CAVITY_MILL_SIDE_ROUGH		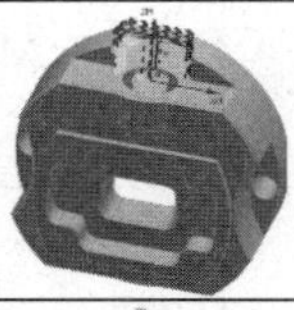
2	T2D8	CAVITY_MILL_SEMIFINISH_SIDE_CIR01		
	T1D12	PROFILE_3D_FINSIH_HOLE		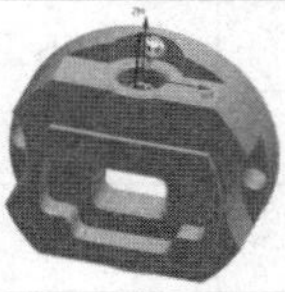
3	T1D12	PROFILE_3D_FINISH_SIDE_CIR01		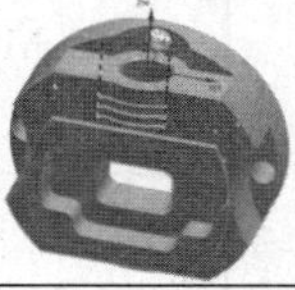
	T1D12	PROFILE_3D_FINISH_SIDE_CIR02		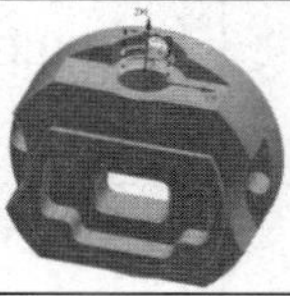
第三次装夹：加工底部				
1	T1D12	CAVITY_MILL_ROUGH_BOTTOM		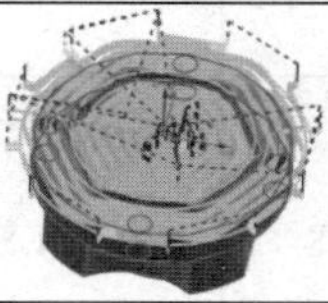
2	T2D8	CAVITY_MILL_FINISH_FLOOR_BOTTOM01		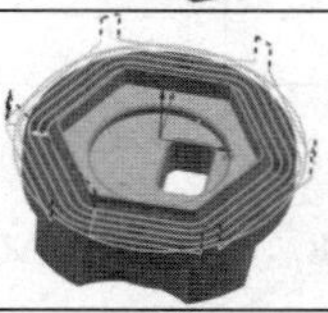
3	T2D8	CAVITY_MILL_FINISH_FLOOR_BOTTOM02		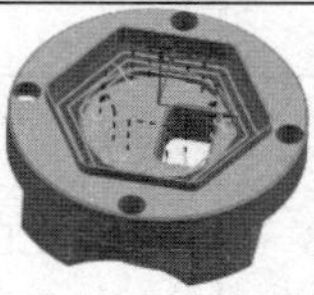

续表

加工步骤	刀具	加工方式	参数设置	仿真图
4	T2D8	CAVITY_MILL_FINISH_FLOOR_BOTTOM03		
5	T3A3	SPOT_DRILLING_A3		
6	T5Z9.8	DRILLING_D9.8		
7	T2D8	ZLEVEL_PROFILE_FINISH_HOLE-D11		

7.3.4　“数控铣大赛”零件的操作注意事项

1. 程序的传输

1) CF 卡传输

(1) 通道设定：I/O 通道参数值为 4。

(2) CF 卡读入至 CNC 存储器：按 PROGRAM 键—【目录】—【操作】—【设备选择】—【扩展】—【M 卡】—记住文件名(带后缀)—【设备选择】— CNC MEM —按三次扩展键—【读入】—F 设定文件名，如 CHU3.TXT—P 设定程序名，如 O0001—【执行】。

(3) CNC 存储器输出至 CF 卡：按 PROGRAM 键—【目录】—【操作】—【设备选择】— CNC MEM —鼠标选择需要输出的程序—按三次扩展键—【输出】—F 设定文件名，如 CHU3.TXT —【执行】。

(4) 退出 CF 卡：按两次卡槽上的导杆，弹出 CF 卡。

2) U 盘传输

(1) 通道设定：I/O 通道参数值为 17。

(2) U 盘读入至 CNC 存储器：按 PROGRAM 键—【目录】—【操作】—【设备选择】—【扩展】—【USB 存储器】—记住文件名(带后缀)—【设备选择】— CNC MEM —按三次扩展键—【读入】—F 设定文件名，如 CHU3.TXT—P 设定程序名，如 O0001—【执行】。

(3) CNC 存储器输出至 U 盘：按 PROGRAM 键—【目录】—【操作】—【设备选择】— CNC MEM —鼠标选择需要输出的程序—按三次扩展键—【输出】—F 设定文件名，如 CHU3.TXT —【执行】。

(4) 退出U盘：先将系统断电，然后拔出U盘。

3) RS-232 串口传输

(1) 通道设定：I/O通道参数值为0或1。

(2) 系统参数设置如下。

① 在MDI方式下，按OFFSET/SETTING键，进入设置界面，将参数设置为1，然后将鼠标指针移至I/O通道参数，输入0后，按INPUT键。

② 按SYSTEM键，进入参数设置界面，输入101号参数后搜索，并将参数值设定为10001001。将102号参数设置为0，103号参数设置为11。

③ 在计算机侧打开RS232串口传输软件，设置相关参数，如串口选择COM1、波特率为9600、数据位为8、奇偶校验为N和停止位为2。

注：使用串口进行数据传输的时候，要遵循“谁接收谁等待原则”，即接收方先准备就绪，然后发送方发送。

(3) 将计算机中的数据输入至CNC MEM。

① 在CNC侧的按PROGRAM键—【目录】—用鼠标选中需要输出的加工程序后—按三次扩展键—【输入】—【执行】。

② 打开计算机中的传输软件，先检查串口设置是否正确(按步骤3设定软件相关参数)，然后选择需要输入的加工程序(“文本”格式)，单击【发送】按钮，程序即开始输入至CNC中。

(4) 将CNC MEM中的数据输出至计算机。

① 打开计算机中的传输软件，先检查串口设置是否正确(按步骤3设定软件相关参数)，单击【接收】按钮另存文件，输入文件名后单击【保存】按钮。

② CNC侧按PROGRAM键—【目录】—用鼠标选中需要输出的加工程序后—按三次扩展键—【输出】—【执行】，加工程序即开始输出至计算机。

注：RS232电缆在使用过程中一定要注意，不能带电插拔，否则容易损坏CNC侧或计算机侧的接口。

2. 与机床操作相关的问题

(1) 如何将程序设置为“主程序”？

按PROGRAM键—【目录】—【操作】—用鼠标选中需要的程序—【主程序】即可。

(2) 如何删除程序？

按PROGRAM键—【目录】—【操作】—用鼠标选中需要的程序—【删除】即可。

(3) 如何退出后台编辑？

按PROGRAM键—【程序】—【操作】—按三次扩展键—【后台编辑】—【编辑执行】—【后台结束】即可。

(4) 如何打开存储器中的程序？

按PROGRAM键—【目录】—【操作】—【设备选择】选择所需存储器即可看到存储器中的文件—用鼠标选中所需打开的程序—按INPUT键即可打开。

(5) 如何创建新程序？

在编辑方式下，按PROGRAM键—【目录】—【操作】—【扩展】—输入程序名—创建程序。

(6) 如何换刀？

在 MDI 方式下，输入 M06 T02，M06 需在刀具指令之前。

(7) 出现机床卡刀，如何处理？

在换刀过程中，出现卡刀应及时按下急停按钮，刀库自动退回，然后手动状态卸下刀具，运行到指定刀位后，再一次执行换刀指令。

(8) 如果加工过程中，出现补偿为半径补偿如何修改为直径补偿？

将参数 5004#2 的值修改为 1 即可。

3. 工具对刀方法

试切法对刀精度不高，适用于毛坯对刀，很多场合需要采用工具来对刀，可以有效提高对刀精度。*XY* 向对刀工具常用芯棒、寻边器和杠杆百分表等；*Z* 向工具常用 *Z* 轴设定器等。

下面介绍经济适用的偏心寻边器和指针式 *Z* 轴设定器的对刀方法。

偏心式寻边器寻对刀(XY)

1) 偏心式寻边器对刀

如图 7-8 所示为偏心式寻边器，也叫分中棒。它利用离心力的原理工作，可用于确定工作坐标系及测量工件长度、孔径、槽宽等。它分为夹持端(静止端)和测定端，中间有弹簧连接。如图 7-9 所示，使用时通过刀柄将寻边器夹持在机床主轴上，测定端处于下方，将主轴转速设定在 400～600 r/min 的范围内，将测定端与工件端面相接触且逐渐逼近工件端面，测定端由摆动逐步变为相对静止，如图 7-9(b)、图 7-9(c)所示，此时采用微动进给，直到测定端重新产生偏心为止，如图 7-9(d)所示。反复操作几次，定位精度可控制在 0.005 mm 以内。当测定端相对静止(不产生摆动)时，换算测定端的直径，就能确定工件的位置。

图 7-8　偏心式寻边器

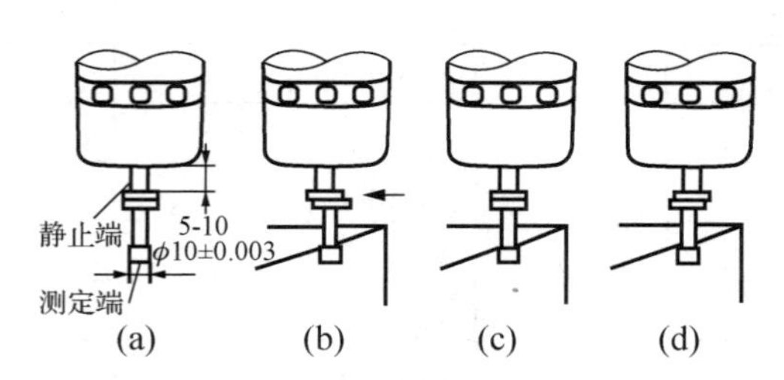

图 7-9　偏心式寻边器对刀示意图

具体对刀操作步骤与试切法对刀相似，但与之相比，使用寻边器时，不会损伤工件已加工表面，适合精加工对刀，同时不受材料的导电性限制，适合各种非金属材料。但是由于使用离心力原理，对刀时必须打开机床主轴，并且转速不宜过高，超过 600 r/min 时，受偏心式寻边器自身结构影响误差较大。另外，由于对刀过程中测定端的摆动是靠操作者目测来确定，相对来说对操作者有一定的经验要求。故光电式寻边器比偏心式寻边器适用于更高精度的场合。

2) 指针式 *Z* 轴对刀器对刀如图 7-10 所示为指针式 *Z* 轴设定

图 7-10　机械式 *Z* 轴设定器

器。对刀时要依靠一百分表，通过刀具对 *Z* 轴设定器上表面有一定的下压力，读取表的指针所指数值来对刀。需要人为看表来读数，人离机床距离较近，安全方面不可靠，而且对刀时一旦过冲，压力过大，百分表会损坏，对刀精度为 0.005～0.01mm。

Z 向对刀过程如下。

(1) 将加工所用刀具装上主轴。

(2) 将 *Z* 轴设定器(或固定高度的对刀块)放置在工件上平面上。

(3) 快速移动主轴，让刀具端面靠近 *Z* 轴设定器上表面。

(4) 改用微调操作，让刀具端面慢慢接触到 *Z* 轴设定器上表面，直到其指针指示到零位或对刀器发光。

(5) 记下此时机床坐标系中的 Z1 值。

(6) 工件坐标系原点在机械坐标系中的 *Z* 坐标值为(Z1−*Z* 轴设定器的高度)。

指针式 Z 轴设定器对长度补偿

光电 Z 轴设定器对长度补偿

7.3.5 技能训练

根据实训现场提供的设备及工量刃具，根据零件图纸要求完成“数控铣大赛”零件的加工，并选择合适的量具对其进行检测，并做好记录(见表 7-5)。

表 7-5 数控铣大赛考核评分记录表

工种	三轴加工中心		考核日期		总得分			
定额时间	120 min		准考证号					
序号	考件号	考核内容及要求	配分	评分标准	检测结果	扣分	得分	备注
1	件 1	32+0.1 0	3	超差不得分				
2		ϕ28H7	3	超差不得分				
3		ϕ32+0.08 0	3	超差不得分				
4		ϕ22+0.08 0	3	超差不得分				
5		2-ϕ10H7	3	超差不得分				
6		ϕ75+0.12 0	3	超差不得分				
7		ϕ460 -0.1	3	超差不得分				
8		3-ϕ80+0.12 0	9	超差不得分				
9		2-M10-7H	6	超差不得分				
10		M27×1.5-7H	3	超差不得分				
11		件 1 其他轮廓缺陷	5	缺陷 1 处扣 5 分				
12	件 2	600 -0.07	3	超差不得分				
13		50+0.08 0	3	超差不得分				
14		920 -0.09	3	超差不得分				
15		880 -0.09	3	超差不得分				
16		75+0.07 0	3	超差不得分				
17		3−80-0.1 -0.22	9	超差不得分				
18		32+0.08 0	3	超差不得分				

续表

序号	考件号	考核内容及要求	配分	评分标准	检测结果	扣分	得分	备注
19		2-ϕ10H7	6	超差不得分				
20		ϕ60+0.07 0	3	超差不得分				
21		ϕ22+0.033 0	3	超差不得分				
22		件 2 其他轮廓缺陷	5	缺陷 1 处扣 5 分				
23	配合	件 1 与件 2 装配成型，间隙 0.1～0.35	4	超差不得分				
24		件 1 与件 2 最大轮廓外形错位不大于 0.4	4	超差不得分				
25	粗糙度	加工面 R_a 为 1.6 mm	2	降级扣 1 分/处				
26		其余 R_a 为 3.2 mm	2	降级扣 1 分/处				
27	文明生产	按有关规定每违反一项从总分中扣 3 分			扣分<10 分			
		发生重大事故的取消考试资格			总分 0 分			
28	其他项目	按照 GB1804-M 一般公差，未注公差要求。工件必须完整，考件局部无缺陷(夹伤等)			扣分<10 分			
29								
30	程序编制	程序中有严重违反工艺的取消考试资格，出现小问题<25 分						
记录员		监考员		检验员		考评员		

7.3.6　拓展思考

完成如图 7-11、图 7-12 所示的数控铣大赛装配件 skxtest02。毛坯尺寸：材质 2AL2 铝块 100 mm×100 mm×50 mm。

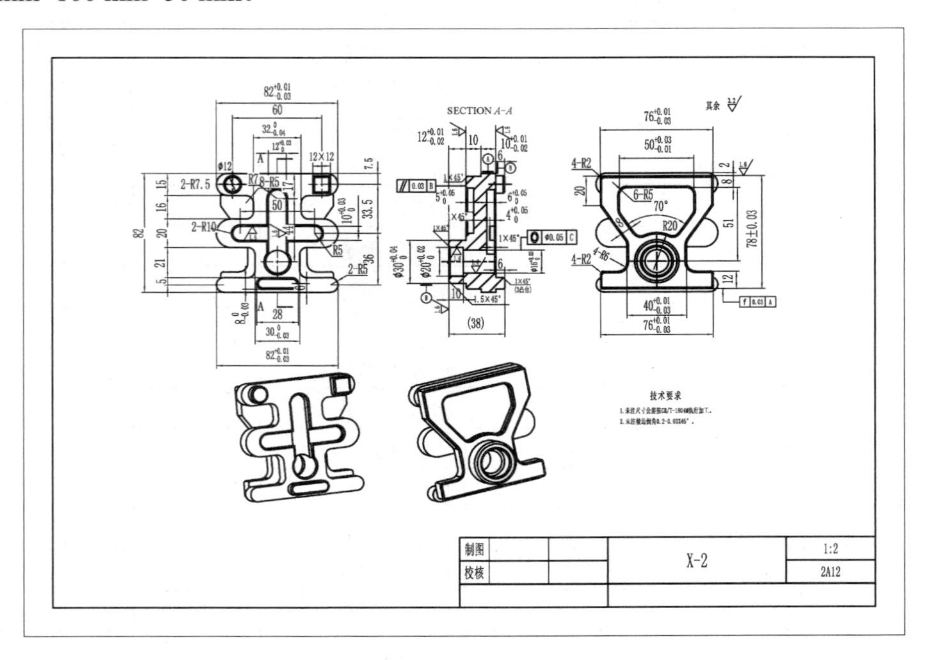

图 7-11　数控铣大赛装配件 skxtest02 零件图

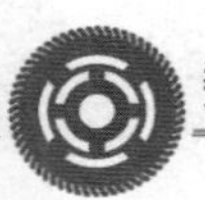

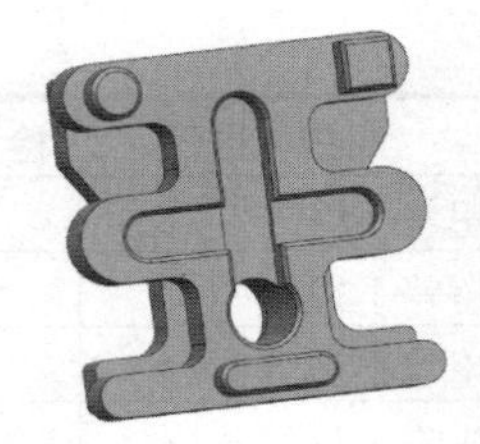

图 7-12　数控铣大赛装配件 skxtest02 正反面三维图

数控铣大赛装配件 skxtest02 的评分记录表，如表 7-6 所示。

表 7-6　数控铣大赛装配件 skxtest02 评分记录表

工种		三轴加工中心	考核日期			总得分			
定额时间		120 min	准考证号						
序号	考件号	考核内容及要求	配分	评分标准	检测结果	扣分	得分	备注	
1	件 1	100 -0.03	2	超差不得分					
2		26+0.01 -0.03	2	超差不得分					
3		50±0.025	2	超差不得分					
4		ϕ20+0.07 0	2	超差不得分					
5		ϕ60+0.05 0	2	超差不得分					
6		2-ϕ10+0.02 0	3	超差不得分					
7		ϕ15+0.03 0	2	超差不得分					
8		ϕ30+0.04 0	2	超差不得分					
9		12+0.03 0(深度)	2	超差不得分					
10		8+0.05 0	2	超差不得分					
11		5+0.05 0	2	超差不得分					
12		12+0.03 0	2	超差不得分					
13		ϕ32+0.04 0	2	超差不得分					
14		35±0.02	2	超差不得分					
15		10+0.03 0	2	超差不得分					
16		150 -0.03	2	超差不得分					
17		2-M8	3	超差不得分					
18		60 -0.03	2	超差不得分					
19		2-80 -0.03	3	超差不得分					
20		20+0.06 0	2	超差不得分					
21		2−7+0.035 0	3	超差不得分					
22		5+0.05 0	2	超差不得分					
23		5+0.03 0	2	超差不得分					
24	件 2	2−82+0.01 -0.03	3	超差不得分					
25		320 -0.03	2	超差不得分					
26		12+0.025 0	2	超差不得分					

续表

序号	考件号	考核内容及要求	配分	评分标准	检测结果	扣分	得分	备注
27	件 2	12+0.05 0	2	超差不得分				
28		300 -0.03	2	超差不得分				
29		10+0.025 0	2	超差不得分				
30		80 -0.025	2	超差不得分				
31		ϕ30+0.035 0	2	超差不得分				
32		ϕ20+0.03 0	2	超差不得分				
33		ϕ16+0.03 0	2	超差不得分				
34		12+0.01 -0.02	2	超差不得分				
35		10+0.01 -0.02	2	超差不得分				
36		5+0.03 0	2	超差不得分				
37		6+0.03 0	2	超差不得分				
38		4+0.03 0	2	超差不得分				
39		2-76+0.01 -0.03	3	超差不得分				
40		50+0.03 -0.01	2	超差不得分				
41		40+0.01 −0.03	2	超差不得分				
42		76+0.01 −0.03	2	超差不得分				
43		78±0.025	2	超差不得分				
44	配合	件 1 与件 2 装配成型，间隙 0.1～0.35	2	超差不得分				
45		件 1 与件 2 最大轮廓外形错位不大于 0.4	2	超差不得分				
46	粗糙度	加工面 R_a 为 1.6 μm	2	降级扣 1 分/处				
47		其余 R_a 为 3.2 μm	2	降级扣 1 分/处				
48	文明生产	按有关规定每违反一项从总分中扣 3 分			扣分<10 分			
		发生重大事故的取消考试资格			总分 0 分			
49	其他项目	按照 GB1804-M 一般公差，未注公差要求。工件必须完整，考件局部无缺陷(夹伤等)			扣分<10 分			
50								
51	程序编制	程序中有严重违反工艺的取消考试资格，出现小问题<25 分						
记录员		监考员		检验员		考评员		

任务 7.4　了解高速铣加工和枪钻加工

7.4.1　高速加工简介

1. 高速铣削的基本概念

高速切削概念始于 1931 年德国所罗门博士的研究成果：“当以适当高的切制速度(约为常规速度的 5～10 倍)加工时，切削刃上的温度会降低，因此有可能通过高速切削提高加工生产率”。近百年来，人们一直在探索有效、适用、可靠的高速切削技术，到二十世纪九十年代逐渐在工业实际中推广应用。

高速切削是先进制造技术的一项共性基础技术，已成为切削加工的主流。如何定义高速切削，至今还没有统一的认识。德国达姆施塔特工业大学生产工程与机床研究所(PTW) 提出以高于 5～10 倍普通切削速度的切削为高速切削。超高速切削技术是一项比常规切削速度高 10 倍左右的先进制造技术。

实际上，高速切削中的“高速”是一个相对概念，不能简单地用某一具体切削速度或主轴转速值来定义。一般来说，当切削速度达到相当高时，切削力下降，切削温度降低，刀具寿命较长，加工表面质量好。这种切削加工称高速切削加工。对于不同的加工方法和工件材料与刀具材料，高速切削时应用的切削速度各不相同。

高速切削技术是诸多单元技术集成的一项综合技术。它是在机床结构及材料、高速主轴系统、快速进给系统、高性能 CNC 控制系统、机床设计制造技术、高性能刀夹系统、高性能刀具材料及刀具设计制造技术、高效高精度测试技术、高速切削理论、高速切削工艺、高速切削安全防护与监控技术等诸多相关的硬件与软件技术均得到充分发展的基础上综合而成的。

高速切削(HSM 或 HSC)通常指高主轴转速和高进给速度下的立铣，国际上在航空航天制造业、模具加工业、汽车零件加工，以及精密零件加工等方面得到广泛的应用。高速铣削可用于铝合金、铜等易切削金属和淬火钢、钛合金、高温合金等难加工材料，以及碳纤维塑料等非金属材料。例如，在铝合金等飞机零件加工中，曲面和结构比较复杂，材料去除量高达 90%～95%，采用高速铣削可大大提高生产效率和加工精度：在模具加工中，高速铣削可加工淬火硬度大于 HRC50 的钢件，因此许多情况下可省去电火花加工和手工修磨，在热处理后采用高速铣削达到零件尺寸、形状和表面粗糙度要求。

由于每种材料高速切削的速度范围不同，高速切削目前尚无统一的定义，高的实际切削线速度是基本条件，但还有其他一些要素，在工程实践中，高速切削的含义还包括：

- 除高切削速度外，高速切削还涉及非常特别的加工工艺和生产设备；
- 适中的主轴转速和大的铣刀直径也可实现高速切削；
- 以常规切削用量 4～6 倍的切削速度和进给速度精加工淬火钢也属于高速切削。

小型零件的粗加工到精加工以及其他零件的精加工、高速切削均属于高生产率加工方法，对于形状复杂和精度要求高的零件，高速切削更为重要。

高速切削的发展源于市场日益激烈的竞争，对时间和成本效率的要求越来越高。同时也提供了解决问题的新方案，包括解决新材料的加工问题；越来越高的加工质量要求和越来越复杂的三维曲面形状；减少装夹次数和搬运时间，减少和免除费时费钱的电火花加工；适应越来越快的设计开发速度；解决薄壁零件和精密零件的加工问题等。高速切削是一项系统技术，从刀具材料、刀柄、机床、控制系统、加工工艺技术、CAD/CAM 等，均与常规加工有很大区别。

2. 高速铣削的特点

1) 高速铣削的一般特征

高速铣削一般采用高的铣削速度，适当的进给量，小的径向和轴向铣削深度。铣削时，大量的铣削热被切屑带走，因此，工件的表面温度较低。随着铣削速度的提高，铣削力略有下降，表面质量提高，加工生产率随之增加。但在高速加工范围内，随铣削速度的提高会加剧刀具的磨损。由于主轴转速很高，切削液难以注入加工区，通常采用油雾冷却或水雾冷却方法。图 7-13 所示为铣削速度对加工性能的影响。

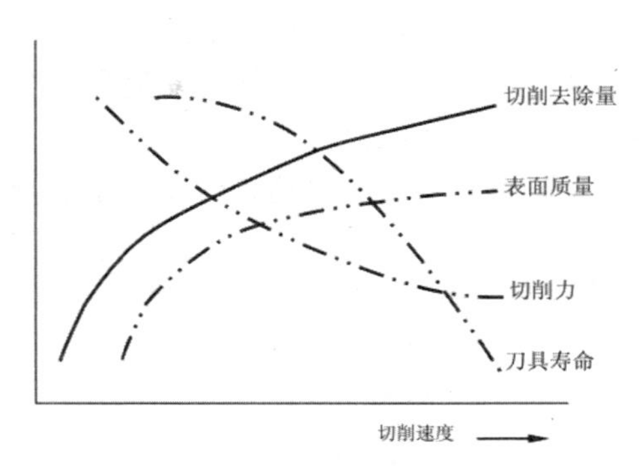

图 7-13　高速铣削的特点

2)　高速铣削的优点

由于高速铣削的特性，高速铣削工艺相对常规加工具有以下一些优点。

(1)　提高生产率。

铣削速度和进给速度的提高，可提高材料去除率。同时，高速铣削可加工淬硬零件，许多零件一次装夹可完成粗、半精和精加工等全部工序，对复杂型面加工也可直接达到零件表面质量要求，因此，高速铣削工艺往往可省却电加工、手工打磨等工序，缩短工艺路线，进而大大提高加工生产率。

(2)　改善工件的加工精度和表面质量。

高速铣床必须具备高刚性和高精度等性能，同时由于铣削力低，工件热变形减少，高速铣削的加工精度很高。铣削深度较小，而进给较快，加工表面粗糙度很小，铣削铝合金时可达 R_a0.4～0.6，铣削钢件时可达 R_a0.2～0.4。

(3)　实现整体结构零件加工。

高速切削可使飞机大量采用整体结构零件，明显减轻部件重量，提高零件可靠性、减少装配工时。

(4)　有利于使用直径较小的刀具。

高速铣削较小的铣削力适合使用小直径的刀具，可减少刀具规格，降低刀具费用。

(5)　有利于加工薄壁零件和高强度、高硬度脆性材料。

高速铣削铣削力小，有较高的稳定性，可高质量地加工出薄壁零件，采用高速铣削可加工出壁厚 0.2mm，壁高 20mm 的薄壁零件。高强度和高硬度材料的加工也是高速铣削的一大特点，目前，高速铣削可加工硬度达 HRC6O 的零件，因此，高速铣削允许在热处理以后再进行切削加工，使模具制造工艺大大简化。

(6)　可部分替代某些工艺，如电加工、磨削加工等。

由于加工质量高，可进行硬切削，在许多模具加工中，高速铣削可替代电加工和磨削加工。

(7) 经济效益显著提高。

(8) 由于上述种种优点，综合效率提高、质量提高、工序简化、机床投资和刀具投资以及维护费用增加等，高速铣削工艺的综合经济效益仍有显著提高。

3) 高速铣削存在的问题

高速铣削是一项新技术，尚存在许多不足值得改进，包括：

(1) 高速铣削机床较昂贵，对刀具的切削性能、精度和动平衡等要求较高，固定资产投资较大，刀具费用也会提高；

(2) 加减速度时，加速度较大，主轴的启动和停止加剧了导轨、滚珠丝杆和主轴轴承磨损，引起维修费用的增加；

(3) 需要特别的工艺知识，专门的编程设备，快速数据传输接口；

(4) 缺乏高级的操作人员；

(5) 调试周期较长；

(6) 紧急停止实际上不可能实现！人工错误、硬件或软件错误都会导致严重的后果；

(7) 安全要求很高：机床必须使用其有防弹功能的防护板和防弹玻璃；必须控制刀具伸出量；不要使用“重的”刀具和刀杆；要定期检查刀具、刀杆和螺钉的疲劳裂缝。选择刀具时必须注意允许使用的最大主轴转速，不使用整体高速钢刀具。

4) 高速铣削的应用

高速铣削具有很多优点，应用越来越广泛，但也存在一些不足，因此，必须选择适合高速铣削的领域应用该技术，表 7-7 列出了高速铣削一些应用范围。

高速铣削在许多领域取得了成功的应用，如：飞机的蜂窝结构件必须采用高速铣削技术才能保证加工质量；梁、框、壁板等零件加工余量特别大，高速铣削可提高生产率；发动机的叶片采用高速铣削可解决材料难加工问题，等等；绝大部分模具均可利用高速铣削技术加工，如锻模、压铸模、注塑与吹塑模等，锻模腔体较浅，刀具寿命较长；压铸模尺寸适中，生产率较高，注塑与吹塑模一般尺寸较小，比较经济。加工模具的石墨电极和铜电极也非常适用高速铣削；高速铣削也适用于模具的快速原型制造；电子产品中的薄壁结构加工尤其需要高速加工，汽车发动机零件也是高速铣削的应用领域。此外，高速铣削也可用于原型制造。

表 7-7 高速铣削应用范围

技术优点	应用领域	事 例
高去除率	轻合金，钢和铸铁	航空航天产品，工具、模具制造
高表面质量	精密加工，特殊工件	光学零件，精细零件，旋转压缩机
小切削力	薄壁件	航空航天工业，汽车工业，家用设备
高激振频率	避开共振频率加工	精密机械和光学工业
切屑散热	热敏感工件	精密机械，镁合金加工

3. 高速铣削的关键技术

高速切削是制造技术中引人注目的一项新技术，其应用面广，对制造业的影响大，高速切削技术是新材料技术、计算机技术、控制技术和精密制造技术等多项新技术综合应用发展的结果。高速切削主要包括以下几方面的基础理论与关键技术：

(1) 高速切削机理；

(2) 高速切削刀具技术；

(3) 高速切削机床技术；

(4) 高速切削工艺技术；

(5) 高速加工的测试技术等。

德国达姆施塔特工业大学生产工程和机床研究所的舒尔兹教授(H.Schuiz)对高速切削技术进行了多年的深入研究，他对高速切削所包含的技术提出了下面的框图(见图 7-14)。

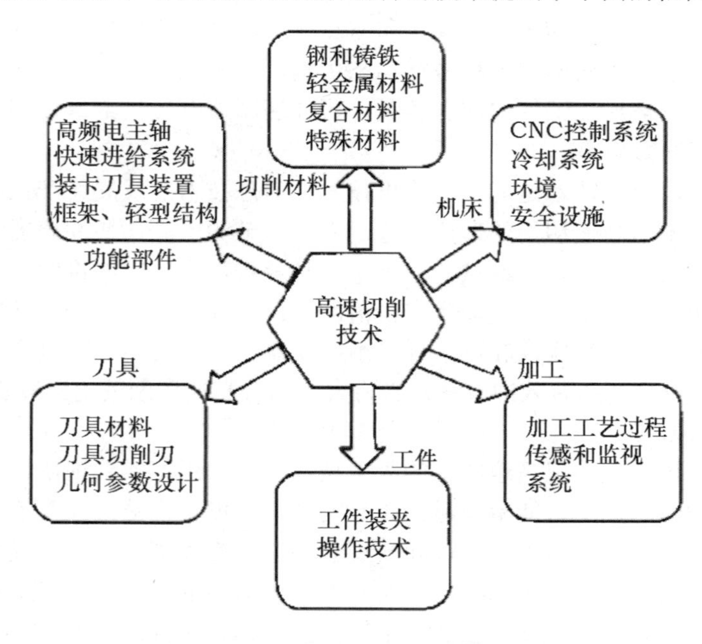

图 7-14　高速切削所包括的技术框图

1) 高速切削机理的研究

高速切削技术的应用和发展是以高速切削机理为理论基础的。通过对高速加工中切屑形成机理、切削力、切削热、刀具磨损、表面质量等技术的研究，也为开发高速机床、高速加工刀具提供了理论指导。试想，如果没有萨洛蒙高速切削假设，没有德国、美国和日本等国的科学家、工程师不断地研究，去证实萨洛蒙的理论，去完善和修改高速切削理论，也不会有今天高速切削的快速发展和广泛应用，因此，在高速切削技术的发展中，高速切削机理的研究仍然占有重要的地位，而且高速切削机理和相关理论至今还远远没有完善。

我国高速切削机理研究工作，和美国、德国、日本等先进工业国家比还有相当大的差距。高速切削机理的研究主要有以下几个方面。

(1) 高速切削过程和切屑成形机理的研究。

对高速切削加工中切屑成形机理、切削过程的动态模型、基本切削参数等反映切削过程原理的研究，采用科学实验和计算机模拟仿真两种方法。

(2) 高速加工基本规律的研究。

对高速切削加工中的切削力、切削温度、刀具磨损，刀具耐用度和加工质量等现象及加工参数对这些现象的影响规律进行研究，提出反映其内在联系的数学模型。实验方案设计和试验数据处理也是研究工作中需要解决的问题。工艺参数应基于建立的数学模型及多目标优化的结果。

(3) 各种材料的高速切削机理研究。

由于不同材料在高速切削中表现出不同的特性，所以，要研究各种工程材料在高速切削下的切削机理，包括轻金属材料、钢和铁、复合材料、难加工合金材料等。通过系统的实验研究和分析，建立高速切削数据库，以便指导生产。

(4) 高速切削虚拟技术研究。

在试验研究的基础上，利用虚拟现实和仿真技术，虚拟高速加工过程中刀具和工件相对运动的作用过程，对切屑形成过程进行动态仿真，显示加工过程中的热流、相变、温度及应力分布等，预测被加工工件的加工质量，研究切削速度、进给量、刀具和材料以及其他切削参数对加工的影响等。

应该指出，虚拟现实技术是基于计算机技术和信息技术的发展而产生的一种信息处理技术。采用虚拟技术对高速切削的理论进行研究具有节约资源、快速研究进度的优越性，特别是对于一些试验条件不具备或试验很难做、且耗资耗力巨大的试验，用虚拟技术进行分析研究，虚拟仿真试验情况，是非常有价值的。但是虚拟仿真必须有试验数据作基础，同时还要检验虚拟仿真的真实性和可信性。虚拟现实技术的应用，无疑会给高速切削机理的研究工作提供一种崭新和有效的方法，必将大大加快高速切削理论研究工作的进程。

2) 高速切削刀具

高速切削刀具技术是实现高速加工的关键技术之一。生产实践证明，阻碍切削速度提高的关键因素是切削刀具是否能承受越来越高的切削温度。在萨洛蒙高速切削假设中并没有把切削刀具作为一个重要因素。但是随着现代高速切削机理研究和高速切削试验的不断深入，证明高速切削的最关键技术之一就是高速切削所用的刀具。舒尔兹教授在第一届德国—法国高速切削年会(1997 年)上做的报告中指出，目前，在高速加工技术中，有两个基本的研究发展目标，一个是高速引起的刀具寿命问题，另一个是具有高精度的高速机床。

切削刀具的性能在很大程度上会制约高速切削技术的应用和推广。目前，高速切削刀具的国产化也是机械制造行业急需解决的问题。

高速切削刀具与普通加工的刀具有很大不同。目前，在高速切削中使用的刀具有：硬质合金、聚晶金刚石(PCD)、聚晶立方氮化硼(PCBN)、陶瓷等材料。在我国，一些高校和研究单位也在进行这些新刀具材料的研究，但规模很小，距实用化还有相当大的距离。

3) 高速切削机床技术

高速机床是实现高速加工的前提和基本条件。一个国家高速加工的技术水平，很大程度反映在高速机床的设计制造技术上。在现代机床制造中，机床的高速化是一个必然的发展趋势。在要求机床高速的同时，还要求机床具有高精度和高的静、动刚度。

高速机床技术主要包括高速单元技术(或称功能部件)和机床整机技术。单元技术包括：高速主轴、高速进给系统、高速 CNC 控制系统等；机床整机技术包括：机床床身、冷却系统、安全设施、加工环境等，分别简介如下。

(1) 高速主轴单元。

高速主轴单元包括动力源、主轴、轴承和机架四个主要部分，是高速加工机床的核心

部件，在很大程度上决定了机床所能达到的切削速度、加工精度和应用范围。高速主轴单元的性能取决于主轴的设计方法、材料、结构、轴承、润滑冷却、动平衡、噪声等多项相关技术，其中一些技术又是相互制约的，包括高转速和高刚度的矛盾、高速度和大转矩的矛盾等。因此，提高主轴转速和精度是一项很困难的工作，设计和制造高速主轴必须综合考虑满足多方面的技术要求。

高速主轴一般做成电主轴的结构形式，其关键技术包括高速主轴轴承、无外壳主轴电动机及其控制模块、润滑冷却系统、主轴刀柄接口和刀具夹紧方式以及刀具动平衡等。

(2)　高速进给系统。

进给系统的高速性也是评价高速机床性能的重要指标之一，不仅对提高生产有重要意义，而且也是维持高速加工刀具正常工作的必要条件。对高速进给系统的要求不仅仅能够达到高速运动，而且要求瞬时达到高速、瞬时准停等，所以要求具有很大的加速度以及很高的定位精度。

高速进给系统包括进给伺服驱动技术、滚动元件导向技术、高速测量与反馈控制技术和其他周边技术，如冷却和润滑、防尘、防切屑、降噪及安全技术等。

目前常用的高速进给系统有三种主要的驱动方式：高速滚珠丝杠、直线电动机和虚拟轴机构。和高速进给系统相关联的还有工作台(拖板)、导轨的设计制造技术等。

(3)　CNC控制系统。

相对而言，现有的控制系统对超高速机床所需的进给率来说是显得太慢了，超高速机床要求其CNC系统的数据处理时间要快得多，高的进给速率要求CNC系统有很高的内部数据处理速率，而且还应有较大的程序存储量。CNC控制系统的关键技术主要包括快速处理刀具轨迹、预先反馈控制、反应的伺服系统等。

(4)　床身、立柱和工作台。

高速机床设计的另一个关键点，是如何在降低运动部件惯量的同时，保持基本支承部件高的静刚度、动刚度和热刚度。通过计算机辅助工程的方法用有限元法和优化设计，能获得减轻重量、提高刚度的床身、立柱和工作台结构。为获得较好的动态性能，有些高速机床床身由聚合物混凝土材料制成。

(5)　切屑处理和冷却系统。

高速切削过程会产生大量的切屑，单位时间内高的切屑切除量需要高效的切屑处理和清除装置。高压大流量的切削液不但可以冷却机床的加工区，而且也是一种行之有效的清理切屑的方法，但它会对环境造成严重的污染。切削液的使用并不是对高速切削的任何场合都适用。例如对抗热冲击性能差的刀具在有些情况下，切削液反而会降低刀具的使用寿命，这时可采用干切削，并用吹气或吸气的方法进行清理切屑的工作。

(6)　安全装置。

机床运动部件的高速运动、大量高速流出的切屑以及高压喷洒的切削液等，都要求高速机床要有一个足够大的密封工作空间。刀具破损时的安全防护尤为重要，工作室的仓壁一定要能吸收喷射部分的能量，此外防护装置必须有灵活的控制系统，以保证操作人员在不直接接触切削区的情况下的操作安全。

4)　高速切削的工艺技术

高速切削的工艺技术也是成功进行高速加工的关键技术之一。切削方法选择不当，会使刀具加剧磨损，完全达不到高速加工的目的。高速切削的工艺技术包括切削方法和切削参数的选择优化，对各种不同材料的切削方法、刀具材料和刀具几何参数的选择等。

(1) 切削方法和切削参数的选择与优化。

在高速切削中，必须对切削方法和切削参数进行优化选择。其中包括优化切削刀具控制，如刀具接近工件的方向、接近的角度、移动的方向和切削过程(顺铣还是逆铣)等。

(2) 对各种不同材料的切削方法。

切削铝、铜等轻合金，与切削钢和铸铁以及切削难加工合金钢，由于切削机理不同，除了刀具材料和刀具几何参数的选择外，在切削过程中还要采取不同的切削策略才能得到较好的切削效果。根据不同加工材料来研究高速切削工艺方法，也是高速切削工艺技术研究的重要内容之一。

(3) 刀具材料和刀具几何参数的选择。

在研究高速切削工艺技术中，切削方法和技术必须紧密结合刀具材料和刀具几何参数的选择综合进行。高速切削工艺技术研究是一项很有意义的工作。实践证明，如果只有高速机床和刀具而没有良好的工艺技术作指导，昂贵的高速加工设备也不能充分发挥作用。高速切削的工艺技术和传统的工艺方法有很大差别，至今还远不如传统工艺方法那样成熟和普及。这一点是高速机床应用中要特别加以注意的问题。

5) 高速加工的测试技术

高速加工是在密封的机床工作区间里进行的，在零件加工过程中，操作人员很难直接进行观察、操作和控制，因此机床本身有必要对加工情况、刀具的磨损状态等进行监控，实时地对加工过程在线监测，这样才能保证产品质量，提高加工效率，延长刀具使用寿命，确保人员和设备的安全。

高速加工的测试技术包括传感技术、信号分析和处理等技术。近年来，在线测试技术在高速机床中使用得越来越多。现在已经在机床使用的有：主轴发热情况测试、滚珠丝杠发热测试、刀具磨损状态测试、工件加工状态监测等。测量传感器有热传感器、测试刀具的声发射传感器、工件加工可视监视器等。智能技术已经应用于测试信号的分析和处理。例如，神经网络技术被应用于刀具磨损状态的识别。

7.4.2 枪钻加工简介

深孔枪管钻最初是应用于兵器制造业，因此得名枪钻。随着科技的不断发展和深孔加工系统制造商的不懈努力，深孔加工已经成为一种方便高效的加工方式，并被广泛应用于如汽车工业、航天工业、结构建筑工业、医疗器材工业、模具/刀具/冶具工业及油压、空压工业等领域。

枪钻是理想的深孔加工解决方案，采用枪钻可以获得精密的加工效果，加工出来的孔位置精确，直线度、同轴度高，并且有很高的表面光洁度和重复性。枪钻能够方便地加工各种形式的深孔，对于特殊深孔，比如交叉孔，盲孔及平底盲孔等也能很好地解决。枪钻除了应用于专业的深孔钻机外，也可用于 CNC 机床上。

要想使枪钻加工深孔时能够达到满意的效果，必须熟练掌握枪钻系统的性能(包括刀具、机床、夹具、附件、工件、控制单元、冷却液和操作程序)。操作者的技术水平也很重要。根据工件的结构及工件材料的硬度以及深孔加工机床的工作情况和质量要求，选择适当的切削速度、进给量、刀具几何参数、硬质合金牌号和冷却液参数，才能获得优异的加工性能。

1. 枪钻的工作原理

如图 7-15 所示的数控枪钻加工示意图，冷却液通过钻头中间的通道到达切削部位，并将切屑从排屑槽带出工件表面，同时对钻刃进行冷却和对背部的支撑凸台进行润滑，从而获得良好的加工表面和加工质量。

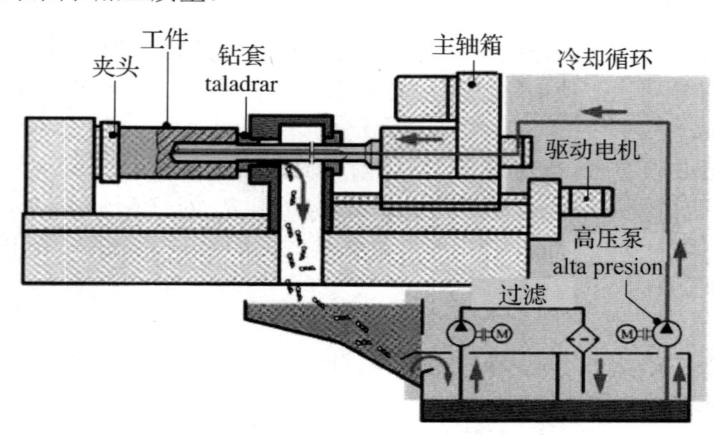

图 7-15　数控枪钻加工示意图

标准枪钻可加工孔径为 1.5～76.2 mm 的孔，钻削深度可达直径的 100 倍。特殊定制的枪钻可加工孔径为 152.4 mm，深度为 5080 mm 的深孔。枪钻加工的孔尺寸精度、位置精度和直线度都较高。加工的孔精度为 IT8～IT10，在特定切削条件下可钻出 IT7 级孔，加工表面粗糙度为 R_a3.2～0.8，孔的直线性也比较好。枪钻的每转进给量较低，但其每分钟进给量却比麻花钻大(每分钟进给量等于每转进给量乘以刀具或工件转速)。由于刀头大多是用硬质合金制造的，所以枪钻的切削速度比高速钢钻头高得多。这可增加枪钻每分钟的进给量。另外，当使用高压冷却液时，其切屑能从被加工孔中有效排出，无须在钻削过程中定期退刀来排出切屑。

2. 枪钻的结构特点

专业的枪钻系统由深孔钻机、单刃或双刃的枪钻及高压冷却系统组成，使用时，钻头通过导引孔或导套进入工件表面，进入后，钻刃的独特结构起到自导向的作用，保证了切削精度。在生产中，直槽枪钻使用得最多。根据枪钻的直径并通过传动部分、柄部和刀头的内冷却孔的情况，枪钻可制成整体式和焊接式两种类型。其冷却液从后刀面上的小孔处喷出。枪钻可有一个或两个圆形的冷却孔，或单独一个腰形孔，如图 7-16 所示。

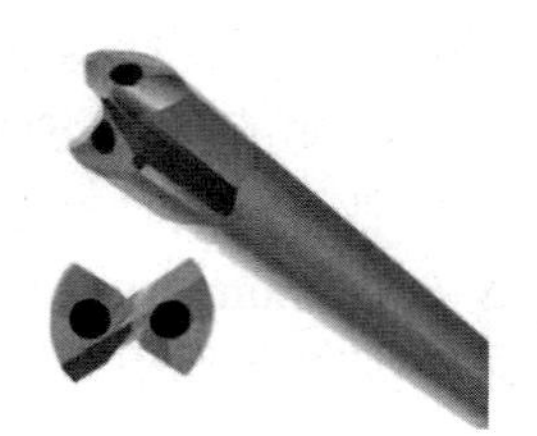

图 7-16　枪钻的结构

枪钻在使用过程中具有以下特点：①枪钻属于外排屑专用深孔加工刀具(v 形角为 120°)；②枪钻一般需要在专用机床上使用；③冷却及排屑方式为高压油冷系统；④枪钻的刀头材质主要有普通硬质合金及涂层两类。

3. 枪钻的应用

在使用时要想使枪钻加工深孔时达到满意的效果，必须了解枪钻系统的性能(包括刀具、机床、夹具、附件、工件、控制单元、冷却液和操作程序)。根据工件的结构及工件材料的硬度以及深孔加工机床的工作情况和质量要求，选择适当的切削速度、进给量、刀具几何参数、硬质合金牌号和冷却液参数，才能获得优异的加工性能。枪钻在使用过程中应重点关注以下事项。

1) 钻套方面

由于钻心偏离中心，所以枪钻不具备自定心功能，因此切入加工时为避免钻心偏离中心，可用钻套或引导孔。在使用钻套时，必须选择合适尺寸，钻套与枪钻头部的间隙保持在 0.003～0.008 mm 之内。

所采用的钻套必须耐磨、硬度高；一般用硬质合金或高合金工具钢制造，其硬度为 63～65 HRC；钻套制造精度必须高，一般内孔表面粗糙度 R_a 为 1.6～3.2 μm，内外径轴度为 0.002 mm，端面跳动为 0.005 mm。加工时一般钻套底面和工件表面的距离不超过 0.5 mm 或钻套紧贴工件表面。

2) 冷却液方面

当切屑堆积在排屑槽中不能及时排除时，过大的扭矩将使枪钻断裂。所以对切削液流量、流速、压力应该严格要求。

流量应满足 0.2～0.65 升/秒，且流量应随孔深的增大而增大，以保证切削油有更大的流速，达到通畅排屑的目的。

流速一般不应小于切削速度的 5～8 倍，为 480～720 m/min；压力应在 3.5～10 MPa，加工的孔越小需要的压力应越高。加工小直径深孔时可采用高压力、小流量；加工大直径深孔时可采用低压力、大流量。

一般枪钻用切削液应有极压添加剂，以保证在高压下形成油膜，防止产生干磨。切削液的黏度与钻孔直径有关，直径越小，黏度越低。切削液应高精度过滤，以保证切削液流通顺畅。

3) 设备方面

使用枪钻的机床主轴必须有较高的轴向和径向刚性，在动力传递过程中主轴必须稳定可靠。

导套和主轴同轴度，度要求较高，安装于钻模板上后，钻套和主轴的同轴度不超过 0.005 mm。当钻套和钻头的旋转轴线之间的不同轴度过大时，枪钻通常会失效，如钻尖的振动撞击会使钻尖崩缺。

4) 切削参数方面

使用枪钻时应正确选取切削用量。一般情况下，切削速度 V=1.1 m/s–1.65 m/s，进给量 S=0.015 mm/r–0.03 mm/r，且进给量应两头小中间大。根据工件材质合理选用切削用量，以控制切屑卷曲程度，获得有利于排屑的 C 形切屑。

加工高强度材质工件时，应适当降低切削速度 V。进给量的大小对切屑的形成影响很大，在保证断屑的前提下，可采用较小进给量。

5) 刀具方面

枪钻钻尖几何参数的选择。枪钻钻削主要决定于外刃角外、内刃角内及钻尖的偏心距。一般来说，较硬的材料需要用较小的钻尖角，较软的材料则需用较大的钻尖角。无论钻尖角度如何，切削刃的交点位置距离钻头中心一般为 1/4 直径。根据硬质合金枪钻受力平衡分析，要求外刃径向切削力等于内刃径向切削力，但实际加工过程中很难保证。为了避免钻孔偏心，只有外刃径向切削力大于内刃径向切削力，才能使径向合力始终作用于待加工表面。

7.4.3　拓展思考

1. 选择题

(1) 关于高速切削，下面描述错误的是(　　)。

A. 由于主轴转速高，所以易造成机床振动

B. 切削力减小，有利于薄壁、细长杆等刚性零件的加工

C. 由于 95%以上的切削热被切屑迅速带走，所以适合加工易产生热变形及热损伤要求较高的零件。

D. 与传统切削相比，单位时间内材料去除率增加 3～6 倍，生产效率高

(2) 精密加工是指(　　)的加工技术。

A. 加工精度为 0.1μm、表面粗糙度 R_a 为 0.1～0.01μm

B. 加工误差小于 0.1μm、表面粗糙度 R_a 小于 0.01μm

C. 加工精度为 1μm、表面粗糙度 R_a 为 0.2～0.1μm

D. 加工精度为 2μm、表面粗糙度 R_a 为 0.8～0.2μm

(3) 在精密加工中，由于热变形引起的加工误差占总误差的(　　)。

A. 40%～70%　　B. 20%～40%　　C. ＜20%　　D. ＞80%

(4) 绿色设计与传统设计的不同之处在于考虑了(　　)。

A. 产品的可回收性　　B. 产品的功能

C. 获取企业自身最大经济利益　　D. 产品的质量和成本

(5) 关于干切削加工，下面描述不正确的是(　　)。

A. 干切削机床最好采用立式机床，干铣削机床最好采用卧式机床

B. 干切削加工最好采用涂层刀具

C. 干切削适合加工尺寸精度和表面粗糙度要求高的非封闭零件

D. 目前干切削有色金属和铸铁比较成熟，而干切削钢材、高强度钢材则存在问题较多

2. 问答题

(1) 高速加工通过什么原理实现低载荷?

(2) 目前高速加工还有哪些不足和缺陷?

(3) 枪钻使用过程中有哪些特点?

项 目 小 结

项目 7 主要以数控铣大赛零件为例，分别介绍了该配合件的手工编程和自动编程过程，以及程序传输的多种方式。此外，介绍了日益广泛应用的高速铣削加工和枪钻内冷式加工方式，以期全面提升学生的综合素质，培养学生勇于拼搏奋斗的精神，勇于挑战积极创造的精神，努力成为爱国、爱党、爱人民的以民族复兴为己任的制造业优秀才俊。

附录 A　数控加工中心教学常用表格

数控加工中心教学常用表格主要包括：编程指令代码表、零件加工实践报告单、人员管理分配表、职业素养评价表和机床日常点检卡。

A.1　常用数控指令代码一览表

数控加工中心 ISO 代码编程指令是编写程序和读懂程序的基本“文字”，各编程指令代码及其含义如表 A-1 所示。

表 A-1　各编程指令代码及其含义

代号类型	代　号	意　义	备　注
准备功能	*G00	快速定位	/
	G01	直线插补	
	G02	圆弧插补(顺时针)	FANUC 系统　R ___； SIEMENS 系统　CR=___
	G03	圆弧插补(逆时针)	
	*G17	*XY* 平面	/
	G18	*XZ* 平面	
	G19	*YZ* 平面	
	G27	参考点返回检查	/
	G28	返回参考点	
	G29	从参考点返回	
	G30	返回第二、第三或第四参考点	
	*G40	取消半径补偿	
	G41	半径左补偿	
	G42	半径右补偿	
	G43	长度正补偿	FANUC 系统有效
	G44	长度负补偿	
	G49	长度补偿取消	
	G54	工件坐标系 1	/
	G55	工件坐标系 2	
	…	…	
	G59	工件坐标系 6	
	*G90	绝对编程	
	G91	相对编程	

续表

代号类型	代　号	意　义	备　注
辅助功能	M00	程序暂停	/
	M01	计划停止	
	M02	程序停止	
	M03	主轴顺时针旋转	
	M04	主轴逆时针旋转	
	M05	主轴旋转停止	
	M06	换刀	
	M07	2 号冷却液开	
	M08	1 号冷却液开	
	M09	冷却液关	
	M30	程序停止并返回开始处	
其他功能	F	进给速度	/
	S	主轴转速	
	T	选刀指令	
	D	刀具补偿号	FANUC 半径补偿有效；SIEMENS 半径、长度补偿均有效。

A.2　加工中心编程与操作项目实践报告单

加工中心编程与操作项目实施过程中的重要信息及问题解决对策实践报告单如表 A-2 所示。

表 A-2　加工中心编程与操作项目实践报告单

项目名称			任务________		
姓　名		学号		得分	
序号	实践环节	实践内容及完成情况记录			问题及改进
1	编写程序	重要信息整理：			
2	工件装夹	装夹方法及探出高度：			

续表

<table>
<tr><th>序号</th><th>实践环节</th><th colspan="5">实践内容及完成情况记录</th><th>问题及改进</th></tr>
<tr><td>3</td><td>对刀</td><td colspan="5">对刀方法：

数据记录：
<table>
<tr><td colspan="2">刀具号：T　　ϕ</td><td>Z_2=　　H(　　)</td></tr>
<tr><td colspan="2">刀具号：T　　ϕ</td><td>Z_2=　　H(　　)</td></tr>
<tr><td colspan="2">刀具号：T　　ϕ</td><td>Z_3=　　H(　　)</td></tr>
<tr><td colspan="2">刀具号：T　　ϕ</td><td>Z_4=　　H(　　)</td></tr>
<tr><td colspan="2">刀具号：T　　ϕ</td><td>Z_4=　　H(　　)</td></tr>
<tr><td colspan="2">刀具号：T　　ϕ</td><td>Z_4=　　H(　　)</td></tr>
<tr><td colspan="2">刀具号：T　　ϕ</td><td>Z_4=　　H(　　)</td></tr>
<tr><td colspan="2">刀具号：T　　ϕ</td><td>Z_4=　　H(　　)</td></tr>
<tr><td colspan="2">刀具号：T　　ϕ</td><td>Z_4=　　H(　　)</td></tr>
<tr><td colspan="2">刀具号：T　　ϕ</td><td>Z_4=　　H(　　)</td></tr>
<tr><td>X_1=</td><td>X_2=</td><td>$X_{原点}$=</td></tr>
<tr><td>Y_1=</td><td>Y_2=</td><td>$Y_{原点}$=</td></tr>
<tr><td>X_1=</td><td>X_2=</td><td>$X_{原点}$=</td></tr>
<tr><td>Y_1=</td><td>Y_2=</td><td>$Y_{原点}$=</td></tr>
<tr><td>X_1=</td><td>X_2=</td><td>$X_{原点}$=</td></tr>
<tr><td>Y_1=</td><td>Y_2=</td><td>$Y_{原点}$=</td></tr>
</table>
</td><td></td></tr>
<tr><td>4</td><td>零件加工</td><td colspan="5">重要信息整理：</td><td></td></tr>
<tr><td>5</td><td>零件检测</td><td colspan="5">错误尺寸记录：</td><td></td></tr>
<tr><td>6</td><td>操作得分
(　　%)</td><td></td><td>素养得分
(　　%)</td><td></td><td>得分</td><td></td><td></td></tr>
</table>

A.3　加工中心编程与操作人员管理分配表

加工中心编程与操作教学中为便于管理可以分小组团队合作，各成员所在组别及人员职责管理分配如表 A-3 所示。

表 A-3　加工中心编程与操作人员管理分配表

<table>
<tr><td>班级名称</td><td colspan="2"></td><td>项目经理
(指导教师)</td><td colspan="2"></td></tr>
<tr><td>生产主管
(班长)</td><td></td><td>技术经理
(课代表)</td><td></td><td>文明生产
(劳动委员)</td><td></td></tr>
<tr><td>A 线线长</td><td></td><td>B 线线长</td><td></td><td>C 线线长</td><td></td></tr>
<tr><td rowspan="5">A1 组</td><td>组长：</td><td rowspan="5">B1 组</td><td>组长：</td><td rowspan="5">C1 组</td><td>组长：</td></tr>
<tr><td></td><td></td><td></td></tr>
<tr><td></td><td></td><td></td></tr>
<tr><td></td><td></td><td></td></tr>
<tr><td></td><td></td><td></td></tr>
<tr><td rowspan="5">A2 组</td><td>组长：</td><td rowspan="5">B2 组</td><td>组长：</td><td rowspan="5">C2 组</td><td>组长：</td></tr>
<tr><td></td><td></td><td></td></tr>
<tr><td></td><td></td><td></td></tr>
<tr><td></td><td></td><td></td></tr>
<tr><td></td><td></td><td></td></tr>
<tr><td rowspan="5">A3 组</td><td>组长：</td><td rowspan="5">B3 组</td><td>组长：</td><td rowspan="5">C3 组</td><td>组长：</td></tr>
<tr><td></td><td></td><td></td></tr>
<tr><td></td><td></td><td></td></tr>
<tr><td></td><td></td><td></td></tr>
<tr><td></td><td></td><td></td></tr>
<tr><td rowspan="5">A4 组</td><td>组长：</td><td rowspan="5">B4 组</td><td>组长：</td><td rowspan="5">C4 组</td><td>组长：</td></tr>
<tr><td></td><td></td><td></td></tr>
<tr><td></td><td></td><td></td></tr>
<tr><td></td><td></td><td></td></tr>
<tr><td></td><td></td><td></td></tr>
</table>

A.4　职业素养评价表

加工中心编程与操作项目完成情况多元化职业素养评价表如表 A-4 所示。

表 A-4　加工中心编程与操作项目完成情况多元化职业素养评价表

项目名称							
班级		组别/职务					
姓名		学号					
评价类别	评价内容	评价标准	配分	自我评价	组长评价	线长评价	教师评价
主观自评							
职业态度	主动意识	资料收集、整理，制订计划等能力	40				
	合作意识	能与同伴团结协作					
	安全意识	严格按照操作规程操作					
技术能力	操作技术	能熟悉操作、掌握技巧	40				
	质量意识	具有强烈的工程质量观					
	工程能力	具有分析问题和解决问题的能力					
拓展能力	迁移能力	具有知识和技术的迁移能力	20				
	创新能力	具有创新意识和创新实践能力					
合计			100				
得分							
等级			优(100～90) 中(79～70)		良好(89～80) 及格(69～60)		

A.5　CNC 加工中心机床日常点检卡

加工中心机床的日常点检是使用过程中预防性维护的重要内容，操作人员必须熟悉所使用机床的点检部位、内容、方法和频次。CNC 加工中心机床日常点检卡的示例如表 A-5 所示。

表A-5 苏州工业职业技术学院 精密制造工程系 加工中心机床保养表

设备名称： 设备型号： 保养人： 年 月

	序号	点检项目	1	2	3	4	5	6	7	8	9	10	11	12	13	14	15	16	17	18	19	20	21	22	23	24	25	26	27	28	29	30	31
日保养	1	机床与附属设备外围及地面无尘垢、杂物、污物；管线整齐。																															
	2	开机是否正常，是否空运行15分钟																															
	3	机床进气是否正常（标准值6 kg/cm²）																															
	4	电器润滑供油，机油是否适宜																															
	5	水箱水位是否在2/3液位																															
	6	三轴油冷机输出油温设定（22℃左右）																															
	7	三轴油冷机机油位是否适宜																															
	8	主轴抓刀部位及刀具是否清洗																															
	9	强电散热器风扇运行是否正常，散热滤网是否清洗																															
	10	三点组合处是否无积水，若有请排除																															
	11	每日及时清洗机床内部铁屑																															
	12	每日用棉布擦拭主轴锥孔，使之清洁无划伤，保证主轴精度																															
	保养人（代理人）：																																

	序号	检点项目	点检状况 第一周	第二周	第三周	第四周	第五周
周保养	1	每周检查并释放一次废油池内的废油					
	2	每周检查并添加一次三点组合处润滑油					
	3	每周检查一次氮气平衡装置及氮气压力（>55 kg/cm²）					
	保养人（代理人）：						

	序号	点检项目	点检状况
月保养	1	每月检查并添加一次增压缸油杯中的液压油	
	2	每月对伸缩护套加少量油脂保持润滑	
	3	每月检查并添加一次油冷机内的液压油	
	4	本月是否对水箱全面清洗一次（三个月一次）	
	5	更换一次德士凸轮组内的润滑油（半年一次）	
	6	本月是否对强电箱内部做一次全面清洁，严禁用气枪吹（半年一次）	
	7	本月是否对主轴马达排气扇及强电箱散热器做一次全面清洁（半年一次）	
	保养人（代理人）：		

重大异常、缺失、隐患记录（此项请及时报修）	状况备注
	1. 本表单需保养人如实填写，系部监督执行 2. 用“√”表示点检状况正常，“×”表示异常，“○”表示维修 3. 涉及数字项，点检时在表格中注明资料 4. 机床因教学关系闲置时，必须安排人员每三天使机床通电一次以利电气防潮

附录 B　FANUC 系统面板功能键的主要作用

FANUC 0i 加工中心机床操作面板主要由 CRT/MDI 操作面板和机床控制面板两部分组成。通过操作各功能键，并结合显示屏进行数控系统操作。

B.1　FANUC 系统 CRT/MDI 操作面板功能键的主要作用

FANUC 0i 加工中心机床 CRT/MDI 操作面板主要用于显示机床位置、录入程序、参数信息等功能，各功能键的名称及其含义分别如图 B-1、表 B-1 所示。

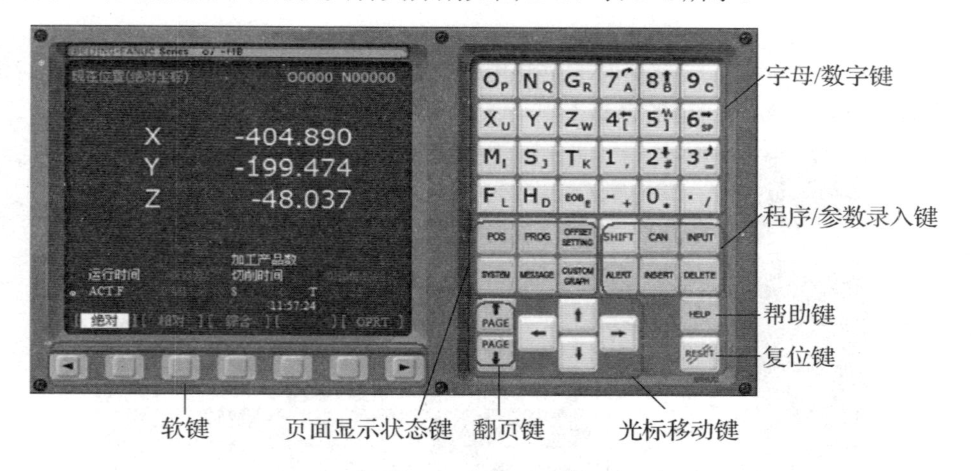

图 B-1　CRT/MDI 操作面板各功能键的名称

表 B-1　CRT/MDI 操作面板各功能键的含义

按　键	按键名称	功　能
O P N Q G R 7 8 9 / X U Y V Z W 4 5 6 / M I S J T K 1 2 3 / F L H D EOB E - + 0 . · /	字母/数字键	输入字母、数字、符号等
POS PROG OFFSET SETTING / SYSTEM MESSAGE CUSTOM GRAPH	程序键 / 位置键 / 偏移设定键 系统键 / 信息键 / 图形显示键	显示页面状态
SHIFT CAN INPUT / ALERT INSERT DELETE	上档键 / 取消键 / 输入键 替代键 / 插入键 / 删除键	程序录入编辑/参数录入

续表

按　键	按键名称	功　能
HELP	帮助键	帮助
RESET	复位键	系统复位
PAGE↑ PAGE↓ ← ↑ ↓ →	翻页键 光标移动键	页面上下翻页/ 光标移动
◄ ►（软键）	软键/扩展键	进入子菜单

B.2　FANUC 系统机床控制面板功能键的主要作用

FANUC 0i 加工中心机床控制面板主要用于切换操作方式、操作控制机床动作、机床运动倍率选择等功能，各功能键的名称及其含义分别如图 B-2、表 B-2 所示。

图 B-2　FANUC 系统机床控制面板各功能键

表 B-2　FANUC 系统机床控制面板各功能键的含义

按　键	名　称	功　能
MODE SELECT EDIT　MEMORY　DNC　MDI HANDLE　JOG　ZERO RETURN　TEACH	编辑 / 自动加工 / 在线加工 / MDI 方式 手轮 / 手动 / 回参考点 / 示教方式	机床模式选择

续表

按　键	名　称	功　能
OPERARION SELECT	单段运行 / 选择停止 / 跳过任选程序段 /机床锁住 空运行 / 程序校验 / Z 向进给锁定 / 回放	机床操作选择
AXIX DIRECTION +C　+Z　+Y -Z　RAPID　+X -Y　-Z　-C	X、Y、Z、C 轴方向手动进给 RAPID 快速运动	运动轴方向及快速控制
COOLANT ON　OFF　JOG	冷却泵开 / 冷却泵关 / 手动方式控制	冷却液开关控制
MULTIPLY X1　X10　X100	手轮脉冲倍率	手轮倍率选择
MAGAZINE FWD　REV　ZERO RETURN	刀库正转 / 刀库反转 / 回参考点	刀库操作
TOOL	装卸刀锁住 / 手动装、卸刀 /工作灯开、关	手动换刀操作/工作灯按键
HANDLE AXIS X　Y　Z　C	手轮控制伺服轴	手轮轴方向选择
RAPID TRAVERSE OVERRIDE(%) F0　25%　50%　100%	快速进给、手动进给倍率	快速进给倍率选择
SPINDLE FWD　STOP　REV　JOG	主轴正转 / 停止 / 反转 / 手动方式控制	主轴控制

续表

按　键	名　称	功　能
POWER ON OFF	数控系统电源开 / 关	电源开关
FEEDRATE OVERRIDE (%) FEEDRATE (mm/min)	进给倍率	进给倍率调节 (0～150%)
SPINDLE OVERRIDE (%)	主轴倍率	主轴倍率调节 (0～120%)
DATA PROTECT ON OFF	数据保护	机床内部的数据钥匙保护
FEED HOLD CYCLE START	进给保持 / 循环启动、继续进给	循环启动 进给保持
EMERGENCY STOP	急停键	突发情况紧急停止
X Y Z C ZERO POSTION	回参考点指示灯	*X*/*Y*/*Z*/*C* 轴至参考点时灯亮
NC MC ? ALARM	NC 程序错误指示灯 / MC 机床报警指示灯	机床报警时灯亮
ATC	刀库运行指示灯	刀库运行时灯亮
HIGH LOW SPINDLE GEAR	主轴高速挡位指示灯 / 低速挡位指示灯	主轴高低速指示

附录 C　文中专业英文词汇

在项目 1 至项目 3 中所涉及的加工中心机床结构、加工工艺、编程指令、软件应用和机床操作等专业词汇中英文对照如下。

项目 1

结构布局　structural configuration
刀库类型　types of tool changers
加工特点　mechanism and characteristic
机床分类　classification of machine tool
机床主要技术参数　machine main technical specifications
机床坐标系　machine coordinate system
数控系统面板　CNC system panel
加工中心机床操作　machining center operation
开、关机操作　open，shutdown operation
回参考点操作　return to the reference point operation
连续移动操作　continuous moving operation
手轮移动操作　hand wheel mobile operation
主轴转动操作　spindle rotation operation
装刀/卸刀操作　install /unloading knife operation
工件的安装　installation of workpiece
定位　location
装夹　clamp
工件的定位原理　theory of locating of workpiece
自由度　degree of freedom
定位的类型　type of location
夹具的组成　composition of clamps
夹具的作用　function of clamps
夹具的种类　types of clamps
平口钳　flat tongs
三爪卡盘　three jaw chuck / scroll chuck
组合压板　clamping kit
硬质合金　cemented carbide
陶瓷刀具　ceramic tool
超硬刀具　superhard cutting tool
面铣刀　face milling cutter
立铣刀　end-milling cutter

模具铣刀　die sinking end mill
键槽铣刀　keyway milling cutter
成形铣刀　formed milling cutter
孔加工刀具　hole machining tool
数控铣削工具系统　CNC milling tool system
游标类量具　cursor type gauges
螺旋测微类量具　screw micrometer measuring tools
机械量仪　mechanical measuring instrument
生产过程和工艺过程　production process and process
工序与工步　process and step
生产纲领与生产类型　production program and type of production
零件的工艺分析　technical analysis of parts
定位基准的选择　locate the benchmark selection
工艺路线的拟定　the formulation of process route
粗加工　roughing
半精加工　semi-finishing
精加工　finishing
光整加工　superfinishing
工序集中与工序分散　centralization and decentralization of procedure
加工顺序　machining sequences
热处理工序　heat treatment process
工艺规程的制定　decision making for process planning
端铣　end milling
周铣　peripheral milling
顺铣/逆铣　down milling/up milling
切削用量　machining data
切削速度　machining speed
进给量　feed rate
背吃刀量(切削深度)　back engagement(depth of cut)

项目 2

台阶垫块　the step pad
图样分析　pattern analysis
结构分析　structural analysis
毛坯材料分析　analysis of work-piece materials
数控设备的选择　selection of CNC equipment
装夹方式的选择　selection of the clamping way
确定加工方案　determination of processing scheme
刀具的选择　tool selection

工艺卡的制定　making technology card
确定加工路径　determine the processing route
程序编制过程　programming process
程序代码介绍　program code introduction
程序结构　program structure
指令代码　instruction code
编程方式指令　program mode instruction
加工坐标系指令　MCS(Machine Coordinate System) instruction
直线运动指令　straight line motion instruction
长度补偿指令　length compensation instruction
程序暂停指令　program pause instruction
主轴控制指令　spindle control instruction
换刀指令　tool changing instruction
切削液开关指令　cutting fluid switch instruction
程序暂停指令　program pause instruction
进给速度指令　feed speed instruction
主轴转速指令　spindle speed instruction
选刀指令　choose tool instruction
零件加工工艺　machining technology of workpiece
零件数值计算　numerical calculation of workpiece
搜索一个程序　search for a program
删除一个程序　delete a program
删除全部程序　delete all programs
录入一个新程序　enter a new program
凸模　punch
坐标平面选择指令　coordinate plane selection instruction
圆弧插补指令　circular interpolation instruction
刀具半径补偿指令　tool radius compensation instruction
对刀　tool setting
偏置　offset
坐标系位置偏移　coordinate position offset
刀具补偿设置　tool compensation setting
程序自动运行　program automatic operation
凹模固定板　die block
数控铣削加工工艺　CNC milling process craft
行切法　row-cutting method
环切法　ring cutting method
综合法　synthesis method
子程序代码指令　subroutine code instructions

局部坐标系指令　local coordinate system code
零件的数学处理　mathematical treatment of parts
垫板　stool plate
通孔　through hole
钻孔　drill hole
麻花钻　twist drill
中心钻　center drill
返回点指定代码　return point specifies the code
钻孔循环代码　drilling cycle code
标准钻孔循环指令　standard drilling cycle instruction
钻孔或粗镗削循环指令　drilling or rough boring cycle instruction
深孔钻削循环指令　deep hole drilling cycle instruction
高速深孔钻循环指令　high speed deep hole drilling cycle instruction
取消钻孔循环指令　cancel drilling cycle instruction
密封盖　sealed cap
粗糙度　roughness
形状精度　form accuracy
位置精度　positional accuracy
螺纹孔　threaded hole
铰削　ream
丝锥　tap
铰刀　reamer
粗镗孔循环指令　coarse boring loop instruction
精镗孔/铰孔循环指令　precision boring/hinge hole cycle instruction
精镗孔循环指令　precision boring cycle instruction
右旋螺纹攻丝指令　right - threaded tapping instruction
直身定位锁　direct positioning lock
配合件　mating part
倒斜角指令　backward angle instruction
倒圆角指令　round angle instruction

项目 3

平行垫块　parallel block
应用模块　application
加工　manufacturing
工序导航器　operation navigator
加工创建　manufacturing create
加工工序　manufacturing procedure
创建程序组　create program

创建刀具　create tool
创建几何体　create geometry
设置方法　create method
创建工序　create process
轨迹生成　generate tool path
仿真　diagnose
后处理　post process
几何体　geometry
工具　tool
刀轴　tool axis
刀轨设置　path settings
切削模式　cut pattern
步距　stepover
平直百分比　percent of flat diameter
进给率和速度　feed and speeds
机床控制　machine control
程序　program
选项　options
操作　actions
指定部件边界　specify part boundaries
切削层　cut levels
切削参数　cutting parameters
策略　strategy
余量　stock
拐角　corners
连接　connections
空间范围　containment
非切削参数　non cutting parameters
进刀　engage
退刀　retract
开始/钻点　start/drill points
转移/快速　transfer/rapid
子类型　subtype
反光镜凹模　reflector die
型腔铣　cavity mill
几何体　geometry
指定部件　specify part
指定毛坯　specify blank
指定检查　specify check

指定切削区域　specify cut area
指定修剪边界　specify trim boundaries
切削层　cut levels
适配器板　adaptor plate universal hopper
点位加工　point milling
指定孔　specify holes
循环设置　cycle evolution
最小安全距离　minimum clearance
深度偏置　depth offset

参 考 文 献

[1] 寇文化. 工厂数控编程实例特训(UG NX 9 版)[M]. 北京：清华大学出版社，2017.

[2] 杨晓平. 模具零件的数控加工[M]. 北京：科学出版社，2014.

[3] 闫巧枝等. 数控机床编程与工艺[M]. 西安：西北工业大学出版社，2009.

[4] 尤光涛. 数控铣削编程与考级[M]. 北京：化学工业出版社，2007.

[5] 徐宏海. 数控机床刀具及其应用[M]. 北京：化学工业出版社，2007.

[6] 钱东东. 实用数控编程与操作[M]. 北京：北京大学出版社，2007.

[7] 赵长旭. 数控加工工艺[M]. 西安：西安电子科技大学出版社，2006.

[8] 周旭. 数控机床实用技术[M]. 北京：国防工业出版社，2006.

[9] 黄翔，李迎光，数控编程理论、技术与应用[M]. 北京：清华大学出版社，2006.

[10] 李昌年. 机床夹具设计与制造[M]. 北京：机械工业出版社，2007.